Finanzierung von Erneuerbare-Energien-Vorhaben

von

Jörg Böttcher

Oldenbourg Verlag München

Bibliografische Information der Deutschen Nationalbibliothek

Die Deutsche Nationalbibliothek verzeichnet diese Publikation in der Deutschen Nationalbibliografie; detaillierte bibliografische Daten sind im Internet über <http://dnb.d-nb.de> abrufbar.

Rosenheimer Straße 145, D-81671 München
Telefon: (089) 45051-0
oldenbourg.de

Lektorat: Wirtschafts- und Sozialwissenschaften, wiso@oldenbourg.de
Herstellung: Dr. Rolf Jäger
Coverentwurf: Kochan & Partner, München
Gedruckt auf säure- und chlorfreiem Papier
Gesamtherstellung: Books on Demand GmbH, Norderstedt

ISBN 978-3-486-58720-3

Für Carolin und Lars Eric

Vorwort

In diesen Monaten ein Buch zu veröffentlichen, das ein Finanzierungsthema behandelt, verlangt auch, sich mit der Finanzkrise zu beschäftigen. Während ihre Ursachen zwar hinlänglich bekannt sind, materialisieren und verschärfen sich sukzessive ihre Folgen im Finanzsektor und der Realwirtschaft, während weltweit die Regierungen versuchen, die wirtschaftlichen Folgen durch punktuelle Stützungsmaßnahmen, Konjunkturprogramme und geeignete Regulierungsschritte einzudämmen. Die Auswirkungen auf die Finanzierung von Unternehmen und Projekten sind vielschichtig und beeinflussen sich wechselseitig. Da die Krise andauert und sich die verschiedenen Folgen und Gegenmaßnahmen dynamisch verändern, soll von einer statischen Betrachtung der Märkte für Erneuerbare Energien abgesehen werden. Stattdessen soll an den geeigneten Stellen auf die unmittelbaren Konsequenzen der Finanzkrise auf die Marktstruktur, das Marktverhalten und das Marktergebnis hingewiesen werden.

Gleichwohl: Erneuerbare Energien sind eines der Top-Themen der letzten Jahre. Der Schutz des Klimas und die Sicherung der Energie- und Rohstoffversorgung gehören zu den wichtigsten Herausforderungen des 21. Jahrhunderts. Stern-Report, die Erdgasversorgung in Europa, Al Gore's Dokumentarfilm „Eine unbequeme Wahrheit" haben – um nur ein paar aktuelle Stichworte zu nennen – das Thema auch einer breiten Öffentlichkeit vermittelt, politische Entscheidungen zur Förderung Erneuerbarer Energien durchziehen das erste Jahrzehnt des neuen Jahrtausend und auch die volkswirtschaftliche Bedeutung der Erneuerbaren Energien hat sich dramatisch gesteigert. Vorbei sind die Zeiten, in denen die Erneuerbaren Energien als Utopien von grünen Gutmenschen belächelt oder als ein weiteres Beispiel für staatliche Subventionsverschwendung verunglimpft wurden. Im Gegenteil: Energiegewinnung aus Erneuerbaren Energien wird praktisch weltweit als wichtiger Bestandteil der Klimaschutz- und Energiepolitik verstanden. Die Erfolgsgeschichte der grünen Energie ist ungebrochen und verspricht, die nächsten Jahre anzudauern.

Umso erstaunlicher ist, dass im Zusammenhang mit Erneuerbaren Energien nur sehr selten das Thema ihrer Finanzierung angesprochen wird. Stattdessen fokussiert sich die Diskussion zumeist auf die politischen, ökologischen und technischen Aspekte von Erneuerbaren Energien. Dies mag gerade damit zusammenhängen, dass Wind-, Solar- und Bioenergievorhaben erst seit wenigen Jahren Größenordnungen erreicht haben, die ihre Finanzierung zu einem für viele Banken und andere Finanzintermediäre interessanten Geschäft machen und sich in einer jungen Branche gewisse Finanzierungsstandards erst etablieren müssen.

Die Erfahrung zeigt, dass Erneuerbare Energien fast ausnahmslos in der Form einer Projektfinanzierung realisiert werden, sobald sie sich in einem Markt etabliert haben. Unternehmensfinanzierungen sind höchst selten geworden und kommen vielleicht dann zum Einsatz, wenn es sich um eine neue Technologie handelt oder andere, gravierende Risikofaktoren bestehen, die den Einsatz einer Projektfinanzierung unmöglich machen. Gleichzeitig reicht das Spektrum der Darstellungen zum Thema Projektfinanzierung von handlungsorientierten Managementempfehlungen hin zu eher theoretisch ausgerichteten Abhandlungen, die sich an Entstehungsgründen und Ausgestaltungen von Projektfinanzierungen abarbeiten.

Wir wollen im Folgenden bei drei Hauptformen der Erneuerbaren Energien zeigen, nach welchen Grundsätzen diese über die Methodik einer Projektfinanzierung dargestellt werden können. Dies verlangt einerseits aufzuzeigen, welche praxisorientierten Lösungen entwickelt wurden, aber auch zu analysieren, welche ökonomischen Wirkzusammenhänge für den Erfolg oder das Scheitern von Projekten verantwortlich sind. Beide Aspekte, die Erfahrungen aus der Praxis und die kritische Reflexion der Praxis durch die wirtschaftliche Logik sind notwendig, um einerseits nicht in ein geübtes, aber möglicherweise fragwürdiges Verhaltensmuster zu verfallen und andererseits sich nicht in einer abstrakten, die Finanzierungspraxis zu stark vernachlässigenden Theorie zu verlieren.

Dazu werden wir in den beiden ersten Hauptabschnitten die Grundlagen für eine Projektfinanzierung und die Grundsätze des Risikomanagementprozesses darstellen, die spiegelbildlich auch für andere Vorhaben gelten, die über die Methodik einer Projektfinanzierung dargestellt werden. Diese Abschnitte bilden eine allgemeine Basis für das Verständnis der drei Branchenkapitel. Neben einer ökonomischen Analyse der Vertragsgestaltung und Partnerwahl im Rahmen der Risikoallokation (siehe 3.3) werden die Risikofelder behandelt, die bei allen Formen Erneuerbarer Energien eine gleichartige Rolle spielen (siehe 3.4 und die folgenden Kapitel).

In den sich anschließenden Branchenkapiteln stellen wir die drei Hauptformen von Erneuerbaren Energien vor, nämlich Solarenergie, Bioenergie und Windenergie. Für jeden dieser drei Bereiche analysieren wir das spezifische Risikoprofil, stellen geeignete Risikomanagementsysteme vor und zeigen im Anschluss, wie sich beispielhaft Finanzierungsstrukturen entwickeln lassen. Wir konzentrieren uns in den Branchenkapiteln auf die hautsächlich relevanten Risikoaspekte, da die allgemeinen Risikoaspekte bereits in den beiden ersten Hauptabschnitten dargestellt worden sind.

Das Schreiben dieses Buches wäre ohne die Unterstützung zahlreicher Kollegen nicht möglich gewesen. Ihnen sei an dieser Stelle recht herzlich gedankt. Explizit gilt mein Dank Nils Driemeyer, Jan Engelbert, Matthias Hoffmann, Kristof Krull und André Rolff, die ein besonderes Augenmerk auf die Branchenkapitel gelegt haben und mit Liebe zum Detail wertvolle Hinweise gegeben haben. Fehler habe ich selbstverständlich selbst zu verantworten.

Inhalt

Abbildungsverzeichnis

1 Einleitung

Je größer ein unternehmerisches Vorhaben, desto größer sind in aller Regel dessen Chancen, desto schwerwiegender aber auch die Folgen seines Scheiterns für diejenigen, die es finanziert oder sich anderweitig verpflichtet haben. Übersteigt ein Vorhaben die Finanzkraft oder Risikobereitschaft eines Unternehmens, erscheint das Vorhaben aber gleichwohl als wirtschaftlich attraktiv, so bietet es sich an, Chancen und Risiken auf mehrere Schultern zu verteilen und gegenüber den Kapitalgebern allein das Projekt mit seinem Cashflow haften zu lassen. Diese beiden zentralen Überlegungen – Cashflow-Orientierung einerseits und Risikoteilung zwischen den Projektbeteiligten andererseits – sind die zentralen Strukturelemente einer Projektfinanzierung.

Es ist das Vorhaben und dessen Cashflow, nicht aber ein bestimmtes Unternehmen, das für die Finanzierung gerade steht. Das Vorhaben muss daher ein geschlossener, in sich wirtschaftlich, technisch und rechtlich tragfähiger Kreis sein, der den Investoren eine glaubwürdige Aussicht auf eine angemessene Eigenkapitalverzinsung und den Fremdkapitalgebern ausreichende Sicherheit auf Rückführung des eingesetzten Kapitals bietet: Das Projekt muss sich selbst tragen, sich selbst finanzieren. Dies ist der Grundgedanke einer Projektfinanzierung.

Obwohl Projektfinanzierungen häufig als eine junge Erscheinung im internationalen Finanzwesen eingestuft werden, ist ihr Grundgedanke – die Verknüpfung eines Kredites mit dem Schicksal des zu finanzierenden Projektes – alles andere als neu. Bereits im 5. Jahrhundert vor Christus kannten die antiken Griechen Darlehen für Seetransporte, die nur rückzahlbar waren, wenn das betreffende Schiff seine Mission erfolgreich erfüllte. Ebenso zeigt das Beispiel der Realisierung des Suez-Kanals Mitte des 19. Jahrhunderts, dass es sich um eine lang bekannte Finanzierungsmethode handelt. Weitergehende Bedeutung erlangte die Projektfinanzierung ab etwa 1930 bei der Erschließung der Erdölvorkommen in Nordamerika und ab 1960 bei Rohstoffprojekten. Die Methode ist also tatsächlich älter als ihre Benennung.

Zusammenfassend lässt sich die Entwicklung in den letzten Jahrzehnten über das folgende Schaubild skizzieren:

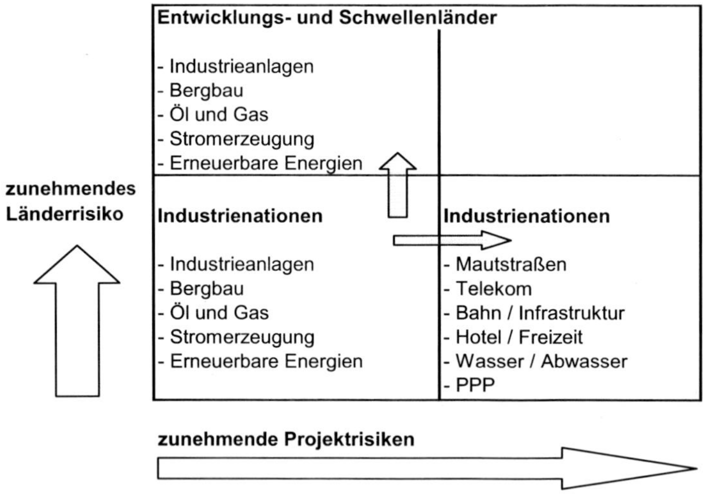

Abbildung 1: Strukturelle Entwicklung des Projektfinanzierungsmarktes

Nachdem sich zunächst relativ gut prognostizierbare Projektfinanzierungen in Industrieländern bewährt hatten, gab es einen Trend, diese Vorhaben auch in Schwellen- und Entwicklungsländern zu realisieren und einen weiteren Trend, neue Branchen mit einer höheren Volatilität der Cashflows als Projektfinanzierungen in Industrieländern zu realisieren.

Für den Export in Schwellen- und Entwicklungsländer waren häufig die Unternehmen verantwortlich, die bereits in den 70er Jahren als Sponsoren aufgetreten waren. Positiver Effekt für diese Länder war, dass die landeseigene Infrastruktur verbessert werden konnte, ohne die staatlichen Ressourcen oder die Steuerzahler im besonderen Maße zu beanspruchen. Die Unternehmen konnten durch den „Technikexport“ neues Investitionspotential schaffen. Die Gründe, die etwa ab Mitte der 90er Jahre für den Aufschwung der Projektfinanzierung angeführt wurden – Erschöpfung der staatlichen Ressourcen, Zutrauen in die Überlegenheit des marktlichen Koordinationsprozesses und die Investitionsbedarfe insbesondere der asiatischen und osteuropäischen Volkswirtschaften in Infrastrukturprojekte – werden auch aus heutiger Sicht noch gelten können.

Der zweite Trend äußerte sich darin, dass Projektfinanzierungen verstärkt auch in neuen Branchen eingesetzt wurden. Neu war zu diesem Zeitpunkt der Einsatz dieser Finanzierungstechnik bei der Realisierung von Mautstraßen, Gefängnissen, Freizeiteinrichtungen oder Telekom-Vorhaben. Diese Bereiche zeichneten sich durch ein höheres Projektrisiko im Vergleich zu den traditionellen Bereichen aus. Häufig trugen die Sponsoren auch nach der Fertigstellung noch einen Teil des Projektrisikos und mussten sich darüber hinaus um den Betrieb der Anlage kümmern. Als eine Konsequenz der Finanzkrise werden sich voraussichtlich die beiden Trendpfeile wieder umkehren: Risikoreduzierung ist das Gebot der Stunde (siehe hierzu Kapitel 2.2).

Ein weiterer Erklärungsstrang für die Existenz von Projektfinanzierungen stellt auf die Notwendigkeit ab, dass Projekte teilweise ein derart großes Volumen annehmen, dass sie die

Für Carolin und Lars Eric

Vorwort

In diesen Monaten ein Buch zu veröffentlichen, das ein Finanzierungsthema behandelt, verlangt auch, sich mit der Finanzkrise zu beschäftigen. Während ihre Ursachen zwar hinlänglich bekannt sind, materialisieren und verschärfen sich sukzessive ihre Folgen im Finanzsektor und der Realwirtschaft, während weltweit die Regierungen versuchen, die wirtschaftlichen Folgen durch punktuelle Stützungsmaßnahmen, Konjunkturprogramme und geeignete Regulierungsschritte einzudämmen. Die Auswirkungen auf die Finanzierung von Unternehmen und Projekten sind vielschichtig und beeinflussen sich wechselseitig. Da die Krise andauert und sich die verschiedenen Folgen und Gegenmaßnahmen dynamisch verändern, soll von einer statischen Betrachtung der Märkte für Erneuerbare Energien abgesehen werden. Stattdessen soll an den geeigneten Stellen auf die unmittelbaren Konsequenzen der Finanzkrise auf die Marktstruktur, das Marktverhalten und das Marktergebnis hingewiesen werden.

Gleichwohl: Erneuerbare Energien sind eines der Top-Themen der letzten Jahre. Der Schutz des Klimas und die Sicherung der Energie- und Rohstoffversorgung gehören zu den wichtigsten Herausforderungen des 21. Jahrhunderts. Stern-Report, die Erdgasversorgung in Europa, Al Gore's Dokumentarfilm „Eine unbequeme Wahrheit" haben – um nur ein paar aktuelle Stichworte zu nennen – das Thema auch einer breiten Öffentlichkeit vermittelt, politische Entscheidungen zur Förderung Erneuerbarer Energien durchziehen das erste Jahrzehnt des neuen Jahrtausend und auch die volkswirtschaftliche Bedeutung der Erneuerbaren Energien hat sich dramatisch gesteigert. Vorbei sind die Zeiten, in denen die Erneuerbaren Energien als Utopien von grünen Gutmenschen belächelt oder als ein weiteres Beispiel für staatliche Subventionsverschwendung verunglimpft wurden. Im Gegenteil: Energiegewinnung aus Erneuerbaren Energien wird praktisch weltweit als wichtiger Bestandteil der Klimaschutz- und Energiepolitik verstanden. Die Erfolgsgeschichte der grünen Energie ist ungebrochen und verspricht, die nächsten Jahre anzudauern.

Umso erstaunlicher ist, dass im Zusammenhang mit Erneuerbaren Energien nur sehr selten das Thema ihrer Finanzierung angesprochen wird. Stattdessen fokussiert sich die Diskussion zumeist auf die politischen, ökologischen und technischen Aspekte von Erneuerbaren Energien. Dies mag gerade damit zusammenhängen, dass Wind-, Solar- und Bioenergievorhaben erst seit wenigen Jahren Größenordnungen erreicht haben, die ihre Finanzierung zu einem für viele Banken und andere Finanzintermediäre interessanten Geschäft machen und sich in einer jungen Branche gewisse Finanzierungsstandards erst etablieren müssen.

Die Erfahrung zeigt, dass Erneuerbare Energien fast ausnahmslos in der Form einer Projektfinanzierung realisiert werden, sobald sie sich in einem Markt etabliert haben. Unternehmensfinanzierungen sind höchst selten geworden und kommen vielleicht dann zum Einsatz, wenn es sich um eine neue Technologie handelt oder andere, gravierende Risikofaktoren bestehen, die den Einsatz einer Projektfinanzierung unmöglich machen. Gleichzeitig reicht das Spektrum der Darstellungen zum Thema Projektfinanzierung von handlungsorientierten Managementempfehlungen hin zu eher theoretisch ausgerichteten Abhandlungen, die sich an Entstehungsgründen und Ausgestaltungen von Projektfinanzierungen abarbeiten.

Wir wollen im Folgenden bei drei Hauptformen der Erneuerbaren Energien zeigen, nach welchen Grundsätzen diese über die Methodik einer Projektfinanzierung dargestellt werden können. Dies verlangt einerseits aufzuzeigen, welche praxisorientierten Lösungen entwickelt wurden, aber auch zu analysieren, welche ökonomischen Wirkzusammenhänge für den Erfolg oder das Scheitern von Projekten verantwortlich sind. Beide Aspekte, die Erfahrungen aus der Praxis und die kritische Reflexion der Praxis durch die wirtschaftliche Logik sind notwendig, um einerseits nicht in ein geübtes, aber möglicherweise fragwürdiges Verhaltensmuster zu verfallen und andererseits sich nicht in einer abstrakten, die Finanzierungspraxis zu stark vernachlässigenden Theorie zu verlieren.

Dazu werden wir in den beiden ersten Hauptabschnitten die Grundlagen für eine Projektfinanzierung und die Grundsätze des Risikomanagementprozesses darstellen, die spiegelbildlich auch für andere Vorhaben gelten, die über die Methodik einer Projektfinanzierung dargestellt werden. Diese Abschnitte bilden eine allgemeine Basis für das Verständnis der drei Branchenkapitel. Neben einer ökonomischen Analyse der Vertragsgestaltung und Partnerwahl im Rahmen der Risikoallokation (siehe 3.3) werden die Risikofelder behandelt, die bei allen Formen Erneuerbarer Energien eine gleichartige Rolle spielen (siehe 3.4 und die folgenden Kapitel).

In den sich anschließenden Branchenkapiteln stellen wir die drei Hauptformen von Erneuerbaren Energien vor, nämlich Solarenergie, Bioenergie und Windenergie. Für jeden dieser drei Bereiche analysieren wir das spezifische Risikoprofil, stellen geeignete Risikomanagementsysteme vor und zeigen im Anschluss, wie sich beispielhaft Finanzierungsstrukturen entwickeln lassen. Wir konzentrieren uns in den Branchenkapiteln auf die hautsächlich relevanten Risikoaspekte, da die allgemeinen Risikoaspekte bereits in den beiden ersten Hauptabschnitten dargestellt worden sind.

Das Schreiben dieses Buches wäre ohne die Unterstützung zahlreicher Kollegen nicht möglich gewesen. Ihnen sei an dieser Stelle recht herzlich gedankt. Explizit gilt mein Dank Nils Driemeyer, Jan Engelbert, Matthias Hoffmann, Kristof Krull und André Rolff, die ein besonderes Augenmerk auf die Branchenkapitel gelegt haben und mit Liebe zum Detail wertvolle Hinweise gegeben haben. Fehler habe ich selbstverständlich selbst zu verantworten.

Inhalt

Belastungsgrenzen von Unternehmen überschreiten würden, wenn sie diese in ihren Bilanzen ausweisen müssten. Im internationalen Wettbewerb um Großprojekte kommt der Finanzierung zunehmend eine Schlüsselfunktion zu. In nicht seltenen Fällen wird sogar eine Kapitalbeteiligung am Projekt erwartet, so dass der Exporteur zum Investor wird.

Es überrascht nicht, dass sich Projektfinanzierungen besonders häufig dort finden, wo Kristallisationspunkte wirtschaftlichen und technischen Fortschritts hohe Investitionssummen erfordern (Suezkanal und Bagdadbahn sind historische Beispiele, Offshore-Windparks die Beispiele der Gegenwart). Das Instrument ist aber keineswegs auf spektakuläre Großvorhaben beschränkt, sondern mittlerweile auf vielen Feldern – wie Rohstofferschließungen, Anlagenbau, Telekommunikation und sonstigen öffentlichen Infrastruktureinrichtungen – etabliert. Seit etwa Mitte der neunziger Jahre hat die Projektfinanzierung Vorhaben in den Bereichen Erneuerbare Energien entdeckt.

Das globale Volumen von Vorhaben, die als Projektfinanzierungen realisiert worden sind, unterstreicht die gesamtwirtschaftliche Bedeutung dieser Finanzierungsmethode[1]:

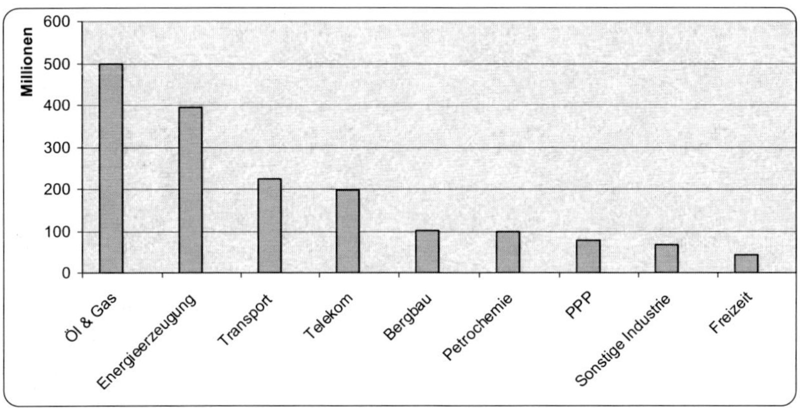

Abbildung 2: Globales Projektfinanzierungsvolumen (Investitionen in MUSD zwischen 1996 und 2006)

Fragt man nach den Gründen für das große, aber auch zyklische Interesse an Projektfinanzierungen, so empfiehlt es sich, die wahrgenommenen Chancen der verschiedenen Projektbeteiligten zu betrachten:

Hohe Finanzierungs-Volumina, wie sie für viele Projektfinanzierungen typisch sind, können oder wollen einzelne Unternehmen nicht aufbringen. Ursache hierfür kann einerseits die finanzielle Situation der Unternehmen sein, andererseits der Wunsch nach Risikobegrenzung. Die Projektfinanzierung eröffnet den Projektträgern die Möglichkeit, ein Projekt überhaupt bzw. mehrere Großprojekte gleichzeitig durchzuführen und somit eine Risikostreuung zu

1 J.D. Finnerty 2007, S. 35.

erreichen. Dieser Projektträger, für den international der Begriff Sponsor verwandt wird, initiiert das Projekt und entscheidet über die Durchführung, ist mithin im Zentrum des Vorhabens.

Im Rahmen des Exports von Industrieanlagen hat die Projektfinanzierung in den vergangenen Jahren eine zunehmende Bedeutung erlangt. Ein auf die Bedürfnisse der ausländischen Kunden abgestimmtes Finanzierungskonzept ist neben der Produktqualität und dem Verkaufspreis häufig ausschlaggebend für den erfolgreichen Abschluss von Exportgeschäften. Aufgrund der zum Teil hohen Länderrisiken und der Devisenknappheit ausländischer Staaten ist die Finanzierung der Exportgeschäfte über den Weg der klassischen Exportfinanzierung, bei dem die finanzielle Basis der Exportgeschäfte durch Lieferanten- und Bestellerkredite sichergestellt wird, in vielen Fällen nicht mehr durchführbar. Da bei der Projektfinanzierung die Wirtschaftlichkeit des Projektes und nicht die Bonität des ausländischen Schuldners über die Finanzierungsmöglichkeit bestimmt, kann die Projektfinanzierung vielfach als geeignetes Finanzierungskonzept eingesetzt werden, wobei sie sich dem Instrumentarium der Exportfinanzierung bedient. Die Anlagenlieferanten können so ihren internationalen Vertrieb fördern. Dieses Potential der Projektfinanzierung ist derzeit noch nicht annähernd ausgeschöpft, sei es, weil die Kombination von Projektfinanzierung und Anlagenbau verhältnismäßig neu ist, sei es, weil der europäische Binnenmarkt bisher hinreichend auskömmliche Geschäftsmöglichkeiten geboten hat. Welches Potential hier besteht, wird deutlich, wenn man sich die weltweite Entwicklung der Nutzung der Solarenergie (Abbildung 54) und Windenergie (Abbildung 92) der letzten Jahre vor Augen hält, die mehrheitlich über eine Projektfinanzierung realisiert worden sind.

Aufgrund der Kapitalintensität der meisten Projektfinanzierungen ist für eine erfolgreiche Projektdurchführung die Aufnahme von Fremdkapital insbesondere bei Geschäftsbanken erforderlich. Für die Attraktivität dieses Bereiches sind sowohl die üblicherweise höheren Zinsmargen als im „klassischen Firmenkundengeschäft“ als auch die Provisionserträge, die für Dienstleistungen, wie Beratung und Strukturierung, erhoben werden, verantwortlich. Darüber hinaus kann es aus Risikosicht sinnvoll sein, überschaubare Risikostrukturen eines konkreten Investitionsvorhabens und der damit verbundenen Kreditvergabe (Objektrisiko) anstelle intransparenter Risiken einer vergleichsweise unspezifischen unternehmensbezogenen Kreditvergabe (Globalrisiko) zu bewerten. Da die Sponsoren ihr Risiko tragendes Eigenkapital tendenziell stark begrenzt halten wollen, entfällt auf das Fremdkapital der weit überwiegende Anteil zur Finanzierung des Gesamtvorhabens.

Da es nicht ein Unternehmen gibt, das sämtliche Chancen und Risiken des Vorhabens nimmt, bedürfen Projektfinanzierungen ausgeklügelter und belastbarer vertraglicher Gestaltungen, die den vielfältigen rechtlichen, wirtschaftlichen und technischen Einflussgrößen Rechnung tragen. Vertragsgestaltungen bei Projektfinanzierungen müssen die heterogenen Interessen der Beteiligten ausgleichen und in ein konstruktives Gleichgewicht bringen, das stabil und dynamisch ist und dem Projekt seine Entwicklungschancen belässt. Festzuhalten ist bereits an dieser Stelle, dass die Verteilung der Chancen und Risiken auf die verschiedenen Projektbeteiligten eine der Kernaufgaben für die Strukturierung einer Projektfinanzierung ist. Festzuhalten ist aber auch, dass gute Projektfinanzierungen maßgeschneiderte, unkonventionelle Lösungen sind, da das Chance-Risiko-Profil des Projektes mit den Präferenzen und Möglichkeiten der Projektbeteiligten verzahnt werden muss.

Zusammenfassend wird man als Erklärung für den Einsatz von Projektfinanzierungen die Möglichkeit nennen können, Risiken bei typischerweise großvolumigen Projekten auf mehrere Parteien zu verteilen und Bilanzverlängerungen bei einzelnen Gesellschaften durch die Ausgliederung auf eine Einzweckgesellschaft zu vermeiden.

Wir wollen mit dieser Darstellung Hinweise geben, welche Aspekte bei der Analyse von Unternehmen zu beachten sind, die an einer Projektfinanzierung beteiligt sind. Es empfiehlt sich, dabei im ersten Schritt die verschiedenen Projektbeteiligten und ihre jeweilige Einbindung in eine Projektfinanzierung darzustellen.

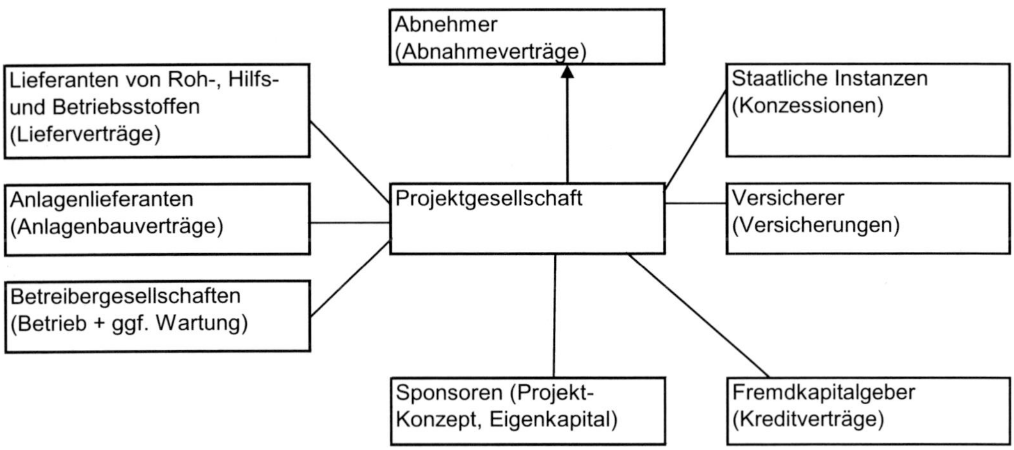

Abbildung 3: Schematische Projektstruktur bei einer Projektfinanzierung

Ausgehend von diesen Möglichkeiten einer Einbindung der Projektbeteiligten in eine Projektfinanzierung lassen sich drei zentrale Projektgruppen unterscheiden:

Ausgangspunkt und Angelpunkt der Analyse ist zunächst die Projektgesellschaft, die rechtlicher und wirtschaftlicher Träger des Vorhabens und regelmäßig auch eine Partei der unmittelbaren Projektverträge ist. Sie steht im Zentrum der Analyse und ist regelmäßig mit allen anderen Projektbeteiligten in Form bilateraler Verträge verbunden. Eine Analyse auch der anderen Beteiligten verlangt daher in jedem Fall auch eine Analyse dieser bilateralen Verträge und erfordert ein Grundverständnis über die Funktionsweise einer Projektfinanzierung.

Eng verbunden mit der Projektgesellschaft sind ihre Gesellschafter, die so genannten Sponsoren, die als die wirtschaftlichen Treiber des Vorhabens zu verstehen sind und dem Projekt die Eigenmittel zur Verfügung stellen. Aus Ihrer Sicht stellt sich eine Projektfinanzierung als ein typisches Investitionsvorhaben dar, idealtypisch verbunden mit Anfangsauszahlungen während der Errichtungsphase und Einzahlungen während der Betriebsphase aus den freien Cashflows des Projektes. Für die Sponsoren geht es damit bei der Realisierung einer Projektfinanzierung um eine langfristige Investitionsentscheidung.

Darüber hinaus sind mit der Projektgesellschaft verschiedene Projektgruppen vertraglich verbunden, deren sinnvolle Ausgestaltung der Vertragsbeziehung für das Funktionieren des Projektes, aber auch das wirtschaftliche Wohlergehen dieser Projektbeteiligten von zentraler Bedeutung ist. Hier steht häufig das zeitliche – mehr oder weniger eng befristete – Austauschverhältnis zwischen der Projektgesellschaft und dem jeweiligen Projektbeteiligten im Vordergrund: Ist zu erwarten, dass die jeweiligen Parteien ihren Verpflichtungen vertragsgemäß nachkommen können? Einige Überlegungen in diesem Zusammenhang haben wir im Kapitel 3.3.3 und den Folgekapiteln angestellt.

Um eine Analyse der Beteiligten an einer Projektfinanzierung vorzunehmen, muss man sich in einem ersten Schritt darüber Klarheit verschaffen, in welche der drei Gruppen der Projektbeteiligte einzuordnen ist. Dabei muss man sich darüber im Klaren sein, dass im Zentrum einer Projektfinanzierung immer die Ausgestaltung der Verträge mit der Projektgesellschaft steht. Daher werden wir im Folgenden zunächst detailliert darstellen, wie der Risikomanagementprozess bei einer Projektgesellschaft erfolgt. An den geeigneten Stellen wird darauf verwiesen, wie die Sponsoren und die anderen Projektbeteiligten eingebunden werden und welche Teilaspekte hier zu untersuchen sind.

Erst mit Erreichen der Fertigstellung wird der Sponsor im Regelfall der Limited-Recourse-Finanzierung aus seiner Haftung gegenüber den Banken frei: Ergeben sich nun Schieflagen beim Projekt, kann der Sponsor nicht mehr belangt werden. Sein Risiko ist in dieser Phase darauf beschränkt, dass er sein Eigenkapital und damit auch das Eigentum am Projekt verlieren kann. Analysiert man die Bilanz des Sponsors, sollte man versuchen herauszufinden, in welche Projektfinanzierungen er eingebunden ist, in welcher Risikophase sich diese befinden (Errichtung oder Betrieb) und welche potentiellen Verpflichtungen sich aus den Projekten noch ergeben können (z.B. Nachschusspflicht von Eigenkapital). Umgekehrt ist selbstverständlich die Performance des Projektes von Bedeutung für den Sponsor und seine Vermögens-, Ertrags- und Finanzlage, da sein Investment in dem Projekt gerade diesen Hintergrund hatte.

Bei der Analyse der weiteren Projektbeteiligten sollte man darauf achten, wie die vertragliche Beziehung zwischen der Projektgesellschaft und dem Projektbeteiligten ausgestaltet ist und welche Rechte und Pflichten sich aus ihr ableiten lassen. Je nach Ausgestaltung des Vertrages und der Bedeutung des Projektes für den Projektbeteiligten kann sich zwischen ihnen auch ein gegenseitiges Abhängigkeitsverhältnis ergeben.

Die folgende Darstellung ist in folgenden Stufen aufgebaut: Einleitend sollen im folgenden Abschnitt die Grundlagen und typischen Eigenheiten der Projektfinanzierung dargelegt werden. Ausgangspunkt und Angelpunkt der folgenden Kapitel ist der Begriff des Risikomanagements, der als Controlling-Prozess der Risikoerkenntnis, Risikoquantifizierung und Risikoallokation interpretiert wird. Neben der reinen – die Erfahrungen der Praxis widerspiegelnden – Darstellung der Risiken, den typischen Risikoträgern und den Risikoinstrumenten werden die Charakteristika einer Projektfinanzierung zum Anlass genommen, die verschiedenen Aspekte des Risikomanagements aus ökonomischer Sicht zu analysieren. In diesem Zusammenhang sind jeweils der Umfang und die Bedeutung der einzelnen Risikokomponenten zu bewerten, Möglichkeiten der Risikoallokation aufzuzeigen und die Konsequenzen dieses Risikomanagementprozesses für eine Projektfinanzierung darzustellen. Die eher allgemeinen Überlegungen werden dabei durch branchenspezifische Fallbeispiele aus verschiedenen Projektfinanzierungen illustriert.

Es sind insbesondere zwei Problemkomplexe, die bei Projektfinanzierungen relevant sind: Da ein Projekt sich durch seine Einmaligkeit auszeichnet, kann man vermuten, dass Informationsasymmetrien, also die ungleiche Verteilung des unvollkommenen Wissens, besonders zu beachten sind. In diesem Verständnis bezieht sich Informationsasymmetrie zunächst auf zwei Parteien, deren Wissen ungleich verteilt ist. Derjenige, der einen Wissensvorsprung hat, kann diesen zu seinem Vorteil ausnutzen. Gemeinhin wird untersucht, was die Ursachen für diese Informationsasymmetrien sind und welche Mechanismen entwickelt werden können, um diese Ungleichheit möglichst weitgehend zu verringern. Diesem Ansatz wird auch hier gefolgt.

Die Bedeutung der Informationsasymmetrie bei Projektfinanzierungen liegt wesentlich darin begründet, dass Erfahrungswerte mit dem jeweiligen Projekt zu Projektbeginn nicht vorliegen können und stattdessen die Tragfähigkeit eines Projektes auf Basis von zukunftsbezogenen Größen beurteilt wird. Eine Reihe von Vertragsgestaltungen im Bereich der Projektfinanzierung ist als ein Instrument zu verstehen, Informationsasymmetrien möglichst weitgehend zu verringern. Eine erste Aufgabe des Risikomanagements besteht darin, die Interessenlage und die Informationslage der verschiedenen Projektbeteiligten zu erkennen und transparent zu machen. Dieser Erkenntnisprozess bildet die Grundlage für die Zuordnung verschiedener Einzelrisiken auf die verschiedenen Projektbeteiligten. Dieses Thema, das gemeinhin unter dem Oberbegriff Risikoallokation behandelt wird, wird hier als eine zentrale Aufgabe der Projektgestaltung in den Mittelpunkt der Betrachtung gerückt (siehe 3.3.5 und die Folgekapitel). Das Zusammenspiel zwischen dem jeweiligen Risikoträger, dem von ihm gewählten Risikoinstrument und seiner Nutzeneinschätzung aus dem Projekt wirken wiederum zurück auf das jeweilige Risiko und das die reale Ebene abbildende Cashflow-Modell (siehe 3.6.2).

Die Frage, wie jede der Parteien insgesamt ihr Wissen verbessern kann, wird hingegen selten thematisiert. Damit ist ein zweites Problemfeld die übliche Methodik von Prognoserechnungen, die auf den traditionellen Verfahren der dynamischen Investitionstheorie basieren. Wir werden deutlich machen, wie die Wirtschaftlichkeit und Robustheit eines Vorhabens beurteilt wird und welche Konsequenzen sich hieraus für die Finanzierung ergeben.

2 Begriffliche Abgrenzungen

2.1 Formen und Eigenheiten von Erneuerbaren Energien

Spricht man über Erneuerbare Energien, hat man regelmäßig eine Fülle unterschiedlicher Nutzungsoptionen vor Augen. Das gilt für die verschiedenartigen Quellen, die zum Einsatz kommenden Technologien und die Verwendungsarten. Als Energiequellen können derzeit das Sonnenlicht, die Windenergie, die Wasserkraft, Biomasse und Erdwärme genutzt werden. Unter der Nutzung von Erneuerbaren Energien kann ein Prozess der Energiewandlung in Strom und Wärme verstanden werden, dem aus Quellen wie der Sonne, dem Wind oder der Erdwärme ständig Primärenergie zugeführt wird, ohne dass dabei begrenzte Ressourcen verbraucht werden. Entscheidend ist dabei aber das Prinzip der Nachhaltigkeit, d.h. dass eine Ressource nicht stärker beansprucht wird, als sie sich regenerieren kann.

Primärenergiequelle	Erscheinungsform	Natürliche Energieumwandlung	Technische Energieumwandlung	Sekundärenergie
Sonne	Biomasse	Biomasse-Produktion	Heizkraftwerk/Konversions-anlage	Wärme, Strom, Brennstoff
	Wasserkraft	Verdunstung, Niederschlag, Schmelzen	Wasserkraftwerk	Strom
	Windkraft	Atmosphärenbewegung	Windenergieanlage	Strom
		Wellenbewegung	Wellenkraftwerk	Strom
	Solarstrahlung	Meeresströmung	Meeresströmungskraftwerk	Strom
		Erwärmung der Erdoberfläche und Atmosphäre	Wärmepumpen	Wärme
			Meereswärmekraftwerk	Strom
		Solarstrahlung	Fotolyse	Brennstoff
			Solarzelle, PV-Kraftwerk	Strom
			Kollektor, solarthermisches Kraftwerk	Wärme
Mond	Gravitation	Gezeiten	Gezeitenkraftwerk	Strom
Erde	v.a.Isotopen-Zerfall	Geothermik	Geothermisches Heizkraftwerk	Wärme, Strom

Abbildung 4: Übersicht über Art und Nutzungsformen Erneuerbarer Energien

Die Unterscheidung in diese unterschiedlichen Betrachtungsarten der Erneuerbaren Energien dient einerseits der Klassifizierung dieser Energieformen. Andererseits ermöglicht sie, den

Anknüpfungspunkt politischer Förderung, die Förderung der Sekundärenergieerzeugung und die technische Seite ihrer Nutzung darzustellen, die wiederum bei der Ausgestaltung des spezifischen Risikomanagements entscheidend ist.

Bei der Vielzahl an Erneuerbaren Energien musste eine Auswahl vorgenommen werden, die zunächst berücksichtigt, inwieweit diese Formen bereits heute als Projektfinanzierung realisiert worden sind oder wahrscheinlich in nächster Zukunft realisiert werden können. Dies hat zur Konsequenz, dass Anwendungen, die eher auf lokaler Ebene eine Bedeutung haben, hier ausgeblendet werden, da eine Projektfinanzierung regelmäßig auch eine bestimmte Finanzierungsgröße verlangt. Zugegebenermaßen bedeutet dieses Kriterium bereits eine „Anmaßung von Wissen", nämlich insoweit, als vermutet wird, welche Formen in der nächsten Zukunft als Projektfinanzierungen realisiert werden können. Dies hängt aber von einer Reihe von Faktoren ab, die kaum abschätzbar sind, wie politische Entscheidungen zur Förderung einzelner Energieträger, die technologische Entwicklung und die Marktakzeptanz und Wettbewerbsentwicklung für den jeweiligen Energieträger. Im Ergebnis werden damit vor allem Formen dargestellt, die einen gewissen technologischen Reifestatus erreicht haben, und sich nicht in einer sehr dynamischen, frühen Phase ihrer Entwicklung befinden.

Als weiteres Kriterium werden nur die Formen Erneuerbarer Energien weiter betrachtet, die ein gewisses Investitions- und Finanzierungsvolumen aufwiesen. In diesem Zusammenhang mag ein Blick auf die Entwicklung der Strombereitstellung aus Erneuerbaren Energien in Deutschland hilfreich sein:

	Wasserkraft	Windenergie	Biomasse	Photovoltaik	Geothermie	Gesamte Leistung
1990	4.403	56	190	2	0	4.651
1991	4.403	98	k.A.	3	0	4.504
1992	4.374	167	227	6	0	4.774
1993	4.520	310	k.A.	9	0	4.839
1994	4.529	605	276	12	0	5.422
1995	4.521	1.094	k.A.	16	0	5.631
1996	4.563	1.547	358	24	0	6.492
1997	4.578	2.082	400	36	0	7.096
1998	4.601	2.875	409	45	0	7.930
1999	4.547	4.444	604	58	0	9.653
2000	4.572	6.112	664	100	0	11.448
2001	4.600	8.754	790	178	0	14.322
2002	4.620	11.965	952	258	0	17.795
2003	4.640	14.609	1.137	408	0	20.794
2004	4.660	16.629	1.550	1.018	0	23.857
2005	4.680	18.428	2.192	1.881	0	27.181
2006	4.700	20.622	2.740	2.831	0	30.893

Abbildung 5: Entwicklung der installierten Leistung in MW aus Erneuerbaren Energien in Deutschland[2]

2 Weitere Zahlen und Fakten zu Erneuerbaren Energien in Deutschland und weltweit finden sich in der vom Bundesumweltministerium herausgegebenen Broschüre „Erneuerbare Energien in Zahlen – nationale und inter-

Aufgrund dieses Kriteriums wird der große Bereich Wasserkraft nicht weiter betrachtet, da sein Nutzungspotential in Deutschland weitgehend ausgeschöpft ist, die Technik sehr langlebig ist und damit Neu- und Ersatzinvestitionen im Vergleich zu den anderen Formen der Erneuerbaren Energien nur eine geringe Bedeutung innehaben[3]. Das bedeutet nun gerade nicht, dass eine Projektfinanzierung für Wasserkraft ungeeignet ist, im Gegenteil: Gerade die sehr zuverlässige und langlebige Technik lässt diesen Bereich als prädestiniert für eine Projektfinanzierung erscheinen.

Als Ergebnis dieser Abgrenzungen werden die drei Teilbereiche Windenergie, Solarenergie und Energie aus Biomasse betrachtet. In jedem dieser drei Bereiche bestehen Teilbereiche, die aus heutiger Sicht noch in einer frühen politischen oder technischen Entwicklung sind. Es kann durchaus sein, dass in einigen Jahren die Struktur der Erneuerbaren Energien sich anders gestaltet als es sich aus heutiger Sicht ergibt. Gleichwohl spiegelt die hier gewählte Unterscheidung die kommerziell heutigen dominanten Formen der Erneuerbaren Energien wider.

In den einzelnen Fachkapiteln werden die verschiedenen Nutzungsoptionen Erneuerbarer Energien systematisch in Kurzform beschrieben. Dabei wird das generelle Nutzungsprinzip beschrieben, die verschiedenen Verwendungsformen aufgezeigt und der heutige technologische Entwicklungsstand skizziert, soweit diese Teilaspekte für eine Realisierung als Projektfinanzierung relevant sind.

2.2 Die Finanzkrise – Ursachen und Folgen

Kein Ereignis der letzten Jahrzehnte hat die Finanzmärkte so hart und nachhaltig getroffen wie die globale Finanzkrise, die in 2007 einsetzte, im Herbst 2008 mit der Pleite von Lehman entscheidend an Dynamik gewann und seitdem auf die Realwirtschaft übergegriffen hat. Ihre Auswirkungen auf die Realwirtschaft sind vor dem Hintergrund der staatlichen Stützungsmaßnahmen derzeit noch verhangen. Klar ist nur: Unternehmen sehen sich derzeit Schwierigkeiten ausgesetzt, die teilweise ohne historisches Vorbild sind und die außerhalb des üblichen Auf und Ab der konjunkturellen Entwicklung liegen. Dass es noch in 2009 zu einer Trendwende und damit einem wirtschaftlichen Aufschwung kommen wird, ist nicht absehbar.

Wir wollen daher lediglich einige grundsätzliche Überlegungen anstellen, welche Konsequenzen sich aus der Finanzmarktkrise für Projektfinanzierungen im Bereich Erneuerbare Energien ergeben.

---

nationale Entwicklung“ – Stand Juni 2007. Zu der Broschüre gibt es regelmäßige Aktualisierungen auf der Homepage des BMU.

3 Auf internationaler Ebene ist dagegen eine Reihe von Vorhaben in Bau. Das größte und aufgrund der damit verbundenen Probleme bekannteste Vorhaben ist sicher der „Drei-Schluchten-Staudamm“ in China. Der Zubau an großen Wasserkraftwerken betrug weltweit im Jahr 2005 zwischen 12 und 14 GW, angeführt von China (7 GW), Brasilien (2,4 GW) und Indien (1,3 GW).

Dazu empfiehlt es sich, in einem ersten Schritt die Ursachen der Krise zu analysieren. Eine kursorische Beschreibung hierzu könnte wie folgt aussehen: Die Banken haben im großen Umfang Hypotheken gekauft und in hypothekenbesicherten Wertpapieren gebündelt, die dann in großen Mengen ins Ausland transferiert und von den erwerbenden Finanzinstituten überbewertet worden sind. Die Rating-Agenturen, deren Bewertungen eher auf optimistischen Erwartungen beruhten, sind an dieser Überbewertung in erheblichem Maße mitverantwortlich gewesen. Viele Marktteilnehmer haben erwartet, dass sich das Steigen der Immobilienpreise unbegrenzt fortsetzen würde. Man hat geglaubt, dass wegen des wachsenden Wohlstands, der zunehmenden Bevölkerung und der Knappheit des Bodens Häuserpreise nur zunehmen können. Diese Erwartung ist inzwischen gründlich enttäuscht worden.

Letztlich fügten sich die Banken die größten Schäden selbst zu: Die Höhe ihrer Darlehen, die sie selbst aufgenommen hatten, um diese Darlehen zu vergeben, waren im Vergleich zu ihrem Eigenkapital so hoch, das jede ernsthafte Störung der Vermögenspreise – also eine Welle von Ausfällen oder ein steiler Anstieg der Liquiditätsprämien – verheerende Folgen für die Geschäfts- und Überlebensfähigkeit einer Bank haben konnte. Die Hypotheken waren regelmäßig mit variablen Zinssätzen und einer Beschränkung der Haftung des Hypothekennehmers auf den Wert des Hauses ausgestattet. Als die Zentralbank der USA den Leitzins in kurzen Abständen sukzessive erhöhte, zogen es viele Kreditnehmer vor, den Kreditgebern die Häuser zurückzugeben und alternativ zur Miete zu wohnen. Dadurch wurde ein massives Fallen der Häuserpreise ausgelöst.

Ein grundlegendes Problem, dem sich die Regulierungsdiskussion stellen muss, wird die Frage sein, welche Funktion die Banken für die Gesellschaft übernehmen soll. In den letzten 20 Jahren haben die Banken zunehmend versucht, mit Eigenheim- oder gewerblichen Immobilien Geld zu verdienen. Da sich dies als schwierig erwiesen hat, müssen die Banken in Zukunft entweder ihr Kreditvolumen insgesamt reduzieren oder einen Teil der Kredite an die Unternehmen umlenken.

Unmittelbare Folgen der Finanzkrise sind:

- Eine erschwerte Liquiditätsbeschaffung der Banken mit der Folge erhöhter Refinanzierungkosten. Zusätzlich wird es für die Banken erfahrungsgemäß schwieriger, bereits vereinbarte Kreditkonditionen unter erschwerten wirtschaftlichen Rahmenbedingungen tatsächlich einzuhalten.
- Kreditrisiken sind schwieriger zu syndizieren, was insbesondere großvolumige Finanzierungen hart trifft.
- Die erhöhte Unsicherheiten auf den Finanzmärkten sowie der Realwirtschaft führen zu starken Schwankungen sowohl beim Kreditangebot wie seinen Preisen. Kreditlaufzeiten und Zinsbindungen werden von vielen Banken gekürzt.
- Stagnierende Nachfrage löst auf den Ressourcenmärkten einen Preisverfall aus und führt bei vielen Produktionssektoren zu Überkapazitäten und Umsatzeinbrüchen.

In der Gesamtbetrachtung führt dies zu einem verringerten Kreditangebot. Insgesamt ist ein Trend zu risikoärmeren Finanzierungen erkennbar: Laufzeiten verkürzen sich, die Risikoneigung der Banken wird geringer und größere Underwritings werden nicht mehr angeboten.

Allerdings scheint die eigentliche Risikobewertung der Aktiva – zumindest im Bereich Projektfinanzierungen – weitgehend unverändert geblieben zu sein.

Für den Teilbereich der Projektfinanzierungen wird man folgende Entwicklungen berücksichtigen müssen:

- Die Methodik der Projektfinanzierung verlangt eine sehr detaillierte Planung und Gestaltung der Projektverträge, so dass eine sehr tiefgehende Risikoanalyse erfolgt.
- Keine der Rahmendaten, die das Wachstum der Erneuerbaren Energien getragen hat, hat sich durch die Finanzkrise geändert. Versorgungssicherheit und ökologische Zielsetzungen sind nach wie vor hoch oben auf der politischen Agenda.
- Allerdings steht auch die Erneuerbare Energien-Industrie vor großen Herausforderungen, wobei die einzelnen Branchen zum Teil sehr unterschiedlich betroffen sind, abhängig u.a. von der eingesetzten Technologie, ihrer Exportorientierung und den jeweiligen Absatzmärkten.
- Banken werden sich zunehmend auf risikoarme Produkte konzentrieren: Dies bezieht sich auf das gesamte Risikoprofil und die Wirtschaftlichkeit eines Vorhabens, den Umfang der Einbindung der Projektbeteiligten und die Stabilität des Regulierungssystems. Es werden Länder mit Festpreissystemen und stabilen Rahmenbedingungen bevorzugt. Onshore-Windenergieprojekte, Photovoltaikvorhaben sowie kleinere Biomassevorhaben werden weniger unter der Finanzkrise zu leiden haben als etwa Geothermie- oder Offshore-Windenergieprojekte, die ein größeres technisches Risiko aufweisen. Die Umsetzung von Projekten wird mehr Zeit erfordern.
- Auf den Auslandsmärkten ergeben sich zunehmende Schwierigkeiten der Projektfinanzierung durch sich verschlechternde Länderratings, die sich auf die Projektfinanzierung in den jeweiligen Ländern auswirken und eine teils dramatische Schwächung lokaler Banken. Verstärkt durch die Wirtschaftskrise treten im Auslandsgeschäft damit neue Risiken auf:
    - Die Rentabilität von Vorhaben im Bereich Erneuerbare Energien nimmt ab, da die Energiepreise in Ländern ohne Festpreissystem sinken.
    - Länder, die eine budgetfinanzierte Förderung Erneuerbarer Energien vorsehen, weisen ein erhöhtes Risiko auf (z.B. Spanien).
    - Unter den Ländern mit einer hohen Bedeutung der Erneuerbaren Energien ist ein Subventionswettlauf wahrscheinlich.

Allerdings gibt es auch Effekte, die Teilbereiche der Erneuerbaren Energien entlasten können:

- Die Verfügbarkeit von Anlagen bessert sich.
- Rückgänge bei den Rohstoffpreisen – u.a. von Stahl und Kupfer – entlasten die Kostenseite der Hersteller.
- Die Refinanzierungssätze haben sich deutlich ermäßigt.

Grundsätzlich werden folgende Schritte wichtig sein, damit der Weg aus der Krise gefunden wird:

- Die staatlichen Rettungspakete für die Banken werden zügig umgesetzt, um den Interbankenmarkt wieder in Gang zu bringen.
- Die Banken müssen ihre risikobehafteten Aktiva umfassend transparent bewerten, um verlorenes Vertrauen schrittweise wieder aufzubauen.
- Volkswirtschaften, die in Schwierigkeiten geraten, werden durch international koordinierte Maßnahmen gestützt.

Ein weiterer, zentraler Baustein eines Stabilisierungskonzeptes ist die Förderung von Investitionen in den Sektoren Erneuerbare Energien durch supranationale, nationale und regionale Förderinstitute. Beispielhaft seien die Maßnahmen der Bundesregierung im Rahmen der beiden Konjunkturpakete genannt: Als Teil des ersten Konjunkturpaketes hat die Bundesregierung Ende 2008 bereits mit dem KfW-Sonderprogramm Maßnahmen eingeleitet, die den drohenden Finanzierungsproblemen im Unternehmensbereich begegnen. Mittelständische Unternehmen können sich für Investitionen und Betriebsmittel kurz- und langfristige Liquidität mit Haftungsübernahme durch die KfW beschaffen. Dieses Programm sieht darüber hinaus vor, dass Geschäftsbanken für Projektfinanzierungen im Bereich Erneuerbare Energien mit einem Volumen von in der Regel M€ 50 Darlehen und Haftungsfreistellungen gewährt werden können. Alternativ beteiligt sich die KfW mit bis zu 50 % des Fremdkapitalbedarfs als Risikopartner in einem Bankenkonsortium. Die Kreditlaufzeit des Programms kann bis zu 15 Jahre betragen, davon acht Jahre mit fester Zinsbindung. Zum Teil werden damit die Finanzierungsprobleme auch großer Vorhaben – zumindest was die Verfügbarkeit von Finanzmitteln anbelangt – gelöst. Im Rahmen des Konjunkturpaketes 2 wird das mittelstandsorientierte KfW-Sonderprogramm weiter ausgeweitet, flexibilisiert und zunächst bis Ende 2010 fortgeschrieben. Wesentlich ist dabei die generelle Öffnung für Langfristprojektfinanzierungen über 15 Jahre bis zu einem Kreditbetrag von in der Regel 200 M€ pro Projekt. Über diese Grenze hinaus können somit z.B. Windenergie-Offshore-Projekte wegen ihres hohen Finanzierungsbedarfs das Programm grundsätzlich nutzen[4].

Unsere Prognose für die Teilbereiche der Erneuerbare Energien lautet:

- Der langfristige Wachstumskurs für Erneuerbare Energien bleibt intakt. Aufgrund stabiler, konjunkturunabhängiger Cashflows wird die Assetklasse der Erneuerbaren Energien als eine der ersten wieder gefragt sein. Die Entwicklung der einzelnen Teilbereiche ist dabei durchaus unterschiedlich.
- Kleine und mittelgroße Vorhaben in stabilen Ländern werden Fremdfinanzierung finden. Die Konditionen bleiben auf höherem Niveau als vor der Krise. Anlagenverfügbarkeiten und Anlagenpreise verbessern sich.

4 Eine Stärkung der Geschäftsbanken bei der Refinanzierung (*Funding*) von Auslandsfinanzierungen im Bereich Erneuerbare Energien ist angesichts der hohen Exportorientierung enorm wichtig. Eine Ausdehnung der Finanzierungen für EE-Projektfinanzierungen ab 10 M€ auf das Ausland wäre daher wünschenswert, scheint aber schwer realisierbar zu sein.

- Die Umsetzung von Großprojekten und Projekten mit erhöhten Risiken (z.B. Technik, Länderrisiko) verzögert sich. Davon werden etwa die Offshore-Windparks und Solarthermie-Vorhaben betroffen sein, aber auch einzelne Länder, insbesondere in Osteuropa.
- Die Bedeutung von reinen Finanzinvestoren geht zurück, während Versorgungsunternehmen ihren Einfluss ausbauen.
- Die weitere Entwicklung über 2009 hinaus hängt von der Dauer und Tiefe der Krise ab. Durch das dynamische Wachstum der letzten Jahre ist die Branche, die stark von kleineren und mittleren Unternehmen geprägt ist, stark fremdfinanziert, so dass eine länger andauernde Finanz- und Wirtschaftskrise zu ernsten Schwierigkeiten führt und Finanzierungen nicht mehr gesichert sind.

2.3 Die Bedeutung Erneuerbarer Energien – Herausforderungen und Perspektive

Als Einstieg in die Bedeutung der Erneuerbaren Energien bietet sich ein Blick auf die Struktur des Primärenergieverbrauchs in der EU des Jahres 2001 und 2005 an:

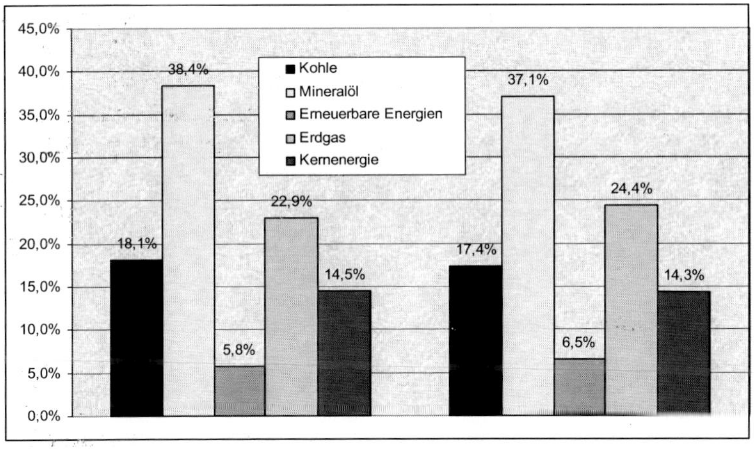

Abbildung 6: Struktur des Primärenergieverbrauchs in der EU (Vergleich 2001 und 2005)

Erkennbar ist, dass die Erneuerbaren Energien ihren Anteil am Primärenergieverbrauch gesteigert haben, aber ihre absolute Bedeutung mit 6,5 % immer noch verhältnismäßig gering ist. Gleichzeitig betrug der Importanteil 2001 noch 49,0 %, während er in 2005 auf 54,5 % anstieg. Dieses Bild ist in den Kontext einer nachhaltigen Energieversorgung zu stellen, die auf den drei Säulen einer sicheren, preisgünstigen und ökologisch verträglichen Energieversorgung fußt.

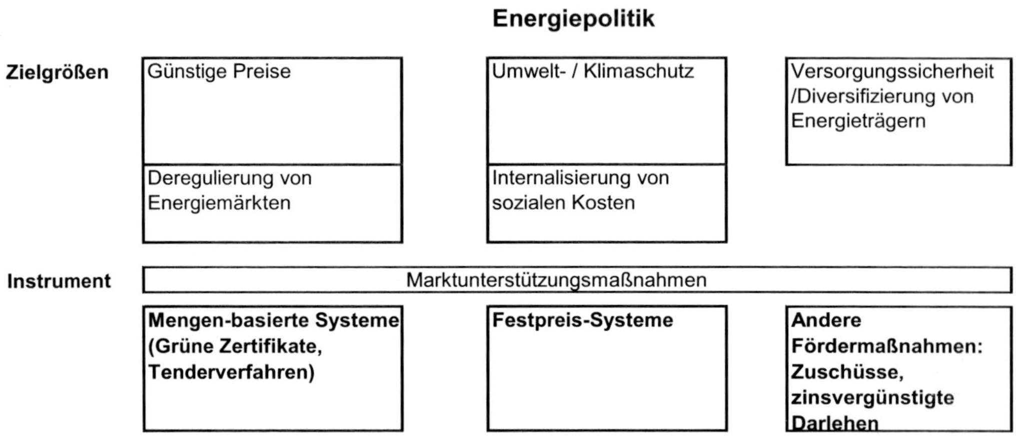

Abbildung 7: Säulen der Energiepolitik

Zentral für die Perspektive der Erneuerbaren Energien sind die zugrunde liegenden politischen Grundsatzentscheidungen zu einer Energieversorgung. Dabei kommt den Effizienzzielen sowohl auf Ebene der EU als auch der der Mitgliedsstaaten herausragende Bedeutung zu:

	EU	**Deutschland (5.12.07)**
Anteil Erneuerbare Energien am Endverbrauch	20 % im Jahre 2020	25-30 % im Jahre 2020
Anteil Biokraftstoffe am Endverbrauch	10 % im Jahr 2020	12 - 15 % im Jahr 2020 (seit 10/2008: CO2-Minderung durch Biokraftstoffe um 7 %)
Reduktion des Primärenergieverbrauchs	..um 20 % bis 2020	
Reduktion des Treibhausgasausstoßes	..um 20 % bis 2020 (Referenz: 1990)	..um 40 % bis 2020 (Referenz: 1990)

Abbildung 8: Energieeffizienzziele in der EU und Deutschland

Die Perspektive Erneuerbarer Energien zeigt sich zunächst an den erreichten und prognostizierten Zuwachszahlen in den jeweiligen Branchen und Ländern. Allerdings ist es auch notwendig, auf Restriktionen hinzuweisen, die einem weiteren Wachstum im Wege stehen können, aber auch Rückwirkung auf zukünftige und bestehende Projektfinanzierungen haben können.

Die EU-Kommission hat am 23.01.2008 den Richtlinienentwurf zur Förderung Erneuerbarer Energien in Europa vorgelegt. Der Entwurf sieht u.a. vor, dass sich der Anteil Erneuerbarer Energien am deutschen Endenergieverbrauch bis zum Jahre 2020 von heute 8,4 % auf mindestens 18 % erhöht. EU-weit wird ein Anteil von 20 % angestrebt. Dabei ist wichtig, dass nicht jedes einzelne Mitgliedsland einen Anteil von 20 % am gesamten Energieverbrauch erreichen muss. Vielmehr werden die EU-Mitgliedsstaaten den jeweiligen Rahmenbedingungen entsprechend jeweils unterschiedliche individuelle Ziele zu erfüllen haben. Diese Rahmenbedingungen hängen u.a. vom bisherigen Anteil der Erneuerbaren Energien an der Energiebereitstellung sowie vom länderspezifischen, bis 2020 realisierbaren Ausbaupotential ab.

Inzwischen wurden in 18 EU-Mitgliedsstaaten Einspeisevergütungsmodelle etabliert, wobei die Länder mit Einspeiseregelung gegenüber solchen mit einer Quotenregelung deutlich dominieren. Die verschiedenen wesentlichen Vergütungsmodelle werden in den verschiedenen Branchenkapiteln vorgestellt (Solar: Abbildung 61, Wind: 6.2.1, Biomasse: Abbildung 76).

Seit Inkrafttreten des EEG im Jahr 2000 hat sich der Anteil der Erneuerbaren Energien am Primärenergieverbrauch in Deutschland von 2,6 % auf rund 5,8 % im Jahr 2006 und am gesamten Endenergieverbrauch von 3,8 % auf rund 8,0 % im Jahr 2006 mehr als verdoppelt. Annähernd verdoppelt hat sich der Anteil der Erneuerbaren Energien am gesamten Bruttostromverbrauch: von 6,3 % auf etwa 11,6 % im Jahr 2006.

Für Deutschland hat die Windenergie mit rund 30,7 Mrd. kWh oder rund 5 % im Jahr 2006 den größten Beitrag der Erneuerbaren Energien am Bruttostromverbrauch gehabt, gefolgt von der Wasserkraft, die mit rund 20,7 Mrd. kWh stabil blieb. Einen starken Aufwärtstrend zeigte die Stromerzeugung aus Biomasse, die sich mit rund 8,0 Mrd. kWh im Jahr 2004 auf rund 15,6 Mrd. kWh 2006 steigern konnte, was einem Anteil von etwa 2,5 % am Bruttostromverbrauch entspricht. Strom aus Photovoltaik konnte fast vervierfacht werden von 0,6 Mrd. kWh 2004 auf rund 2,2 Mrd. kWh 2006 – dies entspricht einem Anteil von etwa 0,4 % der Bruttostromversorgung.

Getragen wurde die positive Entwicklung der Erneuerbaren Energien in Deutschland durch die Mindestvergütungssätze des EEG. Ohne die finanzielle Förderung nach dem EEG sind die Erneuerbaren Energien gegenüber der konventionellen Stromerzeugung im Regelfall noch nicht konkurrenzfähig. Dies gilt für unterschiedliche Sparten in unterschiedlichem Maße. Dabei nähert sich die Windkraft an Land am ehesten der Wettbewerbsfähigkeit, während die Photovoltaik davon noch vergleichsweise weit entfernt ist. Neben den betriebswirtschaftlichen Kosten müssen in einer volkswirtschaftlichen Betrachtung die externen Effekte der Erneuerbaren Energien, aber auch der traditionellen Energien betrachtet werden[5].

Angesichts der Ziele auf EU-Ebene ist es erforderlich, dass das Wachstum der Erneuerbaren Energien insbesondere bei der Strom- und Wärmebereitstellung in den nächsten Jahren beibehalten wird bzw. auf der Wärmeseite noch deutlich gesteigert wird, da diese Bereiche bisher noch eine deutlich effizientere Nutzung regenerativer Energiequellen ermöglichen als etwa biogene Kraftstoffe.

---

5 Diese Betrachtung soll hier nicht weiter vertieft werden, da die Quantifizierung externer Effekte einerseits sehr schwierig ist, andererseits durch Werturteile geprägt ist.

Die Herausforderungen für die Weiterentwicklung Erneuerbarer Energien liegen darin, einerseits ihre Systemintegration zu gewährleisten und andererseits sicherzustellen, dass sie sich langfristig aus eigener Kraft an den Märkten etablieren.

In liberalisierten Strommärkten ist es ein wirtschaftliches Ziel von Stromerzeugern, Stromtransporteuren und -verteilern, den Strombedarf der Endkunden jederzeit zu decken, ohne dabei eine überdimensionierte Reserveleistung vorzuhalten oder umgekehrt Gefahr zu laufen, einen Engpass zu erleiden. Ebenso wie Laständerungen auf der Verbraucherseite stellt die fluktuierende Einspeisung aus Erneuerbaren Energieträgern ins Stromnetz auf Erzeugerseite ein Problem dar. Das schwankende Angebot von Wind- und Sonnenenergie führt dazu, dass auf der Erzeugerseite zum Teil erhebliche Schwankungen entstehen. Biomassekraftwerke sowie weitgehend auch Laufwasserkraftwerke können dagegen flexibel betrieben werden oder stellen ein grundlastäquivalentes Energieangebot zur Verfügung.

Darüber hinaus ist die räumliche Wirkung der Stromerzeugung aus Erneuerbaren Energien zu berücksichtigen. Dies gilt vor allem hinsichtlich ihrer Auswirkungen auf die Stromnetze. Höhere Transportaufwendungen ergeben sich aus der zunehmend asymmetrischen Verteilung der Anlagen. Die meisten europäischen Netze sind so aufgebaut worden, dass von einzelnen, wenigen Versorgungszentren die Endkunden bis zur Peripherie bedient werden. Wind- und Solarenergie werden regelmäßig eher in der Peripherie erzeugt, wofür die Netze nicht notwendigerweise ausgelegt sind. Dabei spielt insbesondere die Konzentration der Windenergie in windhöffigen, gleichzeitig meist nachfrageschwächeren Regionen eine Rolle. Ganz besondere Anforderungen resultieren mit Blick auf die zu überbrückende Entfernungen wie auf die zu erwartende Gesamtleistung zukünftig aus der Anbindung der Offshore-Windenergie an das Festland und den Strom-Transport zu den Verbrauchsschwerpunkten (siehe 6.2.4). Dies gilt gleichermaßen aber auch für die Zukunftsperspektive der Nutzung der Solarenergie, die rein von der Ressourcen-Seite einen Einsatz in der Nähe des Äquators nahe legt (siehe hierzu Abbildung 61).

Neben den Netzplanern stellt die fluktuierende Strombereitstellung aus Wind und Sonne die Kraftwerkseinsatzplanung vor hohe Anforderungen. Im Unterschied zu Lastschwankungen, für die sich aufgrund langjähriger praktischer Erfahrung Vorhersagesysteme etabliert haben, sind derartige Systeme für die Integration Erneuerbarer Energien noch vergleichsweise am Anfang. Die Energiewirtschaft hat sich in der Vergangenheit an die Besonderheiten zentraler Erzeugungsanlagen, wie z.B. der Kernenergie, angepasst, die in der Regel in Grundlast betrieben werden. Ebenso wird in Zukunft eine Anpassung an die Erfordernisse eines veränderten, dezentralen und heterogenen Anlagenparks erfolgen müssen. Die zukünftige Aufgabe der Kraftwerks- und Netzbetreiber ist, den Betrieb der einzelnen Erzeugungsanlagen so zu kombinieren, dass die Nachteile einzelner Technologien möglichst durch die Vorteile anderer Technologien ausgeglichen werden.

Der Ausgleich zwischen realer und prognostizierter Leistung erfolgt auf der Erzeugerseite im Bereich der Minutenreserve heute durch bewusst in Teillast gefahrene Mittellastkraftwerke oder schnellstartende Spitzenlastkraftwerke. Mit dieser Regelenergiebereitstellung ist auch ein erheblicher Aufwand verbunden. Grundsätzliche Alternativen sind der Einsatz von Stromspeichern, das Lastmanagement, die Entwicklung von Hybridkonzepten sowie das Erzeugungsmanagement.

Für die zukünftig verstärkte Nutzung Erneuerbarer Energien ist die weitere Ausschöpfung von Kostendegressionspotentialen notwendig. Allein bei der Windenergie haben sich die spezifischen Kapitalkosten in den letzten beiden Jahrzehnten jeweils halbiert, weitere Kostensenkungen sind aber noch nötig. Die Möglichkeiten zur Kostenreduktion sind dabei vielfältig – sie bestehen aus Lerneffekten, Technologiesprüngen (z.B. Blattform bei Windenergieanlagen, Übergang auf Dünnschichtsolarzellen im Bereich der Solarenergie) und einer dynamischen Marktentwicklung (Masseneffekte). Dies unterscheidet Erneuerbare Energien von konventionell erzeugtem Strom, wo zwar auch technologische Verbesserungen einsetzen, die aber in ihrem Entwicklungszyklus weiter fortgeschritten sind, so dass dieser Prozess nun langsamer vor sich geht. Darüber hinaus ist zu bedenken, dass Effizienzfortschritte bei konventionellen Energieträgern durch zeitgleich steigende Preise bei den Energieträgern wieder kompensiert werden. Die mit dem Ausbau Erneuerbarer Energien verbundenen Kosten hängen damit maßgeblich von der Entwicklung der fossilen Energieträgerpreise zusammen (siehe auch Abbildung 79).

Die Windenergie liefert derzeit einen entscheidenden Beitrag zur Stromerzeugung im regenerativen Energiemix und aller Voraussicht wird dies auch in der Zukunft so sein. Zudem hat die Windenergie den Vorteil, dass die Erzeugungskosten im Vergleich zu anderen erneuerbaren Technologien inzwischen relativ günstig sind. Dagegen hat die Energiequelle Wind den Nachteil, dass sie entsprechend den sich ändernden Windverhältnissen zum Teil starken Schwankungen unterworfen ist (siehe Abbildung 105, im Gegensatz zu Solarenergie, siehe Abbildung 56). Biomasse- und Biogasanlagen sind hingegen in gewissen Grenzen regelbar und daher grundsätzlich geeignet, die Schwankungen der Windstromerzeugung auszugleichen.

2.4 Projektfinanzierung bei Erneuerbaren Energien

Für den Begriff der Projektfinanzierung finden sich in der Literatur durchaus unterschiedliche Definitionsansätze, wobei sich der von NEVITT/FABOZZI weitgehend durchgesetzt hat:

> *Projektfinanzierung ist die Finanzierung eines Vorhabens, bei der ein Darlehensgeber zunächst den Fokus der Kreditwürdigkeitsprüfung auf die Cashflows des Projektes als einzige Quelle der Geldmittel, durch die die Kredite bedient werden, legt*[6].

Aus dieser Definition werden regelmäßig drei Merkmale einer Projektfinanzierung abgeleitet, nämlich die Cashflow-Orientierung (*Cash-Flow Related Lending*), das Prinzip der Risikoteilung zwischen den Projektparteien (*Risk Sharing*) und die Verbuchung der Projektkredite in der Projektgesellschaft (*Off-Balance-Financing*)[7]. Wir werden uns diese drei Teilaspek-

6 P. K. Nevitt; F.J. Fabozzi 2000, S. 1. Auch wenn durch die Definition eine klare Betonung auf die Rolle der Kreditgeber gelegt werden, wird im Folgenden die Methode der Projektfinanzierung aus dem Blickwinkel der verschiedenen Projektbeteiligten vorgenommen. Die deutliche Betonung der Rolle der Kreditgeber ist gleichwohl sinnvoll, da sie den mit Abstand größten Anteil an der Gesamtfinanzierung übernehmen sollen und damit ihre Akzeptanz dafür entscheidend ist, ob eine Projektfinanzierung zustande kommt oder nicht.

7 W. Schmitt 1989, S. 24.

te im Folgenden näher ansehen und anhand von ökonomischen Kriterien näher beleuchten. Doch zunächst ein Wort zur methodischen Herangehensweise.

Eine Form der Darstellung von Projektfinanzierungen besteht darin, die praktischen Gegebenheiten einer Projektfinanzierung innerhalb einer bestimmten Branche darzustellen, eine andere darin, die theoretischen Aspekte einer Projektfinanzierung zu beleuchten. Tatsächlich ist die Einbringung von Praxiserfahrungen für ein erfolgreiches Gestalten von Projektfinanzierungen unabdingbar, allerdings auch keine hinreichende Voraussetzung. Auch wenn die Gesamtheit von Projektfinanzierungen zur Zufriedenheit aller Beteiligten gelaufen sein sollte, gibt es einige spektakuläre Projektfinanzierungen, die mit großem Eklat gescheitert sind. Ein Weg zu einem tieferen Verständnis von Projektfinanzierungen ist daher die Analyse von Projekten und die Erklärung des praktischen Handelns durch die Theorie.

Neben den oben genannten drei Teilaspekten ist aber die Existenz eines abgrenzbaren Projektes die Grundvoraussetzung für die Entscheidung für die Projektfinanzierung. Der Aspekt der Abgrenzbarkeit bezieht sich dabei auf verschiedene Dimensionen:

1. Einmaliger, azyklischer Ablauf: Die Projektparteien finden sich zusammen und schließen regelmäßig bilateral mit der Projektgesellschaft ein Bündel von Verträgen miteinander ab, um einen einmaligen Prozess zu gestalten. Damit bewegt man sich auf der Ebene impliziter oder relationaler Verträge, auf die später noch einzugehen sein wird. An dieser Stelle soll insoweit der Hinweis genügen, dass das Spektrum von Verträgen aufgrund fehlender Verfügbarkeit eingeschränkt ist und dass andererseits bei einer Projektfinanzierung der Versuch unternommen wird, möglichst alle Eventualitäten explizit zu erfassen, was naturgemäß nie vollständig gelingen kann.
2. Terminierbarkeit von Anfangs- und Endzeitpunkten: Das Projekt lässt sich zeitlich abgrenzen. Damit wird der Spielraum für vertragliche Unvollständigkeiten geringer, da sich ein begrenzter Zeitraum eher überschauen und durch geeignete vertragliche Regelungen abdecken lässt. Projekte mit einer unbefristeten Laufzeit würden die Gründung eines auf Dauer angelegten Unternehmens erforderlich machen und eine Ausgestaltung einer Vertragsstruktur sehr erschweren, da sich kaum ein Unternehmen auf unbegrenzte Zeit in ein Joint Venture einbinden lässt. Dem steht auch nicht entgegen, dass es bestimmte Projektfinanzierungen gibt, die seit Jahrzehnten bestehen. Bei diesen Fällen sind regelmäßig die Projektfinanzierungen zurückgeführt worden und die Anlagentechnik funktioniert weiterhin. Bei unserer Betrachtung geht es um die Bestimmtheit der anfänglichen Projekt- und Kreditverträge.
3. Speziell formulierte Zielvorgabe: Die verschiedenen Sponsoren verfolgen per se unterschiedliche Zielsetzungen. Um ein Projekt aber gemeinschaftlich realisieren zu können, müssen sie für ein Projekt ein gemeinsames Ziel definieren und verfolgen. Damit sind die Unternehmensziele der verschiedenen Sponsoren von den spezifischen Zielen des jeweiligen Projektes zu trennen. Natürlich wird ein Sponsor nicht ein Projekt verfolgen, das seinen Unternehmenszielen zuwider läuft. Sofern er einem Projekt aber grundsätzlich zugestimmt hat, erscheint es aus Gründen der Komplexitätsreduktion geboten, die für das Projekt tätigen Mitarbeiter auf diese möglichst konkreten Projektziele zu verpflichten und nicht ständig mit der Palette der möglichen Ziele des Sponsors zu konfrontieren. Dies schließt eine regelmäßige Evaluierung der Zielkongruenz nicht aus.

4. Definierte finanzielle, personelle und sachlich-materielle Ressourcen: Zurechnungsprobleme dieser Art stellen sich bei einer Projektfinanzierung wie einer Unternehmensfinanzierung. Bei einer Projektfinanzierung müssen diese Zurechnungsprobleme jenseits der relativen Gestaltungsfreiheit des internen Rechnungswesens möglichst nachvollziehbar und belastbar gelöst werden. Da die unterschiedlichen Sponsoreninteressen in der Projektgesellschaft gebündelt werden, müssen auch die jeweiligen Vertragsbeziehungen zwischen Sponsoren und Projektgesellschaft erkennbar zu Marktpreisen ausgestaltet werden. Ist das Projekt hingegen zu eng und mit unscharfen Schnittstellen mit dem restlichen Unternehmensprogramm verknüpft, müssen die anderen Sponsoren befürchten, durch für sie nicht erkennbare oder auch nicht nachweisbare Vermögensverschiebungen übervorteilt zu werden. Möglich wäre dies durch überhöhte Transferpreise oder die Belastung der Projektgesellschaft durch Risiken des Sponsors.

Grundvoraussetzung für die Durchführung einer Projektfinanzierung ist die Existenz eines Vorhabens, das sich durch einmalige, azyklische Abläufe, eine befristete Laufzeit, eine besondere Zielvorgabe und genau zurechenbare finanzielle, personelle und sachliche Ressourcen auszeichnet. Organisatorisch verlangt dies, eine eigenständige Projektgesellschaft zu gründen, die den Zweck der Projektdurchführung hat[8]. Diese rechtlich selbständige Trägergesellschaft wird so ausgestaltet, dass sie rechts- und kreditfähig ist: sie schließt sowohl den Kreditvertrag als auch alle anderen Projektverträge ab und verwirklicht das Vorhaben im eigenen Namen.

Wie stehen nun die oben beschriebenen Kriterien Off-Balance-Finanzierung, Cashflow-Orientierung und Risk Sharing in Bezug zu einem so beschriebenen Projekt?

Zur Durchführung des Projektes wird eine Projektgesellschaft gegründet, die die Fremdkapitalmittel selbst aufnimmt und als Kreditschuldner gegenüber den Banken auftritt. Die Sponsoren sind lediglich als Eigenkapitalgeber in Höhe ihrer Einlage beteiligt, wodurch diese, sofern seitens der Muttergesellschaft keine Garantien oder Bürgschaften gestellt werden, im Regelfall nicht haften[9]. Weder Vermögen noch Schulden des Vorhabens erscheinen in der Bilanz der Sponsoren, möglicherweise – je nach geltendem Bilanzrecht – nicht einmal die vom Sponsor gegebenen Garantien.

Die Regeln der Konsolidierung sind grundlegend für die Strukturierung von Projektfinanzierungen. Grundsätzlich gilt, dass eine Off-Balance Sheet-Finanzierung dann möglich wird, wenn keiner der Projektsponsoren mehr als 50 % am Eigenkapital der Projektgesellschaft hält. Eigenkapitalbeteiligungen bis zu 50 % werden lediglich als Beteiligung an anderen Unternehmen ausgewiesen. Allerdings ist zu berücksichtigen, dass bestimmte langfristige Verpflichtungen, wie z.B. Garantien oder sonstige Verpflichtungen (so genannte *credit enhancements*), die typischerweise von den Sponsoren insbesondere in der Fertigstellungsphase gewährt werden, im Anhang bzw. den Notes des Sponsors angegeben und erläutert werden müssen. Selbstverständlich variieren diese Verpflichtungen in Abhängigkeit von Regelungen in dem jeweiligen Rechnungslegungssystem und müssen jeweils überprüft werden. So bein-

---

8 M. Hupe 1995, S. 12 f.

9 M. Hupe 1995, S. 12.

halten etwa die Konsolidierungsgrundsätze nach US-GAAP nicht nur eine Beteiligung von mehr als 50 %, sondern auch die Existenz einer tatsächlichen Kontrolle der Tochtergesellschaft und die ökonomische Verflechtung („*economic complementarity*") zwischen Mutter und Tochter[10].

Angestrebt wird regelmäßig, die Projektkredite direkt in der Bilanz der Projektgesellschaft auszuweisen, so dass die Jahresabschlüsse der Sponsoren durch die Kreditaufnahme nicht berührt werden (**Off-Balance Sheet-Financing**). Die Kreditfinanzierung des Projektes außerhalb ihrer eigenen Bilanzen könnte – so eine vielfach gehörte Meinung – für die Sponsoren den Vorteil haben, dass ihr Kredit-Standing unberührt bleibe, da die Verschuldung der Projektgesellschaft nicht in der Bilanz der Sponsoren erscheine und damit ihre Bilanzkennzahlen durch das Projekt nicht beeinflusse[11]. Richtig ist sicherlich, dass die Einhaltung bestimmter Bilanzkennzahlen eine wichtige Konvention der Finanzierungsmärkte ist. Insofern kann eine Off-Balance-Sheet-Finanzierung als ein Hilfsmittel einer Kapitalmarkt orientierten Bilanzpolitik verstanden werden. Allerdings ist es unrealistisch zu vermuten, die Marktpartner würden die Existenz von Projektfinanzierungen nicht wahrnehmen oder sich keine Gedanken über die möglichen Verbindlichkeiten und Verpflichtungen des Sponsors machen. Im Regelfall sollte man davon ausgehen, dass es anderen Marktteilnehmern gelingt, die Verbindlichkeiten des Sponsorunternehmens einzuschätzen, seien diese nun bilanziell sichtbar oder nicht.

Ökonomisch viel wichtiger ist die Frage, welche Verbindlichkeiten die Sponsoren tatsächlich übernehmen. Regelmäßig werden Projektfinanzierungen mit einer beschränkten Haftung (*Limited Recourse*) der Sponsoren durchgeführt (siehe dazu auch 3.3.5). Eine solche Haftungsbeschränkung sollte auch hinter dem Off-Balance-Sheet-Charakter einer Projektfinanzierung stehen, denn unabhängig von bilanzrechtlichen Gestaltungsmöglichkeiten bilanziert ein seriöser Kaufmann sein Vermögen und seine Schulden und somit auch eine Projektfinanzierung, wenn und soweit ihm aus ihr Verbindlichkeiten erwachsen. Das ökonomisch interessante Merkmal ist eben, dass es bei der Projektfinanzierung gelingt, Projekte durchzuführen, ohne dass die Gesellschafter für sie in vollem Umfang haften. Diese so genannte Stand-Alone-Eigenschaft eines Projektes verdient besondere Aufmerksamkeit, und zwar unabhängig davon, wie sie sich in der konkreten Vertragsgestaltung und damit in den Bilanzen der Sponsoren niederschlägt.

Aufgrund der fehlenden ökonomischen Vergangenheit und der hohen Spezifität sowie der damit verbundenen geringen Veräußerungswerte der Aktiva ist bei der Kreditentscheidung eine Verfahrensweise wie beim konventionellen Kreditgeschäft unzweckmäßig. Eine die Bonität begründende Historie kann die Projektgesellschaft nicht aufweisen und die Gesellschafter der Projektgesellschaft (Sponsoren) wollen ihre Haftung möglichst weitgehend

---

10 E.C. Buljevich; Y.S. Park 1999, S. 122 f.

11 Dieser vermutete Vorteil setzt aber stillschweigend voraus, dass die Kreditgeber des Sponsors sich bei ihren Kreditentscheidungen formal an der Kennzahlenanalyse orientieren und die Wirklichkeit der Belastung des Kreditnehmers nicht wahrnehmen. Ökonomisch wird man kaum den Erfolg von Projektfinanzierungen aus diesem Charakteristikum ableiten können; wenn überhaupt, dann ein Bedarf an besseren Techniken der Kreditwürdigkeitsprüfung bei Banken.

begrenzen, so dass auch ihre zukünftige Zahlungsfähigkeit nicht das primäre Beurteilungskriterium für die Kreditentscheidung eines Fremdkapitalgebers sein kann[12]. Vielmehr steht bei der Kreditwürdigkeitsprüfung die eigenständige Lebensfähigkeit des Projektes, die sich in der Erwirtschaftung eines für die Deckung der Betriebskosten und des geplanten Schuldendienstes ausreichenden Cashflow äußert, im Mittelpunkt der Betrachtung[13]. Die Orientierung der Kreditvergabe am zukünftigen Cashflow eines Projektes bezeichnet man als **Cashflow Related Lending**. Hierbei handelt es sich um eine prospektive Kreditwürdigkeitsprüfung nach dem Beurteilungskriterium der Cashflow-Entwicklung[14].

Um einem Missverständnis vorzubeugen: Auch ein Unternehmenskredit kann ausschließlich aus dem zukünftigen Cashflow des Unternehmens zurückgeführt werden, nicht aber aus der „Substanz" des Unternehmens oder der Option, Sicherheiten zu verwerten. Die Unterscheidung der Projektfinanzierung zu anderen Finanzierungsformen zeigt sich in folgenden Aspekten:

1. Zunächst werden in umfänglichen Modellen Cashflow-Projektionen erstellt, die Hinweise zur Ausgestaltung der Finanzierungsstruktur und der Ausgestaltung der Tilgungen geben. Die quantifizierbaren Risiken werden durch unterschiedliche Szenarien und Simulationsrechnungen der als wahrscheinlich angesehenen Cashflow-Projektion bewertet. Dies ist ein erster wichtiger Unterschied zur Unternehmensfinanzierung.
2. Auch wenn Unternehmenskredite wie Projektfinanzierungen aus zukünftigen Cashflows zurückgeführt werden, gibt es einen zentralen Unterschied zwischen beiden Finanzierungsmethoden. Bei einer Projektfinanzierung macht die explizite vertragliche Gestaltung der Projektverträge die Gesamtheit der Cashflows des Projektes aus, die damit die Wirtschaftlichkeit des Vorhabens und seine Einschätzung auf Seiten der Kreditgeber bestimmen. Damit wird es auch möglich, hinlänglich verlässliche Aussagen zur Prognostizierbarkeit der Cashflows zu machen. Diese Möglichkeit besteht regelmäßig nicht bei einer Unternehmensfinanzierung, da sich die Vielzahl der Unternehmensaktivitäten typischerweise nicht in eine Summe vertraglich separierbarer und planbarer Aktivitäten zerlegen lässt. Damit ist die Entscheidung über eine Unternehmensfinanzierung im Kern darauf angewiesen, die bisherigen Jahresabschlüsse als Indikator für zukünftigen Unternehmenserfolg und Basis für die Kreditbedienung heranzuziehen.

Die Stabilität und Auskömmlichkeit des Cashflows sind die entscheidenden Kriterien für die Beurteilung der Wirtschaftlichkeit eines Projektes. Risikomanagement bei Projektfinanzierungen meint folglich die Sicherstellung eines stabilen Cashflows. Auch die Behandlung der Einzelrisiken, die wir uns in den späteren Kapiteln ansehen werden, ist vor diesem Hintergrund zu würdigen. Die Initiatoren eines Projektes mobilisieren Fremdmittel auf Basis des Projektes und seines Cashflows und nicht auf Basis der Aktiva der Initiatoren[15]. Die genaue Kalkulation zukünftiger Cashflows ist die Grundlage für das Risk Sharing in der für Projekt-

---

12 Jütte-Rauhut 1988, S. 52; H. Uekermann 1992, S. 11 f.

13 D. Tytko 1999, S. 10.

14 P.B. Grosse 1990, S. 43.

15 P. Benoit 1996, S. 1.

finanzierungen typischen Form. Die dabei erforderlichen präzisen vertraglichen Regelungen basieren auf einer entsprechend genauen Kalkulationsgrundlage und wirken zusätzlich auf sie zurück.

Bei konventionellen Unternehmensfinanzierungen besitzen die Kreditgeber uneingeschränkte Rückgriffsrechte auf das Vermögen des Unternehmens und in Abhängigkeit von der Rechtsform auch auf das Privatvermögen der Eigenkapitalgeber. Bei Projektfinanzierungen liegt aufgrund der rechtlichen und wirtschaftlichen Eigenständigkeit sowie des *Cash Flow Related Lending* ein anderes Risikotragfähigkeitsprinzip vor. Da sich Fremdkapitalgeber üblicherweise nicht nur mit dem prognostizierten Cashflow und den hochspezifischen Aktiva des Projektes als Sicherheit zufrieden stellen lassen, muss sichergestellt sein, dass die verschiedenen Projektbeteiligten einen hinreichenden Anreiz verspüren, dem Projekt zu einem nachhaltigen Erfolg zu verhelfen[16]. Diese für Projektfinanzierungen typische Verteilung von Risiken nennt man **Risk Sharing**, die die Grundlage für eine tragfähige Projekt- und Finanzierungsstruktur ist[17]. Tragfähig heißt, dass die Struktur der vertraglichen Verpflichtungen der Projektbeteiligten auch beim Eintritt von Risiken eine Fortführung des Projektes zulässt[18]. Die Ausgestaltung der Risikostruktur, also die vertraglichen Ausgestaltungen der Risikoträgerschaft, ist das zweite, neben der Cashflow-Orientierung zentrale Beurteilungskriterium zur Beurteilung der Tragfähigkeit einer Projektfinanzierung.

Wichtig ist, dass sich das Konzept der Risikoteilung üblicherweise nicht allein auf die Einbindung der Sponsoren bei bestimmten Risiken[19] gegenüber dem Kreditinstitut bezieht, sondern vielmehr auf die Einbindung der zentralen Projektbeteiligten, die sich vertraglich verpflichten, bestimmte Risiken vom Projekt fernzuhalten[20]. Die Risikozuweisung setzt voraus, dass die einzelnen Risiken nach ihrer Risikoursache identifiziert und auf Risikoträger separiert werden, um sie dann durch geeignete vertragliche Regelungen (Risikoinstrumente) den einzelnen Parteien zuzuordnen. Solche Risiken können etwa Fertigstellungsrisiken, Zulieferrisiken, verfahrenstechnische Risiken, Marktrisiken oder Länderrisiken betreffen. Diese Form des Risk Sharing ist für die Projektfinanzierung derart zentral, dass wir uns in den verschiedenen folgenden Kapiteln mit der Risikoidentifizierung und Risikoallokation durch geeignete Verträge beschäftigen werden.

Wichtig ist: Die Risikoallokation führt regelmäßig gerade nicht zu einer Reduzierung des gesamten Projektrisikos, sondern vielmehr zu einer Verteilung auf verschiedene Projektbeteiligte. Diese Verantwortlichen für ein Risiko können darauf Einfluss nehmen, ob das Risiko eintritt oder nicht. Ein Hersteller kann durch entsprechende Aktivitäten sicherstellen, dass die von ihm gebaute Anlage auch langfristig gut funktioniert. Ein Abnehmer hat über seine

16 Vgl. Heintzeler, F.: Neue Entwicklungen in der internationalen Projektfinanzierung, in: Geld, Banken und Versicherungen, 1984, Bd. 1, Karlsruhe, S. 651-664, hier S. 652, zit. nach Schulte-Althoff 1992, S. 38.

17 W. Schmitt 1989, S. 23; H. Uekermann 1993, S. 14 ff.

18 Die Frage, ob die Chance-Risiko-Position für den Projektbeteiligten auch dann noch auskömmlich ist, wenn er das in Rede stehende Risiko zu tragen hat, beinhaltet philosophische Bestandteile und lässt sich nur in Ansätzen in kaufmännischer Verhandlung nach Marktgesetz bewältigen.

19 Der Begriff „Risiko“ wird in 3.1 definiert.

20 Hupe 1995, S. 19.

Vertriebskanäle besseren Zugang zum Markt für den Projekt-Output, ein Lieferant kann für Liefersicherheit sorgen. Kurz: Risk Sharing zielt darauf ab, Verhaltensanreize so zu setzen, dass alle Projektbeteiligte konsequent das Wohl des Projektes verfolgen.

Konstitutive Merkmale einer Projektfinanzierung sind die beiden Merkmale *Cashflow-Related Lending* und *Risk Sharing*, während das Charakteristikum *Off-Balance Sheet Financing* als zusätzliche, aber nicht notwendige Zielsetzung der Sponsoren verfolgt wird.

Zu überprüfen, ob die Methode einer Projektfinanzierung für eine bestimmte Form von Erneuerbaren Energien grundsätzlich geeignet ist, muss aktuell jeweils neu beantwortet werden. Dies liegt zum einen darin begründet, dass die technologischen Fortschritte in verschiedenen Teilsegmenten erheblich sind und einen wirtschaftlichen Einsatz damit erst begründen können. Je mehr Vorhaben in einer bestimmten Branche gemacht werden, umso mehr Erfahrungen können mit der Technologie gemacht werden und eröffnen so die Möglichkeit, Projektfinanzierungen einzusetzen.

2.5 Projektfinanzierung und traditionelle Unternehmensfinanzierung

Die Sonderstellung der Projektfinanzierung aufgrund ihrer Charakteristika soll anhand eines Vergleichs mit den klassischen Finanzierungsformen Eigenkapital und Fremdkapital in der folgenden Abbildung untersucht werden. Da die Wesensunterschiede dieser Finanzierungsvarianten aus den unterschiedlichen Rechten der Kapitalgeber resultieren, wurden diese als Vergleichskriterien gewählt.

Kriterien	Eigenkapital	Fremdkapital	Projektfinanzierungs-kapital
Haftung	grundsätzlich Haftung mindestens in Einlagenhöhe	keine Haftung, da Gläubigerstellung	keine Haftung, da Gläubigerstellung
Erfolgsanspruch	erfolgsabhängiger Restbetragsanspruch	erfolgsunabhängig, da fester Zinsanspruch	erfolgsunabhängig, da fester Zinsanspruch
Vermögensanspruch	Anteil am Liquidationserlös, wenn Erlös > Schulden	Rückzahlungsanspruch in Forderungshöhe	Rückzahlungsanspruch in Forderungshöhe
Leitungsbefugnis	i.d.R. berechtigt	grundsätzlich ausgeschlossen, aber möglich	Grundsätzlich ausgeschlossen, aber aufgrund Volumina größerer Einfluss als bei Fremdkapital
Befristung	i.d.R. unbefristet	i.d.R. befristet	i.d.R. befristet
Besicherung	Keine	persönliche und/ oder dingliche Sicherheiten	Cashflow (z.T. dingliche Sicherheiten, die aber zweitrangig sind)
finanzielle Kapazität	begrenzt durch die Bereitschaft der Eigenkapitalgeber, Kapital zur Verfügung zu stellen	grundsätzlich unbeschränkt, abhängig von gestellten Sicherheiten und Bonität	Grundsätzlich unbeschränkt, in erster Linie abhängig von Lebensfähigkeit des Projektes (Cashflow Related Lending)

Abbildung 9: Vergleich Unternehmensfinanzierung und Projektfinanzierung I[21]

Anhand dieser Gegenüberstellung zeigt sich zunächst, dass die Projektfinanzierung aus Sicht der resultierenden Anspruchsgrundlage als Finanzierungsform wesentlich deckungsgleich ist mit einer traditionellen Fremdkapitalfinanzierung. Zur ökonomischen Abgrenzung einer

21 Perridon 1991, S. 275.

Projektfinanzierung von anderen Formen der Fremdfinanzierung ist diese Übersicht daher nicht hilfreich.

Die Bedeutung dieser Übersicht liegt in etwas Anderem begründet: Der projektspezifisch grenzziehenden Relation zwischen dem Risikopuffer Eigenkapital einerseits und dem Fremdkapital andererseits fällt aus Sicht der Fremdkapitalgeber zentrale Bedeutung zu. Während bei den Eigenkapitalgebern unternehmerisches Risiko und unternehmerische Gewinnchance positiv korrelieren, erhalten die Fremdkapitalgeber mit dem Zins eine vom Projekterfolg gerade unabhängige Vergütung, die Entgeltkomponenten für unternehmerische Risiken eben nicht enthält. Folgerichtigerweise sollten Banken keine unternehmerischen Risiken übernehmen. Auch das Instrument der Projektfinanzierung kann die Wasserscheide zwischen Fremdkapital und Eigenkapital nicht aufheben. Die an einer Fremdfinanzierung beteiligten Fremdkapitalgeber wollen gerade kein Wagniskapital zur Verfügung stellen, d.h. Kapital, dessen Konditionen und Risikostruktur einerseits den gänzlichen Verlust, dafür aber entsprechend höhere Chancen nach Maßgabe des unternehmerischen Erfolgs des Vorhabens ins Kalkül ziehen. Fremdkapitalgeber betrachten sich als Darlehensgeber, die voll zurückgezahlt werden wollen[22].

Kommt eine konventionelle Finanzierung zum Einsatz, wird ein Investitionsvorhaben als Teil des Unternehmens betrachtet. Die Bewertung des Investitionsvorhabens basiert auf der Kreditwürdigkeit des Gesamtunternehmens und nicht auf dem erwarteten Cashflow des Projektes an sich. Wird dagegen eine Projektfinanzierung dargestellt, ist die Bewertung der Fremdkapitalgeber ausschließlich an die Fähigkeit des Projektes geknüpft, einen eigenen Cashflow zu generieren.

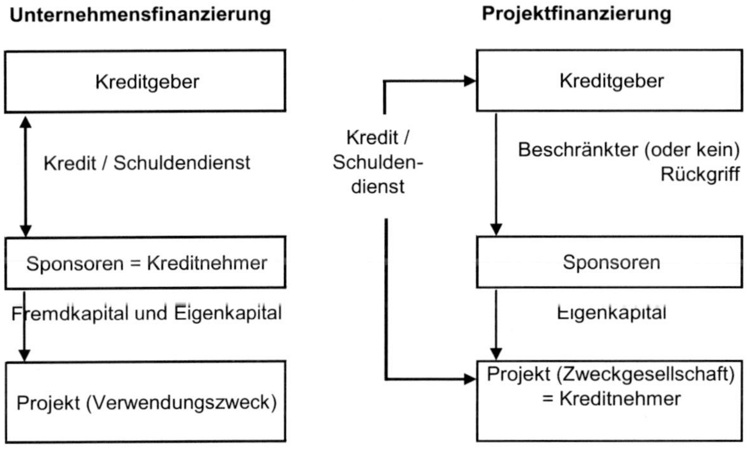

Abbildung 10: Vergleich Unternehmensfinanzierung und Projektfinanzierung II[23]

22 E.C. Buljevich; Y.S. Park 1999, S. 206.

23 In Anlehnung an W. Schmitt 1989, S. 22.

Da die Sponsoren bei einer Projektfinanzierung eine unbegrenzte Haftung für das Fremdkapital ablehnen, wird für die Realisierung der Projekte die Gründung einer eigenständigen Projektgesellschaft durch die Sponsoren als Gesellschafter regelmäßig notwendig. Alleiniger Geschäftsgegenstand dieser Projektgesellschaft ist die Realisierung, also die Errichtung und der Betrieb des Projektes. Sie nimmt als Einzweckgesellschaft die Fremdmittel auf und haftet unbeschränkt mit ihrem Vermögen, so dass bei formaler Betrachtung ein Unternehmenskredit vorliegt. Materiell handelt es sich aber um einen Kredit für das konkrete Vorhaben. Die Kreditgeber erwarten die Rückzahlung des Kapitaldienstes allein aus dem Cashflow, der aus dem Projekt generiert wird. Als Sicherheit stehen allein die Aktiva und der Cashflow des Projektes als Haftungsmasse den Gläubigern zur Verfügung. Diese Haftungsmasse ist allerdings projekttypisch nur schwer verwertbar, was mit Blick auf die hohen Investitionsspezifika (Kraftwerke, Mobiltelefonienetze, Transportsysteme etc.) und der Schwellenländer, in denen diese Investitionen vielfach errichtet werden, nicht näher erläutert werden muss. Daher wird im Krisenfall, in dem der Cashflow zur Bedienung des Kapitaldienstes nicht ausreicht, nicht die Sicherheitenverwertung im Vordergrund stehen, sondern die Fortführung des Projektes, erforderlichenfalls unter finanziellen Opfern aller Beteiligter.

Aus dem Wunsch der Sponsoren, die ihre Haftung allein auf das Projekt – d.h. dessen Cashflow – beschränken möchten und dem Sicherheitsbedürfnis der Fremdkapitalgeber, die die fristgerechte Zinsbedienung und Rückzahlung ihrer Kredite möglichst weitgehend sichern wollen, ergibt sich ein zentraler Spannungsbogen der Projektfinanzierung, für den es keine vorgefertigten Lösungen gibt, sondern der die Beteiligten in jedem Fall zur wechselseitigen Austarierung ihrer Interessen zwingt.

	Unternehmensfinanzierung	**Projektfinanzierung**
Beschreibung	Darlehen wird durch den Kreditnehmer ("Sponsor") aus seinen **gesamten Unternehmensaktivitäten** zurückgeführt	Sämtliche Kosten (inkl. Schuldendienst) müssen aus den **Cashflows des Projektes** zurückgeführt werden
Haftung der Sponsoren	Kreditnehmer haftet für die Rückführung der Darlehen während der **gesamten Laufzeit der Darlehen**	Sponsoren haften regelmäßig nur bis zur **Fertigstellung** des Projektes, danach ist es alleine das Projekt mit seinen Cashflows
Fokus:	Wesentlicher Indikator für zukünftige Performance: Bewertung der Jahresabschlüsse und Rückschlüsse auf zukünftige Performance	Zukünftige Cashflows
Finanzierung hängt ab von..	.. der Kreditwürdigkeit des Kreditnehmers	.. der Zuverlässigkeit und Vorhersagbarkeit der Cashflows des Projektes

Abbildung 11: Vergleich Unternehmensfinanzierung und Projektfinanzierung III

Während sich die Kreditgeber beim klassischen Unternehmenskredit hinsichtlich der Befriedigung ihrer Kreditforderungen auf das Zahlungsversprechen und die Bonität eines bestehenden Unternehmen verlassen können, muss bei einer Projektfinanzierung das wirtschaftliche Potential des Vorhabens selbst ausreichend sein, die Darlehen zurückzuzahlen. Diese Prüfung der Kreditwürdigkeit anhand von geplanten, zukünftigen Cashflows ist das vorrangige, zentrale Kriterium von Projektfinanzierungen.

Im Zusammenhang mit der Diskussion um das Wesen einer Projektfinanzierung trifft man häufig auf zwei Missverständnisse. Das erste Missverständnis lautet, dass die Kreditbedienung einzig bei einer Projektfinanzierung aus den zukünftigen Cashflows erfolge. Das zweite Missverständnis lautet, dass eine Projektfinanzierung riskanter sei als eine Unternehmensfinanzierung.

Zum ersten Missverständnis: Auch bei einer Unternehmensfinanzierung ist es keinesfalls so, dass die Kreditgewährung allein auf die „Substanz" bzw. die verfügbaren Sicherheiten hin erfolgt. Zum einen ist hier die „Substanz" einzig in der Fähigkeit des Unternehmens begründet, aufgrund zukünftig zu erwirtschaftender Cashflows seine Kredite zu bedienen. Allerdings gibt es im Unterschied zu einer Projektfinanzierung bei einer Unternehmensfinanzierung im Regelfall keine detaillierte langfristige Cashflow-Planung, sondern es muss versucht werden, über die Jahresabschlussanalyse in Kombination mit weitergehenden Unternehmens- und Marktanalysen eine Indikation zu erhalten, ob die Kredite zurückgeführt werden können oder nicht. Zum anderen ist es auch von der praktischen Umsetzung nur bei einer Projektfinanzierung möglich, langfristige validierbare Cashflow-Größen zu ermitteln, da nur hier die für das abgrenzbare Vorhaben spezifizierten Verträge explizit den Cashflow-Strom in ganz wesentlichen Teilen bestimmen.

Zum zweiten Missverständnis: In einer allgemeinen Betrachtung lässt sich zunächst nicht per se behaupten, dass eine Unternehmensfinanzierung riskanter sei als eine Projektfinanzierung oder umgekehrt. Selbstverständlich kann ein Vorhaben so strukturiert werden, dass die ökonomischen Grundsätze eines Risikomanagementprozesses missachtet werden, was die Chance des Scheiterns eines Projektes wesentlich erhöht[24]. Auch hilft die historische Betrachtung von Projektfinanzierungen und Unternehmensfinanzierungen in der Krise nicht wirklich weiter, da eine Vielzahl von Finanzierungen gar nicht betrachtet worden sind und sich häufig Realoptionen ergeben, die eine Restrukturierung der jeweiligen Finanzierung zulassen. Aus grundsätzlichen Überlegungen – Orientierung an einem Cashflow-Strom, der alleinig durch ein einziges Asset generiert wird – sollte eine Projektfinanzierung allerdings strengeren Prüfungskriterien genügen als dies bei Unternehmensfinanzierungen regelmäßig der Fall ist. Dies mag auch ein Grund dafür sein, dass Projektfinanzierungen regelmäßig dort zu finden sind, wo stabile Cashflows zu erwarten sind. Im Bereich der Erneuerbaren Energien bedeutet

---

24 Überspitzt kann man auch festhalten, dass die öffentliche Auszeichnung eines Projektes (Deal of the Year, HP Award usw.) durchaus als ein Warnsignal für ein erhöhtes Risiko wahrgenommen werden kann. Typischerweise werden nämlich nicht jene Vorhaben ausgezeichnet, die eine vielfach geübte Struktur in sicheren Märkten duplizieren, sondern die in einem bestimmten Aspekt ein neues Gestaltungselement, eine neue Technologie oder einen anderen Risikoaspekt in ein Projekt einbauen. Die Erfahrung zeigt, dass die eingebauten Sicherungsmechanismen häufig allerdings nicht vollständig funktionieren.

dies, dass regelmäßig die Kriterien bewährte Technik, sicheres Regulierungsumfeld und Ausschluss eines Fertigstellungsrisikos erfüllt sein sollten. Dabei sollte man sich auch bewusst sein, dass die Erfolgsfaktoren für eine Projektfinanzierung nicht zwingend für eine Unternehmensfinanzierung gelten müssen. Ein Beispiel: Wir werden im weiteren Verlauf darstellen, dass in vielen Ländern die Methodik der Projektfinanzierung für Photovoltaik-Projekte gut geeignet ist. Dies gilt aber nicht umgekehrt für die Finanzierung von Unternehmen, die in der Solar-Branche tätig sind, wie z.B. Modulhersteller. Sie sind darauf angewiesen, dass sie ihre Produkte langfristig an die Endabnehmer (typischerweise Projekte) absetzen können. Sie müssen damit darauf vertrauen, dass ein einmal gespanntes Regulierungsumfeld langfristig in seiner Struktur erhalten bleibt. Weiter müssen sie darauf vertrauen, dass die von ihnen produzierte Technologie langfristig wettbewerbsfähig bleibt und nicht durch den technischen Fortschritt obsolet wird.

Beteiligte einer Projektfinanzierung

Die Komplexität einer Projektfinanzierung zeichnet sich unter anderem dadurch aus, dass neben Eigenkapital- und Fremdkapitalgebern weitere Parteien mit unterschiedlichen Interessen und Zielen prägend auf das Projekt einwirken. Die Kenntnis über alle am Projekt Beteiligten und deren Ziele spielt im Rahmen der Risikoallokation und Risikoanalyse die zentrale Rolle[25], weswegen diese nachfolgend beschrieben werden sollen.

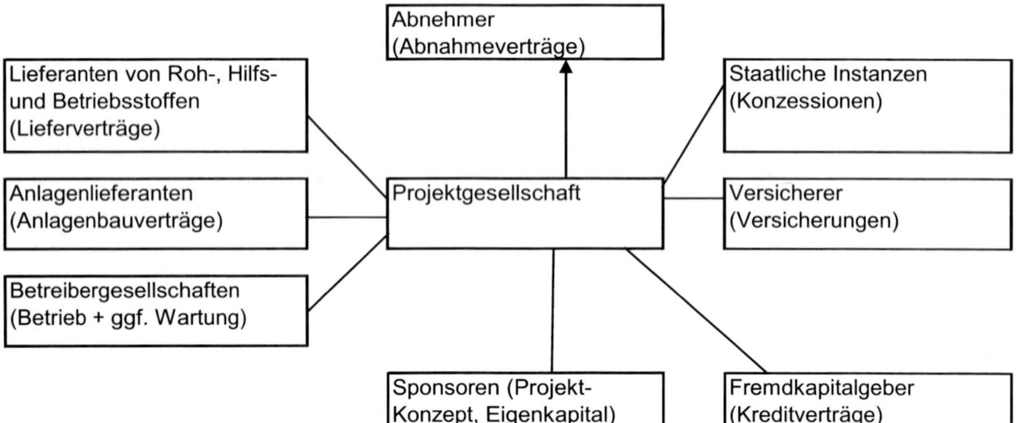

Abbildung 12: Darstellung der wesentlichen Projektbeteiligten einer Projektfinanzierung

Die Sponsoren (auch „Projektträger" oder „Initiatoren" genannt) sind mit einem bestimmten Eigenkapitalanteil am Projekt beteiligt, entwerfen die Projektidee, ergreifen die Initiative zur Gründung des Projektes und sind häufig für dessen Betrieb verantwortlich[26]. Meist finden sich mehrere Projektträger zusammen, um ihr unterschiedliches Leistungsvermögen zu kom-

25 D. Tytko 1999, S. 22.

26 M. Gröhl 1990, S. 13 f.

binieren. Typische Sponsoren sind Lieferanten der Vorleistungen und Abnehmer der Endprodukte des Projektes, die auf diese Weise die Absatz- bzw. Beschaffungsseite sichern wollen. Darüber hinaus treten auch Regierungen, staatliche Institutionen, Entwicklungsbanken und Finanzinvestoren als Sponsoren auf[27].

Als Kreditgeber kommen international tätige Geschäftsbanken, inter- und supranationale Entwicklungsbanken, Exportfinanzierungsinstitute sowie Leasinggesellschaften in Betracht. Das Fremdkapital stellt meist den größten Teil des benötigten Kapitals, daher kommt den Fremdkapitalgebern neben den Sponsoren eine zentrale Rolle zu. Bei vielen Projektfinanzierungsvorhaben erfolgt die Kreditvergabe durch Konsortien, wobei ein federführendes Kreditinstitut (*Lead Bank*) bestimmt wird[28].

Mit dem Begriff „Contractors" werden die Projektbeteiligten bezeichnet, welche die Projektanlage planen, konstruieren und die zur Erfüllung des Projektunternehmenszweckes notwendigen Teile des materiellen Anlagevermögens liefern. Darüber hinaus gehören die Errichtung der Projektanlage und die Ingangsetzung zu den Aufgaben eines Contractors. Insbesondere Unternehmen des industriellen Anlagenbaus übernehmen diese Funktion[29]. Dem Generalunternehmer kommt eine zentrale Aufgabe zu, da er sicherstellen muss, dass die Anlage zu den vorbestimmten Kosten und zu einem bestimmten Spätestdatum erstellt wird. Den Abnehmern kommt eine entscheidende Bedeutung für den Erfolg eines Projektes zu, da der Cashflow auf der Einnahmeseite von dem Absatz der Projektleistungen abhängt[30]. Ebenfalls einen hohen Stellenwert hat die termingerechte Belieferung mit Roh-, Hilfs- und Betriebsstoffen durch die Lieferanten je nach Abhängigkeit von der Verfügbarkeit dieser Stoffe.

Es ist einleuchtend, dass die Interessen der einzelnen Projektbeteiligten nicht immer gleichgerichtet sein können. Die Anbieter von Leistungen und Waren für die Projektgesellschaft werden möglichst hohe Preise durchsetzen wollen, die Nachfrager möglichst niedrige. Von der Ausgangslage der Interessen unterscheidet sich eine Projektfinanzierung nicht von anderen Transaktionsformen, wohl aber in der Lösung dieser Interessengegensätze, die im Regelfall in einer langfristigen vertraglichen Austarierung der Chancen und Risiken mündet. Hinzu kommt, dass sich die Chancen und Risiken der verschiedenen Projektbeteiligten in Abhängigkeit von der jeweiligen Projektphase ändern: Bestimmte Projektbeteiligte – wie z.B. die Kreditgeber – sind etwa zur Planungsphase im Regelfall noch gar nicht präsent, andere – wie etwa der Projektierer eines Windparks – scheiden spätestens zur Betriebsphase aus. Um ein Projekt stabil – d.h. robust – gegenüber Umweltänderungen zu gestalten, ist es notwen-

---

27 H. Uekermann 1993, S. 18 f.

28 D. Tytko 1999, S. 25. Für eine Projektfinanzierung kommen praktisch alle Arten von Fremdkapital in Frage, wobei meist ein Mix aus verschiedenen Finanzierungsformen mit unterschiedlichen Anspruchsarten, Laufzeiten und Trägern in Frage kommt. Im Detail siehe hierzu P.K. Nevitt; F.J. Fabozzi 2000, S. 57- 227.

29 H. Uekermann 1993, S. 20. Beim Abschluss dieses Vertrages zeigt sich der Charakter einer Projektfinanzierung besonders deutlich: Das im Rahmen dieses Vertrages von dem Contractor übernommene Risiko (z.B. Fertigstellung in bestimmter Zeit mit bestimmten Leistungsparametern), die Bonität und die Verlässlichkeit des Contractors dokumentieren eine Verpflichtung für die plangemäße Projektrealisierung, die den Fremdkapitalgebern anstelle der vollen Haftung des Kreditnehmers im Regelfall ausreicht.

30 D. Tytko 1999, S. 29.

dig, die Chancen und Risiken der verschiedenen Projektbeteiligten im Projektablauf gemeinsam mit der Projektentwicklung zu analysieren – eine Analyse der Interessen der Projektbeteiligten zu einem bestimmten Zeitpunkt wäre statisch, eine bloße Phasenbetrachtung würde von den Akteuren abstrahieren.

Der Erfolg einer Projektfinanzierung hängt stark von der effizienten Zusammenarbeit und damit der Motivation der jeweiligen Projektbeteiligten ab, die sich wiederum an den spezifischen Vor- und Nachteilen des jeweiligen Beteiligten orientiert. Zur Beurteilung der Machbarkeit einer Projektfinanzierung tritt damit neben die Prüfung der Belastbarkeit des Vorhabens gegenüber Planabweichungen die Untersuchung der jeweiligen Anreize und Beiträge der Beteiligten, um sicherzustellen, dass eine Kreditrückführung auch in schwierigen Zeiten nicht durch ein mangelndes Interesse der Projektbeteiligten gefährdet wird. Die folgende Übersicht gibt einen Überblick über die wesentlichen Projektbeteiligten und deren Anreiz- und Beitragsstrukturen bei einer Projektfinanzierung.

Im Zentrum der Organisation einer Projektfinanzierung steht die von den Sponsoren gegründete Projektgesellschaft. Sie nimmt das Beteiligungskapital auf und besorgt die darüber hinaus zur Finanzierung des Aufbaus und der Durchführung des Projektes benötigten Fremdmittel. Eines der Hauptmotive für die Gründung der Projektgesellschaft ist aus Projektträgersicht die eigene Haftungsbeschränkung gegenüber den Kreditgebern, die unterschiedlich weit ausgeprägt sein kann[31]. Handelt es sich bei dem zu analysierenden Unternehmen um die Projektgesellschaft selbst, sind folgende, erste Fragen zu stellen:

Projektgesellschaft

Sachverhalt	Konsequenz
Die Fertigstellung ist noch nicht erreicht.	Die Sponsoren (oder alternativ der Generalunternehmer) sind dem Projekt gegenüber verpflichtet (Regelfall).
Die Fertigstellung ist erreicht.	
Produziert das Projekt gemäß den Erwartungen, die gegenüber den Fremdkapitalgebern als wahrscheinlichster Fall ("Base Case") dargestellt wurde?	Projektperformance ist im Plan, so dass zumindest Sponsoren und Fremdkapitalgeber in ihren Erwartungen bestätigt sind. Gleichwohl können bilaterale Verträge mit anderen Projektbeteiligten bestehen, deren Erfüllung sich für diese als nachteilig erweist, so dass ein Vertragsbruch erfolgen könnte.
- wenn es eine Abweichung nach unten gibt...	Besteht eine Anspruchsgrundlage der Projektgesellschaft gegenüber anderen Projektbeteiligten (siehe "Checkliste Projektbeteiligte")?

Abbildung 13: Idealtypische Haftung der Sponsoren während der Projektlaufzeit

Zu den weiteren Projektbeteiligten zählen:

- eine eventuell engagierte Betreiber- und Managementgesellschaft,

[31] Siehe hierzu den folgenden Abschnitt „Varianten der Projektfinanzierung".

- die öffentliche Hände des Projektlandes, die ein vielfältiges Spektrum an Funktionen übernehmen können (z.B. Erteilung von Genehmigungen bis hin zur Schaffung von infrastrukturellen Rahmenbedingungen) sowie
- die Versicherer, die den verschiedenen Projektbeteiligten Schutz gegen den Eintritt von Risiken gewähren[32].

Dies sind die Projektbeteiligten, die üblicherweise in der Literatur genannt werden. Gleichwohl erscheint es uns sinnvoll, die Gruppe der Projektbeteiligten noch weiter zu fassen. Jede Gruppe, die von einem Projekt betroffen ist, ist in ihrer Interessenlage berührt und sieht ihre eigenen Nutzenmöglichkeiten betroffen. Bei den genannten Projektbeteiligten, wie den Zulieferern oder den Abnehmern ist dies offensichtlich: Ihre Beziehung zum Projekt wird denn auch explizit vertraglich geregelt. Bei anderen Projektbeteiligten kann dies mal mehr, mal weniger auffallen: So kann der Staat ein erhebliches Interesse an der Realisierung eines bestimmten Infrastrukturprojektes haben, auf der anderen Seite „nur" als Steuerempfänger eingebunden sein. Häufig ausgeblendet als vom Projekt Betroffene sind die direkten Anwohner des Projektes. Ihre Rolle wird – wenn überhaupt – häufig unter Umweltschutzgesichtspunkten abgebildet. Dies ist insoweit nachvollziehbar, als dass Immissionen des Projektes nicht die Anwohner beeinträchtigen sollten und daher im Rahmen einer Umweltprüfung des Projektes beachtet werden müssen. Allerdings werden über einen Ansatz, der lediglich die Umweltwirkungen zu berücksichtigen versucht, die möglichen Befindlichkeiten der ansässigen Bewohner nicht abgebildet. Gerade hier können aber Widerstände bestehen, die die Projektrealisierung erheblich erschweren können. Aus diesem Grunde schlagen wir eine Begriffserweiterung vor: Mit Projektbeteiligten werden wir im Folgenden die Gruppen bezeichnen, die vertraglich oder gesetzlich in das Projekt eingebunden sind. Dies entspricht der traditionellen Darstellung. Mit Projekt-Stakeholdern wollen wir neben den Projektbeteiligten auch die Gruppen einbeziehen, die in ihren Interessen von einem Projekt berührt werden.

Varianten der Projektfinanzierung

Da die Projekt-Aktiva faktisch kaum verwertbar sind, andererseits die Kreditgeber die alleinige Beschränkung auf die Aktiva der Projektgesellschaft nicht akzeptieren, werden häufig die Sponsoren – in einem mehr oder minder starken Umfang – in die Haftung für das Projekt mit einbezogen.

Diesem Wunsch der Kreditgeber steht der gegensätzliche Wunsch der Eigenkapitalgeber gegenüber, möglichst wenig Eigenkapital einzusetzen. Mit der Risikobegrenzung der Sponsoren geht im Allgemeinen auch ein positiver Leverage-Effekt einher: Eine niedrige Eigenmittelquote führt zu einer verbesserten Eigenkapitalrendite. Darüber hinaus suchen die Sponsoren regelmäßig eine Off-Balance-Sheet-Finanzierung. Eine Finanzierung über die Bilanz des Sponsors würde hingegen zu einer Bilanzverlängerung und damit zu einer Verschlechterung der Eigenmittelquote und anderer Kapitalstrukturkennziffern führen.

In der Praxis treten abhängig von dem Risikoprofil des Projektes, den Zielen der Sponsoren und den Verhandlungspositionen und Machtpositionen der beteiligten Parteien unterschiedli-

[32] H. Uekermann 1993, S. 21.

che Verteilungen der Projektrisiken zwischen den Sponsoren und den Fremdkapitalgebern auf, die so genannte *Full Recourse Finanzierung*, *Limited Recourse Finanzierung* und die *Non Recourse Finanzierung*[33].

Full Recourse Finanzierung

Bei der Full Recourse Finanzierung besitzen die Fremdkapitalgeber umfassende Rückgriffsrechte gegenüber den Projektsponsoren für die gesamten Projektkredite über deren gesamte Laufzeit. Obwohl das zu finanzierende Projekt aus dem bzw. den Unternehmen ausgegliedert wurde, haften die Sponsoren voll für die Kredite und tragen das Risiko der Zahlungsunfähigkeit der Projektgesellschaft[34]. Der Haftungsumfang, dem die Projektinitiatoren unterliegen, entspricht damit dem eines normalen Unternehmenskredits[35].

Normalerweise wird diese Variante nur sehr selten gewählt, da der Unterschied zu einer Unternehmensfinanzierung – aus Sicht des Projektsponsors – relativ gering ist, gleichwohl aber die tendenziell höheren Transaktionskosten einer Projektfinanzierung zu berücksichtigen sind. Da eine solche Finanzierung für die Banken aus Risikosicht einem normal gesicherten Darlehen entspricht, stellt sie unter Zugrundelegung der oben gewählten begrifflichen Abgrenzung – insbesondere der Abstellung auf den Projekt-Cashflow als alleiniger Kreditbedienungsquelle – keine echte Projektfinanzierung dar.

Wir haben diese Konstruktion erlebt bei der Einführung einer neuen Entsorgungstechnik, von deren Vorteilhaftigkeit die Sponsoren zwar überzeugt waren, die aber aufgrund des relativ unsicheren Marktumfeldes nicht ohne zusätzliche Banksicherheit fremdfinanzierungsfähig gewesen wäre.

Limited Recourse Finanzierung

Bei dieser Variante, die in der Praxis mit Abstand am häufigsten Anwendung findet[36], haben die Kreditinstitute nur beim Vorliegen vorher festgelegter Tatbestände und nur im beschränkten Umfang die Möglichkeit des Rückgriffs auf die Sponsoren zum Zweck der Kredittilgung[37].

Die Haftungsbeschränkung kann zeitlich oder betragsmäßig erfolgen, wobei die zeitliche Limitierung der Rückgriffsmöglichkeiten häufiger vorkommt. Zu einer unverzichtbaren Kreditsicherung zählen die Regressansprüche gegenüber den Sponsoren während der Errichtungsphase. Erst nach der Fertigstellung eines Projektes werden die Sponsoren aus ihrer Haftung zu entlassen, da die Kreditgeber im Falle der nicht betriebsbereiten Erstellung Ge-

---

33 W. Schmitt 1989, S. 24.

34 Jütte-Rauhut 1988, S. 56; Schulte-Althoff 1992, S. 42.

35 D. Tytko 1999, S. 13.

36 Die Dominanz der Limited-Recourse-Ausprägung zeigt sich etwa darin, dass Vinter Projektfinanzierung mit Limited-Recourse-Finanzierung gleichsetzt. G. Vinter 1995, S. vii.

37 F. Heintzeler 1983, S. 1214.

fahr laufen, die ausgezahlten Gelder zu verlieren. Aus diesem Grund verlangen die Banken häufig von den Sponsoren Fertigstellungsgarantien[38].

Die Sponsoren tragen hier nur einen Teil der Projektrisiken, wobei sie im Regelfall bis zur Fertigstellung wie bei einer Full-Recourse-Finanzierung haften, nach Fertigstellung wie bei einer Non-Recourse-Finanzierung. Umgekehrt tragen die Kreditgeber – explizit oder implizit – Risiken, die im Rahmen eines traditionellen Unternehmenskredites vollständig von dem Unternehmen getragen worden wären.

Non Recourse Finanzierung

Diese Möglichkeit der rückgriffslosen Finanzierung, die auch als reine Projektfinanzierung bezeichnet wird, entlässt die Sponsoren aus jeder Haftung, die über ihren Eigenkapitalanteil hinausgeht. Für die vertraglich vereinbarten Zins- und Tilgungsleistungen haftet ausschließlich die Projektgesellschaft, wodurch die zukünftige Ertragskraft des Projektes die einzige Kreditsicherheit während der gesamten Projektlaufzeit darstellt[39].

Indem die Kreditgeber durch die Entlassung der Projektträger aus der Haftung im Wesentlichen das unternehmerische Risiko für das Projekt übernehmen, kommt diese Finanzierungsvariante in der Praxis nur selten vor[40]. Sie bietet sich bei Projekten an, bei denen dingliche Sicherheiten mit hohen Wiederverkaufswerten existieren (z.B. Rohstoffvorkommen) und darüber hinaus optimale Bedingungen gegeben sind, die einen positiven Projektverlauf als sehr wahrscheinlich erscheinen lassen[41].

Um einem möglichen Missverständnis vorzubeugen: Die genannten Formen einer Projektfinanzierung beschreiben lediglich das unterschiedliche Ausmaß der Haftung der Sponsoren gegenüber den Kreditgebern, sagen aber noch nichts über die Einbindung der übrigen Projektbeteiligten in das Projekt. Projektfinanzierung stellt sich aber als eine Finanzierungsmethode dar, bei der die Finanzierung gerade nicht losgelöst von den Eigenschaften und Fähigkeiten der wesentlichen Projektbeteiligten durchgeführt wird, sondern in der diese über geeignete Anreizsysteme möglichst eng in das Projekt eingebunden werden. Gleichwohl ist die begriffliche Unterscheidung in die drei genannten Formen zweckmäßig, da sie den ökonomischen Grund verdeutlicht, warum (Limited-Recourse)-Projektfinanzierungen als Finanzierungsmethode für Sponsoren attraktiv sein können, nämlich dem Haftungsausschluss der Sponsoren ab erreichter Fertigstellung des Projektes.

Aus dieser zentralen, ökonomischen Begründung für die Vorteilhaftigkeit einer Projektfinanzierung aus Sicht der Sponsoren ergibt sich spiegelbildlich die zentrale Analysefrage, wenn es sich bei dem zu analysierenden Unternehmen um den Sponsor einer Projektfinanzierung handelt: Wurde bereits die Fertigstellung erreicht oder ist dies noch nicht der Fall? Sofern das Projekt noch errichtet wird, wird der Sponsor regelmäßig das Fertigstellungsrisiko tragen

38 Jütte-Rauhut 1988, S. 58.

39 Jütte-Rauhut 1988, S. 54.

40 W. Schmitt 1989, S. 26.

41 Jütte-Rauhut 1988, S. 55.

und damit für die Bedienung der Projektdarlehen vollständig verantwortlich sein[42]. Ist hingegen das Vorhaben in Betrieb, haften die Sponsoren nicht mehr für die Projektkredite. Gleichwohl besteht in beiden Fällen ein Interesse am langfristigen Projekterfolg, da die Sponsoren zusätzlich ihre Eigenmittel und eine zukünftige Einkommensquelle verlieren können. Zusammengefasst stellt sich die Position der Sponsoren wie folgt dar:

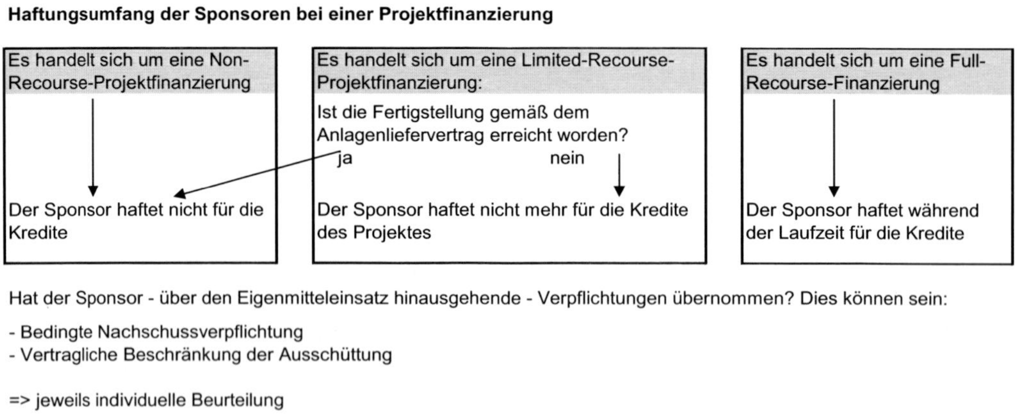

Projektphasen einer Projektfinanzierung

Um die Planung und Durchführung zu systematisieren, werden Projekte in mehrere Phasen unterteilt. Unter einer Phase versteht man dabei „einen in sich geschlossenen Abschnitt eines Projektes, der sich durch seine Aufgabenstellung und den daraus abzuleitenden Aktivitäten von weiteren Abschnitten unterscheidet"[43]. Die Risikostrukturen und das Ausmaß des Engagements der verschiedenen Projektbeteiligten ändern sich im Lebenslauf des Projektes mit diesen Phasen[44]. Die in der folgenden Abbildung dargestellten Phasen sollen kurz erläutert werden.

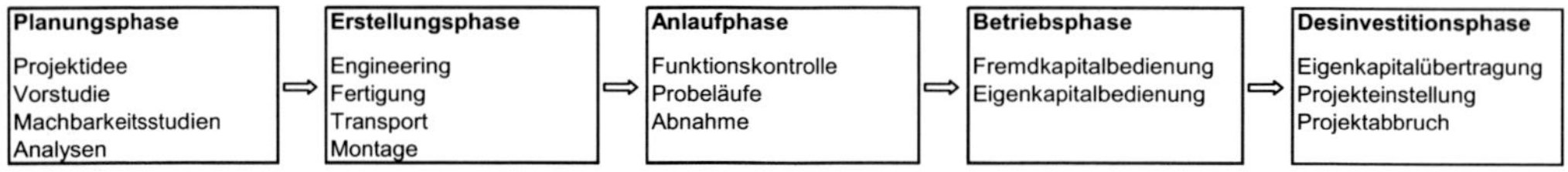

Abbildung 14: Schematische Darstellung der Projektphase einer Projektfinanzierung

---

42 Denkbar ist allerdings auch, dass der Sponsor zur Absicherung seiner Risikoposition einen Generalunternehmer mit der Fertigstellung des Vorhabens beauftragt hat, der das Fertigstellungsrisiko übernimmt.

43 Albert, I.; Högsdal, B.: Trendanalyse, Köln, 1987, S. 13, zit. nach M. Hupe 1995, S. 35.

44 A. Reuter; C. Wecker 1999, S. 42.

Planungsphase
Die von den Sponsoren entwickelte Idee wird zunächst durch eine Grobplanung beschrieben und systematisiert. Nach Festlegung der Grobstruktur beginnt die detaillierte Planungsarbeit mit der Erstellung einer Machbarkeitsstudie (*Feasibility Study*)[45], die das technische sowie das wirtschaftliche Konzept umfasst. Im Rahmen des wirtschaftlichen Teils sind die Cashflow-Betrachtungen, die auf Absatz- und Kostenprognosen basieren, von zentraler Bedeutung. Nach Abschluss des Planungsprozesses treffen die Sponsoren und die Fremdkapitalgeber die Entscheidung über die Realisierung des Projektes[46].

Erstellungsphase
Die Erstellungsphase lässt sich, wie in obiger Abbildung dargestellt, in folgende Unterabschnitte einteilen: Engineering/Konstruktion, Fertigung und Beschaffung, Transport sowie Bauarbeiten und Montage.

Je nach Projektstruktur erfolgt die Erstellung durch einen Generalunternehmer, so dass die Sponsoren in dieser Phase lediglich Organisations- und Kontrollaktivitäten ergreifen, oder durch die Projektgesellschaft selbst. Bei letzterer Variante werden Teilaufgaben fremdvergeben, wodurch die Projektgesellschaft Risiken übernimmt, die sie ansonsten auf den Generalunternehmer abwälzen kann. Andererseits ist es ihr so leichter möglich, den Projektverlauf zu beeinflussen[47].

Anlaufphase
In dieser Phase entscheidet sich, ob das gewählte technische Konzept funktionsfähig ist, da die Anlage „eingefahren" und den vereinbarten Abnahmetests unterzogen wird. Bei einem positiven Testergebnis ergeben sich elementare Folgen für die Projektbeteiligten, weil die Fertigstellungsgarantie der Sponsoren endet und das Risiko auf das Projekt, damit auch auf die Fremdkapitalgeber übergeht. Daher sind intensive und längere Tests empfehlenswert. Die Anlaufphase ist der Zeitraum mit der höchsten finanziellen Exposition des Projektes: Die Kosten der Erstellung und der Abnahmetests sind verausgabt, mögliche Anlaufverluste im Rahmen der Anfahrkurve müssen finanziert werden, ohne dass bisher Erlöse aus der Produktion angefallen wären[48].

Betriebsphase
Nach Abnahme der Anlage beginnt die Betriebsphase, in der aus dem erwirtschafteten Cashflow das Fremdkapital bedient und aus den verbleibenden Gewinnen das eingesetzte Eigenkapital verzinst wird. Durch die kontinuierliche Tilgung sinkt die Belastung für das Projekt und die Risikosituation der Kreditgeber verbessert sich. Indem die Gewinne zunächst für die Zins- und Tilgungsleistungen verwandt werden, erfolgt die Verzinsung des Eigenkapitals erst mit einer zeitlichen Verzögerung nach dem Fremdkapital. Weil die Projektgesellschaft eine

45 Angaben zum genaueren Aufbau und Bestandteilen vgl. M. Gröhl S. 89 ff.

46 M. Hupe 1995, S. 36 ff.

47 M. Hupe 1995, S. 39.

48 M. Hupe 1995, S. 39 f.; A. Reuter; C. Wecker 1999, S. 48.

„single purpose company“ darstellt, werden keine pauschalen Reinvestitionen oder sogar Neuinvestitionen getätigt, wodurch die erwirtschafteten freien Cashflows – nach Bedienung des Kapitaldienstes – vollständig zur Eigenkapitalverzinsung zur Verfügung stehen[49].

Desinvestitionsphase
Eine Desinvestition des Projektes kann mit der Einstellung der Projektaktivitäten vor oder nach Erreichen des Projektzieles einhergehen. Anreize zur Beendigung des Projektes können sich aus Sicht der Sponsoren aus strategischen Überlegungen ergeben, wobei allerdings manche Projekte bereits von vornherein eine begrenzte Laufzeit haben. Meist sind jedoch technische, ökonomische und vertragliche Restriktionen, staatliche Regularien oder zwangsweiser Eigentumsentzug ursächlich für die Beendigung des Projektes. Andererseits muss ein Vorhaben, das über eine Projektfinanzierung realisiert worden ist, aber auch gar nicht beendet werden[50].

Eine Besonderheit liegt bei so genannten BOT-Projekten (*Build, operate, transfer*) vor. Nach diesem Konzept ist es Aufgabe der privatwirtschaftlichen Träger, ein Projekt zu errichten und zu betreiben. Zu diesem Zweck erhalten die Sponsoren eine staatliche Konzession, die ihnen das Betreiberrecht für eine befristete Zeitdauer – die Laufzeit der Konzession – einräumt. Zum Laufzeitende wird das Projekt von den privaten Sponsoren auf den Staat übertragen, der es entsprechend weiter nutzen kann. Angewandt wird dieses Verfahren insbesondere bei Infrastrukturprojekten, etwa der Errichtung von Mautstraßen oder dem Bau von Kraftwerken. Funktional bestehen keine großen Unterschiede zu anderen Projektfinanzierungen, allerdings müssen die Sponsoren beachten, dass ihre Investitionen sich innerhalb des Konzessionszeitraumes rechnen müssen[51].

Abschließend sei der Kapitaleinsatz bei einer Projektfinanzierung schematisch dargestellt: In der anfänglichen Planungsphase (Jahre 1 bis 3) wird das Vorhaben allein durch die Sponsoren finanziert, die die Kosten für die Machbarkeit des Projektes, Erhalt von Konzessionen und sonstigen Genehmigungen übernehmen müssen. Im Jahr 4 tritt das Projekt in seine Errichtungsphase ein, wobei verhandelt wurde, dass die Eigenmittel vor den Fremdmittel einzubringen sind. Im Jahr 5, nachdem die Sponsoren ihren vereinbarten Eigenmittelanteil eingebracht haben, finanzieren die Banken nach Baufortschritt das Projekt mit. Die größte finanzielle Exposition des Projektes ist zum Abschluss Errichtungs- und Anlaufphase erreicht. In der sich anschließenden Betriebsphase (ab dem Jahr 7) werden die Darlehen sukzessive zurückgezahlt.

---

49 M. Hupe 1995, S. 40 f.; A. Reuter; C. Wecker 1999, S. 49 f.

50 D. Tytko 1999, S. 41.

51 S.M. Levy 1996, S. 16 f.

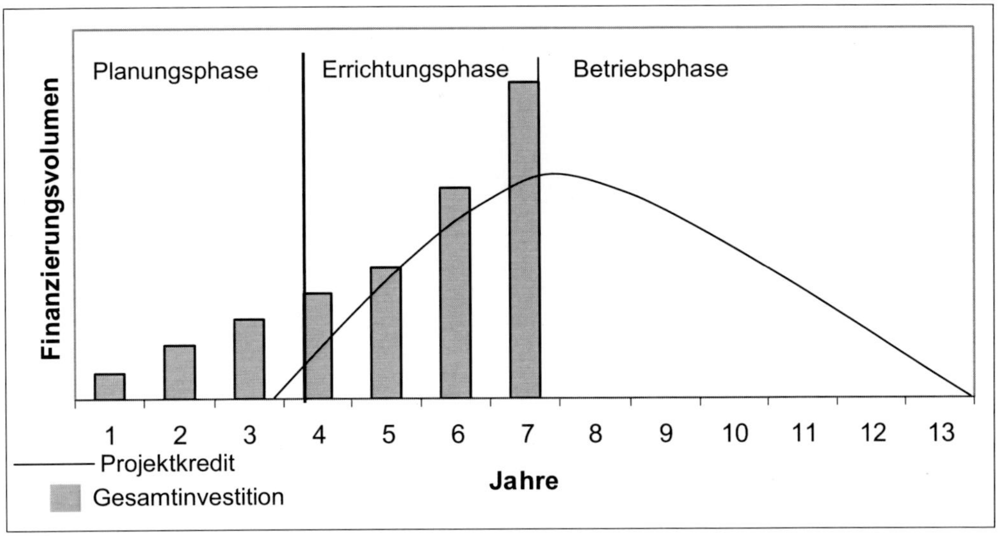

Abbildung 15: Fremdkapitaleinsatz in den Projektphasen

2.6 Vorteile einer Projektfinanzierung

Den Bestimmungsgründen, warum es Projektfinanzierungen gibt, nähert man sich am besten aus den Vorteilen, die die Kapitalgeber mit einem Investment in einem Projekt verbinden. Auch wenn beide Kapitalgebergruppen partiell – insbesondere bei der Ausgestaltung der Kreditverträge zwischen Projektgesellschaft und den Banken – unterschiedliche Interessen verfolgen, sind sie beide doch gleichermaßen am Wohlergehen des Projektes interessiert.

Die anderen Projektbeteiligten – zuallererst die Projektgesellschaft – sind zwar für die Funktion einer Projektfinanzierung unabdingbar, spielen aber zumeist nur eine untergeordnete Rolle bei der Entscheidung, ob eine Projektfinanzierung zustande kommt. Die Projektgesellschaft wird im Regelfall als das Vehikel anzusehen sein, mit dem der Sponsor eine Projektidee umsetzen und seine wirtschaftlichen Ziele realisieren will. Es ist daher eine zulässige Vereinfachung, zunächst von einer Interessenidentität zwischen Projektgesellschaft und Sponsoren auszugehen[52]. Letztlich sind es die Kapitalgeber, die entscheiden, ob ein Vorhaben als Projektfinanzierung realisiert wird: Die Sponsoren müssen eine angemessene Eigenkapitalverzinsung bei einer Haftungsbegrenzung erwarten können, die Banken müssen sich mit dem Risikoprofil komfortabel fühlen. Gelingt es, diesen Spagat zwischen den divergie-

[52] Dies muss nicht unbedingt gelten: Ist etwa der Anlagenbauer des Projektes auch einer seiner Sponsoren – was häufig bei internationalen Projektfinanzierungen der Fall ist – ergibt sich bereits an der Aushandlung des Anlagenliefervertrages ein Interessenkonflikt: Die Projektgesellschaft möchte tendenziell eine weitgehende Haftungseinbindung des Anlagenlieferanten, die dieser naturgemäß vermeiden will.

renden Interessen beider Kapitalgebergruppen zu leisten, so stellen sich die Vorteile wie folgt dar:

	Eigenkapitalgeber ("Sponsoren")	Fremdkapitalgeber ("Bank")
Begrenzte Haftung	Ja, im Regelfall der Limited-Recourse-Finanzierung endet die Haftung der Sponsoren mit Abschluss der Fertigstellung, danach haftet das Projekt.	
Risikoisolierung und Risikoallokation	Risikoallokation (Verteilung von Risiken zwischen Projektbeteiligten) ermöglicht Reduzierung des Gesamtrisikos auch aus Sicht der Sponsoren, so dass sich klar definierte Risiko-Verantwortlichkeiten ergeben.	Zweiseitiges Verhältnis: 1. Kreditgeber muss ein isoliertes Individualrisiko, aber kein Globalrisiko eines Unternehmens bewerten, 2. Neben der reinen Cashflow Betrachtung des Projektes ist die Risikoallokation entscheidend dafür, wie die Projektqualität einzuschätzen ist.
Kontrollmöglichkeiten	Ein Ziel der Sponsoren mag sein, die für ihre unternehmerische Tätigkeit notwendigen Kredite nicht in der eigenen Bilanz, sondern innerhalb der Bilanz der Projektgesellschaft auszuweisen, um die eigenen Bilanzkennzahlen nicht zu belasten.	Verbesserte Informationsbasis: Über die üblichen Unterlagen zur Offenlegung der wirtschaftliche Verhältnisse erhält die Bank üblicherweise während der Fertigstellungsphase fortlaufende Baustandsberichte, während der Betriebsphase mehrmals jährlich Betriebsberichte, so dass Abweichungen zwischen Ist- und Plandaten schneller als sonst üblich im Kreditgeschäft erkennbar sein sollten.
Ertragskomponenten	Freie Cashflows fließen üblicherweise als Ausschüttungen in die Gewinn- und Verlustrechnung der Sponsoren, während die operativen Kosten des Projektes auch von diesem getragen werden müssen	Durch die Orientierung wesentlich am Cashflow als einziger Quelle der Kreditbedienung sind die geforderten Margenbestandteile üblicherweise etwas höher als bei Unternehmerkrediten. Zusätzlich erhält die Bank Erfolgsbeiträge, die nicht im Zusammenhang mit der Kreditgewährung stehen (z.B. Beratungsentgelte).

Chancen einer Projektfinanzierung aus Sicht der Kapitalgeber

Abbildung 16: Chancen einer Projektfinanzierung aus Sicht der Kapitalgeber

Aus Sicht der Sponsoren liegt der zentrale Vorteil einer Projektfinanzierung gegenüber einer Unternehmensfinanzierung in der zeitlich befristeten Haftung für die Kredite gegenüber den fremd finanzierenden Banken.

Aus Sicht der fremdfinanzierenden Bank ergeben sich die Vorteile einer Projektfinanzierung aus dem bankbetrieblichen Zielsystem einerseits in Form von preispolitischen Erfolgsbeiträgen und einer besseren Risikoeinschätzung und – vermeidung andererseits[53]. Wesentlich ist, dass die Bank in den gesamten Risikomanagementprozess umfassend eingebunden ist, die relevanten Projektverträge in der Tiefe prüft, zum Teil Projektparteien mit in die Projektstruktur mit einbindet und die projektspezifischen Risiken über die Darlehens- und Sicherheitenstruktur des Vorhabens nicht nur bewerten, sondern zu einem frühen Zeitpunkt auch mit steuern kann. Die Bank strukturiert ein individuelles Risiko, das ihr erlaubt, Risiken sehr genau bewerten zu können.

53 Gröhl 1990, S. 33.

Alles kann der Edle leisten,

Der versteht und rasch ergreift.

GOETHE, FAUST II, ZIFFER 4664 F.

3 Risikomanagement bei Projektfinanzierungen

3.1 Risikobegriff und Risikomanagement

In der betriebswirtschaftlichen Literatur existiert eine Vielzahl von Interpretationsvarianten für den Risikobegriff[54]. Risiko soll hier als negative Abweichung vom Planwert einer Zielgröße verstanden werden, da sie für jeden Beteiligten eine Verlustgefahr bedeutet[55].

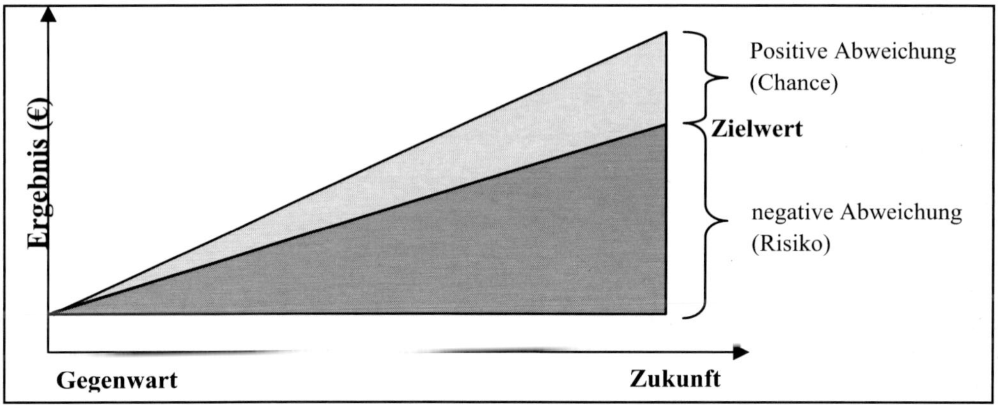

Abbildung 17: Darstellung von Chance und Risiko

---

54 Ausführlicher M. Hupe 1995, S. 43 ff.; D. Tytko 1999, S. 142 f.; H. Uekermann 1993, S. 23.

55 In Anlehnung an M. Hupe 1995, S. 46. In einem breiteren Begriffsverständnis wird unter Risiko die Gefahr verstanden, dass ein tatsächlich realisiertes Ereignis vom erwarteten Ergebnis positiv oder negativ abweicht. Positive Abweichungen werden dann als „Chance" bezeichnet, negative Abweichungen als „Risiko im engeren Sinn". Dieser letztgenannten Interpretation des Risikobegriffs wollen wir hier folgen.

Durch das Risikomanagement soll ein systematischer und erfolgsorientierter Ansatz zum Umgang mit Risiken erreicht werden. Dies gilt insbesondere für Projektfinanzierungen, da die Neuartigkeit und Einzigartigkeit jedes Projektes unbekannten Einflussfaktoren unterliegt, welche zu Risikopositionen führen[56]. Des Weiteren ergeben sich durch die zukunftsgerichtete Cashflow-Orientierung und der damit verbundenen Rückgriffsbegrenzung spezielle Anforderungen an das Risikomanagement, da hierdurch regelmäßig auch unternehmerische Risiken auf die Fremdkapitalgeber übertragen werden[57].

Die Bedeutung der Behandlung von Risiken im Zusammenhang mit einer Projektfinanzierung ergibt sich unmittelbar aus ihrem Charakter: Da es allein das Vorhaben ist, das als wirtschaftliche Basis für die angemessene Eigenkapitalverzinsung und die Bedienung des Kapitaldienstes dient, ist die Werthaltigkeit und die Robustheit des Projektes von entscheidender Bedeutung. Da das Projekt aber erst sukzessive entsteht, lässt sich die Wirtschaftlichkeit nur per Prognose bestimmen. Da die Perspektive in die Zukunft zunehmend verhangen ist, hat sich die Prognose mit dem Eintritt aller Arten von Einflüssen zu befassen, deren Wirkung auf das Projekt einzuschätzen und nach Wegen zu suchen, ob und inwieweit einzelne Projektbeteiligte bereit sind, das Projekt von Risiken freizuhalten.

Wesensmerkmal jeder Projektfinanzierung ist die Orientierung an den zukünftigen Cashflows und der Einbindung der Projektbeteiligten, woraus sich folgende Konsequenzen ableiten:

Zunächst ist bei einer Projektbeurteilung besonderes Augenmerk auf die Faktoren zu legen, die den Cashflow beeinflussen. Als maßgebliche Cashflow-Determinanten für ein Projekt kommen namentlich die Beschaffungsseite, die Absatzmärkte, die Betriebskosten, die Finanzierungskonditionen und schließlich Einflussgrößen des öffentlichen Sektors in Betracht.

Eine weitere Aufgabe des Risikomanagements ist die Reduktion von Informationsasymmetrien. Informationsasymmetrien beschreiben einen Informationsvorsprung einer Partei gegenüber einer anderen. Nutzt die Partei, die einen Informationsvorsprung hat, ihren Vorteil aus, wird eine andere Partei benachteiligt[58]. Im Extremfall führen solche heterogenen Informationsstrukturen zum Scheitern des Projektes, weshalb deren Reduktion eine weitere Kernaufgabe des Risikomanagements sein sollte (siehe hierzu 3.3.4). Aufgrund der Zukunftsorientierung der Projektfinanzierung und ihrer Einmaligkeit sind das Ausmaß an Informationsasymmetrie zwischen den verschiedenen Projektbeteiligten – z.B. der Projektgesellschaft und dem Kreditgeber – größer als bei eher traditionellen Kreditvergaben, woraus sich erhebliche Konsequenzen für das Risikomanagement ergeben, das versuchen muss, diese Informationsasymmetrien möglichst zu minimieren[59]. Verfahren, um der Entstehung solcher Informa-

---

56 Hupe 1995, S. 3f.

57 Höpfner 1995, S. 166ff.

58 Backhaus et. al. 1990, S. 45.

59 Informationsasymmetrien entstehen immer dann, wenn der Beauftragte (Agent) durch sein Handeln einen Informationsvorsprung gegenüber dem Auftraggeber (Principal) gewinnt, den der Agent zu seinem Vorteil ausnutzen kann, da der Auftraggeber die Qualität der Arbeit des Agent i.a. nicht kostenlos kontrollieren kann. In den Vordergrund der Principal-Agent-Theorie rückt das Problem der *Adverse Selection* vor Vertragsabschluss und des *Moral Hazard* nach Vertragsabschluss. Informationsasymmetrien können in Extremfällen zu Marktver-

tionsasymmetrien vorzubeugen, sind das Management von Einzelrisiken und eine gut funktionierende Informationsstruktur unter den Beteiligten.

In diesem Zusammenhang muss überprüft werden, inwieweit die Risikoübernahmebereitschaft der einzelnen Projektbeteiligten in Relation zu ihrer Fähigkeit steht, für Projektrisiken zu haften. Die Aufteilung der Risiken auf die Projektbeteiligten erfolgt dabei normalerweise nach dem Grundsatz, dass die Vertragspartei das Projektrisiko übernehmen sollte, das sie aufgrund ihrer Geschäftstätigkeit am besten beurteilen und somit auch kontrollieren kann (Grundsatz der Kontrollfähigkeit).

Dieser Grundsatz der Risikoverteilung ist aber nur dann anwendbar, wenn außerdem der Grundsatz der Risikotragfähigkeit berücksichtigt wird: Hierbei sind die akzeptierte Risikoübernahme mit der erwarteten Vergütung und den strategischen, individuellen Zielen zu spiegeln. Diese zu erkennen, ist eine – eher selten thematisierte – Aufgabe im Rahmen der Risikoallokation. Diese Aufgabe wird insoweit erschwert, als die Risiko-Einschätzung der Beteiligten und das wirtschaftliche Projektschicksal einer dynamischen Entwicklung unterliegen und wesentlich die bisherigen Erfahrungen sowohl der gesamten Branche als auch der verschiedenen Projektbeteiligten mit Projektfinanzierungen vergleichbaren Typs widerspiegeln.

Der Prozess des Risikomanagements wird häufig als eine Stufenfolge beschrieben:

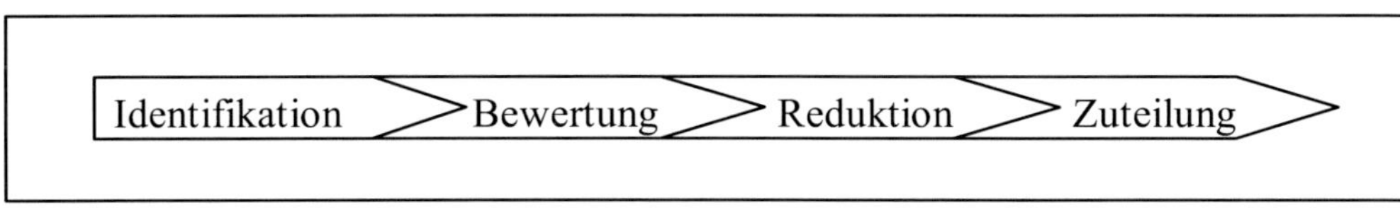

Abbildung 18: Prozess des Risikomanagements

Bestandteile des Risikomanagementprozesses

Das Erkennen der einzelnen Risiken ist Grundvoraussetzung für die Anwendung von risikopolitischen Maßnahmen. Zur Identifikation der einzelnen Risiken bei der Projektfinanzierung werden die Risiken, die ein Projekt durchläuft, systematisch auf ihre Einflussfaktoren hin untersucht. Die Bewertung der einzelnen Risiken erfolgt anhand ihrer Auswirkungen auf den Cashflow, wobei die Ursachen eines Risikos aufgedeckt und die Risikofolgen qualitativ und quantitativ aufgezeigt werden. Das dazu verwendete Instrument – das Cashflow-Modell – wird aufgrund seiner Bedeutung gesondert dargestellt. Im dritten Schritt sind die identifizierten Risiken mit Hilfe geeigneter Techniken auf ein Minimum zu reduzieren[60]. Bei der Zutei-

sagen führen, so dass sich die genannte Forschungsrichtung mit Mechanismen beschäftigt, wie derartige Fehlentwicklungen vermieden werden können. Diese theoretische Fundierung soll an dieser Stelle nicht vertieft werden. Allerdings sei kurz darauf verwiesen, dass durch das Prinzip der Risikoteilung, nach dem die besser informierten Projektbeteiligten, die als Agenten für die Entstehung des Risikos mit verantwortlich sind, in das Risiko mit eingebunden werden. Sie signalisieren damit glaubwürdig ein Eigeninteresse, das parallel zum Interesse des Projekterfolges läuft.

60 Buljevich, Park 1999, S. 143.

lung – der Risikoallokation – wird untersucht, ob und in welchem Maße die identifizierten Risiken den Projektbeteiligten zugewiesen werden sollen und welches Restrisiko nach Zuteilung bei den Kapitalgebergruppen verbleibt. Bei der Zuteilung ist insbesondere darauf zu achten, dass die Risikoträger auch in der Lage sind, jenes zu kontrollieren und hinreichende Anreize gesetzt werden, den Projekterfolg zu fördern[61].

Bei der Risikoallokation sind zwei Ebenen zu unterscheiden: Zum einen geht es um die Frage, ob und inwieweit ein Projektbeteiligter bereit ist, in einem vertraglich festgelegten Umfang Risikofolgen zu tragen. Hierzu soviel: Die Motivation zur Beibehaltung eines Interesses am Projekt und der Mitwirkung daran hängt von der individuellen Anreiz-Beitrags-Struktur des Projektbeteiligten ab, die im Saldo positiv sein muss. Ausführlich haben wir die diesbezüglichen Überlegungen und Ausgestaltungen in mehreren Kapiteln dargestellt (siehe 3.3.3 und folgende Kapitel).

Projektbeteiligter	Hauptanreiz	Hauptbeitrag
Sponsor	Erwirtschaftung einer hohen EK-Rendite	Einbringung des risikotragenden Eigenkapitals
Anlagenhersteller (Contractor)	Ertrag aus Anlagenverkauf	Anlagenerstellung und Gewährung umfangreicher Gewährleistungen
Lieferanten	Verkaufserlöse der gelieferten Güter	Überlassung der Vorleistungen
Abnehmer	Erhalt des Endproduktes	Vergütung des Endproduktes
Fremdkapitalgeber	Zinserträge und Provisionen	Bereitstellung von Fremdkapital
Betreiber	Betriebsführungsentgelt	Betrieb der Anlage

Abbildung 19: Anreiz-Beitrags-Struktur der Projektbeteiligten

Grundlage der Anreiz-Beitrags-Theorie ist die individuelle Kosten-Nutzen-Analyse eines jeden Beteiligten unter Berücksichtigung des Opportunitätsprinzips[62].

Neben der vertraglichen Zuordnung der identifizierten Risiken kommt der Fähigkeit der verschiedenen Beteiligten, die vertraglichen Konsequenzen auch tragen zu können, eine besondere Bedeutung zu. In diesem Zusammenhang wird die Cashflow-Orientierung der Projektfinanzierung verlassen und die Risikoträger müssen im Hinblick auf Bonität und auf

61 Höpfner 1995, S. 176 f. Siehe auch 3.3.4

62 Für eine ausführliche Behandlung der Anreiz-Beitrags-Theorie wird auf die Arbeiten von Barnard (1970) und March/Simon (1958) verwiesen.

ihre wirtschaftliche Leistungsfähigkeit bewertet werden[63]. Insofern beinhaltet jede Projektfinanzierung auch Bestandteile einer Unternehmensfinanzierung, da die zumindest partielle Risikoübernahme durch die Projektbeteiligten wesentlich für eine Projektfinanzierung ist und in jedem Fall auch eine Bonitätsbeurteilung dieser Risikoträger erforderlich macht, wie sie für Unternehmensfinanzierungen typisch ist. Die Bonität des Risikoträgers ist umso intensiver zu prüfen, je weitgehender sich ein Projektbeteiligter vertraglich gegenüber dem Projekt verpflichtet. Diesbezüglich wird auf die einschlägige Literatur der Kreditnehmerbeurteilung[64] verwiesen, da in dieser Arbeit auf diese Thematik nicht näher eingegangen wird.

Schließlich sind die Risiken während der Projektlaufzeit zu kontrollieren und – bei Bedarf – geeignete Gegenmaßnahmen einzuleiten[65].

Die dargestellten Prozessstufen sind nicht als isolierte Teilaufgaben zu verstehen, sondern als ein wechselseitig ineinander greifender Prozess, der das Projekt begleitet und dessen Ergebnis nicht nur vom Risikoprofil des Projektes abhängt, sondern wesentlich auch von den Chance-/Risiko-Präferenzen der verschiedenen Projektbeteiligten. Die Aufgabe der Auswahl und Anwendung der Risikoinstrumente sowie der Risikoträger erweist sich in der Praxis als komplexer und diffiziler Verhandlungsprozess (siehe hierzu 3.3.7). In der weiteren Darstellung wird auch deutlich werden, dass die obige Stufenfolge zunächst aus didaktischen Gründen gewählt wird. In der Praxis ergibt sich eine Wechselwirkung zwischen den einzelnen Prozessstufen.

Wir werden im Folgenden die verschiedenen Stufen des Risikomanagements gemäß der gerade beschriebenen Stufenfolge darstellen. Wie traditionell üblich, schließt sich an diese Darstellung der verschiedenen Prozessstufen die Frage an, welche Instrumente zur Verfügung stehen, das jeweilige Risiko bestmöglich abzusichern und wer der primäre Risikoträger sein sollte.

3.2 Der Kern des Risikomanagements: Die Sicherung der Stabilität und der Auskömmlichkeit des Cashflows

Die Identifizierung und das Management von Risiken sind die Kernaufgaben für die Gestaltung einer Projektfinanzierung, da die Rückgriffsrechte der Fremdkapitalgeber während der Betriebsphase auf das Projekt und den von ihm erwirtschafteten Cashflow beschränkt sind.

Die Wirtschaftlichkeit und Robustheit einer Projektfinanzierung wird durch seine Fähigkeit bestimmt, die prognostizierten Cashflows zuverlässig erwirtschaften zu können. Weichen die

---

[63] Schmitt 1989, S. 62 f.

[64] Z.B.: Peter Blattner: „Globales Risikomanagement für Banken", Oldenbourg 2003.

[65] E.C. Buljevich; Y.S. Park 1999, S. 90.

realisierten Cashflows – zeitlich oder betraglich – von den prognostizierten Cashflows ab, sind Anpassungsmaßnahmen notwendig, um eine Gefährdung des Projektes zu verhindern. Alle Risikoaspekte eines Projektes wirken auf den Cashflow-Strom, so dass Risikomanagement bei Projektfinanzierungen nichts anderes meint als die Steuerung – und ggf. Korrektur – der den Cashflow bestimmenden Einflussgrößen. Diese zentrale Aussage sei näher erläutert.

Aufgrund des oben beschriebenen strukturellen Nachrangs der Eigenkapitalgeber gegenüber den Kreditgebern (Abbildung 9) sind es zunächst die Eigentümer, die das Risiko von negativen Planabweichungen tragen: Ihre Rendite verschlechtert sich und es ist eine unternehmerische Aufgabe der Projektgesellschaft hier gegenzusteuern. Aufgrund der meist recht weit reichenden Fremdkapitaleinbindung sind allerdings auch die Kreditgeber verhältnismäßig schnell von Planabweichungen betroffen. Um ihren vertraglichen Rückzahlungsanspruch zu wahren, lassen sie sich daher im Rahmen der Projektanbahnung für den Fall von negativen Planabweichungen weitgehende Kontroll- und Sanktionsrechte einräumen. Damit es möglichst überhaupt nicht während der Projektlaufzeit zu derartigen Planabweichungen kommt, werden verschiedene Sicherungselemente eingebaut. Eines dieser Sicherungselemente, die in den drei Branchenkapiteln (Solarenergie: 4.4 , Biomasse: 5.4, Windenergie: 6.4) im Detail behandelt werden, ist die Gestaltung einer dem Risikoprofil angemessenen Finanzierungsstruktur. Dabei wird die Finanzierungsstruktur so ausgestaltet, dass das Projekt auch bei Eintreten eines Worst-Case-Szenarios in der Lage ist, den Schuldendienst zu bedienen. Die Schuldendienstdeckungsfähigkeit des projektimmanenten Cashflows ist die notwendige Bedingung für die Fremdkapitalgeber, sich an einer Projektfinanzierung zu engagieren. Der Cashflow muss neben der Bedienung der operativen Kosten und des Kapitaldienstes immer noch einen zusätzlichen Puffer aufweisen, um Planabweichungen aufzufangen, die nicht von einem vertraglich verpflichteten Projektbeteiligten getragen werden. Es ist damit der Cashflow und seine Verlässlichkeit, die die Wirtschaftlichkeit und das Verschuldungspotential eines Projektes bestimmt.

Aus Sicht der Fremdkapitalgeber könnte man meinen, dass eine Projektfinanzierung primär aus folgendem Blickwinkel beurteilt wird:

> Ist das Projekt in der Lage, auch bei einem Worst-Case-Szenario zumindest den Kapitaldienst zu bedienen?

Allerdings: Auch wenn diese Frage bejaht wird, wäre es aus Sicht der Fremdkapitalgeber zu kurz gegriffen, eine Projektfinanzierung als machbar und empfehlenswert zu halten. Die Erfahrung in verschiedenen Projekten zeigt folgendes: Angenommen, der Cashflow kann im Projektverlauf gerade noch den Kapitaldienst erwirtschaften, dann erhalten die Eigenkapitalgeber noch nicht einmal eine buchhalterische Verzinsung ihres Kapitals. Ihr Interesse an dem Fortbestand des Projektes wird – sofern keine Verbesserung abzusehen ist – dramatisch sinken und sie werden vorhandene Ausstiegsmöglichkeiten nutzen oder aber versuchen, diese zu schaffen (siehe auch 3.4.6). Dieses Verhalten setzt wiederum die Fremdkapitalgeber in eine problematische Situation, da sie dann wahrscheinlich die einzige Gruppe sind, die ein langfristiges Interesse am Fortbestand des Projektes haben. In einem nicht allzu unwahrscheinlichen Szenario können sich die Kreditgeber funktionell in einer Situation der Eigenkapitalgeber wieder finden. Da die Kreditgeber typischerweise gerade keine Unternehmer sind, werden sie schnellstmöglich das Projekt restrukturieren müssen. Dabei muss man berücksichtigen, dass die Restrukturierung eines Projektes durchaus mehrere Jahre dauern und entsprechend Ressourcen binden kann. Allein aus diesem Grund sind die Kreditgeber gut beraten, auch die Sichtweise der Eigenkapitalgeber einzunehmen.

Man kann an dieser Stelle einwenden, dass die Eigenkapitalgeber ein Projekt nicht nach dem Worst-Case-Szenario beurteilen werden, das die risikoaverse Sicht der Kreditgeber abbildet, sondern stattdessen das Base-Case-Szenario heranziehen werden, das den wahrscheinlichsten aller Fälle abbilden soll[66]. Damit sollte – aus Eigen- und Fremdkapitalgebersicht – die folgende Frage ebenfalls bejaht werden:

> Ist das Projekt in der Lage, bei einem Base-Case-Szenario eine angemessene Eigenkapitalrendite zu erwirtschaften?

Die unterschiedliche Fragestellung ergibt sich aufgrund der bereits oben angesprochenen asymmetrischen Verteilung von Risiken und Chancen: Die Chance der Fremdkapitalgeber besteht darin, die Zinsen und die Tilgung der Projektkredite zu den im Vorhinein festgelegten Zahlungsterminen zu erhalten, die Chance der Eigenkapitalgeber besteht darin, bei einem erwarteten oder besseren Projektverlauf die Mehrerlöse einzustreichen. Das Risiko beider Gruppen besteht darin, dass das Projekt nicht plangemäß funktioniert und beide Verluste erleiden. Nun mag man wiederum einwenden, dass die Ansprüche der Fremdkapitalgeber vorrangig gegenüber den Ansprüchen der Eigenkapitalgebern sind, doch kann man hier erwidern, dass die Sicherheiten des Projektes im Wesentlichen auf den Cashflow beschränkt sind, der schnell nicht mehr ausreichen kann, auch nur eine Gruppe der Anspruchsberechtigten zu befriedigen.

An dieser Stelle ergibt sich eine Reihe von Fragen, die wir im folgenden Verlauf abschichtig beantworten werden:

- Kennen wir die Einflussgrößen für die Parameter, die den Cashflow beeinflussen und können wir diese hinreichend zuverlässig abschätzen? Welche Verfahren stehen uns hier zur Verfügung? Was bedeutet es, wenn wir die Einflussgrößen entweder nicht kennen oder nicht zuverlässig abschätzen können?
- Genügt es, ein Projekt aus Sicht der Kapitalgeber zu beurteilen oder sollte auch die Interessenlage der anderen vom Projekt betroffenen Gruppen mit berücksichtigt werden?
- Wie sieht aus Sicht der einzelnen Projektbeteiligten eine angemessene Chance-Risiko-Position aus?
- Welche Möglichkeiten bestehen, auf Störungen des Cashflows zu reagieren?

Diese aus der Frage der Prognostizierbarkeit des Cashflows abgeleiteten und zusammenhängenden Fragen sind zentral für jede Projektfinanzierung.

---

66 Bei dieser Betrachtung wird allerdings zusätzlich vorausgesetzt, dass sich die Sponsoren nach dem Kriterium des Erwartungswertes orientieren. Siehe hierzu auch die Überlegungen unter 3.3.5.

Es ist zunächst die Frage nach der Risikoallokation, die Frage nach der Verteilung von Chancen und Risiken bei den verschiedenen Projektbeteiligten im Zeitablauf. Durch die Zukunftsorientierung der Projektfinanzierung verschärft sich das Problem der Informationsasymmetrie zwischen den verschiedenen Projektbeteiligten. Um die damit verbundenen Probleme weitgehend zu vermeiden, werden die besser informierten Projektbeteiligten bzw. die Projektbeteiligten, die als Beauftragte selber für das Entstehen der Risiken mit verantwortlich sind, in das Risiko eingebunden. Diese Fragestellung werden wir in seiner theoretischen Fundierung im Abschnitt 3.3 behandeln und die praktischen Implikationen in den sich anschließenden Abschnitten darstellen. Das Management von Einzelrisiken ist ein Verfahren, um Probleme aufgrund von Informationsasymmetrien möglichst gar nicht erst entstehen zu lassen.

Die zweite Frage ist, wie die Chance-Risiko-Position der einzelnen Projektbeteiligten quantifiziert werden kann. Aus Sicht der Kapitalgeber sind es die Cashflow-Prognoserechnungen, aus Sicht der Zulieferer und der Abnehmer die zumeist bilateralen Verträge mit der Projektgesellschaft. Frage ist, ob diese Verfahren ein hinreichend genaues Abbild der Realität zulassen oder ggf. noch ergänzt werden müssen.

Die zentrale Bedeutung der Stabilität des Cashflows wird in den jeweiligen Branchen-Kapiteln anhand mehrerer Beispiele verdeutlicht.

When it rains, it pours.

ENGLISCHES SPRICHWORT.

3.3 Der Umgang mit Einzelrisiken: Risikoidentifikation, Risikoträger und Risikoinstrumente

3.3.1 Aufgaben, Ziele und Phasen des Risikomanagement

Jede unternehmerische Tätigkeit ist durch die Existenz von Unsicherheit und unvollkommenen Informationen im Rahmen des betrieblichen Handelns Risiken ausgesetzt. Das Unternehmen ist allerdings nicht gezwungen, diese Risiken hinzunehmen, sondern vielmehr gefordert, geeignete Gegenmaßnahmen zu ergreifen[67]. Die Bewältigung dieser soll als Ziel und das dazu notwendige Vorgehen als Aufgabe des Risikomanagements bezeichnet werden. Bezogen auf die Projektfinanzierung bedeutet dies in erster Linie die Sicherung der Projektexistenz. Dies ist darin begründet, dass nur durch das Betreiben des Projektes ein Cashflow

67 M. Hupe 1995, S. 46.

generiert werden kann, der die in den meisten Fällen einzige bzw. werthaltigste Sicherheit darstellt, die zur Bedienung der Finanzierung zur Verfügung steht.

Der Katalog der möglichen Maßnahmen des Risikomanagements ist umfangreich und vielschichtig, wodurch sich für den Kreditgeber eine Vielzahl von Handlungsoptionen ergeben. Die Auswahl der möglichen Maßnahmen wird als Risikopolitik bezeichnet, deren Ziel es ist, die Kombinationen von Sicherungsinstrumenten zu finden, welche eine auf das Projekt abgestimmte und von allen gemeinsam akzeptierte Risikoverteilung ermöglicht[68].

Die Risikoanalyse ist Ausgangspunkt des Risikomanagementprozesses, da sie maßgeblich die Struktur des Vertragsgeflechtes sowie die materiellen Regelungen jedes einzelnen Vertrages bestimmt. Daher wird man sich mit den Zielsetzungen der Projektbeteiligten und den wirtschaftlichen, technischen und rechtlichen Aspekten des Vorhabens vertraut machen müssen.

In den folgenden Abschnitten werden wir uns vertieft mit den verschiedenen Risiken, Risikoinstrumenten und Risikoträgern beschäftigen; insofern dient die folgende Übersicht zunächst nur der Einstimmung:

Risikoart	**Risiko-Instrument**	**Risikoträger**
Verfügbarkeit Rohstoffe oder Energie	Vertrag: Angebot oder Zahlung, Machbarkeitsstudie	Zulieferer, evtl. Sponsoren
Vertragserfüllung Vertragspartner	Machbarkeitsstudie	Sponsoren
Kostenüberschreitung	Fertigstellungsgarantie, Kreditlinie	Sponsoren, Generalunternehmer, Kreditgeber
Abnahmerisiko	Take-or-Pay-Verträge	Nachfrager des Outputs
Performancerisiko	Machbarkeitsstudie, Vertragskonditionen (Anreize)	Anlagenlieferant
Rechts- und Regulierungsrisiko	Reputation des Landes, gute Zusammenarbeit mit Regierungen	Sponsoren
Länderrisiko	Machbarkeitsstudie, Versicherung	Versicherungsagenturen, Exportkreditversicherungen
Technologisches Risiko	möglicherweise K-O-Kriterium, ansonsten: Lizenzvereinbarung	Lizenzgeber
Devisenkurs	Optionen, Futures, Swaps usw.	Finanzinstitute
Inflationsrate	Langfristige Verträge (Kauf und Verkauf)	Anbieter und Nachfrager
Zinssätze	Feste Zinskonditionen, Zinsderivate usw.	Finanzinstitute, Gläubiger, Kapitalmärkte
Force Majeure	Eindeutige Abgrenzung, Versicherung	Versicherung

Abbildung 20: Risikoart, Risiko-Instrument und Risikoträger

Im nächsten Schritt werden wir die wesentlichen Risiken bei Projekten im Bereich Erneuerbare Energien betrachten[69].

---

[68] M. Schulte-Althoff 1992, S. 112 f.

[69] Die hier aufgeführten Risiken entsprechen im Wesentlichen den üblichen Risiken, die bei Projektfinanzierungen auftreten.

3.3.2 Risikoeinteilung

Die Risiken bei Projektfinanzierungen können von Projekt zu Projekt hinsichtlich ihres Inhaltes, ihrer Ursache, ihres Ausmaßes und ihrer Eintrittswahrscheinlichkeit stark voneinander abweichen. Gleichwohl gibt es Gruppen von Risiken, die in gleicher oder ähnlicher Weise bei den meisten Projektfinanzierungen zu einer Gefährdung des Cashflows führen können und insofern Gegenstand des Risikomanagements sein müssen[70]. Zur Visualisierung ist es häufig hilfreich, die Einflussgrößen der Wirtschaftlichkeit eines Vorhabens darzustellen.

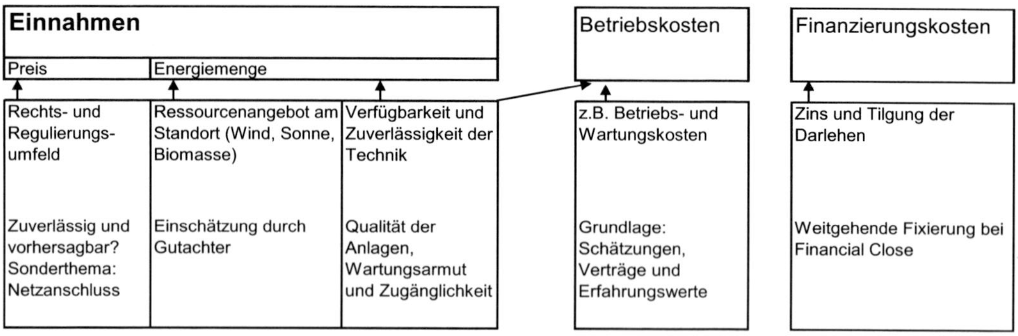

Abbildung 21: Einflussfaktoren für die Wirtschaftlichkeit

Die Gruppierung der Risiken kann nach unterschiedlichen Gesichtspunkten erfolgen, beispielsweise nach den Projektphasen oder nach der Zuordnung zu den Sphären der Projektbeteiligten (*bankable risks, insurable risks, equity risks*)[71]. Diese Kategorisierungen scheinen jedoch für unsere Zwecke wenig geeignet. Problematisch bei einer phasenbezogenen Einteilung ist, dass die Zuordnung der Risiken nicht eindeutig vorgenommen werden kann, da viele Risiken phasenübergreifend wirksam sind. Dies gilt beispielsweise für Länderrisiken, die ihr Gefährdungspotential durch den Abschluss einer Phase weder gewinnen noch verlieren[72]. Die Kategorisierung nach Risikoträgern ist ebenfalls unscharf, da etwa Banken im Rahmen der Projektfinanzierung auch bankenuntypische Risiken übernehmen. Zudem stellt diese Aufteilung bereits einen Vorgriff auf den Prozess der Risikobewertung dar[73].

Zweckmäßiger für die folgende Untersuchung dürfte es hingegen sein, die Risiken so einzuteilen, dass sie in Bezug auf ihre Inhalte und ihre Ursachen weitgehend überschneidungsfrei sind und auf die Möglichkeiten ihrer Beeinflussbarkeit durch die verschiedenen Projektbeteiligten abgestellt wird. Eine solche Gliederung ist sinnvoll, da sich in der Praxis unterschied-

---

70 H. Uekermann 1993, S. 28.

71 M. Hupe 1995, S. 49; W. Schmitt 1989, S. 186.

72 H. Uekermann 1995, S. 29.

73 M. Hupe 1995, S. 49.

liche Maßnahmen herausgebildet haben, die die Risiken meist mit einem möglichst engen Bezug zu ihren Ursachen handhaben[74].

Daher wird im Folgenden unterschieden zwischen Risiken, die von der Projektgesellschaft oder anderen Projektbeteiligten kontrolliert werden können (projektendogene Risiken) und solchen Risiken, die außerhalb der Projektbeteiligten auf das Projekt einwirken (projektexogene Risiken). Eine Besonderheit von projektexogenen Risiken stellen Risiken dar, die von keiner der am Projekt beteiligten Parteien kontrolliert werden können, so genannte Force Majeure Risiken[75].

Diese Unterteilung erscheint auch wirtschaftlich zweckmäßig, da die Methodik der Projektfinanzierung wesentlich darin besteht, belastbare Verträge zwischen der Projektgesellschaft und zentralen Projektbeteiligten so zu strukturieren, dass die Projektbeteiligten einen Anreiz haben, den Projekterfolg zu fördern. Dies erfordert die vertragliche Einbindung von Projektbeteiligten mit dem Projekt, oder anders formuliert: Endogene Risiken sind aus Sicht der Projektgesellschaft besser beherrschbar als exogene Risiken.

Endogene Risiken	**Exogene Risiken**
Fertigstellungsrisiko	Technisches Risiko im weiteren Sinne
Technisches Risiko im engeren Sinne Managementrisiko Absatzrisiko Betriebsrisiko Abandonrisiko	Ressourcenrisiko Zulieferrisiko Marktrisiko Vertragsrisiko Wechselkursrisiko Inflationsrisiko Zinsänderungsrisiko
Force Majeure	

Abbildung 22: Übersicht über endogene und exogene Risiken[76]

Wichtig ist: Es ist die Vertragsstruktur, die bei einzelnen Risikotypen darüber entscheidet, ob es sich um endogene oder exogene Risiken handelt: So überführt erst die vertragliche Verpflichtung des Abnehmers, Produkte der Projektgesellschaft zu einem bestimmten Preis, einer bestimmten Menge und Qualität abzunehmen, ein exogenes Marktrisiko in ein endogenes Absatzrisiko. In vielen Bereichen haben sich im Laufe der Zeit bestimmte Grundverteilungsregeln von Risiken etabliert. Da die Technik der Projektfinanzierung – mit unterschiedlichen Abstufungen – für bestimmte Bereiche, z.B. Erneuerbare Energien aber verhältnismäßig neu ist, haben sich bestimmte Grundregeln noch nicht trennscharf herausgebildet und zwingen zu neuen Diskussionen über eine angemessene Zuordnung von Chancen und Risiken.

---

74 H. Uekermann 1993, S. 29 f.

75 P. Benoit 1996, S. 11.

76 In Anlehnung an M. Gröhl 1990, S. 81.

Bei den im Folgenden dargestellten Risiken und dem zugehörigen Risikomanagement handelt es sich um auffällige Risiken. Es ist durchaus ökonomisch, weniger auffällige Risiken auch mit weniger Aufmerksamkeit zu bedenken, gleichwohl zeigt die Erfahrung, dass häufig nicht die offensichtlichen Risikoaspekte zu Problemen führen. In jedem Fall ist es sinnvoll, sich die ökonomischen Beweggründe der Projektbeteiligten, die wir eingangs behandelt haben, sehr genau vor Augen zu führen und insbesondere auch zu überlegen, wie negative Konsequenzen vom Projekt ferngehalten werden können.

Nachfolgend werden zunächst die ökonomischen Grundsätze einer Risikoallokation dargestellt, bevor im Anschluss die grundsätzlichen Risikokomplexe sowie mögliche Risikoinstrumente und Risikoträger dargestellt werden, bevor auf die speziellen Gegebenheiten bei verschiedenen Projekttypen eingegangen wird.

3.3.3 Risikoprämie und Risikotragfähigkeit

Die neoklassische Kapitalmarkttheorie hat sich intensiv mit dem Preis für das Risiko beschäftigt. Ein zentrales Ergebnis ist, dass in einer Welt vollkommener Kapitalmärkte eine vollständige Diversifikation der Investitionen möglich ist. Risiken, die nur auf einen Einzeltitel bezogen sind, haben einen Preis von Null, da sie durch Diversifikation abgebaut werden können. Einen Preis gibt es in dieser Welt nur für das systematische Risiko, d.h. das Risiko eines perfekt diversifizierten Portfolios, das von der allgemeinen Marktentwicklung getrieben wird.

Die Erkenntnisse dieser Theorie bilden eine wichtige Grundlage des heutigen Verständnisses von der Funktionsweise der Kapitalmärkte. Allerdings sind die Annahmen, unter denen sie abgeleitet werden, wenig realistisch. Märkte funktionieren nicht friktionsfrei, und eine vollkommene Diversifikation ist weder möglich noch sinnvoll erreichbar. Allerdings ist der Grad der Annäherung an dieses Ideal unterschiedlich hoch. Ein Kapitalmarktinvestor, der ein umfängliches freies Vermögen investieren will, kann sehr wohl eine weitgehende Diversifikation erreichen. Ein Unternehmen, dessen Erfolg von dem Erfolg eines Projektes abhängt, ist dagegen schlecht diversifiziert. Für die Übernahme eines zusätzlichen Risikoanteils aus diesem Projekt müsste man demnach diesem Unternehmen einen entsprechend hohen Preis zahlen.

Dahinter steht noch ein weiterer Effekt, der in der Modellwelt vollkommener Kapitalmärkte nicht vorgesehen ist. Das Unternehmen möchte das zusätzliche Projektrisiko auch deshalb vermeiden, weil bei Realisation sehr schlechter Ergebnisse – z.B. dem Scheitern des Projektes – über den Verlust aus dem Projekt hinaus weitere Kosten entstehen: Das Unternehmen geht im schlimmsten Fall Konkurs und Folgekosten entstehen. Diese Probleme entstehen nicht für einen Kapitalmarktinvestor, der sein eigenes Geld investiert.

In der Ökonomie wird die Abneigung gegen Risiko als Risikoaversion bezeichnet. Um die Auswirkungen eines risikoaversen Verhaltens zu analysieren, konstruieren Ökonomen individuelle Nutzenfunktionen. Eine Nutzenfunktion ist eine Funktion, die jedem Pay-Off, das ein Individuum erhält, einen bestimmten Nutzenwert zuordnet. Individuen streben an, ihren Nutzenwert zu maximieren. Häufig wissen sie zum Zeitpunkt einer Entscheidung aber nicht, welchen Pay-Off sie später erhalten werden. Können sie die Wahrscheinlichkeit einschätzen, mit der sie die verschiedenen Pay-Offs erhalten, können sie anstelle des Nutzenwertes den Erwartungswert des Nutzenwerts maximieren. Offenkundig lehnen die Individuen Risiken ab, wenn sie statt eines riskanten Zahlungsstroms lieber den Erwartungswert dieses Zahlungsstroms als sichere Zahlung erhalten wollen. Der Nutzenwert dieses Erwartungswerts ist also bei einem risikoaversen Individuum höher als der Erwartungsnutzen des riskanten Zahlungsstroms. Damit dies für alle denkbaren riskanten Zahlungsströme gewährleistet ist, muss die Nutzenfunktion eines Individuums konkav sein.

Der Gedanke lässt sich an einem einfachen Beispiel veranschaulichen. Ein Projekt kann entweder erfolgreich sein oder scheitern. Ist das Projekt erfolgreich, ergibt sich ein Gewinn von 40 GE. Scheitert es, ist der Gewinn 0. Das Projekt hat also einen erwarteten Gewinn von 20 GE und ist damit lohnend. Ein risikoaverser Investor hätte aber lieber den Erwartungswert von 20 GE als ein Projekt mit gleichem Erwartungswert, das aber auch schief gehen kann. Die konkave Nutzenfunktion veranschaulicht diesen Sachverhalt:

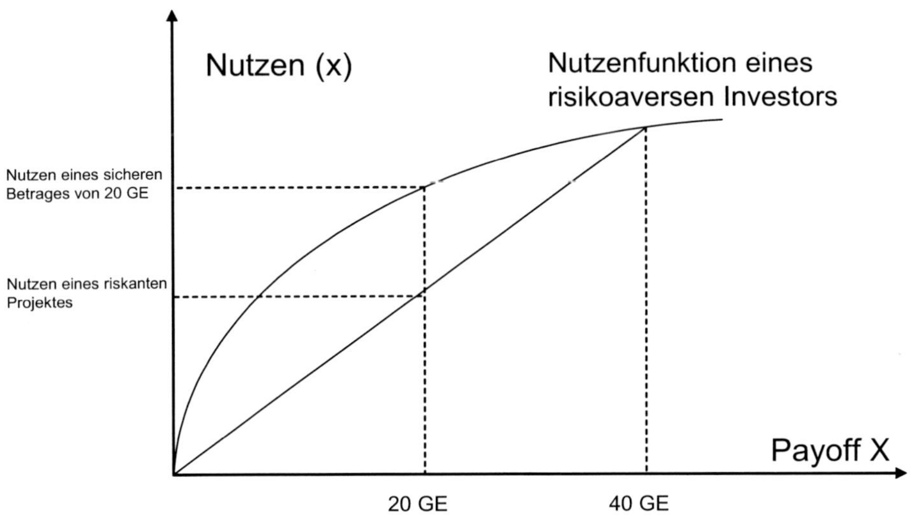

Abbildung 23: Nutzenfunktion eines risikoaversen Investors

Betrachten wir die Beteiligten einer Projektfinanzierung etwas genauer unter dem Gesichtspunkt, wer hinsichtlich der Diversifikation und möglicher Konkurskosten am besten Risiken übernehmen kann:

	Charakteristika	Risikotragfähigkeit
Contractors	Kleinere Contractors sind bezüglich eines einzelnen Projektes wenig differenziert, damit sind Konkurskosten hoch relevant. Bei größeren Contractors besteht eine bessere Diversifikation.	Gering bis mittel
Fremdkapitalgeber	Diversifikation ist ein Grundprinzip der Funktionsweise von Banken. Der tatsächliche Grad der Diversifikation hängt vom Geschäftsmodell und der Größe des Vorhabens ab. Eine Mindestdiversifizierung ist gesetzlich vorgegeben. Insbesondere die Eigenkapitalanforderungen sollten die Relevanz von Konkurskosten einschränken.	Mittel bis hoch
Versicherungen	Risikobewertung und -diversifikation sind das Kerngeschäft von Versicherungen. Auch hier sollten die Eigenkapitalanforderungen die Relevanz von Kapitalkosten einschränken. Mögliche Kumulrisiken können über Rückversicherungen abgebaut werden.	Hoch
Kapitalmarktinvestoren	Bei einem Benchmark-Fall: Beliebig gute Diversifikation und gestaltbarer Leverage-Grad, so dass sich im Idealfall nur systematische Risiken ergeben.	Sehr hoch

Abbildung 24: Abstufung der Risikotragfähigkeit bei Projektfinanzierungen

Was sind die Konsequenzen dieser Überlegungen für die Risikoallokation bei einer Projektfinanzierung? Stellen wir uns als Beispiel einen Contractor vor, der für ein Projekt eine genau spezifizierte Anlage im Werte von M€ 9 liefern soll, was auch seinem Anfangsvermögen entspricht. Da das Vorhaben für ihn erkennbar sehr groß ist, sei er risikoavers eingestellt, während die anderen Projektbeteiligten wesentlich besser diversifiziert sind und sie sich risikoneutral verhalten. Wie sollte der Vertrag mit dem Contractor strukturiert sein?

Die Präferenzen des risikoaversen Contractors sollen durch die Nutzenfunktion $X^{0,5}$ beschrieben werden. Dabei sei X das Endvermögen des Contractors. Damit der Contractor die Anlage liefert, muss er sich mindestens so gut stellen wie in dem Fall, dass er nicht liefert. Der einfachste Weg wäre, ihm die 9 M€ zu zahlen, die die Anlage kostet. Da die Anlage aber für das Projekt unabdingbar ist, wird ihm regelmäßig auch abverlangt werden, einen Teil des Risikos zu tragen. Ein Weg wäre, ihm eine Beteiligung am Unternehmensgewinn anzubieten. Damit dies für den Contractor attraktiv ist, muss allerdings sein Erwartungsnutzen für ihn genauso attraktiv sein wie die 9 M€, die er für das Bauteil aufwenden muss. Im obigen Beispielsfall erwarten wir, dass das Projekt – mit einer Wahrscheinlichkeit von 66,7 % (Erfolg) bzw. 33,3 % (Misserfolg) – einen Gewinn von 0 oder von 40 M€ erwirtschaftet. Im ersten Fall ist die Beteiligung wertlos, im zweiten Fall erhält der Contractor aus seinem Beteiligungsanteil a einen Betrag in Höhe von 40 M€ * a. Sein Erwartungsnutzen $0,667 * (a * 40)^{0,5}$ muss also genau so hoch sein wie der Nutzen aus seinem bisherigen Vermögen – $9^{0,5} = 3$. Löst man dieses Gleichungssystem auf, erhält man eine erforderliche Beteiligung von 50,625 %. Der Erwartungswert dieser Beteiligung, 0,50625 * 66,7 % * 40 = 13,5, ist deutlich größer als das Anfangsvermögen oder das Endvermögen bei einem bloßen Kaufvertrag mit einem Fixpreis. Die Differenz 13,5 – 9 = 4,5 ist die Prämie, die der Contractor für seine Teilnahme am Risiko des Projektes fordert. Diese geht zu Lasten der anderen Beteiligten, für die das Vorhaben entsprechend weniger wertvoll wird. Das heißt, in diesem Beispiel stellt sich der Contractor durch einen Beteiligungsvertrag besser, die anderen Beteiligten aber schlechter. Abhängig von den obigen Annahmen kann sich die Präferenz des Contractors ändern, allerdings stellen sich die anderen Projektbeteiligten in jedem Fall schlechter.

Dieses Ergebnis lässt sich verallgemeinern. Es ist nicht sinnvoll, risikoaverse Projektbeteiligte mit hohen Risiken zu belasten, nur weil das Prinzip der Risikoteilung dies postuliert. Risiken verschwinden nicht dadurch, dass man sie auf möglichst viele Parteien aufteilt. Vielmehr sollte man die Parteien belasten, die diese Risiken auch gut tragen können. Im Idealfall sollten die Sponsoren an prohibitiv hohen Prämien für eine weitere Risikoübernahme merken, dass sie die Risikotragfähigkeit eines Projektbeteiligten über Gebühr belasten. Es besteht aber auch die Gefahr, dass man über die konsequente Verfolgung des Risikoteilungsprinzips an Projektbeteiligte gerät, denen es bereits so schlecht geht, dass ihnen gar keine andere Wahl bleibt, alles jedes Risiko zu akzeptieren. In jedem Fall ist bei der Risikoteilung Vorsicht geboten, auch wenn es gute Gründe dafür gibt, auch risikoaverse Vertragspartner gezielt am Risiko zu beteiligen.

3.3.4 Risikoübernahme bei asymmetrischer Information

Unbeeinflussbare Risiken transparenter Projekte sind am besten am Kapitalmarkt platziert. Sie können dort breit gestreut werden und Kapitalmarktinvestoren können für die Übernahme der Risiken nicht mehr als die Marktrisikoprämie durchsetzen. Werden alle derartigen Risiken solcher Projekte am Kapitalmarkt platziert, weist das Projekt die niedrigsten möglichen Finanzierungskosten auf und erzielt umgekehrt für die Sponsoren den höchsten möglichen Gewinn. Allerdings zeigt die Formulierung auch seine eingeschränkte Anwendung: Welches Projekt ist so transparent, dass es dem breiten Kapitalmarkt angedient werden kann? Welche Risiken können tatsächlich durch die Projektbeteiligten beeinflusst werden?

Zunächst zur Frage der Transparenz. Wenn die Kapitalmarktteilnehmer über den Wert eines Vorhabens nicht hinreichend informiert sind, werden sie eine Risikoprämie verlangen. Stellen wir uns zwei verschiedene Projekte vor, die dem Kapitalmarkt angeboten werden. Dabei weist das erste Vorhaben nach Abzug des Kaufpreises für die Anlage mit gleicher Wahrscheinlichkeit einen Cashflow von -2 M€ oder von 14 M€ auf. Nehmen wir an, das zweite Projekt erwirtschafte in beiden Umweltzuständen einen um 6 M€ höheren Cashflow, also entweder 4 M€ oder 20 M€. Der Einfachheit halber soll angenommen werden, dass beide Projekte mit gleicher Wahrscheinlichkeit auftreten und die Kapitalmarktinvestoren beide Vorhaben nicht voneinander unterscheiden können. Was wäre der Preis für die Projekte, wenn die risikoneutralen Kapitalmarktinvestoren ihren Erwartungswert maximieren wollen?

Zunächst erscheint dies als eine einfache Rechnung: Das erste Projekt hat einen Erwartungswert von 6 M€, das zweite von 12 M€. Da beide gleich wahrscheinlich sind, würden risikoneutrale Investoren für eine solche Art der Lotterie maximal 9 M€ zahlen, um den Zuschlag zu bekommen. Die Sponsoren des schlechten Projektes würden 3 M€ mehr verdienen, als ihr Vorhaben wert ist. Die Sponsoren des guten Projektes verlieren allerdings 3 M€, die sie als Risikoprämie den Kapitalmarktinvestoren für ihre Bereitschaft, ein intransparentes Risiko zu kaufen, überlassen müssen. Die durchschnittliche Informationsprämie wäre allerdings 0, da die Projekte aufgrund des Informationsstands des Kapitalmarktes fair gepreist sind und die Sponsoren, obwohl sie die tatsächlichen Eigenschaften ihres Vorhabens kennen, keine Konsequenzen ziehen. Dies ist offensichtlich eine unrealistische Annahme.

Nehmen wir weiter an, dass sich für einige Projekte andere Akteure, z.B. bestimmte Sponsoren oder auch Banken und Versicherungen finden, deren Risikoaversion zwar positiv, aber nicht sehr ausgeprägt ist, und die auch darüber informiert sind, ob es sich um das wertvollere oder das weniger wertvolle Projekt handelt. Denken wir uns beispielsweise eine so informierte Versicherung, der man das Projektrisiko auch verkaufen könnte. Für schlechte Projekte ändert sich nichts. Bei guten Projekten könnte man allerdings erwägen, dieser Versicherung und nicht den Kapitalmärkten das Risiko zu übertragen. Nehmen wir z.B. an, dass die Präferenzen dieser besonders wenig risikoaversen Versicherung durch eine Nutzenfunktion $x^{0,9}$ dargestellt wird und sie über ein Anfangsvermögen von 15 M€ verfügt. Welchen Preis würde die Versicherung für das Projekt mit dem höheren Wert höchstens zahlen? Ohne diesen Kauf wäre ihr Nutzen aus ihrem Vermögen genau $15^{0,9}$. Kauft sie das Projekt, muss sie aus dem Vermögen den Kaufpreis P aufbringen und erhält den vollen Projekt-Cashflow, also entweder 4 M€ oder 20 M€. Den daraus resultierenden Erwartungsnutzen kann man darstellen als

$$0{,}5 * (15 - P + 4)^{0,9} + 0{,}5 * (15 - P + 20)^{0,9}$$

Dieser Wert muss mindestens so groß sein wie der Nutzen ohne den Kauf des riskanten Projektes, also $15^{0,9}$. Löst man die entsprechende Gleichung auf, findet man heraus, dass die Versicherung bereit ist, bis zu 9,64 M€ für das gute Projekt zu zahlen. Dies ist deutlich mehr als die 9 M€, die man am Kapitalmarkt bekäme. Diese Projekte würden also nicht am Kapitalmarkt angeboten.

Tatsächlich würden alle guten Projekte, für die sich nicht allzu risikoaverse Inside-Investoren finden, nicht mehr auf dem Kapitalmarkt erscheinen. Formuliert man die Nutzenfunktion allgemeiner mit X^a mit a als inversem Maß für die Risikoaversion, würden bei einem Marktpreis von 9 M€ die guten Projekte, die einen informierten Investor mit einem Wert für a größer 0,711 finden können, nicht mehr den uninformierten Kapitalmarktteilnehmern angeboten. Nun tritt aber der Effekt der so genannten Adversen Selektion auf. Die Kapitalmarktinvestoren können zwar nicht gute und schlechte Projekte voneinander unterscheiden, sie wissen aber, das bei einem Marktpreis von 9 M€ viele gute Projekte nicht mehr am Kapitalmarkt angeboten werden. Nehmen wir z.B. an, dass die guten Projekte hinsichtlich der niedrigsten Risikoaversion (d.h. dem höchsten a) eines Inside-Investors auf dem Intervall von 0 bis 1 gleich verteilt wären. In diesem Fall verblieben bei einem Marktpreis von 9 M€ und damit einem kritischen Wert für a von 0,711 gerade einmal 71,1 % der guten Projekte am Kapitalmarkt. Die Kapitalmarktinvestoren wissen nun, dass nur 71,1 % / (100 % + 71,1 %) = 41,57 % der Projekte am Kapitalmarkt den höheren Wert aufweisen. Entsprechend werden sie ihre Zahlungsbereitschaft anpassen. Damit ergibt sich ein neuer, niedriger Preis von

$$0{,}4157 * 12 \text{ M€} + (1 - 0{,}4157) * 6 \text{ M€} = 8{,}49 \text{ M€}$$

Besonders gravierend ist, dass sich dieser Prozess weiter fortsetzt. Durch den niedrigeren Preis fällt auch der Grenzwert für a, ab dem die guten Projekte am Kapitalmarkt nicht mehr auftreten, in unserem Beispiel auf 0,551. Damit sind aber nur noch 35,5 % der Projekte am Markt vom hohen Wert, und der Marktwert fällt analog zur obigen Überlegung weiter. Dieser Prozess setzt sich so lange fort, bis nur noch schlechte Projekte am Kapitalmarkt angeboten werden und diese zum richtigen Preis von 6 M€[77].

Die Kapitalmarktfinanzierung guter Projekte scheitert damit vollständig. Dieses Marktversagen weitet sich noch aus, wenn man viele Projekte ganz unterschiedlicher Qualität vorfinden kann. Auch von diesen würden nur die allerschlechtesten am Kapitalmarkt angeboten. Alle anderen würden von Inside-Investoren finanziert. Der Anteil dieser Projekte an dem Markt für Projektfinanzierungen wäre allerdings verschwindend gering.

Auch wenn eine Risikoallokation am Kapitalmarkt aus risikotheoretischer Perspektive vorzuziehen ist – in aller Regel wird sie bei der Projektfinanzierung an Informationsproblemen und den damit verbundenen Problemen adverser Selektion scheitern. Umgekehrt können Projekte nur dann über den öffentlichen Kapitalmarkt finanziert werden, wenn sie für die Kapitalmarktteilnehmer hinreichend transparent sind.

Die Überlegungen zu einer adversen Selektion sind auch aus zwei weiteren Gründen für die Praxis der Projektfinanzierung hilfreich:

1. Derjenige, dem ein bestimmtes Angebot gemacht wird, kann aus der bloßen Tatsache des Angebotes vor dem Hintergrund der adversen Selektion negative Rückschlüsse auf die Qualität des Angebots machen. Diese Problematik stellt sich bei Projektfinanzierungen fortlaufend. Die Einladung, an einer Syndizierung einer Projektfinanzierung teilzunehmen, ist nicht unproblematisch. Warum wird man eingeladen? Hat die syndizierende Bank ein Interesse an einer langfristigen Beziehung, möglicherweise auch an mehreren Syndizierungstransaktionen, und verhält sie sich daher seriös? Ähnliche Fragen können sich bei der Suche nach geeigneten Zulieferern, Herstellern, Betreibern oder Abnehmern ergeben. Es ist alles andere als gleichgültig, von wem die Initiative ausgeht.
2. Auch wenn das überwiegende Volumen bei Projektfinanzierungen über Banken dargestellt wird, gibt es seit den 90er Jahren einen Markt für *Project Bonds*. Bei jeder Projektfinanzierung stellt sich aus Sicht der Sponsoren die Frage, ob und wann dieser Weg gangbar ist. Bei Project Bonds sind es zumeist internationale Investoren, die die Bedienung ihrer Mittel aus den Cashflows des spezifischen Projektes erwarten. Vorhaben, die für den Einsatz von Project Bonds in Frage kommen, müssen weitgehend transparent, relativ einfach strukturiert und verhältnismäßig sicher sein. Hinzu kommt: Die Fähigkeit, flexibel auf notwendige Anpassungen von Projekt-, Kredit- oder Sicherheitenverträgen zu reagieren, ist bei Project Bonds eingeschränkt, da regelmäßig nur die Gesamtheit der Bonds-Besitzer über die Vertragsänderungen beschließen kann, was aufgrund von Free Rider-Phänomenen oftmals nur sehr eingeschränkt möglich sein wird.

[77] Diese Ergebnisse basieren auf den Überlegungen, die AKERLOF in seinem Aufsatz „*The Market for Lemons*" erstmals beschrieben hat.

3. Projekte, bei denen diese Bedingungen erfüllt sein können, sind insbesondere im Bereich Erneuerbare Energien zu finden, mit der Prioritätenfolge Solarenergie, Windenergie und Biomasse. Sind die Vorhaben erst einmal erfolgreich in Gang gekommen, besteht selten Anpassungsbedarf und die Risiken verlagern sich auf Risikoaspekte, die die Kapitalmarktteilnehmer ebenso gut beurteilen können wie die Sponsoren, etwa die Entwicklung der Energiepreise oder die Abschätzung des Ressourcenrisikos. In diesem Fall übernehmen die Kapitalmärkte tatsächlich ein relevantes Risikopaket, nur eben nicht bei schlechterem Informationsstand gegenüber dem Risikoverkäufer.

Wie kritisch die Kapitalmärkte hinsichtlich der Erfüllung dieser Bedingungen sind, wird immer auch von der allgemeinen Marktlage abhängen. Während man vor der Finanzkrise vieles über die öffentlichen Kapitalmärkte finanzieren konnte – darunter auch vieles, was sich dafür nicht eignet -, werden heute derartige Aspekte viel kritischer gesehen, so dass es weitaus schwerer sein wird, Project Bonds zu platzieren.

3.3.5 Risikoallokation und Handlungsanreize

Das Konzept der Risikotragfähigkeit erklärt nur Teilaspekte der für eine Projektfinanzierung typischen Risikoallokation, und die Probleme asymmetrischer Informationsverteilung verdeutlichen nur, warum man regelmäßig eine Projektfinanzierung nicht den Investoren der öffentlichen Kapitalmärkte andienen kann. Erklärt wird damit nicht, warum bei einer Projektfinanzierung Risiken auch von Parteien getragen werden, die sich dazu nicht eignen.

Das Grundprinzip eines an den Handlungsanreizen orientierten Risk Sharings bei einer Projektfinanzierung ist, das Risiko der Partei zuzuordnen, die den Risikoeintritt am besten beeinflussen kann. Bei risikoaversen Projektbeteiligten ist bei dieser Risikoübertragung allerdings der Trade-Off mit der vom jeweiligen Vertragspartner eingeforderten Risikoprämie zu berücksichtigen. Es gibt Fälle, in denen es sich nicht lohnt, Handlungsanreize zu setzen, weil die Prämie dafür zu hoch wäre. Manchmal besteht aber auch die Gefahr einer Übermotivierung des Vertragspartners, wenn man ihm nämlich gegen eine zu hohe Risikoprämie zu viel Risiko aufbürdet. Im Ergebnis kommt es nicht auf einen maximalen, sondern auf einen optimalen Risikotransfer an, der gerade ausreicht, die gewünschten effizienten Handlungsanreize zu setzen.

Die damit verbundenen Probleme sollen im Folgenden in einer erweiterten Version des oben eingeführten Modells analysiert werden. Die Erweiterung ermöglicht es auch, sich über die richtige Form der Einbindung der jeweiligen Vertragspartner Gedanken zu machen. Angenommen sei ein Projekt, das im Idealfall einen Cashflow von 30 M€ erwirtschaftet, allerdings ist das Vorhaben auch zwei miteinander unkorrelierten Risiken ausgesetzt. Es kann passieren, dass aus der Produktion des Projektes nicht die gewünschte Menge an den Absatzmärkten verkauft werden kann. In diesem Fall verringert sich der Cashflow auf 5 M€. Andererseits besteht die Gefahr, dass die zu erstellende Produktionsanlage nicht die gewünschte Leistungsfähigkeit erreicht. Auch dies verringert den Cashflow auf 5 M€. Treten beide Risiken zugleich auf, reduziert sich der Cashflow ebenfalls auf 5 M€, da bei schlechter Absatzlage die verringerte Produktionskapazität keinen limitierenden Faktor darstellt. Uns interessiert nunmehr die Frage, wie das Verhältnis zwischen einem Contractor, den Sponsoren und der Projektgesellschaft ausgestaltet ist. Die Annahmen des Modells sind in der folgenden Übersicht zusammengefasst.

	Hohe Leistungsfähigkeit der Produktionsanlage	Geringe Leistungsfähigkeit der Produktionsanlage
Gute Marktentwicklung	30	5
Schlechte Marktentwicklung	5	5

Abbildung 25: Cashflows (in M€) bei zwei Projektrisiken

Die Produktionsanlage wird von einem Contractor erstellt, der dafür 5 M€ aufwenden muss. Da der Contractor relativ klein ist, verhält er sich sehr risikoavers und maximiert seinen Erwartungsnutzen über sein Endvermögen gemäß der Nutzenfunktion. Unter den Sponsoren finden sich dagegen Financiers, die zu risikolosen Konditionen finanzieren können.

Hierbei können nunmehr verschiedene Fälle unterschieden werden.

Risk Sharing ohne Hidden Action

Betrachten wir zunächst den Fall, dass der Contractor den Risikoeintritt nicht beeinflussen kann. Wenn die Produktionsanlage ein Standardprodukt ist, dessen Leistungsmerkmale sich genau spezifizieren lassen und deren Einhaltung sich gerichtsfest nachweisen lassen, bleibt dem Contractor kein Spielraum für eine Manipulation. Man kann ihn durch einen so genannten *Forcing Contract* dazu zwingen, genau die Produktionsanlage zu liefern, die vereinbart ist. Ein solcher Vertrag sähe die Zahlung nur für den Fall vor, dass zum vereinbarten Zeitpunkt die vereinbarte Anlage geliefert wird. Sicherheitshalber lässt sich auch noch ein Schadenersatz vereinbaren und einklagen, für den Fall, dass nicht geliefert wird. Weitere Anreize sind dann für den Contractor nicht notwendig: Er ist ruiniert, wenn er nicht leistet, also wird er leisten, da er es nachweislich kann. In diesem Fall wäre es nicht sinnvoll, ihn mit Risiken zu belasten, für die er dann noch eine Risikoprämie einfordern würde, die aber keinen zusätzlichen Absicherungseffekt entfaltet.

Tatsächlich ist in einer solchen Situation die beste Lösung ein einfacher Kaufvertrag mit Fixpreis. Der Vollständigkeit halber sei angenommen, dass die Wahrscheinlichkeit des Risikoeintritts der beiden unkorrelierten Risiken jeweils 0,5 sei. Die Eintrittswahrscheinlichkeit der durch die beiden Risiken gekennzeichneten vier Umweltzustände ist demnach 0,25. Bei einem Kaufvertrag mit Fixpreis ergibt sich die folgende Pay-Off-Tabelle für das Endvermögen:

Umweltzustand	Wahrschein-lichkeit	Projekt-Cashflow	$X_{Contractor}$	$X_{Sponsor}$
Positive Marktentwicklung, Anlage performt	0,25	30	5	25
Positive Marktentwicklung, Anlage unterperformt	0,25	5	5	0
Negative Marktentwicklung, Anlage performt	0,25	5	5	0
Negative Marktentwicklung, Anlage unterperformt	0,25	5	5	0

Abbildung 26: Pay-Offs (in M€) bei Kaufpreis mit Fixpreis

Die Sponsoren erhalten einen erwarteten Überschuss von $E(X_S) = 6{,}25$ M€, und da sie risikoneutral sind, kann man diesen Wert auch als gültigen Wert ihres Erwartungsnutzens sehen.

Für den realistischeren Fall, dass alle beteiligten Parteien einen gewissen Grad der Risikoaversion aufweisen, wird die Lösung deutlich komplizierter. In diesem Fall muss die Aufteilung der Cashflows so erfolgen, dass die Grenzraten der Substitution zwischen den Pay-Offs der einzelnen Umweltzustände gleich groß sind. Als Nebenbedingung ist zu berücksichtigen, dass alle Beteiligten mindestens ihren Reservationsnutzen realisieren. In unserem Beispiel wäre dies für den Contractor der Nutzen aus seinem Anfangsvermögen, das er ja behält, wenn er sich nicht an dem Projekt beteiligt. Diese Ausprägung der Problematik einer optimalen Risikoallokation hat mit den Einzelrisiken allerdings nichts zu tun und kann durch eine sinnvolle Partenteilung auf den gesamten Zahlungsstrom erreicht werden.

Das Konzept hat einen entscheidenden Nachteil: Das Bestreben, für ein konkretes Vorhaben eine optimale Risikoallokation zu erreichen, ist aussichtslos. Wesentliche Eingangsgrößen, wie z.B. die Nutzenfunktionen der Beteiligten, sind nicht bekannt. Zudem sind bei einem realen Projekt viel mehr Parteien beteiligt als in diesem einfachen Modell und die Zahlungsströme sind viel komplexer. In der Praxis nähert man sich einer optimalen Risikoallokation durch eine Art entgeltlicher Steuerung an: Ausgehend vom Leitgedanken, so viele Risiken wie möglich vom Projekt fernzuhalten, werden die Risiken so lange Dritten angedient, bis diese anfangen sich zu wehren und dafür Risikoprämien verlangen, die eine weitere Belastung mit Risiken verbieten. Dabei ist neben der Berufung auf vorangegangene Transaktionen sehr stark Versuch und Irrtum die Grundlage. Möglicherweise findet man aus der Überlegung der Handlungsanreize auch Parteien, an die man zuvor gar nicht gedacht hat und denen man zu Gunsten des Projektes Risiken andienen kann.

Das Thema der Risikoallokation in der Projektfinanzierung ist mit der Frage nach dem Kriterium der Risikotragfähigkeit oder des Grades der Risikoaversion aber noch nicht erschöpfend behandelt. Es fehlt noch der wichtigste Baustein, die Anreizwirkung der Risikoallokation auf das Verhalten der beteiligten Parteien.

Risk Sharing mit Hidden Action mit verifizierbarem Risikoeintritt

Hidden Action ist ein Begriff auf der Principal-Agent-Theorie. Die Grundvorstellung dieser Theorie ist, dass ein Auftraggeber (*Principal*) einen Auftragnehmer (*Agent*) damit beauftragt, etwas für ihn zu tun. In unserem Beispiel würde etwa die Projektgesellschaft den Contractor beauftragen, für sie die Produktionsanlage zu erstellen. Eine Situation mit Hidden Action liegt vor, wenn der Auftraggeber nicht beobachten kann, wie der Agent seinen Auftrag ausführt. Der Agent kann sich anstrengen oder nicht, er kann gewissenhaft sein oder schlampig arbeiten, hohe Risiken in Kauf nehmen oder sie vermeiden. Der Auftraggeber kann – da eine Überwachung des Auftragnehmers nicht kostenlos möglich ist – letztlich nur das Ergebnis dieser Aktivitäten sehen. Da dieses Ergebnis aber auch durch den Zufall bestimmt wird, kann aus einem Ergebnis nicht eindeutig auf das Verhalten des Agenten geschlossen werden. So könnte der Agent zwar schlampig gearbeitet haben, die von ihm erstellte Anlage gleichwohl gut funktionieren.

Aus einer Ex-post-Perspektive mag es dem Prinzipal gleichgültig sein, wie ein gutes Ergebnis erzielt wurde. Ex ante möchte er aber die Wahrscheinlichkeit eines guten Ergebnisses erhöhen, und das kann er nur, indem er Einfluss auf das Verhalten des Agenten nimmt. Könnte er ihn beobachten, würde er ihn durch entsprechende Anweisungen zu dem gewünschten Verhalten zwingen. Dies läuft in der Situation einer Hidden Action ins Leere. Der Prinzipal kann nicht kostenlos kontrollieren, ob seine Anweisungen befolgt wurden. Wesentlich ist, dem Agenten ein Anreizschema zu geben, das ihn aus eigenem Interesse zu dem gewünschten Verhalten bringt. Dafür muss er in aller Regel am Erfolg und damit auch am Risiko des jeweiligen Vorhabens beteiligt werden, und zwar auch dann, wenn er eigentlich nicht über eine große Risikotragfähigkeit verfügt.

Damit haben wir den Kern der Risikoallokation bei Projektfinanzierungen erreicht. Die Vereinbarungen zur Risikoallokation bilden ein komplexes Anreizschema, das die Interessen der Projektbeteiligten harmonisieren und auf den Erfolg des Projektes ausrichten soll. Danach noch verbleibende Risiken können nach dem Kriterium der Risikotragfähigkeit verteilt werden, also z.B. an Versicherungen ausgelagert werden oder bei den Financiers verbleiben. Zunächst kommt es aber darauf an, eine Vertragsstruktur zu finden, bei der sich alle Beteiligten für das Projekt einsetzen. Welche Verträge sich hierfür eignen, hängt davon ab, was zum Verhalten der einzelnen Parteien gerichtsfest feststellbar ist.

Im vorhergehenden Kapitel hatten wir die weitgehende Annahme getroffen, dass die Bereitstellung einer genau bezeichneten Produktionsanlage überprüft werden kann und dem Auftragnehmer – hier dem Contractor – kein weiterer Handlungsspielraum verbleibt. Damit waren alle relevanten Dimensionen beobachtbar und aus Anreizgesichtspunkten musste man dem Contractor daher keine Risiken übertragen. Die Situation ändert sich, wenn wir realistischerweise annehmen, dass der Contractor durch sein (unbeobachtbares) Verhalten Einfluss auf den Erfolg des Projektes hat. Zunächst sei der Fall betrachtet, dass nur das Gesamtergebnis sichtbar ist, nicht aber der Eintritt eines konkreten Risikos.

Bleiben wir bei dem bisher schon betrachteten Beispiel (s. Abbildung 26), nehmen aber nun an, dass der Contractor durch eine größere Sorgfalt bei der Erstellung der Produktionsanlage die Wahrscheinlichkeit, dass diese eine hohe Leistungsfähigkeit aufweist, auf 90 % anheben kann. Damit ergeben sich neue Wahrscheinlichkeiten für den Eintritt der vier bereits eingeführten Umweltzustände, so beispielsweise für den gewinnträchtigen Umweltzustand die Eintrittswahrscheinlichkeit 0,9 * 0,5 = 0,45. Der Contractor bewertet diese zusätzliche Anstrengung negativ. Der Einfachheit halber unterstellen wir, dass dieser negative Nutzen entgeltlich abgebildet werden kann, und zwar über einen Betrag von 1 M€. Nun gilt es abzuwägen: Das Projekt hat ohne das zusätzliche Bemühen des Contractors für einen risikoneutralen Sponsor einen Wert von 6,25 M€ (s. Abbildung 26).

Bei großer Sorgfalt des Contractors ändern sich einerseits die Wahrscheinlichkeiten, andererseits muss dem Contractor in jedem Fall eine zusätzliche Kompensation von 1 M€ gezahlt werden.

Umweltzustand	Wahrscheinlichkeit	Projekt-Cashflow	Pay-Off Contractor	Zusatzvergütung Contractor	Pay-Off Sponsor
Gute Marktentwicklung, hohe Leistungsfähigkeit	0,45	30	5	1	24
Gute Marktentwicklung, schlechte Leistungsfähigkeit	0,05	5	5	1	-1
Schlechte Marktentwicklung, hohe Leistungsfähigkeit	0,45	5	5	1	-1
Schlechte Marktentwicklung, geringe Leistungsfähigkeit	0,05	5	5	1	-1

Abbildung 27: Pay-Offs (in M€) bei Kopplung der Entlohnung des Contractors an den Risikoeintritt

Der theoretische Gesamtwert des Projektes erhöht sich auf

$$0{,}45 * 30\text{ M€} + 0{,}55 * 5\text{ M€} - 5\text{ M€} - 1\text{ M€} = 10{,}25\text{ M€}$$

Es könnte damit sinnvoll sein, den Contractor zu mehr Sorgfalt zu veranlassen, wenn dabei keine zu hohen Kosten entstehen. Das Niveau seiner Sorgfalt kann dabei annahmegemäß von Dritten nicht beobachtet werden. Eine bessere Bezahlung durch einen Pauschalbetrag von 1 M€ würde ihn also zunächst nur dazu veranlassen, sich als Free Rider zu verhalten, das zusätzliche Geld zu kassieren und den Aufwand einer zusätzlichen Sorgfalt zu vermeiden. Dabei nützt es den Sponsoren wenig, wenn sie selbst das Verhalten des Contractors beobachten können, diese Beobachtung aber Dritten nicht beweiskräftig vermitteln können.

Nehmen wir aber an, dass sich durch Expertisen Dritter im Rahmen von Probeläufen oder während der Betriebszeit nachweisen lässt, ob die Anlage über eine hohe oder niedrige Leistungsfähigkeit verfügt. Damit ist zwar nicht gesagt, dass der Contractor sorgfältig oder wenig sorgfältig gearbeitet hat. Aber dies ist genau das Risiko, auf das der Contractor Einfluss hat. Da der Contractor auch nur auf dieses Risiko Einfluss hat und sonst keinen Einfluss auf das Gesamtergebnis, muss ein effizienter Vertrag die Zahlungen an den Contractor allein dazu anzupassen. Oder anders formuliert: Gesucht sind die Beträge, die dem Contractor in Abhängigkeit von einer hohen oder niedrigen Leistungsfähigkeit des Projektes für die Erstellung der Produktionsanlage zu zahlen sind und die die folgenden Bedingungen erfüllen müssen[78]:

- Effizienzbedingung (Anreiznebenbedingung): Für den Contractor muss es besser sein, ein hohes Sorgfaltsniveau zu wählen.
- Partizipationsbedingung: Individuell vorteilhaft für die Teilnehmer ist eine Transaktion dann, wenn sich durch die Aufteilung des Gesamtgewinns jeder Teilnehmer im Vergleich zu seiner nächstbesten erreichbaren Alternative besser stellt. Die Teilnehmer interessiert nicht primär die Größe des Kuchens, sondern die Größe ihres jeweiligen Stückes. Es muss für den Contractor besser sein, an dem Projekt teilzunehmen, als darauf zu verzichten.

Beide Nebenbedingungen lassen sich in Gleichungen fassen und sind nur in Gleichheit zu erfüllen, denn schließlich soll der Contractor auch nicht mehr erhalten, als für die gewünschte Leistung in der gewünschten Qualität gezahlt werden muss. Sind beide Nebenbedingungen mit Gleichheit erfüllt, lässt sich die Partizipationsbedingung auch schreiben als

$$0{,}5 * \text{Betrag}_{\text{hohe Anstrengung}}{}^{0,5} + 0{,}5 * \text{Betrag}_{\text{niedrige Anstrengung}}{}^{0,5} = 4^{0,5}.$$

Dies lässt sich auflösen nach

$$\text{Betrag}_{\text{hohe Anstrengung}} = (4 - \text{Betrag}_{\text{niedrige Anstrengung}}{}^{0,5})^2$$

und dieser Term wiederum in die Anreiznebenbedingung einsetzen, die dann etwas länger ausfällt:

$$0{,}5 * \text{Betrag}_{\text{hohe Anstrengung}}{}^{0,5} + 0{,}5 * \text{Betrag}_{\text{niedrige Anstrengung}}{}^{0,5} =$$

$$0{,}9 * (\text{Betrag}_{\text{hohe Anstrengung}} - 1)^{0,5} + 0{,}1 * (\text{Betrag}_{\text{niedrige Anstrengung}} - 1)^{0,5}\text{, dies ergibt}$$

$$0{,}5 * (4 - \text{Betrag}_{\text{niedrige Anstrengung}}{}^{0,5})^2 + 0{,}5 * (\text{Betrag}_{\text{niedrige Anstrengung}})^{0,5} =$$

$$0{,}1 * (4 - \text{Betrag}_{\text{niedrige Anstrengung}}{}^{0,5}) + 0{,}1 * \text{Betrag}_{\text{niedrige Anstrengung}}{}^{0,5} =$$

$$0{,}1 * ((4 - \text{Betrag}_{\text{niedrige Anstrengung}}{}^{0,5})^2 - 1)^{0,5} + 0{,}1 * (\text{Betrag}_{\text{niedrige Anstrengung}} - 1)^{0,5}$$

Diese Gleichung löst man am besten numerisch nach Betrag $_{\text{hohe Anstrengung}}$ und erhält hieraus und aus der Anreiznebenbedingung Betrag $_{\text{hohe Anstrengung}}$ = 5,15 M€ und Betrag $_{\text{niedrige Anstrengung}}$ = 3,00 M€. Entsprechend ergeben sich die folgenden Cashflows für die Beteiligten:

[78] Die folgende Argumentation folgt der Darstellung aus B. Wolff/E.P. Lazaer 2001, S. 40 ff.

Umweltzustand	P_{ij}	Projekt Cashflow	$X_{Contractor}$	$X_{Sponsoren}$
Positive Marktentwicklung, Contractor strengt sich an	0,45	30	5,15	24,85
Positive Marktentwicklung, Contractor strengt sich nicht an	0,05	5	3,00	2,00
Negative Marktentwicklung, Contractor strengt sich an	0,45	5	5,15	-0,15
Negative Marktentwicklung, Contractor strengt sich nicht an	0,05	5	3,00	2,00

Abbildung 28: Pay-Offs (in M€) bei Entlohnung des Contractors in Abhängigkeit von dem Risikoeintritt

Der Contractor ist nun indifferent zwischen seinem Ergebnis bei hoher und geringer Sorgfalt (in der Praxis wird man ihm für die größere Sorgfalt bei hoher Leistungsfähigkeit der Produktionsanlage noch etwas mehr zahlen, damit er auch sicher diese Option wählt). Dabei muss er allerdings auch Risiken übernehmen und verlangt dafür eine Prämie. Die Prämie sollte natürlich nur so hoch sein, dass es sich für die Sponsoren lohnt, diese zusätzlichen Anreize zu setzen. In unserem Beispielsfall bedeutet das für die Sponsoren:

$$0{,}45 * 24{,}85 + 0{,}1 * 2{,}00 + 0{,}45 * (-0{,}15) = 11{,}315 \text{ M€}$$

und damit 5,060 M€ mehr als bei einem Vertrag ohne Anreiz zur Sorgfalt. Die Risikoprämie, die dem Contractor dafür gezahlt werden muss, ist mit 1 M€ noch recht moderat.

Die Frage ist nun, wie man diese Anreizwirkungen vertraglich umsetzen kann. Man kann eine Art Prämienvertrag vereinbaren, der dem Contractor einen sicheren Kaufpreis von 4 M€ zubilligt und ihm eine zusätzliche Prämie von 1,15 M€ auszahlt, wenn die Produktionsanlage eine hohe Leistungsfähigkeit aufweist. Diese Prämie wäre dann in 90 % aller Fälle zu zahlen. In der Realität dürften aber Gewährleistungen und Garantien häufiger auftreten, die auch der Vorstellung von Risiko als einer unerwünschten negativen Abweichung vom Plan eher entsprechen. Danach erhält der Contractor einen fixen Kaufpreis von 5,15 M€, garantiert aber zugleich eine hohe Leistungsfähigkeit der Produktionsanlage und ist zu einer Strafzahlung über 2,15 M€ verpflichtet, wenn er dieser Anforderung nicht gerecht wird. Dieser Fall tritt in unserem Beispiel mit 10 % Wahrscheinlichkeit ein. Beide Konzepte verbinden sich, wenn zwar ein Kaufpreis von 5,15 M€ vereinbart wird, dieser jedoch in zwei Raten von 3,00 M€ und 2,15 M€ zu zahlen ist, von denen die letzte nur dann fällig ist, wenn der Contractor eine hohe Leistungsfähigkeit nachweisen kann. Alle drei Konzepte kommen im Rahmen einer Projektfinanzierung regelmäßig vor.

Interessant ist auch die Frage, welche Vereinbarungen sich hier nicht finden. Dies ist einerseits eine vollkommene Freistellung des Contractors vom Risiko, wie sie aus risikotheoretischen Gesichtspunkten angesichts eines risikoneutralen Sponsors und eines risikoaversen

Contractors eigentlich geboten gewesen wäre. Dies wäre allerdings für eine Projektfinanzierung auch sehr untypisch.

Insgesamt können wir aus diesen Beispielen eine Reihe wichtiger Erkenntnisse für die Risikoallokation ableiten. Risikoallokation bedeutet zunächst, Risiken den Parteien zuzuordnen, die sie am besten beeinflussen können. Eine optimale Risikoallokation bedeutet aber nicht, sie damit uneingeschränkt zu belasten. Vielmehr kommt es darauf an, den richtigen Trade-Off zwischen Risikoprämie für die Risikoübertragung auf die betreffende Partei und den gewünschten Handlungsanreizen zu finden. Dies ist in der Praxis schwieriger als in der Theorie. Gleichwohl lohnt es auch in der Praxis, sich immer wieder die entscheidenden Parameter vor Augen zu führen:

- Durch wie viel Risikotragfähigkeit bzw. Risikoaversion ist der jeweilige Contractor gekennzeichnet?
- Wie stark müssen die Handlungsanreize sein, um das Projekt erfolgreich voranzubringen?
- Welchen Aufwand hat der Contractor, wenn er den Handlungsanreizen entspricht?

Eine optimale Risikoallokation entsteht aus einem Abwägungsprozess zwischen den gewünschten Handlungen, den dafür erforderlichen Anreizen sowie der Risikotragfähigkeit der verpflichteten Partei. Eine effiziente Lösung wird normalerweise nicht den vollständigen Transfer eines Risikos auf eine bestimmte Partei beinhalten, kann aber auch den Verzicht auf die gewünschte Handlung bei Einsparung der dafür erforderlichen Anreize bedeuten. Anreize kosten immer Geld und müssen daher – auch bei einer Projektfinanzierung – wohldosiert zum Einsatz kommen.

3.3.6 Risikoallokation bei Hidden Action mit nichtüberprüfbarem Risikoeintritt

Der kritische Punkt bei den oben diskutierten Verträgen ist der Nachweis des Risikoeintritts. Nochmals zu unserem obigem Beispiel: Hier könnte man sich vorstellen, neutrale Experten hinzuzuziehen, die die Leistungsfähigkeit der Anlage überprüfen. Denkbar wäre auch ein vorab standardisierter Probelauf, dessen Ergebnis über die Erfüllung des Kriteriums Aufschluss geben soll. Die Auswertung müsste allerdings wieder durch einen unabhängigen Experten erfolgen. Schließlich könnte man auf die Leistungsfähigkeit der Anlage in den ersten Monaten oder sogar Jahren abstellen.

Bisher haben wir nur einen relativ gut bestimmbaren Sachverhalt analysiert. Denken wir uns z.B. als Leistung eines Partners die Unterstützung beim Aufbau einer positiven Reputation oder Marktstimmung für ein Produkt oder die Unterstützung des Projektes im politischen Raum oder der Schutz gegen eine nachträgliche Veränderung der regulatorischen Rahmenbedingungen eines Projektes. Es gehört schon viel Fantasie dazu, einen hinreichend bestimmten Vertrag auf den konkreten Risikoeintritt zu entwerfen, und ob dieser dann vor Gericht Bestand hat, ist zweifelhaft, da auch Bereiche angesprochen werden, die besser nicht vertraglich geregelt werden.

Dabei ist das Problem der Durchsetzung von Verträgen bei einer Projektfinanzierung besonders gravierend, weil auch die Durchführung von Projekten ausgesprochen zeitkritisch ist. Häufig müssen bestimmte Teilleistungen ausgeführt werden, bevor weitere Arbeiten vorgenommen werden können, ansonsten droht ein erhebliches Fertigstellungsrisiko. Damit bekommt der jeweilige Leistungsverpflichtete ein erhebliches Druckmittel in die Hand, die Sponsoren zu Eingeständnissen über das vertragliche Geregelte hinaus zu zwingen. Einen solchen Vertragsbruch nennt man in der wissenschaftlichen Theorie einen *Hold-up* (räuberischen Überfall). Solch ein Überfall ist überall da möglich, wo Verträge nicht, nicht mit vertretbarem Aufwand oder innerhalb der verfügbaren Zeit durchgesetzt werden können oder wo ihre Durchsetzung aufgrund einer Veränderung der Umwelt nicht mehr sinnvoll ist. Die Verträge sind in diesem Sinne unvollständig. Die Unvollständigkeit von Verträgen führt zu einer Wiederverhandlung, in der die bisherigen Vertragskonditionen keine Bedeutung haben. Ausschlaggebend für das Verhandlungsergebnis ist einerseits, wie geschickt die Parteien verhandeln und welchen Anteil sie sich am Überschuss der Verhandlungen raushandeln können. Andererseits ist für das Verhandlungsergebnis relevant, welche Position die Parteien einnehmen, wenn die Verhandlungen scheitern, und über welches Drohpotential sie demnach verfügen. Dies bezeichnet man als Drohpunkt einer Partei, und rational handelnde Parteien werden sich auch bei stärkster Verhandlungsmacht der Gegenpartei nicht hinter diesen Drohpunkt drücken lassen.

Über die Verteilung von Verhandlungsmacht bei der Projektfinanzierung kann man unterschiedlich denken. Die Bedrohung folgt vor allem daraus, dass mit der Durchführung spezifischer Investitionen sich der Drohpunkt der Projektgesellschaft immer weiter verschlechtert. Das Projekt muss einfach zum Erfolg geführt werden, sonst sind alle Investitionen verloren. In der Praxis der Projektfinanzierungen haben derartige Wiederverhandlungen eine große Bedeutung. Wo sie nicht vermieden werden können, sind sie durch eine entsprechende Regelung, etwa durch Bildung eines Schiedsgerichts, zu institutionalisieren. Viele Regelungen in der Projektfinanzierung sind aber darauf ausgerichtet, eine Wiederverhandlung zu vermeiden, indem man möglichst unbedingte Leistungsversprechen vereinbart. Ein Beispiel sind etwa Take-or-Pay- oder Tolling-Agreements, die die Zahlung von der tatsächlichen Annahme der Ware oder Leistung abhängig machen, oder der Versuch, Versicherungsverträge mit möglichst wenig Einschränkungen und damit auch möglichst wenig potentiellen Diskussionspunkten abzuschließen.

Im Folgenden sei angenommen, dass ein auf den Risikoeintritt konditionierter Vertrag aufgrund der damit verbundenen vertraglichen Unvollständigkeit nicht möglich ist. Unser Beispiel ist so konstruiert, dass man aus dem Ergebnis keine Schlussfolgerungen über die Ursachen treffen kann. Ein Ergebnis von 5 M€ kann entstehen, weil der Contractor nicht sorgfältig arbeitet oder aber sich der Markt schlecht entwickelt hat. Wenn aber die Risikoursache nicht mehr beobachtbar ist, bleibt nur noch, die Entlohnung des Contractors vom beobachtbaren Gesamtergebnis abhängig zu machen. Auch so könnte man den Contractor dazu gewinnen, sorgfältig zu arbeiten und die Wahrscheinlichkeit auf eine Produktionsanlage mit hoher Leistungsfähigkeit zu erhöhen. Allerdings wirken diese Verhaltensanreize weniger unmittelbar auf das Verhalten des Contractors ein. Daher ist zu prüfen, ob sich dies unter den neuen Bedingungen noch lohnt.

Die Vorgehensweise zur Ermittlung des besten Vertrags zur Implementierung eines hohen Sorgfaltsniveaus entspricht der Vorgehensweise des vorherigen Kapitels. Die Zahlungen an den Contractor können sich allerdings nur noch daran orientieren, ob ein gutes Ergebnis von 30 M€ oder ein schlechtes Ergebnis von 5 M€ erzielt wurde, ohne dass die Ursache zur Aussteuerung herangezogen werden kann. Auch hier bestehen eine Partizipations- und eine Anreiznebenbedingung, die beide in Gleichheit erfüllt sein müssen. Dementsprechend lässt sich die Partizipationsbedingung schreiben als

$$0{,}25 * \text{Betrag}_{\text{hohe Anstrengung}}{}^{0{,}5} + 0{,}75 * \text{Betrag}_{\text{niedrige Anstrengung}}{}^{0{,}5} = 4^{\,0{,}5}\,.$$

Dies lässt sich auflösen nach

$$\text{Betrag}_{\text{hohe Anstrengung}} = (8 - 3 * \text{Betrag}_{\text{niedrige Anstrengung}})^2$$

und dieser Term wiederum in die Anreiznebenbedingung einsetzen:

$$0{,}1 * \text{Betrag}_{\text{hohe Anstrengung}}{}^{0{,}5} + 0{,}9 * \text{Betrag}_{\text{niedrige Anstrengung}}{}^{0{,}5} =$$

$$0{,}45 * (\text{Betrag}_{\text{hohe Anstrengung}} - 1)^{0{,}5} + 0{,}55 * (\text{Betrag}_{\text{niedrige Anstrengung}} - 1)^{0{,}5}$$, dies ergibt

$$0{,}1 * (8 - 3 * \text{Betrag}_{\text{niedrige Anstrengung}})^2 + 0{,}9 * (\text{Betrag}_{\text{niedrige Anstrengung}})^{0{,}5} =$$

$$0{,}45 * (8 - 3 * \text{Betrag}_{\text{niedrige Anstrengung}}{}^{0{,}5})^2 - 1)^2 + 0{,}55 * (\text{Betrag}_{\text{niedrige Anstrengung}} - 1)^{0{,}5}$$

Die Lösung ergibt sich wiederum numerisch am schnellsten, und es ergibt $X_{\text{hohes Ergebnis}}$ = 9,39 M€ sowie $X_{\text{niedriges Ergebnis}}$ = 1,65 M€. Entsprechend ergeben sich die folgenden Pay-Offs für alle Beteiligten:

Umweltzustand	P_{ij}	Projekt Cashflow	$X_{\text{Contractor}}$	$X_{\text{Sponsoren}}$
Positive Marktentwicklung, Contractor strengt sich an	0,45	30	9,39	20,61
Positive Marktentwicklung, Contractor strengt sich nicht an	0,05	5	1,65	3,35
Negative Marktentwicklung, Contractor strengt sich an	0,45	5	1,65	3,35
Negative Marktentwicklung, Contractor strengt sich nicht an	0,05	5	1,65	3,35

Abbildung 29: Pay-Offs (in M€) bei Entlohnung des Contractors in Abhängigkeit von dem Projekterfolg

Der Contractor benötigt eine deutliche Gewinnbeteiligung, die er sich mit deutlichen Risiken erkauft. Die Sponsoren erhalten einen Erwartungswert von 0,45 * 20,61 + 0,55 * 3,35 = 11,117 M€ und damit immer noch deutlich mehr als ohne besondere Sorgfalt des Contractors. Die Risikoprämie ist um T€ 198 angestiegen. Es kommt die Sponsoren also teurer zu stehen als im Falle eines überprüfbaren Risikoeintritts, das gewünschte Verhalten zu implementieren. Damit erhält man aber auch einen Hinweis darauf, um wie viel teurer die Gestaltung eines Vertrages mit einem Zahlungsschema sein darf, das auf den Risikoeintritt konditioniert ist.

Welche Vertragsform verbirgt sich hinter dem obigen Anreizschema? Eine Möglichkeit wäre eine Kombination aus einem Kaufvertrag und einem Beteiligungsvertrag. Der Contractor verbilligt die Produktionsanlage und erhält dafür einen bestimmten Anteil am Unternehmen. Eine andere Möglichkeit wäre, dass der Contractor die Produktionsanlage für 1,65 M€ veräußert und zusätzlich eine Option auf den Cashflow des Projektes mit einem Strike-Preis bei 22,26 M€ erhält. Diese Option müsste man ihm bei einem Projekt-Cashflow von 30 M€ zu einem Preis von 7,74 M€ abkaufen, während sie bei einem Projekt-Cashflow von 5 M€ wertlos ist und verfällt. Wie man sieht, besteht große Gestaltungsfreiheit, um letztlich die gleichen Zahlungsströme zu generieren. Die letzte Lösung hat immerhin den Vorteil, dass der Contractor bis zur Ausübung der Option keinen Anteil an der Projektgesellschaft hat und die Sponsoren bis dahin recht frei agieren können. Allerdings wird der Contractor befürchten, dass Cashflows dem Projekt entfremdet werden und er dies nicht wirksam verhindern kann.

Allgemein gilt, dass die Probleme unvollständiger Verträge sich am besten über eine Mitunternehmerschaft der betroffenen Partner lösen lassen. Wer wesentliche, aber nicht überprüfbare Leistungen für das Projekt erbringen soll, dessen Interessen müssen mit denen des Projektes gut harmonisieren. Bei der Entscheidung, wer Sponsor oder wesentlicher Projektbeteiligter eines Projektes wird, kommt es weniger auf den Betrag als auf seinen Charakter an. Parteien, die einen sehr teuren, aber eindeutig beschreibbaren Beitrag leisten, brauchen keine Eigentümerstellung. Für diesen Beitrag lassen sich vertragliche Regelungen finden, die eine an den Bedürfnissen des Projektes orientierte Leistung gewährleisten. Kleine, vertraglich aber nicht gut beschreibbare Beiträge können dagegen ein Anknüpfungspunkt für eine Sponsorenschaft des jeweiligen Leistungserbringers sein.

3.3.7 Auswahl der Vertragspartner: Screening bei Hidden Action und Hidden Characteristics

Ein wesentliches Problem der Projektfinanzierung ist die Wahl der geeigneten Vertragspartner. Die Überprüfung der Referenzen, der wirtschaftlichen und technologischen Leistungsfähigkeit und Seriosität potentieller Auftragnehmer nimmt einen erheblichen Raum in der Vorbereitung einer Projektfinanzierung ein und verursacht nicht unerhebliche Transaktionskosten. In diesem Abschnitt soll dargestellt werden, dass auch die Gestaltung der Verträge eine wichtige Rolle bei dieser Auswahl spielen kann.

In der bisherigen Betrachtung wurden zwei Typen eines Contractors analysiert: Solche, die durch höhere Sorgfalt die Wahrscheinlichkeit erhöhen können, dass die Produktionsanlage eine hohe Leistungsfähigkeit aufweist, und andere, die darauf keinen Einfluss nehmen können. Die Analyse erfolgt jeweils separat mit dem Ergebnis, dass man den letztgenannten Typ von jedem Risiko freistellen sollte, während man mit dem erstgenannten Typ einen Anreizvertrag schließen sollte, der ihn zu größerer Sorgfalt anhält. Jeder Contractor, der danach gefragt wird, welcher Typ er denn sei, wird sich selbstredend zu den „Guten" zählen, aber dies mag nicht der Wahrheit entsprechen.

Zumeist wird man in dieser Situation die Vertragspartner sehr sorgfältig untersuchen, um Anzeichen dafür zu finden, dass diese Aussage auch stimmt. Leider lässt sich dies aber nicht immer zweifelsfrei feststellen. Bei der Fähigkeit zu besonderer Sorgfalt handelt es sich um eine so genannte *Hidden characteristic*, eine Eigenschaft eines Vertragspartners, die zwar zentral für die Vertragsbeziehung ist, leider aber auch nur dem Vertragspartner selbst bekannt ist. Das Mittel, mit dem damit verbundenen Informationsproblem umzugehen, ist die richtige Gestaltung einer Ausschreibung. Diese muss so aussehen, dass sich die Parteien durch ihr Verhalten selbst offenbaren. Die Gestaltung einer Ausschreibung erfüllt also eine mehrfache Funktion: Sie soll nicht nur potentielle Vertragspartner über das Projekt und ihre mögliche Rolle darin informieren, sondern auch die ausschreibende Partei darüber aufklären, welche Typen von Vertragspartnern zur Verfügung stehen.

In unserem Fall bietet es sich an, die potentiellen Vertragspartner danach zu unterscheiden, wie sie sich zum Risiko des Projekts stellen. Die „Guten" können durch sorgfältiges Arbeiten die Auswirkung des Risikos auf ihren Nutzen verringern. Sie können daher ein riskanteres Vertragsmodell zu günstigeren Konditionen akzeptieren als potentielle Vertragspartner ohne diese Befähigung. Betrachten wir dazu nochmals die Situation eines Vertrages, dessen Entgelt gegenüber dem Contractor vom Risikoeintritt abhängig ist.

Umweltzustand	P_{ij}	Projekt Cashflow	$X_{Contractor}$	$X_{Sponsoren}$
Positive Marktentwicklung, Contractor strengt sich an	0,45	30	5,15	24,85
Positive Marktentwicklung, Contractor strengt sich nicht an	0,05	5	3,00	2,00
Negative Marktentwicklung, Contractor strengt sich an	0,45	5	5,15	-0,15
Negative Marktentwicklung, Contractor strengt sich nicht an	0,05	5	3,00	2,00

Abbildung 30 (wiederholt): Pay-Offs (in M€) bei Entlohnung des Contractors in Abhängigkeit von dem Risikoeintritt

Um den Vertrag mit einem Anreiz zu sorgfältigem Verhalten zu konstruieren, haben wir sowohl die Partizipations- als auch die Anreizbedingung erfüllt. Der Contractor erhält dazu bei Risikoeintritt nur 3,00 M€, sonst aber 5,15 M€. Zu diesen Konditionen stellen sich beide Contractor-Typen auch beim Anreizvertrag gleich gut. Eine Differenzierung ist hier nicht möglich, da auch ein Contractor, der keine Sorgfalt walten lassen kann, diesen Vertrag annimmt, der ihm den gleichen Nutzen verspricht wie ein Vertrag mit fixem Anspruch.

Dies ändert sich jedoch, wenn man dem Contractor zusätzliches Risiko anbietet, etwa bei Risikoeintritt nur 2,8 M€. Damit die Partizipationsbedingung eines fähigen Contractors dadurch nicht verletzt wird, muss man zum Ausgleich die Zahlung bei Nichteintritt des Risikos auf etwa 5,3 M€ erhöhen. Damit ist die Anreiznebenbedingung übererfüllt, da der Contractor stärker unter dem zusätzlichen Risiko leidet, wenn er keine Sorgfalt walten lässt. Dies impliziert aber auch, und darauf kommt es an dieser Stelle an, dass für einen Contractor ohne besondere Befähigung die Partizipationsbedingung verletzt wird. Sein Nutzen aus einem solchen Vertrag fällt unter den Wert 2, den er als Reservationsnutzen aus seinem Anfangsvermögen erhalten könnte. Einen solchen Vertrag würde daher ein Contractor ohne Fähigkeit zu sorgfältiger Arbeit niemals annehmen. Ein Contractor, der diesen Vertrag annimmt, sollte daher über diese besondere Fähigkeit verfügen.

Wie verhält es sich nun, wenn niemand den angebotenen Vertrag annimmt, womöglich, weil niemand über die erforderlichen Fähigkeiten verfügt? In diesem Fall ist offenbar ein Vertrag mit Fixpreis optimal, den man nun anbieten kann. Alternativ könnte man von Anfang an eine Auswahl an Verträgen anbieten und die Bewerber selbst auswählen lassen, welchen Vertrag sie vorziehen. Selbstverständlich würde man auf den Vertrag mit Festpreis nur zurückgreifen, wenn sich kein Partner findet, der durch Wahl des riskanten Vertrages seine besondere Befähigung beweist. Wir erreichen die so genannte *Self-Selection*, d.h. die Auswahl geeigneter Vertragspartner durch ein geeignetes Testverfahren, hier durch die Vorgabe einer geeigneten Auswahl von Verträgen.

Die Komplexität einer solchen Auswahl lässt sich weiter erhöhen, wenn man berücksichtigt, dass die potentiellen Vertragspartner unterschiedlich risikoavers sein könnten. Vermutet man, dass es potentielle Vertragspartner mit sehr geringer Risikoaversion gibt, sollte man diesen neben dem auf den Risikoeintritt konditionierten Vertrag auch ein Beteiligungsrisiko anbieten. Auch hier gilt der Grundsatz, dass das Vertragsangebot so ausgestaltet sein muss, dass es von dafür ungeeigneten Kandidaten, in diesem Fall von Kandidaten mit hoher Risikoaversion, abgelehnt werden muss, weil es ihre Partizipationsnebenbedingung verletzt. Es genügt nicht, dass ein alternativer, auf ihre Eigenschaften abgestimmter Vertrag für sie günstiger ist als ein Vertrag mit höherem Risiko. Denn auch die Bewerber werden sich Gedanken darüber machen, warum ihnen eine ganze Auswahl von Verträgen angeboten wird, und im Zweifel das Verhalten eines besser geeigneten Bewerbers kopieren. Eine solche Tarnung ist nur dann auszuschließen, wenn sie bei Wahl des nicht auf ihren Typ ausgerichteten Vertrages tatsächlich Verluste machen. Daher sind bei einer Ausschreibung mit alternativen Vertragsangeboten diese nicht nur maßzuschneidern auf den jeweiligen Typ; sie müssen auch relativ knapp gefasst sein, damit keiner der Bewerber die für ihn falsche Lösung wählt. Denn wenn dies geschieht, hat die Projektgesellschaft einem unfähigen Contractor eine Risikoprämie gezahlt, ohne irgendetwas dafür zu erhalten. Die modellhafte Umsetzung dieser Anforderung ist dabei wiederum leichter als in der Praxis, die wesentlich komplexer ist und in der viele benötigte Informationen gar nicht oder nur schätzweise vorliegen. Dennoch liegt eine

Kernaufgabe bei der Ausgestaltung einer Projektfinanzierung genau darin, in diesem Sinne maßgeschneiderte Verträge ausgestalten zu können. Die Theorie kann immerhin Hinweise geben, welche Faktoren hierfür maßgeblich sind.

3.3.8 Warteoptionen – warum Märkte ins Stocken geraten können

Üblicherweise werden Investitionen nach dem Maßstab des internen Zinssatzes oder der Kapitalwertmethode beurteilt. Eine der implizit zugrunde liegenden Prämissen ist dabei die Abbildung der Zahlungskonsequenzen der Investitionen nach Beträgen und Zahlungszeitpunkten. Dies bedeutet zum einen, dass die Pläne der Investoren vollständig gemäß dem ursprünglichen Investitionsplan umgesetzt werden und zum anderen, dass etwaige Planabweichungen keine Gegenmaßnahmen auslösen. Beide impliziten Annahmen liegen in der Realität so nicht vor. Das Konzept der Handlungsoptionen beschäftigt sich mit realen Möglichkeiten eines Wirtschaftssubjekts und ihren Bewertungen. Für unsere Zwecke kommt dem Konzept der Warteoptionen eine besondere Bedeutung zu, wie wir anhand von zwei Beispielen verdeutlichen wollen.

Angenommen sei, dass ein Investor ein Wirtschaftsgut, z.B. eine Windkraftanlage, heute zu einem Preis von 90 GE kaufen kann. Er erhält dafür über die Projektlaufzeit einen sicheren Rückfluss von 105 GE. Der Kalkulationszinssatz sei 10 %. Bei sofortigem Kauf errechnet sich der Kapitalwert zu 5,45 GE, so dass nach dem Kapitalwertkriterium für das sofortige Investment geraten wird. Das Beispiel sei nunmehr insoweit verändert, dass der Investor das Recht habe, eine weitere Periode zu warten und er dann neu entscheiden kann, ob er investieren will oder nicht. Die erwarteten Preise für die Windkraftanlagen liegen nach einem Jahr entweder bei 60 GE oder bei 120 GE. Beide Umweltzustände seien gleich wahrscheinlich. Der Investor wird nach einem Jahr nur dann investieren, wenn sich das Anlagegut auf 60 GE verbilligt hat, im anderen Fall wäre der Kapitalwert seiner Investition negativ. Der Kapitalwert bei Ausübung einer Warteoption errechnet sich dann wie folgt:

$$KW_{Warten} = 0{,}5 *(-60/1{,}1 + 105/1{,}1 * 1/1{,}1) = 16{,}12 \text{ GE}$$

Der Kapitalwert ist höher, wenn der Investor eine Periode wartet anstatt sofort zu investieren. Eine vergleichbare Situation finden wir derzeit in den USA. Der US-amerikanische Markt für Erneuerbare Energien sieht bislang als ein wesentliches Entgelt die Nutzung von bestimmten Steuervergünstigungen (*production tax credits*) vor, die voraussetzen, dass die Investoren auch Gewinne erzielen, um die PTCs nutzen zu können. Experten rechnen damit, dass in Folge der Finanzkrise etwa ein Drittel der bisherigen Investoren PTCs mindestens in 2009 nicht mehr nutzen können, so dass für sie Investitionen in Erneuerbare Energien auch nicht mehr interessant sind. Ein derartiger Rückgang der Nachfrage müsste die erzielbaren Preise für Wirtschaftsgüter deutlich unter Druck setzen. Damit ergibt sich eine Situation, wie wir sie oben beschrieben haben – auch die verbleibenden Investoren müssen damit rechnen, dass sich die Anlagenpreise rückläufig entwickeln und werden sich individuell-rational mit Investitionen derzeit zurückhalten.

Ein zweites Beispiel: Angenommen, eine Investition erfordere eine sofortige Entscheidung und führe zu Anfangsauszahlungen von 180 GE. Die Investition führe zu einer unendlichen Annuität von 20 GE (z.B. Tarifentgelte), der Kalkulationszinssatz betrage 10 %. Damit ergibt sich ein Kapitalwert von

$$KW_0 = -180 + 20/0,1 = 20$$

Unterstellt sei nunmehr, dass der Investor eine Periode wartet, bevor er die Investition vornimmt. In diesem Fall verschiebt sich der gesamte Investitionszahlungsstrom um eine Periode, so dass sich der Kapitalwert wie folgt ergibt:

$$KW = KW_0/1,1 = 18,18 \text{ GE}$$

Das Warten führt hier zu keinem Vorteil, da annahmegemäß keine neuen zukünftigen Umweltzustände erwartet werden. Dies ist ein generelles Ergebnis: Warteoptionen haben dann keinen Wert, wenn mit einer Entwicklung gemäß dem ursprünglichen Investitionsszenario oder sogar einer Verschlechterung gerechnet wird, sofern diese dann keine Rückwirkung auf bereits getätigte Investitionen hat[79].

Das Bild ändert sich, wenn wir folgende Modifikation des Beispiels vornehmen: Unterstellt sei, dass eine Regierung plane, die Vergütungssätze nach einer bestimmten Frist zu verändern. Nach einem Jahr sei mit einer Entscheidung zu rechnen, ob die Tarifentgelte für neue Vorhaben entweder 17 oder 23 GE betragen. Wenn der Investor nunmehr eine Periode wartet, ergeben sich folgende Werte:

$$KW_{Warten} = 0,5 * (-180/1,1 + 23/0,1 *1/1,1) = 22,73 \text{ GE}$$

Sofern sich der für den Investor ungünstige Fall von 17 GE ergeben sollte, wird er nicht investieren, da der Kapitalwert dann negativ wäre. Nur bei einer Annuität von 23 GE wird er tätig werden. In diesem Fall ergibt sich durch das Warten ein höherer Kapitalwert von 22,73 GE, der Wert des Wartens beträgt 2,73 GE.

Das oben beschriebene Verhalten der Investoren ist individuell rational. Es bedeutet aber auch, dass Unsicherheiten und Volatilitäten zu Investitionszurückhaltung oder aber höheren Renditeforderungen führen. Dieses Phänomen wird insbesondere im Jahr 2009 im US-Markt für Erneuerbare Energien zu beobachten sein, da Investoren abwarten werden, ob sich nicht noch ein besserer Zeitpunkt für den Einstieg ergeben kann.

Generell kommt Warteoptionen dann ein besonderer Wert zu, wenn erwartet wird, dass wirtschaftlich relevante Rahmendaten sich deutlich ändern können. Müssen die Investoren befürchten, dass sich Investitionen nicht mehr rechnen, werden sie sich mit ihren Investitionen zurückhalten. Dies gilt aber auch umgekehrt dann, wenn deutliche Anzeichen dafür sprechen, dass sich wirtschaftliche Rahmendaten zukünftig verbessern, ohne dass sie davon pro-

---

79 Ein gutes Beispiel war die Unsicherheit, die sich im spanischen Photovoltaik-Markt des Jahres 2008 ergeben hatte. Die Wirtschaftssubjekte rechneten mit einem deutlichen Rückgang der Einspeisetarife, der in der Übergangszeit zu einer intensiven Investitionstätigkeit im spanischen Solarmarkt führte, die bis Ende September 2008 andauerte.

fitieren können. Dies kann etwa dann vorliegen, wenn es stichtagsbezogene Regelungen gibt, die bestehende Nutzer von einer verbesserten Neuregelung ausschließen.

Nach dieser theoretischen Fundierung zu den Zielen eines Risikomanagements und zur Ausgestaltung von Verträgen wollen wir im Folgenden darstellen, welche Mechanismen in der Praxis entwickelt worden sind, um Risiken vom Projekt effizient auf Projektbeteiligte zu verteilen.

3.4 Projektendogene Risiken

3.4.1 Fertigstellungsrisiko

Das Fertigstellungsrisiko beinhaltet alle Risiken und die daraus folgenden Verluste, die realisiert werden, wenn die Projektanlage nicht mit vertragsgerechter Leistung, verzögert, zu höheren Kosten oder gar nicht fertig gestellt wird. Damit umfasst dieser Begriff die gesamte Komplexität der Erstellung einer Projektanlage, wie die Bodenbeschaffung, Emissionswerte, politische Unruhen oder Bauzeitüberschreitung. Alle genannten Risiken können für die Werthaltigkeit des Projektes gravierend sein. Zur Betrachtung der Ursachen und Folgen können vier Fälle unterschieden werden:

- Fertigstellung mit nicht vertragsgerechter Leistung: Die geplante Kapazität der Anlage wird nur zum Teil erreicht, so dass sich der Produktoutput, die geplanten Einzahlungen und der Cashflow verringern.
- Verspätete Fertigstellung: Das geplante Leistungsniveau der Anlage wird erst zu einem späteren Termin erbracht. Ursachen können Fehlplanungen, mangelnde Ausführungen, fehlende Expertise oder Erfahrungen des Generalunternehmers sein. Konsequenz ist, dass die Einzahlungen in der Betriebsphase erst später generiert werden und möglicherweise der Zins- und Tilgungsplan nicht eingehalten werden kann. Gleichwohl entstehen Kosten während der Fertigstellungsphase (z.B. Lohn- und Gehaltskosten), die zusätzlich finanziert werden müssen.
- Fertigstellung zu höheren Kosten: Das geplante Leistungsniveau des Projektes wird erreicht, aber nur unter Inkaufnahme höherer Kosten. Ursachen hierfür können eine verzögerte Fertigstellung, Änderungen in der Technik oder Veränderungen bei den gesetzlichen Rahmenbedingungen sein. Es ergibt sich ein erhöhter Finanzierungsbedarf, der wiederum erhöhte Projektauszahlungen entweder für die Rückzahlung zusätzlich bereitgestellten Fremdkapitals oder für die spätere Rückführung des eingesetzten Eigenkapitals bewirkt.
- Nicht-Fertigstellung: Bei Nicht-Fertigstellung der Anlage erbringt das Projekt gar keine Leistung: Entweder rechtfertigen die zu erwartenden Erlöse nicht die Kosten der Fertigstellung oder die Fertigstellung ist technisch nicht möglich. Folge ist, dass die Grundlage des Projektes wegfällt, kein Cashflow generiert wird und der Projektkredit nicht aus dem Projekt zurückgeführt werden kann.

Das Fertigstellungsrisiko wirkt sich mittelbar stets in einer Verringerung der Cashflows aus: Entweder durch verringerte oder verzögerte Einzahlungen oder erhöhte Auszahlungen.

Fertigstellungsrisiken suchen Sponsoren und Fremdkapitalgeber vor allem durch die Auswahl kompetenter Anlagenlieferanten zu begegnen, mit denen Festpreise für die schlüsselfertige Übergabe zu einem bestimmten Datum vereinbart werden. Er muss in der Lage sein, aufgrund seiner technischen Kompetenz, organisatorischen Erfahrung und seines finanziellen Leistungsvermögens alle auftretenden Probleme durchzustehen[80].

Infolge einer Nichtfertigstellung müssten die in der Projektgesellschaft vorhandenen Aktiva verwertet werden, wobei sich dies bei den meisten Projekten als problematisch erweisen könnte, die aufgrund ihrer Größe und ihrer Spezifität praktisch eine irreversible Investition darstellen. Darüber hinaus wird ein unfertiges Projekt kaum einen angemessenen Verkaufserlös erzielen, da potentielle Käufer z.B. bei technischen Unzulänglichkeiten von einem Kauf absehen würden. Ein neuer Investor würde sein Kaufangebot danach orientieren, welche zukünftigen Cashflows von dem Projekt erwirtschaftet werden können. An dieser Stelle wird deutlich, dass die eigentliche Sicherheit eines Projektes seine künftigen Cashflows sind. Bei Abbruch des Projektes läuft die fremd finanzierende Bank die höchste Gefahr, ihre bereits valutierten Darlehen nicht mehr getilgt zu bekommen.

Mit Ausnahme der Nichtfertigstellung sind die Folgen der verschiedenen Formen des Fertigstellungsrisikos ähnlich: Es entstehen entweder höhere Kosten und auf der Einnahmenseite geringere oder verspätete Stromerlöse. Daraus resultiert ein verspäteter oder geringer als prognostizierter Cashflow, was sich in einem verschlechterten DSCR in der betroffenen Projektperiode äußert. Fällt der DSCR unter den Wert von 1,0, werden Restrukturierungsmaßnahmen zum Erhalt der geplanten Schuldendienstfähigkeit des Kraftwerkprojektes erforderlich. Zuerst sind die Sponsoren gefordert, einen Beitrag zur Gesundung des Projektes zu leisten, wobei sie – je nach Ausgestaltung der Verträge – entweder nicht mehr verpflichtet sind oder dies finanziell nicht mehr leisten können. Von Seiten der Fremdkapitalgeber kommen eine Stundung oder Streckung der Zins- und Tilgungsleistungen in Frage, als ultima ratio auch eine Erhöhung des Fremdkapitalvolumens[81]. Dabei zeigt die Erfahrung, dass Restrukturierungsverhandlungen sehr zeitintensiv sind und auch ein zufrieden stellendes Ergebnis für alle Beteiligten nicht garantiert ist.

---

80 Handelt es sich um ein internationales Projekt, kommt es auch auf die Erfahrungen in dem betreffenden Land an. Auch kompetente Anlagenlieferanten können auf unvertrautem Terrain wegen unerwarteter kultureller, politischer, verwaltungsmäßiger, geologischer oder kultureller Bedingungen in Schwierigkeiten geraten. Gerade bei diesen Projekten müssen neben dem Preis die Leistungskraft, der Erfahrungsschatz und das finanzielle Stehvermögen eines Anlagenlieferanten den Ausschlag geben.

81 Wesentlich wird es auf den Einsatz der Sponsoren ankommen, der wiederum davon abhängt, ob und inwieweit diese ein Interesse an der Gesundung des Projektes haben. Eine Ausweitung von Fremdfinanzierungsmitteln inmitten der Schieflage ist eine wirkliche Ausnahme, da das Gefährdungspotential für den Zusatzkredit deutlich höher ist als bei der ursprünglichen Projekt-Bewertung. Bekannt geworden ist eine Reihe von Kraftwerksfinanzierungen im US-Markt, bei denen ENRON als Sponsor aufgetreten war und ein anteiliger Eigenmitteleinschuss zusammen mit Fremdmitteln vereinbart war. Als ENRON Konkurs anmelden musste, konnten bei den vor der Fertigstellung befindlichen Kraftwerken die restlich erforderlichen Eigenmittel nicht mehr dargestellt werden, so dass die Banken praktisch gezwungen waren, diese entstandene Finanzierungslücke aufzufangen, um die jeweiligen Kraftwerke fertig zu stellen, damit diese auch Cashflow generieren konnten.

Um dem Fertigstellungsrisiko entgegenzuwirken, sind eine Reihe von Verträgen entwickelt worden, die dieses Risiko – in unterschiedlichem Umfang – Sponsoren, Kreditnehmern und Anlagenlieferanten zuweisen.

	Fertigstellungsgarantien	**Nachschussverpflichtung**
Gegenstand:	Die Sponsoren stehen solange für die Rückführung der Kredite ein, bis das Projekt fertiggestellt ist.	Werden die gepanten Kosten überschritten, verpflichten sich Sponsoren oder Kreditgeber, dem Projekt zusätzliches Eigenkapital oder Fremdkapital zur Verfügung zu stellen.
Umfang:	Der Umfang der Fertigstellungsgarantie kann sich auf den Gesamtbetrag der Projektkredite oder auch nur auf einen bestimmten Prozentsatz beziehen	1. **Completion Undertaking:** Die Sponsoren müssen so lange weiteres Kapital zuführen, bis die Fertigstellung erreicht ist. Ist diese Verpflichtung unbegrenzt, entspricht dies wirtschaftlich einer Fertigstellungsgarantie.
		2. **Pool-of-Funds-Vereinbarung**: Ökonomisch handelt es sich um eine betragsmäßig begrenzte Nachfinanzierungsverpflichtung der Sponsoren.

Abbildung 31: Verteilung von Fertigstellungsrisiken auf Sponsoren und Fremdkapitalgebern

Eine erste Möglichkeit der Risikoallokation bei Kostenüberschreitungen ist die Vereinbarung von betragsmäßig begrenzten Nachfinanzierungspflichten mit den Sponsoren. Wird diese Nachfinanzierungspflicht durch eine Kreditlinie der Bank mit Rückgriffsrechten auf den Sponsor kombiniert, spricht man von dem Konzept des *„Pool-of-Funds"*. Durch einen solchen gemeinschaftlichen Reservefonds kann bereits im Vorfeld Vorsorge für einen zusätzlich auftretenden Finanzierungsbedarf getroffen werden[82].

Eine weitere Möglichkeit der Absicherung ist eine Fertigstellungsgarantie. Eine Fertigstellungsgarantie ist eine Verpflichtung, die in der Regel die Sponsoren zugunsten der Kreditgeber zur Sicherung deren Ansprüche abgeben. Abweichend vom Wortsinn sind die Sponsoren allerdings nicht zur tatsächlichen Durchführung des Projektes verpflichtet. Vielmehr verpflichten sich die Sponsoren, so lange für die Rückführung bzw. den Kapitaldienst der Projektkredite einzustehen, bis das Projekt fertig gestellt ist. Diese Nachschusspflicht der Sponsoren wird als *Contingent Equity* bezeichnet. Im Regelfall sind die Haftung für die Fertigstellung und die Entschädigungen bei Bauzeitenüberschreitungen auf einen Teil der gesamten Vertragssumme beschränkt.

Regelmäßig wird es im Interesse des Sponsors sein, einen Contractor als Generalunternehmer einzusetzen, der durch entsprechende Garantievereinbarungen das Fertigstellungsrisiko weitestgehend übernimmt[83]. Der Generalunternehmer verpflichtet sich, eine betriebsbereite Anlage zu einem Festpreis und einem festen Termin zu errichten, die eine bestimmte Produktionsleistung zu vorher festgelegten Kosten erbringen kann („turn-key-Vereinbarung")[84]. Sollte sich die Fertigstellung verzögern, muss der Generalunternehmer im Rahmen dieser

[82] Reuter/Wecker 1999, S. 63.

[83] Schulte-Althoff 1992, S. 123.

[84] Buljevich/Park 1999, S. 101f.

Garantievereinbarung Schadenersatz an den Sponsor leisten[85]. Des Weiteren werden durch einen Generalunternehmer Schnittstellen- und Koordinationsprobleme praktisch vollständig reduziert und die Wahrscheinlichkeit einer planmäßigen Fertigstellung steigt[86].

Eine Garantievereinbarung zwischen Sponsor und Contractor ist sinnvoll, da der Sponsor ansonsten ein Risiko übernimmt, das er nur bedingt beeinflussen kann.

Abbildung 32: Garantievereinbarung

Durch diese Risikoverteilung ergeben sich mehrere Vorteile. Zum einen wird der Contractor motiviert, den Zeit- und Kostenplan einzuhalten, um entsprechende Haftungsübernahmen zu verhindern, zum anderen ist das Projekt vor Schäden in der risikoreichen Fertigstellungsphase geschützt. Indirekt sichert sich somit auch die Bank dagegen ab, dass der Anlagenvertrag vom Contractor nicht vertragsgemäß erfüllt wird[87].

Ein wichtiger Leitsatz ist also, dass die Projektfinanzierung durch einen Generalunternehmer erleichtert wird, da das Fertigstellungsrisiko komplex und schwer zu kalkulieren ist[88].

Wird ein Generalunternehmer eingesetzt und mit Lieferung einer schlüsselfertigen Anlage beauftragt, liegt das Fertigstellungsrisiko weitgehend bei ihm. Setzt die Projektgesellschaft jedoch mehrere Lieferanten ein und kombiniert deren Leistungen selbst, so bleiben die Aufgaben der Koordination und der Bewältigung der Schnittstellen in der Verantwortung der Projektgesellschaft als Auftraggeber. In diesem Fall werden die Fremdkapitalgeber Fertigstellungszusagen der Projekterrichter verlangen, die die in diesen Aufgaben liegenden Risiken abdecken. Wegen des sehr weit reichenden Umfangs einer Fertigstellungsgarantie einerseits und den bei der Projekterstellung häufig kaum zu überschaubaren Risiken andererseits werden häufig Regeln vereinbart, die die Verpflichtungen des Garanten beschränken. Im Regelfall der Limited-Recourse-Finanzierung wechselt die Risikoverteilung mit der Fertigstellung der Anlage: Waren bis dahin die Sponsoren oder der Anlagenbauer für die Fertigstellung verantwortlich, ist es im Anschluss nur noch das Projekt, das sich damit zu einer

85 D. Tytko 1993, S. 56ff.

86 J. Böttcher / P. Blattner 2006, S. 53.

87 Werthschulte 2005, S. 85f.

88 A. Reuter / C. Wecker 1999, S. 66.

Non-Recourse-Projektfinanzierung wandelt[89]. Diese zeitliche Haftungsbeschränkung der Sponsoren ist der wesentliche ökonomische Grund für diese, eine Projektfinanzierung statt einer Unternehmensfinanzierung zu wählen. Da dieser Haftungswechsel für die Risikoallokation entscheidend ist, sollte große Sorgfalt darauf verwandt werden zu definieren, wann „Fertigstellung" erreicht ist[90]. Im Regelfall wird die Fertigstellung durch einen unabhängigen Gutachter festgestellt, der neben der Errichtung auch bestimmte Leistungstests vornimmt.

Darüber hinaus können die Sponsoren und die Fremdkapitalgeber bereits im Vorfeld Vorsorge für einen etwaigen zusätzlichen Finanzierungsbedarf wegen Verzug oder Kostenüberschreitungen treffen, indem die Beteiligten Eigenmittel oder Kreditlinien bereitstellen, die bei Bedarf in Anspruch genommen werden können (Nachschuss- oder Nachfinanzierungsverpflichtung).

Als Zwischenergebnis sei angemerkt, dass die Sicherungswirkung von Fertigstellungsgarantien und Nachfinanzierungsverpflichtungen auch davon abhängt, ob die Sponsoren teilschuldnerisch oder gesamtschuldnerisch verpflichtet sind. Sind sie gesamtschuldnerisch verpflichtet, erscheint das Risiko, dass eine vollständige Rückzahlung der Projektkredite nicht möglich ist, als relativ gering. Soweit die Sponsoren Fertigstellungsrisiken übernehmen, setzen sie sich Risiken aus, die sie zumindest nicht wesentlich beeinflussen können. Aus Anreizsicht ist es da wesentlich konsequenter, wenn der Anlagenbauer das Fertigstellungsrisiko im Rahmen des Anlagenvertrages übernimmt, wobei es hierbei naturgemäß auf den Umfang seiner vertraglichen Verpflichtungen ankommt (siehe hierzu 3.3.4 und die folgenden Kapitel).

Im Zusammenhang mit Projektfinanzierungen werden häufig Verträge abgeschlossen, die die schlüsselfertige Erstellung des Projektes zu einem Festpreis und einem bestimmten Termin vorsehen (*Turnkey lumpsum date certain*-Verträge). Die Aufgabe des Generalunternehmers besteht darin, das Vorhaben so zu gestalten, dass die geforderten technischen Spezifikationen des Vorhabens erfüllt werden, das Gesamtprojekt zu einem möglichst geringen Preis anzubieten und die technischen Voraussetzungen für einen wirtschaftlichen Betrieb nach den Planvorstellungen zu schaffen. Seine vertraglichen Pflichten gelten als erfüllt, wenn er bei der Errichtung bestimmte Termine einhält und die Anlage nach der Erstellung vertraglich fixierte Leistungsmerkmale aufweist. Mit Annahme des Anlagenvertrages (EPC-Vertrag; *Engineering* [Planung], *Procurement* [Lieferung], *Construction* [Errichtung]) übernimmt der Contractor im Rahmen verschiedener Verpflichtungen, z.B. Zeit- oder Festpreisgarantien, die

[89] Für die Projektprüfung bedeutet dies: Die Fremdkapitalgeber müssen sich nicht nur über die Tragfähigkeit des Projektes aufgrund seines erwarteten Cashflow-Stroms in der Betriebsphase Gedanken machen, sondern sich bis zum Abschluss der Fertigstellungsphase in ihren Analysen auf die Bonität der Sponsoren konzentrieren.

[90] Der frühest mögliche Zeitpunkt ist die Errichtung der Anlage, also das Ende der Bau- und Montagearbeiten (physische Fertigstellung). Allerdings kommt es für den Wert einer Anlage auf deren Funktionstüchtigkeit an – Fertigstellung meint in diesem Zusammenhang den Probelauf, bei dem bestimmte Leistungsparameter nachgewiesen werden müssen. Darüber hinaus kann eine gewisse Betriebszeit gefordert sein, in der stufenweise bestimmte Leistungsparameter nachgewiesen werden müssen. Am weitesten geht die Forderung, dass auch bestimmte Wirtschaftlichkeitskriterien des Anlagenbetriebs nachgewiesen werden (Economic Test). Sofern Parameter herangezogen werden, die nicht mit der Anlage selbst zusammenhängen (z.B. realisierte Nachfrage), verschiebt sich der Charakter einer Non-Recourse-Projektfinanzierung wieder in Richtung einer Unternehmensfinanzierung.

Haftung für die verschiedenen Ausprägungen des Fertigstellungsrisikos. Vorteil eines derartigen EPC-Vertrages ist, dass Koordinations- oder Schnittstellenprobleme, die bei der Vielzahl von an der Anlagenerstellung beteiligten Parteien auftreten können, praktisch vollständig reduziert werden und eine planmäßige Fertigstellung mit höherer Wahrscheinlichkeit erreicht werden kann. Als Nachteil des Einsatzes eines Generalunternehmers wird häufig genannt, dass die Generalunternehmermarge, die auch ein Entgelt für die obige Risikoübernahme ist, als zu hoch angesehen wird[91].

Insgesamt wird man sehen müssen, dass direkte Haftungsübernahmen bei den Risikoträgern eine motivierende Wirkung auslösen, die darauf hinwirkt, Schaden vom Projekt fernzuhalten, um nicht aus der Haftungsübernahme in Anspruch genommen zu werden. Verstärkt werden kann dieser Anreiz durch Bonuszahlungen im Falle vorzeitiger Fertigstellung. Wie eingangs (3.3.5) dargestellt, ist es allerdings auch nicht sinnvoll, alle Risiken auf eine Partei zu überwälzen. In der Tat findet sich eine vollumfängliche Haftung eines Generalunternehmers in der Praxis auch nur sehr selten.

1. Häufig sind in der Umsetzung von Projekten nicht ein Generalunternehmer, sondern mehrere Unternehmen als Hersteller und Lieferanten von größeren Teilpaketen tätig. Regelmäßig wird hier eine Teilhaftung von jedem Unternehmen für seinen Vertragsteil gefordert. Probleme, die sich an der Schnittstelle zwischen den Leistungen der beiden Unternehmen ergeben, werden im Zweifelsfall zwischen den beiden Parteien auszudiskutieren sein. Damit ist zwar das Fertigstellungsrisiko theoretisch ausgeschlossen, allerdings muss im Einzelfall nachgewiesen werden, durch wessen Schlechtleistung das Problem verursacht wurde. Gerade in diesen Fällen muss in der Projektstruktur auf einfache und klare Schnittstellen Wert gelegt werden.
2. Ein weiterer Aspekt, der einer vollständigen Absicherung des Fertigstellungsrisikos durch einen Generalunternehmer entgegenstehen kann, ist, dass die Leistungserbringer ihre Haftung häufig auf einen Teil der Vertragssumme begrenzen. Diese Pönalen bieten dann zwar entsprechende Kompensationen, ein Totalausfall ist damit aber nicht abgesichert.

Mit Blick auf ausbleibende Erlöse aus dem Stromabsatz infolge einer verspäteten Fertigstellung ist der Abschluss einer so genannten *Delay-in-start-up-* und *Advance-Loss-of-Profit-*Versicherung von Bedeutung. Bis zum erfolgreichen Abschluss des Probebetriebes trägt diese Versicherung Schäden, die aus einer verspäteten Inbetriebnahme resultieren. Der Deckungsumfang dieser Versicherung beinhaltet die jährlichen Fixkosten und damit auch den Schuldendienst. Für die Zeit des Selbstbehalts müssen dann die vom Generalunternehmer zu leistenden Pönalen die entstehenden Kostenmehrbelastungen kompensieren.

Für eine vollständige Sicherung des Cashflows gegen die verschiedenen Ausprägungsformen des Fertigstellungsrisikos müssten die Schadenersatzansprüche im Anlagenvertrag dergestalt sein, dass auch entsprechende Mindererlöse abgedeckt werden können. Die Gesamthaftung der an der Anlagenerrichtung beteiligter Parteien ist jedoch im Regelfall auf einen bestimm-

---

[91] Allerdings sollte diese Generalunternehmermarge nicht zu hoch ausfallen, da der Generalunternehmer im Innenverhältnis mit seinen Sub-Unternehmern ebenfalls versuchen wird, für deren Leistungsanteil entsprechende Garantien zu erhalten, die sein Risiko entsprechend minimieren sollten.

ten Prozentsatz des Vertragspreises begrenzt. Eine Haftungsbegrenzung liegt insbesondere vor, wenn der Contractor nicht an der Projektgesellschaft beteiligt ist und lediglich ein Lieferinteresse besitzt.

In Abhängigkeit von der konkreten Vertragsausgestaltung wird das Fertigstellungsrisiko damit zu großen Teilen aus dem Projekt genommen und wandelt sich aus Kreditgebersicht in die Beurteilung des Bonitätsrisikos des Contractors, zum Teil auch in die der Versicherung[92]. Voraussetzung für diese Sichtweise ist, dass ein nicht vertragskonformes Verhalten durch Pönalen sanktioniert wird. Der Sicherungswert abgegebener Garantien und gleichsam der von abgeschlossenen Versicherungen hängt zum einen von der Höhe vorgesehener Schadenersatzzahlungen bzw. Deckungsumfängen, zum anderen von der Bonität des Garanten oder auch der Versicherung ab.

Der Umgang mit dem Fertigstellungsrisiko zeigt auch den Analyseweg auf, wenn es beispielsweise der Anlagenbauer ist, der sich als Generalunternehmer gegenüber dem Projekt verpflichtet hat und dessen Jahresabschluss zu analysieren ist: In diesem Fall ist zu fragen, wie die genaue Verpflichtung aussieht – Welche geschuldete Leistung soll erbracht werden? Wie wahrscheinlich ist die frist- und kostengerechte Errichtung? Lässt sich gegebenenfalls abschätzen, wie hoch die Pönalen ausfallen können?

3.4.2 Betriebs- und Managementrisiko

Unter dem Betriebs- und Managementrisiko werden alle Gefahren des Produktionsprozesses verstanden, die zu Unterbrechungen oder sogar zum Stillstand der Anlage führen können. Die Ursachen für ein Betriebs- und Managementrisiko liegen in der Regel in Fehlern bei der Planung, Organisation, Durchführung und Kontrolle von Betriebsabläufen (z.B. logistische Schwachstellen, Fehlkalkulationen, unwirtschaftliche Lagerhaltung) oder in einer fehlerhaften Bedienung sowie mangelhafter Wartung und Instandhaltung durch das Anlagenpersonal. Das Betriebsrisiko ist eng mit dem technischen Risiko verbunden. Letztlich ist von dem Betrieb der Anlage abhängig, wie die Komponenten belastet werden, wie Frühwarnsysteme erkannt und damit weiter gehende Schäden vermieden werden. Während wir die wesentlichen Inputstoffe für das Projekt – etwa Biomassen in ihren verschiedenen Ausprägungen – später unter dem Bezugsrisiko betrachten werden, rechnen wir die Risiken, die sich aus den notwendigen Hilfs- und Betriebsstoffen ergeben, zu den Betriebsrisiken.

Häufig lässt sich das Betriebs- und Managementrisiko auch auf die Unerfahrenheit des Managements selbst zurückführen[93]. Selbst die Einstellung erfahrenen Personals garantiert noch keine gute Betriebsführung. Bei komplexen Projekten ist neben der reinen Qualifikation wichtig, dass das Team gut zusammenarbeitet und richtig in das Projekt eingewiesen ist.

Die dadurch hervorgerufenen Einschränkungen des Produktionsbetriebes wirken sich in Abhängigkeit ihres Ausmaßes auf die Produktionsmenge und somit auf den Absatz sowie die

---

92 Siehe hierzu H. Uekermann 1993, S. 54-63.

93 M. Schulte-Althoff 1992, S. 118.

Erlössituation negativ aus. Des Weiteren kann sich das Betriebsrisiko in erhöhten Produktionskosten äußern, beispielsweise durch technische Probleme der Projektanlage während des Produktionsprozesses. Diese erhöhten Kosten mindern bei konstanter Ertragslage wiederum den Cashflow[94]. Da dieser nach Projektfertigstellung durch den üblichen Wegfall der Fertigstellungsgarantie die wichtigste Sicherheit darstellt und die primäre Tilgungsquelle ist, reagieren Kreditgeber sensibel auf Betriebsstörungen, so dass Banken ein Management bevorzugen, das hinlängliche technische und wirtschaftliche Erfahrung bei der Betriebsführung einer ähnlichen Anlage aufweisen kann.

Zur Verminderung des Betriebs- und Managementrisikos bevorzugen Fremdkapitalgeber nicht Dritte, sondern einen der Projektbeteiligten mit einem aufeinander abgespielten Team. Dies kann etwa einer der Sponsoren oder der Anlagenhersteller sein. Die Übernahme des Betriebs und des Managements durch die Sponsoren reduziert die Eintrittswahrscheinlichkeit des Betriebs- und Managementrisikos schon allein durch die Verfolgung von unternehmenspolitischen Zielen und durch das Interesse der Sponsoren an der Erzielung einer angemessenen Eigenkapitalrendite.

Sofern die Sponsoren nicht die nötige Erfahrung einer Betriebsführung aufweisen können, ist der Einsatz einer professionellen Betriebs- und Managementgesellschaft notwendig, die sich verpflichtet, für einen kontinuierlichen Betrieb des Projektes und für die Funktionsfähigkeit der Projektanlage zu sorgen. Die Auswahl des Betreibers sollte sich anhand folgender Kriterien orientieren und erfolgt häufig über entsprechende Referenzprojekte der Gesellschaft:

- Reputation der Gesellschaft,
- Fähigkeit zur Betriebsführung (Werkführung, Kontrolle der Stoffströme, Beschaffung der Rohstoffe usw.),
- Erfahrung im Betrieb vergleichbarer Anlagen,
- Fähigkeit, geeignetes Personal zur Verfügung zu stellen.

Die rechtliche Strukturierung erfolgt über den Betriebsführungsvertrag, der die Rechte und Pflichten des Betreibers genau festlegt. Um einen angemessenen Anreiz für den Betreiber zu setzen, sollte seine Vergütung zumindest zum Teil variabel gestaltet werden: Gewinnbeteiligungen und Pönalen wirken als Anreiz zum besseren Wirtschaften und effizienten Betrieb der Projektanlage und bilden das Gegenstück der Eigenkapitalrendite der Sponsoren[95].

Mit der Wahl eines Betreibers sollte mithin eine dem Projekt und den Projektkrediten entsprechende Laufzeit vereinbart werden. Für den Fall, dass man sich in der Eignung des Betreibers getäuscht hat oder mangelhafte Leistungen einen Wechsel verlangen, sollte der Betriebs- und Managementvertrag ein Recht zur Kündigung zulassen.

Bei Projekten im Bereich Erneuerbare Energien ist das Betriebsrisiko in einer groben Unterscheidung durchaus unterschiedlich einzuschätzen:

---

94 W. Schmitt 1989, S. 146; H. Uekermann 1993, S. 75.

95 Mit näheren Erläuterungen zur Ausgestaltung von Betriebsführungsverträgen siehe H. Uekermann 1993, S. 76 ff. und D. Tytko 1999, S. 84 f.

	Windenergie	Solarenergie	Biomasse
Betrieb und Wartung	bei Onshore-Vorhaben recht gut kalkulierbar, bei Offshore-Vorhaben aufgrund des Zugangs schwieriger	Wartung und Instandhaltung erforderlich, allerdings im deutlich geringeren Umfang als bei Windenergie-Projekten	recht umfangreiche Wartung und Instandhaltung notwendig, zusätzlich "echte" Betriebsführung aufgrund der Logistik der Biomasse-Ströme
Betriebsrisiko	gering - erhöht	sehr gering (PV), mittel (Solarthermie)	mittel bis hoch

Abbildung 33: Betriebsrisiken bei ausgewählten EE-Projekten

Zentral ist, dass aufgrund des beständig bestehenden Zulieferbedarfs bei Biomasse-Projekten die Versorgung mit hinreichender Biomassemenge und -qualität zu einem angemessenen Preis gemanagt werden muss, was mit einer weitergehenden Betriebsführungsverantwortung einhergeht als dies bei anderen EE-Projekten der Fall ist. Berücksichtigt man, dass auch die Steuerung des Heizkessels bei diesen Projekten eine technisch anspruchsvolle Aufgabe ist, erkennt man, dass die Anforderungen an die Betriebsführung bei einem Biomasse-Projekt im Vergleich deutlich höher sind.

Bei einem beispielhaften Biomasse-Kraftwerk wird das Betriebs- und Managementrisiko versucht dadurch abzusichern, dass einer der Sponsoren die wirtschaftliche und technische Betriebsführung übernimmt. Dieser Sponsor deckt im Rahmen seiner Tätigkeit als Energieversorger bereits die gesamte Wertschöpfungskette im Bereich Strom ab. So verfügt er über eigene Erzeugungskapazitäten. Damit erfüllt der Sponsor die Forderung nach einem erfahrenen Betreiber und verfügt über Fachwissen und Erfahrung im Hinblick auf den Kraftwerksbetrieb, wodurch die Gefahr von Produktionsausfällen minimiert wird.

Um Probleme aus der Schnittstelle zwischen Betreiber und Hersteller möglichst zu vermeiden, wird in vielen Projekten ein langfristiger Wartungsvertrag mit dem Hersteller abgeschlossen. Wichtige Wartungen werden damit außerhalb der Verantwortung des Betreibers durchgeführt und Anzeichen für fehlerhaften Betrieb können frühzeitig erkannt werden.

Zusätzlich wird das Projekt durch verschiedene Versicherungen gegen Risiken in der Betriebsphase versichert. Für den Fall einer Schädigung der Kraftwerksanlage kommt eine Sachversicherung auf, vorbehaltlich bestimmter Selbstbehalte für Schäden an Neben- und Hauptanlagen des Kraftwerks. Für diese Selbstbehalte muss, sofern kein Verschulden des Contractors unter dem Service-Vertrag vorliegt oder die angesetzte Pönale den Schaden nicht vollständig abdeckt, das Projekt aufkommen.

3.4.3 Funktionsrisiko

Das Funktionsrisiko (auch: technisches Risiko im engeren Sinne) umfasst das Risiko, dass die geplanten Produktquantitäten oder –qualitäten nicht erreicht werden, wofür vor allem der Einsatz nicht hinreichend erprobter Technologien und unausgereifter Produktionsverfahren ursächlich ist[96]. Das Risiko ist gravierend, hat es doch geringere Erlöse und somit einen

[96] W. Schmitt 1989, S. 143; M. Schulte-Althoff 1992, S. 117.

geringeren Cashflow zur Folge, so dass die planmäßige Rückführung der Fremdmittel gefährdet ist[97].

Es gibt auch Gründe dafür, dass es selbst bei Einsatz von bewährter Technik zu einer eingeschränkten Durchführung des Projektes kommen kann:

a) Regelmäßig werden Projektfinanzierungen im Zusammenhang mit Großanlagen durchgeführt. Hier besteht auch bei Verwendung erprobter Technik eine Vielzahl von Schnittstellen zwischen den verschiedenen Komponenten, die zu Problemen führen können.

b) Auch bei bewährter Technik findet ein fortwährender Anpassungs- und Optimierungsprozess auf Seiten der Hersteller statt. Dies kann dazu führen, dass sich Schnittstellenanforderungen geringfügig ändern, ohne dass dies erkennbar sein muss. Bewährte Zusammenstellungen funktionieren dann plötzlich nicht mehr. Auch können sich vermeintlich verbesserte Komponenten als nicht konstant vorteilhaft oder verschleißanfällig erweisen.

c) Selbst wenn die Produktionsanlagen zur Erstellung der jeweiligen Anlagentechnologie weltweit sehr ähnlichen Standards genügen, kann es aber schon einen Unterschied in der Anlagenqualität ausmachen, welche Qualität die Eingangsmaterialien haben und welche Erfahrungen die Anwender mit der Produktionstechnologie haben.

Das weitaus größere Funktionsrisiko ergibt sich aber bei der Verwendung neuer Technologien oder eines neuen Set-Ups bewährter Technologien. Da es sich dann bei dem Projekt um ein Pilotprojekt für die jeweilige Technologie handelt, liegen keine konkreten Erfahrungen und Referenzwerte vor. Das Risiko lässt sich also nur sehr schwer beurteilen. Der Projekterfolg ist aber von der Funktionsfähigkeit der Technologie abhängig. Damit kann für die meisten Projektpartner das Projektrisiko kaum mehr abgeschätzt werden.

In dieser Situation gilt der allgemeine Grundsatz: Projektfinanzierung ist nur für bewährte Technologien zulässig. Würde eine neue Technologie finanziert werden, müssten sich die Kapitalgeber auf einen instabilen Cashflow einlassen, da die technische Performance letztlich nicht kalkulierbar ist[98]. Fremdkapitalgeber legen Wert auf vergleichbare und belastbare Referenzprojekte. Belastbar sind Referenzprojekte auch dann nur bedingt, wenn eine bewährte Technik in eine neue Anwendung gebracht wird. Bei nicht ausreichend erprobter Technik wird sich in der Regel auch weder der Anlagenlieferant noch ein Sponsor zur Übernahme des Funktionsrisikos bereit finden. Anders liegen die Dinge, wenn eine Pilotanlage finanziert wird und Anlagenlieferant und Sponsor als diejenigen, die ein strategisches Interesse an der Entwicklung haben, das Risiko unter sich teilen und den finanzierenden Banken, im Rahmen einer Full-Recourse-Finanzierung, hinreichende Planungssicherheit vermitteln.

---

97 H. Uekermann 1993, S. 36 f.

98 Wenn bei einer Projektfinanzierung dennoch eine neue Technologie verwendet werden soll, so kann dies aus Bankensicht allenfalls im Rahmen einer konventionellen Unternehmensfinanzierung oder einer Full-Recourse-Projektfinanzierung erfolgen. S.M. Levy 1996, S. 23.

Andererseits soll auch keine veraltete Technologie verwandt werden, da ansonsten das Projekt Gefahr läuft, nicht mehr wettbewerbsfähig zu sein. Dies ist bei Projekten, die sich auf Märkten mit Marktpreisen behaupten müssen, von großer Bedeutung. Bei Projekten im Bereich Erneuerbare Energien, die – u.a. in Deutschland – von festen Abnahmepreisen über einen verhältnismäßig langen Zeitraum profitieren, sollte dieser Aspekt zunächst nur eine untergeordnete Bedeutung haben. Allerdings kann das Projektumfeld, insbesondere das Regulierungssystem, auch den Einsatz neuer Technologien fördern und – zumindest aus Investorensicht – auch erfordern. Ein Beispiel ist das Erneuerbare-Energien-Gesetz (EEG), das es ermöglichen sollte, Windkraftanlagen auch an weniger windstarken Standorten in Deutschland wirtschaftlich zu betreiben, um einerseits den weiteren Ausbau der Windenergie zu fördern, andererseits eine Konzentration an besonders windstarken Standorten zu vermeiden. Um das Potential an windschwächeren Binnenstandorten zu erschließen, war es notwendig, immer größere Anlagen zu bauen, um das mit steigender Nabenhöhe steigende Windpotential zu nutzen.

Sollen im Rahmen einer Projektfinanzierung auch neue Technologien zum Einsatz kommen, sind die sich daraus ergebenden Risiken von anderen Projektpartnern gegenüber den Fremdkapitalgebern abzudecken. Je komplexer und je weniger erprobt die Technik ist, die in einem Projekt zur Anwendung kommt, desto umfangreicher muss die Absicherung der Fremdkapitalgeber gegen die sich daraus ergebenden Risiken ausfallen.

Die Diskussion zwischen dem Verbot, nicht bewährte Technik einzusetzen und dem Gebot, keine veraltete Technik zu verwenden, zeigt ein Spannungsfeld auf, das die Projektbeteiligten von Projekt zu Projekt neu diskutieren müssen, insbesondere in den Bereichen, die sich durch einen erheblichen technischen Fortschritt auszeichnen oder die die Methode der Projektfinanzierung neu für sich entdecken. In der Praxis erweist es sich häufig als schwer, diesen Spagat zu leisten.

Verläuft ein Vorhaben mit neuartiger Technik erfolgreich, haben die Projektbeteiligten ein öffentliches Gut geschaffen, an dem über die Projektbeteiligten hinaus die gesamte Branche partizipiert[99]. Das öffentliche Gut besteht darin, dass nachgewiesen wurde, dass es sich um eine großindustriell einsetzbare Technik handelt, für die die Methode der Projektfinanzierung grundsätzlich in Frage kommt. Damit ist der Anreiz der grundsätzlich interessierten Parteien groß, sich an Pioniervorhaben nicht zu beteiligen und erst dann in diese Technik einzusteigen, wenn ihr Erfolg durch den Einsatz anderer Beteiligten nachgewiesen wurde. Es gewinnen die Projektbeteiligten, die in der ersten Phase nicht mitmachen, aber darauf hoffen, dass andere von Anfang einsteigen und den Weg bereiten. Dies kann in der Konsequenz dazu führen, dass ein Marktversagen entsteht und kein derartiges Projekt realisiert wird. Dies ist aber häufig nicht der Fall. Warum?

Zwei Erklärungsansätze, die wechselseitig zusammenwirken, lassen sich anführen:

99 Die Argumentation folgt MANCUR OLSON'S „Die Logik kollektiven Handelns“: Ein öffentliches Gut liegt dann vor, wenn es keine Rivalität im Konsum gibt und niemand von der Nutzung des Gutes ausgeschlossen werden kann.

1. Angenommen, es liege eine innovative Technik vor, die allerdings die Chance bietet, bei Erfolg dupliziert zu werden und den Projektbeteiligten Zusatzerträge bringt. Die Zusatzerträge ergeben sich daraus, dass die Beteiligten mit diesem Vorhaben Wissen erwerben, das der Wettbewerb erst mit Zeitverzögerung aufholen kann, so dass auch Folgevorhaben im Rahmen der bisherigen Beteiligten realisiert werden.
2. Ein zweiter Ansatz zielt darauf ab, dass die an dem Vorhaben beteiligten Projektbeteiligten häufig just in dem Geschäftsfeld tätig sind, das nunmehr zur Finanzierung ansteht, und die Projektfinanzierung eine neue Finanzierungsvariante darstellt, die auch für die Beteiligten zusätzliche Entlohnungsmöglichkeiten vorsieht. Wenn Entlohnungssysteme an Geschäftsabschlüsse gekoppelt werden, ohne dass die langfristige Tragfähigkeit nachgewiesen werden muss, ergeben sich tendenziell adverse Anreize, sich risikofreudiger zu verhalten[100].

In den drei Branchen-Kapiteln werden hierzu verschiedene Fallbeispiele dargestellt. Im Kapitel Solarenergie ist es die Darstellung von Dünnschichtmodulen und im Kapitel Windenergie sind es die technischen Herausforderungen, die mit der Realisierung von Offshore-Windparks verbunden sind. Die intensive Betrachtung des technischen Risikos hängt insbesondere damit zusammen, dass der technische Fortschritt gerade in diesen Branchen erheblich ist, was zwar volkswirtschaftlich wünschenswert und politisch gewollt ist, andererseits aber die Anwendbarkeit einer Projektfinanzierung regelmäßig auf eine Probe stellt.

Die Frage, ob es sich um eine bewährte Technik handelt, lässt sich häufig nicht trennscharf beantworten. Häufig handelt es sich um ein Kontinuum zwischen tatsächlich neuer Technik und langjähriger, bewährter Technik. Mangelnde Erfahrungen sind konträr zu der Anforderung eines stabilen Cashflows und engen die Anwendung von Projektfinanzierungen deutlich ein, erfordern sie doch eine weitgehende Einbindung der zentralen Projektbeteiligten. Oftmals gibt es folgende Argumentationshilfen:

Der Einsatz „relativ neuer Technik“ wird insoweit möglich, als zum einen Null-Serien durch den Hersteller getestet werden, um Verbesserungen zu ermöglichen und einen gewissen Track Record vorzuweisen. Andererseits handelt es sich um graduelle Weiterentwicklungen bewährter Technologie und zumeist nicht um ein vollständig neues Technik-Konzept[101].

Eine weitere Möglichkeit besteht darin, einen langfristigen Wartungsvertrag, etwa mit dem Hersteller der Anlagen, abzuschließen. In diesem Vertrag wird nicht nur die Wartung zu einem planbaren Betrag über die Dauer des Wartungsvertrages vereinbart, sondern es werden auch Mindestverfügbarkeiten der Anlage festgeschrieben. Dadurch wird das Risiko des vorzeitigen Verschleißes auf den Anlagenbetreiber übertragen. Allerdings kann eine vollständi-

[100] Ein Beispiel mag der Boom der Projektfinanzierungen im Bereich Mobiltelefonie etwa ab 1995 darstellen. Optimistische Gutachten von Telefonie-Experten, die erfolgreiche Nutzungsdaten von einzelnen Ländern auf andere Länder übertrugen, wurden von anderen Beteiligten (insbesondere Banken) gerne geglaubt.

[101] Allerdings müssen die Kreditgeber gegenüber der Argumentation, es handele sich um eine Modifikation bewährter Technologie, vorsichtig sein. Gerade bei Projektfinanzierungen, die hierauf vertraut haben, haben sich teils erhebliche Probleme ergeben, sei es, weil das Zusammenwirken unterschiedlicher Anlagenkomponenten nicht funktioniert hat oder weil bestimmte Einsatzstoffe zum ersten Mal großindustriell bei einem Projekt eingesetzt worden sind.

ge Absicherung hier meistens nicht erreicht werden. Einerseits sind die Hersteller nicht immer bereit, Wartungsverträge über die gesamte Laufzeit abzuschließen. Andererseits werden Hersteller auch in diesen Verträgen ihre Haftung auf einen geringeren Betrag als das Projektvolumen begrenzen. Weiterhin werden die Hersteller regelmäßig einen ordnungsgemäßen Betrieb und die turnusmäßige Wartung gemäß einem Pflichtenwartungsheft vorgeben. Bei Schäden kann das Projekt dann mit der Einrede des Herstellers konfrontiert werden, dass der Schaden nicht auf die Technik, sondern auf den unsachgemäßen Gebrauch der Technik zurückzuführen ist. Der Schaden wäre demnach gar nicht der Risikosphäre des technisches Betriebsrisikos, sondern der Risikozone Betreiberrisiko zuzuordnen. Die Abgrenzung ist hier offensichtlich schwierig und ähnlich wie die Abgrenzung zwischen Funktions- und Fertigstellungsrisiko nicht immer gerichtsfest zu leisten.

Gerade bei Projekten mit lang laufenden Abnahmeverträgen besteht die Möglichkeit, Abnahmepreise mit voller Kostendeckung bzw. Kostendurchleitung zu vereinbaren. Dieses Thema wird in Abschnitt 3.4.5 näher betrachtet.

Letztlich ergibt sich bei all diesen Absicherungen für die Fremdkapitalgeber das Problem, dass sie die Bonitäten der jeweiligen Projektbeteiligten über ihre Verpflichtungsdauer einschätzen müssen.

3.4.4 Zulieferrisiko

Die Belieferung eines Projektes mit den benötigten Rohstoffen ist eine wesentliche Voraussetzung für einen reibungslosen Produktionsbetrieb. Das Zulieferrisiko besteht in erster Linie in der termingerechten Belieferung des Projektes mit der ausreichenden Menge und Qualität an Roh-, Hilfs- und Betriebsstoffen zu den prognostizierten Preisen[102]. Insbesondere für Prozessanlagen, deren Zweck die Veredelung oder Transformation von Rohprodukten oder anderen Einsatzstoffen ist, hat die bedarfsgerechte Lieferung mit den entsprechenden Vormaterialien eine entscheidende Bedeutung[103]. Das Zulieferrisiko besteht in der beschriebenen Form für Biomasse-Projekte, während es sich bei Projekten im Bereich Windenergie oder Solarenergie eher darum handelt, dass die Gutachten, die das Wind- bzw. Sonnenangebot beschreiben, hinlänglich genau sind.

Die mangelnde Verfügbarkeit von Vormaterialien führt zu Kapazitätsbeeinträchtigungen oder sogar zu Produktionsunterbrechungen. Qualitätsmängel ziehen dagegen u.U. ebensolche Mängel bei den Projektprodukten nach sich. Sowohl infolge mangelnder Verfügbarkeit als auch durch Qualitätsmängel bei den Vormaterialien besteht die Gefahr, dass aus dem Verkauf der Projektleistungen keine hinreichenden Erlöse für die Bedienung des Fremdkapitals erwirtschaftet werden können. Einen direkten Einfluss auf die Betriebskosten hat hingegen eine Änderung der Preise für die Vormaterialien, was sich ebenfalls in einem geringeren Cashflow niederschlägt[104].

---

102 M. Schulte-Althoff 1992, S. 119.

103 H. Uekermann 1993, S. 64.

104 H. Uekermann 1993, S. 64 f.; M. Schulte-Althoff 1992, S. 119.

Die Liste der relevanten Inputfaktoren ist jeweils projektspezifisch. Wichtig ist zu erkennen, dass ein Projekt, sofern es nicht über langfristige Liefer- und Abnahmeverträge verfügt, einem Marktrisiko ausgesetzt ist. Aufgrund der Langfristigkeit von Projektfinanzierungen sind Aussagen über die Entwicklung der Preise einzelner Komponenten sehr schwierig, wie etwa die Entwicklung des Ölpreises während der letzten Jahre gezeigt hat.

Das Zulieferrisiko wirkt sich nicht nur in der dargestellten Form auf die Absatzseite aus, sondern kann im Fall von nicht kongruent gestalteten Zuliefer- und Abnahmeverträgen zusätzliche Kostenbelastungen (z.B. Konventionalstrafen oder Kosten für Zukäufe) nach sich ziehen, da durch die nicht termingerechte Belieferung der Projektanlage wiederum die Leistungserbringung für die Kunden nicht vereinbarungsgemäß möglich ist.

Sowohl die Abweichung von den geplanten Mengen, der geplanten Qualität als auch den geplanten Preisen wirken sich unmittelbar in einer Verringerung des Cashflows aus. Banken verlangen daher eine gewisse Sicherheit in Form langfristiger Zulieferverträge, die die zentralen Parameter Menge, Qualität und Preise fixieren, um die Zuliefersituation bei den Cashflow-Betrachtungen realitätsnah einschätzen zu können. Allerdings gibt es auch Märkte – zu denen etwa der Biomasse-Markt zählt – bei denen langfristige Festpreisverträge ungewöhnlich sind und – wenn sie angeboten werden – erheblich über dem aktuellen Marktpreisniveau liegen.

Um Zulieferrisiken einschätzen und absichern zu können, ist es sinnvoll, die Zuliefersituation durch verschiedene Gutachten analysieren zu lassen. Dabei sollten sich die Untersuchungen auf die Menge, die Qualität, den Preis und potentielle Wettbewerber konzentrieren, da dies die zentralen Determinanten des Zulieferrisikos sind.

Zulieferrisiken werden i.a. durch Zulieferverträge strukturiert. Diese werden mit den wichtigsten Projektlieferanten abgeschlossen, wobei diese verpflichtet werden, das Projekt mit den entsprechenden Mengen Rohstoffen einer bestimmten Qualität zu beliefern. Diese Verträge können so gestaltet sein, dass die Lieferanten Zahlungen an das Projekt leisten müssen, wenn sie nicht vereinbarungsgemäß liefern können (*Supply-or-Pay*-Verträge)[105]. Durch eine langfristige Festlegung der Preise können sogar sämtliche Preisrisiken auf den Lieferanten übertragen werden, so dass der Cashflow – über das Zulieferrisiko – nur durch die Durchsetzbarkeit der Verträge bedroht ist. Eine derartige Festpreisvereinbarung ist allerdings als kritisch anzusehen, da sich bei negativen Entwicklungen die Anreiz-Beitragssituation des Zulieferers so verschlechtert, dass er seinen Vertrag nicht oder nur schlecht erfüllt. Oftmals – so die Erfahrung – ist es besser, gewisse Preisschwankungen auf der Zulieferseite zuzulassen als einen Vertragsbruch zu riskieren. Lösungen bieten hier die Preisanpassung in Intervallen oder die Vereinbarung einer Preisspanne.

---

105 Dies ist das Korrelat zu den Take-or-Pay-Verträgen auf der Abnehmerseite, auf die verwiesen werden kann. Damit wird auch deutlich, dass das Prinzip des Risk-Sharings verlangt, die Bonität der Projektbeteiligten umso genauer zu überprüfen, je weitgehender sie sich gegenüber dem Projekt verpflichtet haben. Neben dem „Wollen“ – der vertraglichen Verpflichtung gegenüber dem Projekt steht genau so das „Können“ – die finanzielle Belastbarkeit des Verpflichteten – im Mittelpunkt der Betrachtung.

Handelt es sich bei dem zu analysierenden Projektbeteiligten um einen Zulieferer, sollte versucht werden, folgende Fragen zu klären:

(Vertragspartner: **Lieferant**)

Verpflichtungsebene	**Anspruchsebene**

Besteht ein Anspruch der Projektgesellschaft auf andauernde Erfüllung einer vertraglichen Leistung?

Was sind die wesentlichen Bestandteile dieses Vertrages?

1. Welche Menge, Qualität und zu welchem Preis muss geliefert bzw. geleistet werden?	1. Welche Gegenleistung schuldet die Projektgesellschaft und erfolgt dies zu marktgerechten Bedingungen?
2. Wie sehen Pönaleverpflichtungen aus, wenn der Zulieferer nicht vertragsgerecht liefert (z.B. deliver-or-pay oder deliver-and-pay)?	2. Wie sehen die Pönaleverpflichtungen aus, wenn die Projektgesellschaft nicht vertragsgerecht abnimmt?
3. Gibt es einen Drittmarkt für das zu lieferende Produkt oder diese Dienstleistung und wie sehen marktgerechte Konditionen aus?	3. Was wäre der Gegenwert der Leistung, wenn sie am Drittmarkt vermarktet würde? Hintergrund: Besteht für den Lieferanten ein Interesse daran, den Vertrag nachhaltig zu erfüllen?
4. Gibt es Anpassungs- und Ausstiegsklauseln für den Liefervertrag aus Sicht der Projektgesellschaft?	4. Gibt es Anpassungs- und Ausstiegsklauseln für den Liefervertrag aus Sicht des Lieferanten?
5. Unter welchen Szenarien könnte die Projektgesellschaft nicht leisten?	5. Unter welchen Szenarien muss der Lieferant nicht leisten (u.a. Prüfung von Force Majeure-Vereinbarungen?)

Bestehen übergeordnete **strategische Gründe** für die Aufrechterhaltung oder Kündigung des Vertrages?

Abbildung 34: Checkliste für die Prüfung eines Zulieferervertrages

Bei dieser Analyse geht es darum, die Kernelemente der vertraglichen Beziehungen zu erfassen und in ihren wirtschaftlichen Konsequenzen zu bewerten. Dies verlangt die vertraglichen Beziehungen vor dem Hintergrund ihrer wechselseitigen Vorteilhaftigkeit des Vertrages und dem Marktumfeld, in dem sie stattfinden, zu bewerten.

Bei Biomasse-Projekten besteht die Situation, dass langfristige Lieferverträge mit festen Mengen- und Preiszusagen praktisch nicht bestehen und stattdessen vierteljährliche oder auf Kontingente bezogene Verträge die Regel sind. Um das Zulieferrisiko kalkulieren zu können, sollten daher Rohstofflieferanten als Sponsoren mit in das Projekt eingebunden werden, die ein nachhaltiges Interesse nicht nur an der Rohstofflieferung, sondern auch am Projekterfolg haben. Oftmals kann es hilfreich sein, wenn die Lieferanten auch diejenigen sind, die auf der Abnahmeseite dem Projekt verpflichtet sind. Unterschiedliche Beteiligte auf beiden Marktseiten können hingegen dazu führen, dass – insbesondere bei sehr volatilen Märkten – Anreize entstehen können, Verpflichtungen aus bestehenden Verträgen nicht zu erfüllen, weil sich etwa bessere Alternativen außerhalb des Projektes ergeben.

3.4.5 Markt- und Absatzrisiko

Der Erfolg des Endproduktes am Markt ist einer der zentralen Punkte für den Projekterfolg. Das Markt- und Absatzrisiko beschreibt die Gefahr, dass die geplanten Erlöse nicht erwirtschaftet werden können. Dieses Risiko setzt sich aus dem Preis- und dem Mengenrisiko zusammen. Das Preisrisiko stellt die Gefahr dar, dass prognostizierte Preise am Markt nicht erzielt werden können. Die Unsicherheit hinsichtlich absetzbarer Mengen stellt das Mengenrisiko dar. Eine Vielzahl von Größen wirkt auf diese zwei Risiken ein.

Die Einschätzung zukünftiger Angebots- und Nachfrageentwicklungen gestaltet sich äußerst schwierig, schließlich gilt es, Prognosen über die gesamte Finanzierungsdauer abzugeben. Die Nachfrage nach dem Produkt könnte sich negativ entwickeln. Sollte z.B. ein ähnliches Produkt von einem Wettbewerber günstiger oder besser hergestellt werden, wird die Nachfrage nach der eigenen Projektleistung sinken. In diesem Fall ist es unwahrscheinlich, das angestrebte Preisniveau beibehalten zu können. Des Weiteren beruht der Erfolg eines Produktes am Markt auch auf erfolgreichen Vertriebs- und Vermarktungsstrategien.

Die verschiedenen Teilbereiche der Erneuerbaren Energien sind in einem sehr unterschiedlichen Maße von dem Markt- und Absatzrisiko betroffen. Während für Windenergie- und Solarprojekte die Unterscheidung in Festpreis- und Mengenregulierungssysteme zentral ist (siehe hierzu für Solarenergie 4.2.4, für Windenergie 6.2.1), sind Biomassevorhaben aufgrund ihrer sehr vielgestaltigen Nutzungsformen entweder weitgehend von einem Markt- und Absatzrisiko abgeschottet (etwa Verstromung aus Biomasse) oder müssen sich – wie Biokraftstoffprojekte – auf mehr oder weniger freien Absatzmärkten behaupten.

Eine grundlegende Änderung des Regulierungsumfeldes hat ebenfalls Auswirkungen auf die Angebots- und Nachfrageseite. Veränderungen auf der Beschaffungsseite wirken sich ebenso auf der Absatzseite aus. Tritt die Situation ein, dass Rohstoffe teurer als prognostiziert eingekauft werden müssen, verteuert sich das Endprodukt. Daraufhin stellt sich die Frage, ob höhere Preise am Markt durchzusetzen sind, oder ob die Verkaufspreise zu Lasten der Rendite konstant gehalten werden. Diese Entscheidung ist von den dann herrschenden Marktgegebenheiten abhängig und kaum im Vorwege zu planen.

Die Frage nach der Marktfähigkeit des von der Projektanlage erstellten Produktes nimmt eine zentrale Stellung bei der Wirtschaftlichkeitsrechnung (dokumentiert in der *Feasibility Study*) ein. Diese wird im Regelfall durch spezialisierte Beratungsunternehmen aufgrund von bestimmten Annahmen über die Absatzfähigkeit des Produkts und der Entwicklung der Marktpreise angefertigt. Wegen der zugrunde gelegten Annahmen besteht ein Marktrisiko, dass die Gefahr von geringeren Erlösen als den zunächst veranschlagten beschreibt, die aus einem Preis- bzw. Absatzrückgang resultieren[106].

Mindererlöse aufgrund zu optimistisch kalkulierter Absatzmengen bzw. einer falschen Einschätzung der Marktpreise gefährden die Einnahmeseite des Cashflows. Dies verschlechtert nicht nur die Tilgungsfähigkeit des Projekts, sondern gefährdet darüber hinaus die Deckung

---

106 W. Schmitt 1989, S. 147.

der laufenden Betriebs- und Wartungskosten[107]. Anzumerken ist noch, dass eine Veränderung der preiswirksamen Bestimmungsgründe naturgemäß auch Einfluss auf das Absatzrisiko hat, ebenso wie eine Veränderung mengenwirksamer Bestimmungsgründe sich auf den Preis auswirkt[108].

Zur Absicherung dieses Risikos werden häufig Abnahmeverträge abgeschlossen, die den Abnehmer langfristig und unwiderruflich zum Kauf der Projektprodukte verpflichten. Je nach Ausgestaltung dieses Abnahmevertrages kann damit auf den Abnehmer ein ganzes Bündel von Risiken übertragen werden, wobei die Komponenten Preisgestaltung, Mengendefinition, Vertragslaufzeit und Produktqualität die zentralen Aspekte darstellen.

	Take-or-Pay-Verträge	Tolling Agrement	Take-and Pay-Vertrag
Gegenstand:	Der Käufer verpflichtet sich, bestimmte Produktmengen zu bestimmten Preisen abzunehmen. Er muss bestimmte Beträge zahlen, auch wenn er die Produkte nicht abnimmt oder der Lieferant nicht liefert (unbedingte Verpflichtung).	Im Prinzip wie Take-or-Pay-Vertrag, bezieht sich allerdings auf andere Leistungsarten (insbesondere Transportleistung bei Pipelines). Das Projekt ist Dienstleister und wird für seine Betriebsbereitschaft bezahlt.	Der Käufer verpflichtet sich, die Projektleistung in einem bestimmten Umfang zu einem vereinbarten Preis abzunehmen. Eine Zahlungspflicht besteht nur dann, wenn er die kontrahierten Leistungen auch tatsächlich erhält (bedingte Verpflichtung).
Zahlungshöhe:	Die Mindestzahlungen entsprechen i.a. den fixen und variablen Betriebskosten sowie dem Kapitaldienst und sind unabhängig von der tatsächlichen Abnahme.	Die Mindestzahlungen entsprechen i.a. den fixen und variablen Betriebskosten sowie dem Kapitaldienst und sind unabhängig von der tatsächlichen Abnahme.	keine Mindestzahlungen

Abbildung 35: Formen von Abnahmeverpflichtungen bei Projektfinanzierungen

Die weitestgehende Abnahmeverpflichtung ist ein *Take-or-Pay*-Vertrag, der in seiner Wirkung einer unbedingten Zahlungsgarantie gleichkommt. Der Abnehmer verpflichtet sich zur Zahlung des Gegenwertes bestimmter Produktmengen zu einem bestimmten Preis unabhängig davon, ob die Projektgesellschaft ihm diese Produkte auch liefern kann. Eine solche Regelung führt zu einer Übernahme nicht nur des Marktrisikos, sondern auch des Force-Majeure-Risikos und des Betriebsrisikos. Der Abnehmer zahlt also nicht nur bei Abnahmeunwilligkeit, sondern auch im Fall von Lieferstörungen durch Verschulden der Projektgesellschaft oder durch Höhere Gewalt.

Erkennbar wird, dass die Gestaltung der Abnahmeverträge sich häufig eng an der Gestaltung der Bezugsverträge orientiert. Zentrale Idee ist, die Verträge so zu gestalten, dass Änderungen von Preisen, Mengen oder Qualitäten auf der Bezugsseite unmittelbar gleichgerichtete Änderungen auf der Absatzseite nach sich ziehen. Wenn dies gelingt, können Veränderungen auf der Bezugsseite unmittelbar auf die Absatzseite überwälzt werden, ohne dass wirtschaftlich die Projektgesellschaft von diesen Änderungen betroffen ist.

107 W. Schmitt 1989, S. 148.

108 H. Uekermann 1993, S. 83.

Dies ist auch der Weg, wie er bei vielen Kraftwerksprojekten eingeschlagen wurde: Die Vergütung der Stromlieferungen besteht typischerweise aus zwei Komponenten, der so genannten *Capacity Charge* und der *Energy Charge*:

1. Die Capacity Charge wird über die Zahlung eines Leistungspreises abgegolten. Diese Strompreiskomponente dient zur Deckung der betriebsunabhängigen Kosten und ist an die jährlichen kalkulatorischen Fixkosten der Projektgesellschaft gekoppelt. Der Leistungspreis beinhaltet auch den Grundpreis des Erdgasbezuges, so dass ein wesentlicher Teil der veränderlichen Brennstoffkosten an die Stromabnehmer weitergeleitet wird. In den Fixkosten ist auch kalkulatorisch der Schuldendienst enthalten, so dass bereits durch die Entrichtung des Leistungspreises ein Cashflow erzielt wird, der wesentliche Preisrisiken ausschließt. Sofern die Abnehmer den Leistungspreis zahlen, ist die Bedienung des Kapitaldienstes sichergestellt. Die Verpflichtung zur Zahlung des Leistungspreises besteht unabhängig von der Verfügbarkeit des Kraftwerkes. Damit übernimmt der Abnehmer für seinen Kapazitätsanteil das Risiko unverschuldeter Betriebsunterbrechung.
2. Der Stromabnehmer hat zusätzlich eine Energy Charge für bezogenen Strom zu leisten, die in Form eines monatlichen Arbeitspreises geleistet wird. Der Arbeitspreis deckt die variablen Stromerzeugungskosten des Projektes; Höhe und Veränderungen des Arbeitspreises werden an die Abnehmer weitergeleitet.

Der Stromabnahmevertrag hat häufig eine Laufzeit von bis zu 15 Jahren, wobei die vereinbarten Konditionen für diesen Zeitraum auch dann gültig bleiben, wenn sich die dem Vertrag zugrunde liegenden wirtschaftlichen Annahmen ändern. Zusammenfassend ermöglicht der Stromliefervertrag eine Kompensation des Mengen- und Preisrisikos und damit eine stabile und kalkulierbare Cashflow-Generierung. Abgesehen von der Kopplung an die Kraftwerkskapazität oder die Verfügbarkeit der Anlage, liegt der Sicherungswert eines Stromabnahmevertrages als Kreditsicherheit auch darin, bestimmte Mindesterlöse, die den Schuldendienst decken, unabhängig von der Verfügbarkeit zu sichern. Stromlieferverträge in Form eines Take-or-Pay-Vertrages sind typisch für eine Projektfinanzierung und mit Blick auf die Reagibilität des Vorhabens auf ansonsten stehende Einnahmeschwankungen einerseits und der Realität des Handelns in liberalisierten Energiemärkten andererseits auch erforderlich.

Das Interesse des Abnehmers zum Eingehen in langfristige Abnahmeverträge liegt in der Sicherstellung der Versorgung mit dem betreffenden Produkt, insbesondere wenn sie die Rohstoff- oder Energiebasis sichern. Allerdings wird es zum Abschluss von *Take-or-Pay*-Verträgen nur dann kommen, wenn der Abnehmer – z.B. über eine von ihm kontrollierte Gesellschaft – das Projekt nahezu lückenlos beherrschen kann[109].

Diese Vertragstypen werden dann benötigt, wenn der Bezug der hauptsächlichen Ressource nicht kostenlos möglich ist und funktionieren dann, wenn Bezugs- und Absatzseite miteinander verbunden sind. Insofern sind die Erfahrungen aus dem Kraftwerksbereich insbesondere für den Bioenergiebereich von Bedeutung.

---

[109] W.H. Jürgens 1994, S. 17.

Für die Beurteilung eines Absatzvertrages müssen neben der Bonität des Abnehmers die zentralen Bestandteile des jeweiligen Absatzvertrages analysiert werden. In diesem Zusammenhang müssen die folgenden Fragen geklärt werden:

(Vertragspartner: Abnehmer)

Verpflichtung des Abnehmers	**Verpflichtung der Projektgesellschaft**

Besteht ein Anspruch der Projektgesellschaft auf andauernde Erfüllung einer vertraglichen Leistung?

Was sind die wesentlichen Bestandteile dieses Vertrages?

1. Welche Menge, Qualität und zu welchem Preis muss abgenommen werden?	1. Welche Gegenleistung schuldet die Projektgesellschaft [Lieferung der Projekterzeugnisse oder -dienstleistungen] und erfolgt dies zu marktgerechten Bedingungen?
2. Wie sehen Pönaleverpflichtungen aus, wenn der Abnehmer nicht vertragsgerecht abnimmt (z.B. take-or-pay oder Take-and-pay)?	2. Wie sehen die Pönaleverpflichtungen aus, wenn die Projektgesellschaft nicht vertragsgerecht liefert?
3. Gibt es einen Drittmarkt für das abzunehmende Produkt oder diese Dienstleistung und wie sehen marktgerechte Konditionen aus?	3. Was wäre der Gegenwert der Leistung, wenn sie am Drittmarkt vermarktet würde? Hintergrund: Besteht für den Abnehmer ein Interesse daran, den Vertrag nachhaltig zu erfüllen?
4. Gibt es Anpassungs- und Ausstiegsklauseln für den Abnahmevertrag aus Sicht der Projektgesellschaft?	4. Gibt es Anpassungs- und Ausstiegsklauseln für den Abnahmevertrag aus Sicht des Abnehmers?
5. Unter welchen Szenarien könnte die Projektgesellschaft nicht leisten?	5. Unter welchen Szenarien muss der Abnehmer nicht leisten (u.a. Prüfung von Force Majeure-Vereinbarungen)?

Bestehen übergeordnete **strategische Gründe** für die Aufrechterhaltung oder Kündigung des Vertrages?

Abbildung 36: Analyse der Verpflichtungen eines Abnehmers bei einer Projektfinanzierung

Es geht damit darum, die Kernelemente der vertraglichen Beziehungen zu erfassen und in ihren wirtschaftlichen Konsequenzen zu bewerten. Dazu ist es notwendig, die vertraglichen Beziehungen vor dem Hintergrund ihrer wechselseitigen Vorteilhaftigkeit des Vertrages und dem Marktumfeld, in dem sie stattfinden, zu bewerten.

Die Absicherungswirkung von Abnahmeverträgen muss wirtschaftliche, rechtliche und politische Rahmenbedingungen beachten. Sind etwa die in einem Abnahmevertrag vereinbarten Preise höher als entsprechende Marktpreise für die Projektleistungen, so droht die Gefahr eines Vertragsbruchs. Dieser kann damit begründet werden, dass der Abnehmer seine Wettbewerbsfähigkeit bei Belieferung zu überhöhten Preisen als gefährdet ansieht. In liberalisierten Märkten, wie es im Energiesektor häufig der Fall sein kann, ist daher auch immer die Frage zu untersuchen, wie teuer eine alternative Energieerzeugung durch Grenzanbieter aussieht und sich mutmaßlich in der Zukunft entwickeln kann. Ein *Take-or-Pay*-Vertrag kann zudem dazu führen, dass der Abnehmer aufgrund seiner Abnahmepflicht in seinem Bestand gefährdet ist, so dass dieser Abnahmevertrag damit auch kaum noch Sicherungswirkung für das Projekt entfaltet, der damit ursprünglich abgesichert werden sollte.

In der Realität treten Abnahmeverträge daher meistens in abgeschwächter Form auf[110]. Betriebs- und Force-Majeure-Risiken werden häufig nicht übernommen und müssen dann anderweitig alloziiert werden. Zentral sind folgende Erkenntnisse:

1. Projekt-Verträge dürfen nicht isoliert betrachtet werden, sondern müssen in ihrer Verbund- und Anreizwirkung auf das Projekt und die wesentlichen Projektbeteiligten analysiert und ausgestaltet werden.
2. Eine reflexartige Forderung nach Verträgen, die die betreffenden Mengen nach Menge, Qualität und Preis festschreiben, kann ebenfalls unerwünschte Anreizwirkungen bei einzelnen Projektbeteiligten entfalten, die sich nachteilig auf das Projekt auswirken kann. Bei der Vertragsausgestaltung sind immer die mutmaßlichen Marktentwicklungen und die Anreizwirkungen auf die Projektbeteiligten zu berücksichtigen.

3.4.6 Abandonrisiko

Das Abandonrisiko ist das Risiko der Projektaufgabe oder Projekteinstellung durch die Sponsoren, das allerdings wesentlich – mit einer Ausnahme – als Konsequenz aus den anderen diskutierten Risiken angesehen werden kann.

Die Entscheidung eines Sponsors, ein Projekt aufzugeben, wird entweder aus Gründen, die im Projekt oder dessen Umfeld liegen, oder aus geschäftspolitischen Überlegungen getroffen. Diese geschäftspolitischen Gründe können etwa die Aufgabe eines bestimmten Geschäftsfeldes oder der Rückzug aus einem bestimmten Land sein[111]. Soweit sich das Projekt aber bis zu diesem Zeitpunkt planmäßig und damit wirtschaftlich entwickelt hat, wird das Projekt regelmäßig an einen Dritten veräußert, der das Projekt weiterführt, oder aber von den Fremdkapitalgebern, die in der Regel Sicherungs- und Mitspracherechte haben, an einen Dritten vermittelt.

Die Aufgabe und Einstellung eines Projektes ist daher regelmäßig eine Konsequenz von verschlechterten Aussichten oder verschlechtertem Stand des Projektes. Regelmäßig werden die Hauptkriterien sein, dass die weitere Durchführung des Projektes wirtschaftlich oder rechtlich nicht mehr möglich ist oder das Projekt dauerhaft einen negativen Cashflow erwirtschaftet.

---

110 Umgekehrt trägt die Projektgesellschaft das Risiko einer Preisänderung, wenn die Preise marktorientiert abgeschlossen werden. Eine Mischform der Risikoallokation liegt dann vor, wenn Mindest- bzw. Maximalpreise festgelegt werden, um die Schwankungsbreite zu verringern. Weitere Beispiele sind Anpassungsklauseln in Abnahmeverträgen, die eine Angleichung an Marktentwicklungen zulassen.

111 Im Frühjahr 2009 gibt es eine schwer prognostizierbare Investitionsneigung von Sponsoren, wie etwa der US-Markt zeigt. Die Entwicklung auf dem *„Tax Equity Market"* für Windenergie erscheint in 2009 kaum vorhersagbar, da nur derjenige bundesstaatliche Steuergutschriften nutzen kann, wer eine entsprechend hohe Steuerlast vorweisen kann. Die bezieht sich allerdings auf die allgemeine Investitionsneigung, nicht aber auf die projektspezifische Sichtweise, die wir im Folgenden einnehmen.

Ein besonderes Problem kann sich etwa dann stellen, wenn die Sponsoren Gestaltungsmöglichkeiten so verändern, dass sie zu ihrem unmittelbaren Vorteil sind, aber die Wirtschaftlichkeit des Projektes verschlechtern, so dass auch die Gefahr des vorzeitigen Rückzugs der Sponsoren vom Projekt steigt. Hierzu folgendes Beispiel: Es ist nicht völlig ungewöhnlich, dass bei der Projektbewertung steuerliche Aspekte ausgeblendet werden. Dies erfolgt mit dem Hinweis darauf, dass eine Projektfinanzierung Cashflow-orientiert ist, und damit Abschreibungen, die nicht liquiditätswirksam sind, hier keine Rolle spielen. Dies ist allerdings zu kurz gegriffen, da die Abschreibungen regelmäßig dazu führen, dass sich die Bemessungsbasis für Steuern ändert. Die Steuerzahlungen sind aus Projektsicht effektive Belastungen, die den Cashflow, der für die Bedienung des Kapitaldienstes und die Ausschüttung an die Sponsoren zur Verfügung steht, deutlich verändern kann. Daher sind in einem Cashflow-Modell auch immer die Cashflow-Größen auf einer Nach-Steuerbasis zu ermitteln (siehe hierzu 3.6.2.). Nun kann es sein, dass die Sponsoren steuerliche Abschreibungsmöglichkeiten geltend machen, die von der geplanten Steuersystematik abweichen. Je nach Steuergesetzgebung können dabei die Anreize so gestaltet sein, dass einerseits erhebliche Abschreibungsmöglichkeiten in den ersten Jahren anfallen (in Dänemark ist eine lineare Abschreibung von 25 % des Anlagevermögens zulässig), dass andererseits aber der Tax Shield in den Folgejahren entfällt und das Vorhaben mit erheblichen Steuern belastet wird. Daraus ergeben sich mindestens zwei Effekte:

Zunächst können sich erhebliche Veränderungen in der Wirtschaftlichkeit des Vorhabens ergeben – während in den ersten Jahren alles planmäßig läuft, verschlechtert sich die Wirtschaftlichkeit in einer Nach-Steuer-Betrachtung deutlich. Wir hatten in Kapitel 3.3.6 auf derartige Probleme hingewiesen. Weiter muss man verstehen, dass sich das Interesse der Sponsoren an einem Vorhaben nicht allein auf den Cashflow des Vorhabens beziehen wird, sondern auch auf die steuerlichen Abschreibungsmöglichkeiten und den potentiellen Verkaufserlös des Projektes während der Betriebsphase. Ein Abandon-Risiko mag dann vorliegen, wenn die steuerlichen Vorteile bedeutend sind und bereits ausgenutzt sind.

Um mit diesem Risiko umzugehen, bieten sich zwei Wege an: Zum einen können die Sponsoren verpflichtet werden, für eine festgelegte Zeit einen bestimmten Mindestanteil am Projekt zu halten. Zum anderen müssen sie verpflichtet werden, steuerliche Änderungen nur in Abstimmung mit den Kreditgebern vorzunehmen.

3.5 Projektexogene Risiken

3.5.1 Reserve- und Ressourcenrisiko

Das Reserve- und Ressourcenrisiko beschreibt die Gefahr, dass Rohstoffvorkommen oder Ressourcen in Umfang oder Qualität hinter den Planwerten zurückbleiben[112]. Bei einer zu geringen Ressourcenmenge fallen die Projekt-Erlöse – möglicherweise während der gesamten Projektlaufzeit – geringer aus als erwartet, so dass die Bedienung des Kapitaldienstes ebenso gefährdet sein kann wie die angemessene Wirtschaftlichkeit des Projektes. Dieses Risiko wirkt auf alle Projekte im Bereich der Erneuerbaren Energien ein: Es geht darum, die Standortqualität bei einer bestimmten Technikkonstellation einzuschätzen.

Um dieses Risiko möglichst klein zu halten, muss die Standortqualität angemessen durch unabhängige und erfahrene Sachverständige begutachtet werden. Die Qualität von Ertragsgutachten hängt auch von der Erfahrung und dem Wissen der Gutachter ab. Regelmäßig werden mindestens zwei Gutachten herangezogen. Übersteigen die Abweichungen der Gutachten einen bestimmten Wert, mag es sinnvoll sein, ein weiteres Gutachten erstellen zu lassen. Regelmäßig basiert eine Ertragsprognose für Vorhaben im Bereich Erneuerbare Energien auf zwei Komponenten, der Standortbetrachtung sowie der Anlagenbetrachtung.

Dabei sind je nach Art des EE-Projektes verschiedene Besonderheiten zu beachten:

	Risikoart	Bedeutung des Ressourcenrisikos
Windgutachten	geringeres Windangebot	hoch
Solargutachten	geringeres Strahlungsangebot	hoch
Biomassegutachten	geringeres Biomasseangebot, höhere Preise	sehr hoch

Die verschiedenen Besonderheiten der einzelnen Energieformen werden in den jeweiligen Fachkapiteln behandelt.

Bei Biomasseprojekten liegt insoweit eine Besonderheit gegenüber anderen EE-Projekten vor, als nicht nur die Ressource – z.B. Althölzer – beschafft werden muss, sondern die Kosten für die Preisentwicklung dieser Biomasse abgeschätzt werden müssen. Insoweit liegt hier ein kombiniertes Mengen- und Preisrisiko auf der Beschaffungsseite vor, das sehr schwer abzuschätzen ist. Die Strukturierung der Beschaffungsseite über langfristige, Festpreis bezogene Lieferverträge ist kaum möglich, da Holzlieferverträge branchenüblich nicht langfristig abgeschlossen werden. Für eine langfristige Tragfähigkeit eines Projektes kommt es damit darauf an, das Projekt einerseits robust gegenüber Holzpreisschwankungen zu gestalten (z.B.

112 Typischerweise wird dieses Risiko bei Rohstoffvorkommen wie z.B. Ölvorkommen oder Minenprojekten diskutiert, allerdings gelten die Überlegungen in analoger Anwendung auch für EE-Projekte.

über Logistikvorteile) und andererseits den Holzlieferanten in das Projekt dauerhaft einzubinden[113]. Die Schwierigkeit, hier bankadäquate Absicherungsmechanismen zu finden, mag ein Grund dafür sein, dass Biomasse-Kraftwerke bisher nicht im gleichen Maße der Durchbruch gelungen ist wie dies bei Windenergieprojekten der Fall ist.

Insgesamt gehört das Ressourcenrisiko zu dem von den Banken am häufigsten übernommenen Risiko im Rahmen von EE-Projekten. Soweit Kreditgeber Ressourcenrisiken übernehmen, bedeutet dass, dass sie z.B. im Fall ungenügender Ressourcen zumindest einer Streckung der Tilgungszahlungen zustimmen müssen.

3.5.2 Technisches Risiko im weiteren Sinne

Dieses Risiko beinhaltet die Gefahr, dass sich infolge des technologischen Wandels die errichtete Projektanlage als unrentabel darstellt, da im Zuge neuer Technologien die Produkte nicht mehr wettbewerbsfähig sind[114]. Die relative Veralterung der Technologie führt zu einer Verschlechterung der relativen Kostenposition gegenüber anderen, konkurrierenden Projekten. Einbußen hinsichtlich der Wettbewerbsfähigkeit sind bei solchen Projekten bedeutsam, die sich im Markt langfristig bei freien Preisen behaupten müssen. Weniger wichtig erscheint dieses Risiko hingegen bei Projekten, deren Absatzpreise in langfristigen Abnahmeverträgen so festgelegt wurden, dass damit die gesamten Kosten gedeckt werden können oder die, wie es häufig bei EE-Projekten der Fall ist, von einem staatlichen regulierten Festpreissystem profitieren.

Wenn die Projektprodukte auf dem Markt infolge des Einsatzes neuer Technologien durch andere Anbieter nicht bestehen können, wird sich dies in einem Absatz- und/ oder Preisrückgang bemerkbar machen und in niedrigeren Erlösen münden. Der Cashflow wird auf die gleiche Weise negativ beeinflusst wie beim technischen Risiko im engeren Sinne. Somit wäre auch beim Eintreten dieses Risikos die Rückführung der Fremdmittel gefährdet[115].

Insofern ergibt sich hier ein Spannungsfeld, da der Einsatz älterer erprobter Technik (die zur Reduktion des technischen Risikos i.e.S. führt) u.U. die Gefahr des Auftretens des technischen Risikos i.w.S. mit sich bringt[116], weswegen möglichst neue, aber dennoch bereits bewährte Anlagen bei den Projekten eingesetzt werden sollten.

---

[113] Dies wäre etwa möglich, wenn der Lieferant der Biomasse z.B. ein Sägewerk betreibt, das die im Kraftwerk entstehende Wärme dazu verwendet, eigene Hölzer zu trocknen und so Transportkosten einspart.

[114] M. Hupe 1995, S. 51; K.-U. Höpfner 1995, S. 193.

[115] A. Reuter; C. Wecker 1999, S. 62.

[116] W. Schmitt 1989, S. 144.

Fair is foul, and foul is fair.

SHAKESPEARE, MACBETH, ZIFFER 11.

3.5.3 Stabilität und Anreizwirkungen des Rechts- und Regulierungsumfeldes

Die wahrscheinlich höchste Priorität bei der Entscheidung, ob ein Vorhaben als Projektfinanzierung realisiert werden kann, hat die positive Einschätzung des Rechts- und Regulierungsumfeldes, das für das Vorhaben relevant ist.

Dabei geht es zum einen um die Frage, ob die Projektverträge rechtlich bindend sind, vor Gericht durchgesetzt werden können und das wirtschaftlich Gewollte abbilden. So wichtig die diesbezüglichen Themen auch sind, so sollen sie an dieser Stelle doch nicht weiter vertieft werden und auf die umfangreiche juristische Spezial-Literatur verwiesen werden (z.B. G. VINTER). Es geht aber auch um die weniger offenkundigen Fragen, ob die Projektbeteiligten darauf vertrauen dürfen, dass das einmal gesetzte rechtliche Umfeld auch über die Projektlaufzeit Bestand hat und ob es Anreizwirkungen entfaltet, die einen dauerhaften Bestand der Regulierung ermöglichen. Diese beiden letztgenannten Teilaspekte wollen wir in den folgenden Kapiteln etwas vertiefen.

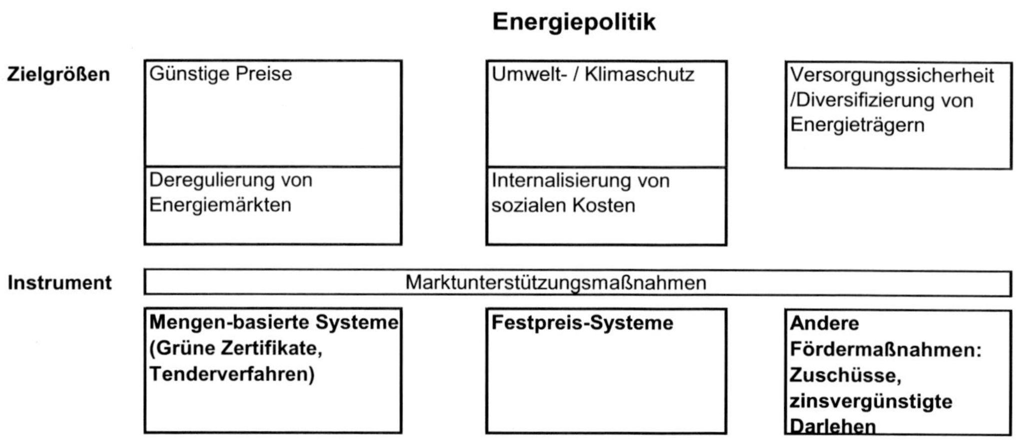

Abbildung 37: Ziele einer Energiepolitik

Typischerweise basiert jede staatliche Energiepolitik auf den drei Säulen Preiswürdigkeit, ökologische Verträglichkeit und Versorgungssicherheit, deren Gewichtung sich im Zeitablauf durchaus verändern kann. Die kurzfristigen Ziele zum Ausbau der erneuerbaren Energien bis 2010 wurden innerhalb der EU in der Direktive 77/2001 festgelegt. Demnach soll der Anteil der erneuerbaren Energien am Strombedarf im Durchschnitt aller 15 Mitgliedsstaaten auf 21 Prozent gesteigert werden. Für jedes Land sind individuelle Ziele vorgegeben. Die folgende Abbildung zeigt den Anteil der regenerativen Energieträger an der Deckung des Strombedarfs der Mitgliedsstaaten der Europäischen Union im Jahr 2005 und die Zielvorgabe für 2020.

Zu beachten ist, dass insbesondere beim Pfeiler Umweltschutz, der sich als Internalisierung externer Effekte ausformt, erhebliche Werturteile sowohl bei den konventionellen als auch den Erneuerbaren Energien ihre Einschätzung erschweren. Die umfangreichste Studie ist in diesem Zusammenhang von der EU-Kommission durchgeführt worden (ExternE Report). Sie kommt etwa zum Ergebnis, dass die sozialen Kosten für Windenergie bei 0,26 € Cent/kWh liegen, bei Kohlekraftwerken hingegen in einer Spanne zwischen 2 bis 15 € Cent/kWh. Solange die externen Effekte nicht internalisiert worden sind, benötigen die Erneuerbaren Energien Fördersysteme, die es ihnen erlauben, sich sukzessive weiterzuentwickeln. Entsprechend stellen sich die aktuellen Zielvorgaben in den EU-Ländern dar:

	Österreich	Belgien	Bulgarien	Zypern	Tschechien	Dänemark	Estland
Anteil in 2005	23,30%	2,20%	9,40%	2,90%	6,10%	17,00%	18,00%
Anteil in 2020	34,00%	13,00%	16,00%	13,00%	13,00%	30,00%	25,00%
	Finnland	**Frankreich**	**Deutschland**	**Griechenland**	**Ungarn**	**Irland**	**Italien**
Anteil in 2005	28,50%	10,30%	5,80%	6,90%	4,30%	3,10%	5,20%
Anteil in 2020	38,00%	23,00%	18,00%	18,00%	13,00%	16,00%	17,00%
	Lettland	**Litauen**	**Luxemburg**	**Malta**	**Niederlande**	**Polen**	**Portugal**
Anteil in 2005	32,60%	15,00%	0,90%	0,00%	2,40%	7,20%	20,50%
Anteil in 2020	40,00%	23,00%	11,00%	10,00%	14,00%	15,00%	31,00%
	Rumänien	**Slowakei**	**Slowenien**	**Spanien**	**Schweden**	**Großbritannien**	
Anteil in 2005	17,80%	6,70%	16,00%	8,70%	39,80%	1,30%	
Anteil in 2020	24,00%	14,00%	25,00%	20,00%	49,00%	15,00%	

Abbildung 38: Zielvorgaben für die EU-27 an Erneuerbarer Energie

Die Darstellung zeigt, dass sich die Vorgaben hinsichtlich der Anteile der erneuerbaren Energien am Strombedarf innerhalb der EU-Staaten deutlich unterscheiden. Dies ist darauf zurückzuführen, dass Länder wie Schweden und Österreich durch die verfügbaren Wasserkraftkapazitäten bereits 2001 wesentliche Anteile der Stromversorgung aus regenerativen Energien bezogen. Insgesamt zeigt sich, dass die Länder sehr unterschiedliche Ergebnisse hinsichtlich der Erreichung nationaler Ziele aufweisen. Im Januar 2007 hat die Europäische Kommission den weitergehenden „Fahrplan für erneuerbare Energien“ vorgestellt. Dieser Fahrplan stellt die Langzeitstrategie der Kommission bezüglich der Entwicklung der erneuerbaren Energien in der Europäischen Union dar. Danach soll der Anteil der erneuerbaren Energien am Gesamtenergieverbrauch bis 2020 auf 20 Prozent zu erhöhen. Für die nationalen Quoten wird jeweils der bisherige Anstieg zwischen 2001 und 2005 berücksichtigt. Nach den aktuellen Zielen soll jeder Mitgliedsstaat den Anteil an Erneuerbarer Energie erhöhen, um dazu beizutragen, diesen Anteil von 8,5 % heute bis 2020 auf 20 % zu erhöhen. Der Einsatz von Biokraftstoffen zu 10 % des Gesamtstoffverbrauchs im Verkehrswesen ist im Gesamtziel der EU ebenfalls mit eingeschlossen. Damit diese Zielvorgaben erreicht werden können, wird jeder der EU-Mitgliedsstaaten dazu aufgefordert, seinen Anteil an Erneuerbarer Energie im Vergleich zum Stand von 2005 um 5,5 % zu erhöhen. Dazu addiert sich eine Steigerung, die auf Grundlage des Bruttoinlandsprodukts pro Kopf errechnet wird.

Über die Ziele der Europäischen Union hinaus bestehen in einzelnen Mitgliedsstaaten unabhängige langfristige Ziele zum Ausbau der erneuerbaren Energien. Die Entwicklung der energiepolitischen Ziel Deutschlands ist im Folgenden dargestellt.

1995	1997	2000	2002	2004	2005	2006	2007
Klimagipfel Berlin - Verpflichtung Deutschlands, CO_2-Ausstoß bis 2025 um 25% ggü. 1990 zu senken.	EU-Lastenteilung zum Kyoto-Protokoll	Nationales Klimaschutz-Programm 20000	Nationale Nachhaltigkeitsstrategie	Nationaler Allokationsplan 2005 - 2007	Nationales Klimaschutzprogramm 2005	Nationaler Allokationsplan 2008 - 2012	Eckpunkte für ein integriertes Energie- und Klimaprogramm
		NKP 2000	Empfehlung der Enquete-Kommission		NKP 2005		Meseberg

Abbildung 39: Übersicht über die zeitliche Entwicklung der energiepolitischen Ziele Deutschlands

Die Konkretisierung dieser Zielvorgaben für Erneuerbare Energien erfolgt in Deutschland im Wesentlichen durch das Gesetz für den Vorrang Erneuerbarer Energien (EEG). Insbesondere im Bereich der Biomasse gibt es weitere Gesetze und Verordnungen, die bei der Projektgestaltung und Preisvergütung zu beachten sind. Durch die Erhöhung des Anteils Erneuerbarer Energien an der Stromversorgung auf mindestens 30 % bis 2020 (derzeitiger Anteil ca. 14 %) sollen 54,4 Mio. t CO_2 pro Jahr vermieden werden.

Gesetzgebungstechnisch handelt es sich beim EEG 2009 nicht um eine Novelle, sondern um eine Neufassung, die sich hinsichtlich Aufbau und Umfang deutlich vom bisher geltenden EEG 2004 unterscheidet. Wegen seiner besonderen Bedeutung für alle Erneuerbaren Energien in Deutschland, aber auch als ein beispielhaftes Muster für Festpreissysteme insgesamt, stellen wir im Folgenden die zentralen Regelungen des EEG dar.

Hauptzweck des EEG ist, eine nachhaltige Energieversorgung im Interesse des Klima-, Natur- und Umweltschutzes zu ermöglichen, die volkswirtschaftlichen Kosten der Energieversorgung auch durch die Berücksichtigung externer Effekte zu verringern und die Weiterentwicklung von Technologien zur Stromerzeugung aus Erneuerbaren Energien zu fördern. Ziele des EEG sind insbesondere, den Anteil der Erneuerbaren Energien an der gesamten Stromversorgung auf mindestens 12,5 % bis zum Jahr 2010 und auf mindestens 20 % bis zum Jahr 2020 zu steigern. Berechtigt wird durch das EEG der Betreiber einer Erneuerbare-Energien-Anlage, verpflichtet wird hauptsächlich der Netzbetreiber. Der Netzbetreiber ist gegenüber dem Anlagenbetreiber verpflichtet, eine Erneuerbare-Energien-Anlage vorrangig an das Netz anzuschließen, den erzeugten Strom zu übertragen und den Strom zu vergüten.

Das EEG sieht für die Vergütungspflicht feste Mindestpreise vor, die sich je nach Primärenergieträger und nach weiteren Faktoren (Jahr der Inbetriebnahme, Größe der Anlage, Art der Anlage) unterscheiden. Die Höhe der Vergütung hängt dabei von den jeweiligen Stromgestehungskosten ab. Anlagen mit höheren Stromgestehungskosten erhalten höhere Vergütungen, wobei ein technisch optimaler Betrieb unterstellt wird. Die festen Vergütungssätze werden nach dem EEG grundsätzlich für eine Dauer von 20 Jahren ab Inbetriebnahme der Anlage gezahlt. Das Jahr der Inbetriebnahme wird zur Mindestvergütungsdauer hinzugezählt. Das EEG geht davon aus, dass die Kosten für die Stromerzeugung aus Erneuerbaren Energien aufgrund des technologischen Fortschritts sinken. Daher sieht das EEG eine Absenkung (so genannte Degression) der Vergütungssätze vor. Die Degression bedeutet aber nicht, dass die Vergütung für eine bestimmte Anlage während der Vergütungsdauer von 20

Jahren laufend abgesenkt wird. Vielmehr sinken die Vergütungssätze nur für neu in Betrieb genommene Anlagen, wenn die Anlagen später in Betrieb genommen werden. Der Vergütungssatz gilt dann allerdings immer für die gesamte Vergütungsdauer der Anlage. Die verschiedenen Spielarten der EEG-Vergütung werden in den jeweiligen Branchenkapiteln dargestellt. Durch die für 20 Jahren festen Vergütungssätze erhält der Anlagenbetreiber ein hohes Maß an Investitionssicherheit.

Der Netzbetreiber als Verpflichteter des EEG muss dabei die Mehrkosten aus dem EEG nicht selber tragen. Zum einen kann er die Kosten, die aus einem Netzausbau aufgrund des Anschlusses von Erneuerbare-Energien-Anlagen entstehen, über die Netzentgelte an die Netznutzer weiterreichen. Zum anderen kann er die Kosten für die Stromentgelte im Rahmen des so genannten Ausgleichsmechanismus an die die Endverbraucher versorgenden Elektrizitätsunternehmen weiterreichen, die die Kosten dann ihrerseits an die Endverbraucher weitergeben können. Das System führt dazu, dass die regional ungleichmäßige Einspeisung von EEG-Strom gleichwohl nicht zu einer ungleichmäßigen Belastung der Stromkunden in den verschiedenen Bundesländern führt. Diese subventionierende Preisregelung ist von großer praktischer Bedeutung für die Entwicklung eines funktionierenden Marktes für Erneuerbare Energien: In einzelnen Ländern etwa sind es die Netzbetreiber, die die Mindestpreise für Solar- und Windstrom tragen müssen, ohne dass sie einen Anspruch haben, diese auf die Endverbraucher umzulegen. Damit wird ihnen die Kostenträgerschaft aufgebürdet, ohne dass sie hiervon einen Nutzen haben. Insofern verwundert es nicht, dass ein Anschluss an das dortige Leitungsnetz für Erneuerbare-Energien-Anlagen mit deutlichen Hürden und auch erheblichen Zeitverzögerungen verbunden sein kann.

Um den in einer EEG-Anlage erzeugten Strom aufnehmen zu können, muss das Netz geeignet sein, die Strommenge und die Spannung aufzunehmen. Dabei ist die technische Eignung allein mit Blick auf den Strom aus Erneuerbare-Energien-Anlagen zu beurteilen. Die bestehende Netzauslastung durch konventionell erzeugten Strom bleibt außer Betracht. Nach dem Vorrangprinzip ist der Strom aus erneuerbaren Energien vorrangig abzunehmen und zu übertragen und die EEG-Anlagen sind auch vorrangig an das Netz anzuschließen.

Wir hatten eingangs auf die Bedeutung der Stabilität des Regulierungsumfeldes und der damit zusammenhängenden Vergütungssätze hingewiesen. Das EEG als Festpreissystem erfüllt diese Anforderung. Welche anderen Fördersysteme gibt es und wie sind sie ökonomisch zu bewerten? Dieser Aspekt sei an Hand der verschiedenen Regulierungen zum Bereich Windenergie dargestellt. Bei Projekten im Bereich Erneuerbare-Energien sind grundsätzlich zwei Regulierungssysteme – Mengenregulierungssystem (*quota-based system*) und Preisregulierungssystem (*feed-in tariff*) zu unterscheiden, die sich auf das Absatzrisiko beziehen.

Im Rahmen eines Mengenregulierungssystems gibt der Staat vor, wie hoch der Anteil „grünen Stroms“ an der gesamten Strommenge sein soll; der Preis für den grünen Strom soll sich am Markt finden. Bei einem Preisregulierungssystem garantiert der Staat hingegen einen festen Abnahmepreis, und die Menge an „grünem Strom“ ist umgekehrt den Marktkräften überlassen. Die Fähigkeit der beiden Vergütungsphilosophien, eine nachhaltige EE-Branche zu etablieren, sei am Beispiel der Verteilung der Windenergie in verschiedenen Ländern illustriert:

Festpreissysteme	2006	2007	2008	2010 G
Deutschland	20.662	22.247	23.912	25.624
Spanien	11.623	15.145	16.754	20.000
Frankreich	1.567	2.454	3.456	5.300
Portugal	1.716	2.150	2.833	3.500
Griechenland	746	871	985	1.500
Mengenregulierungssysteme				
Dänemark	3.136	3.125	3.180	4.150
Italien	2.123	2.726	3.736	4.500
Großbritannien	1.962	2.389	3.317	5.115
Niederlande	1.558	1.746	2.216	3.000
Österreich	965	982	995	1.200
Irland	746	805	1.047	1.326
Schweden	571	788	1.021	1.665
Norwegen	325	323	353	n.v.
Belgien	194	287	384	800
Polen	153	276	405	1.000

Abbildung 40: Festpreis- versus Mengenregulierungssysteme

Wesentlicher Grund für den Erfolg der Windenergie in Ländern mit einer Festpreisregulierung ist die langfristige Planbarkeit der Vergütungssätze[117]. Sind diese hingegen nicht langfristig zuverlässig planbar, werden die Fremdkapitalgeber stets eine Worst-Case-Betrachtung vornehmen müssen, wie es sich aus ihrem oben skizzierten Chance-Risiko-Muster ableiten lässt. Auch wenn Festpreissysteme aus Gründen der Planbarkeit Vorteile aufweisen, ist immer zu beachten, dass langfristige Lieferverträge aller Regel nach brüchig werden, wenn sich die langfristigen Preisformeln zu sehr vom Marktpreis entfernen[118]. Dies gilt auch für Preissysteme, in denen der Staat regulierend eingreift: Verschiebt sich seine Gewichtung der energiepolitischen Ziele oder kommen andere – z.B. verteilungspolitische Ziele – ins Spiel, kann sich die anfängliche Sicherheit von Festpreisen im Nachhinein als trügerisch erweisen.

Für Deutschland sehen die Regelungen des EEG vor, dass die regionalen Energieversorger gesetzlich verpflichtet sind, den Strom zu festgelegten Vergütungssätzen für 20 Jahre abzunehmen, so dass ein Absatzrisiko für die Stromabnahme praktisch ausgeschlossen werden kann. Für Biomasse-Projekte greift insoweit eine Besonderheit, als die mögliche Produktion von Wärme nicht durch das EEG geregelt ist und durch Absatzsicherungsmaßnahmen strukturiert werden muss.

[117] Bereits eine Diskussion um die Modifikation eines bestehenden Vergütungssystems wird einen negativen Einfluss auf die Branche haben, wenn die Fremdkapitalgeber befürchten müssen, dass Regelungen auch Rückwirkungs-Charakter für frühere Projekte haben können und zumindest zu Verzögerungen bei der Fremdfinanzierung führen.

[118] Hinzu kommt folgendes Problem: Eine langfristige Preisfixierung nimmt der Projektgesellschaft auch Chancen auf Erlössteigerungen. Dies ist zwischen Sponsoren und Fremdkapitalgebern auszuhandeln, wobei letztere an einer Erlöserhöhung regelmäßig nicht beteiligt sind und deshalb eine auf möglichst sicheren Absatz bedachte Verkaufspolitik präferieren werden.

Um es deutlich zu sagen: Die Wahl des Regulierungssystems entscheidet darüber, ob eine Projektfinanzierung im Bereich Erneuerbare Energien möglich ist oder nicht. Zum einen: Ein Festpreissystem sorgt zunächst dafür, dass die Preiskomponente eindeutig planbar ist. Ist sie ist nicht, wird zunächst nach einer privatrechtlichen Regelung gesucht, die eine vergleichbare Stabilität ermöglicht, gelingt dies nicht, werden regelmäßig die Eigenkapitalanforderungen an die Sponsoren so groß, dass sich ein derartiges Vorhaben zumeist nicht für die Sponsoren rechnet. Zum anderen: Für den Fall, dass Vorhaben in einen freien Markt verkaufen, ist in jedem Fall zu prüfen, ob sie auch unter veränderten Rahmendaten tragfähig sind. Insbesondere ist zu prüfen, ob sie im Vergleich zu konkurrierenden Vorhaben einen Wettbewerbsvorteil haben und diesen auch langfristig – d.h. während der Projektlaufzeit – halten können. Dieser Nachweis wird umso schwieriger zu führen sein, je größer der technische Fortschritt erwartet werden kann. Die Branchenregulierung der Erneuerbaren Energien ist derzeit regelmäßig auch deshalb notwendig, da sie sich in Energiemärkten bewegen, die – wie oben beschrieben – von politischen Zielvorstellungen dominiert und damit auch umfassend reguliert werden.

Eingeschränkt wird die Prognosesicherheit bei Festpreissystemen durch eine mögliche Änderung des Regulierungsumfeldes. Die Folge des Wegfalls des EEG und somit der Vergütungsgrundlage wäre – jedenfalls bei der heute verwandten Technik – ein weitgehender Zusammenbruch der bestehenden Projekte, da Strom aus Erneuerbaren Energien aufgrund der Erzeugungskosten noch nicht wettbewerbsfähig gegenüber konventionell erzeugter Energie ist und ein weiterer Absatz nicht möglich wäre. Ein Ausfall der Kredite wäre die Folge. Für die Bewertung dieses Szenarios muss zwischen einer echten und einer unechten Rückwir kung unterschieden werden.

Die echte Rückwirkung, bei der nachträglich ändernd in Tatbestände eingegriffen wird, die in der Vergangenheit bereits abgewickelt wurden, wird dabei von der ganz überwiegenden Mehrheit als sehr unwahrscheinlich angesehen, da sie gegen die Prinzipien der Rechtssicherheit und des Vertrauensschutzes verstößt.

Nicht so eindeutig ist die Sachlage bei einer unechten Rückwirkung. Diese liegt vor, wenn eine Norm auf gegenwärtig noch nicht abgeschlossene Sachverhalte in der Zukunft einwirkt. Jene kann sich beispielsweise in der Änderung der zukünftigen Vergütungssätze oder in einer gänzlichen Abschaffung des derzeitigen Fördersystems auswirken. Je nach Abwägung der Interessen des Allgemeinwohls mit denen der Betroffenen, in diesem Fall den Betreibern von Projekten bzw. den Anlagenlieferanten, kann eine unechte Rückwirkung gesetzeskonform sein. Allerdings lässt sich mit Verweis auf Artikel 14 des Grundgesetzes und dem Recht am eingerichteten und ausgeübten Gewerbebetrieb herleiten, das ein solcher Sachverhalt wahrscheinlich auszuschließen sei[119].

Der zweite Aspekt, die Frage nach den Anreizwirkungen eines Regulierungssystems, wird häufig etwas stiefmütterlich behandelt, was seiner Bedeutung aber nicht gerecht wird. Abstrakt gesprochen geht es um die Frage, ob das staatliche Regulierungssystem, unter dem das

119 Die politische Regelung eines Vertrauensschutzes lässt sich auch ökonomisch begründen, wie wir in 3.3.8 anhand eines Beispiels darstellen.

Projekt tätig ist, durch die von ihm ausgehenden Anreizwirkungen unerwünschte Marktergebnisse hervorruft, die im Widerspruch zu übergeordneten staatlichen Zielsetzungen liegen und aus diesem Grund eine Überarbeitung erfordern. Die folgenden Beispiele sollen zeigen, dass es sich dabei um zwei ernst zu nehmende Problemfelder handelt.

Als erstes Beispiel sei die Krise des kalifornischen Energiemarkts des Jahres 2000 dargestellt, die seine Ursache in früheren, gut gemeinten Zielen der kalifornischen Regierung hatten. Überzeugt von der Überlegenheit des marktlichen Koordinationsmechanismus wurde eine Liberalisierung des leitungsgebundenen Energiemarktes in der Mitte der 90er Jahre initiiert, um den Verbrauchern eine preisgünstige Energieerzeugung bieten zu können. Zu diesem Zwecke wurde, wie auch in anderen Ländern, u.a. eine Trennung der Energieunternehmen in Erzeugung und Verteilung vorgenommen und Wettbewerb insbesondere im Bereich Erzeugung eingeführt. Zusätzlich wurde staatlich vorgegeben, dass den Endkunden nur bestimmte, maximale Strompreise abverlangt werden konnten, gleichwohl die Energieunternehmen ihnen gegenüber nach wie vor zur Lieferung von Strom verpflichtet waren (Kontrahierungszwang). An der Funktionsfähigkeit des Systems gab es keinen Zweifel; die Wirtschaft in Kalifornien boomte seit Jahren, die Stromunternehmen funktionierten nach wie vor, was sollte passieren? Gerade die boomende Wirtschaft führte – zum einen über das Bevölkerungswachstum, zum anderen über die Nachfrage nach energieintensiven Geräten und Dienstleistungen – zu einer steigenden Nachfrage auch nach Strom. Parallel hatten die Stromversorger – angesichts des von ihnen befürchtenden Preisdrucks und des härter werdenden Wettbewerbs – mehrheitlich beschlossen, die zu erwartende unattraktive Stromerzeugung weitgehend abzubauen und sich auf den attraktiver erscheinenden Stromhandel zu konzentrieren. Damit öffnete sich eine Schere zwischen Angebot und Nachfrage, die sich bei freien Märkten relativ schnell ausgeglichen hätten, da steigende Strompreise einerseits Knappheit, andererseits aber auch Gewinnchancen signalisiert hätten, so dass neue Erzeugungs-Kapazitäten aufgebaut worden wären. Das Preissignal konnte aber nicht wirksam werden, da ja nun gerade der Staat die Endverbraucherpreise festgeschrieben hatte. Faktisch bestand aber ein zu knappes Stromangebot, so dass auf Großhandelsebene zu Zeiten der Spitzennachfrage die Strompreise auf ein Vielfaches dessen stiegen, was die Endkunden zu zahlen hatten. Die Stromversorger, die die Endabnehmer zu beliefern hatten, mussten den Stromerzeugern ein Vielfaches dessen zahlen, was sie bei ihren Kunden erlösen konnten. Dieses deutliche Marktungleichgewicht konnte – trotz der staatlichen Vorgaben – nicht lange Bestand haben: Zu Zeiten der Spitzennachfrage kam es zu Stromausfällen, bei denen versucht wurden, diese über vorgegebene, geplante Stromabschaltungen einigermaßen planbar zu halten (*rolling black-outs*). Die Stromunternehmer, die auf Großhandelsebene tätig waren, konnten langfristig nicht die Verluste tragen, und das zweitgrößte kalifornische Stromunternehmen, die PG & E, musste Gläubigerschutz beantragen. Zahlungen an die Stromerzeuger waren damit auch nicht mehr möglich, und die zwischenzeitlichen Gewinner der Krise kamen zum Teil ebenfalls in ernste Schwierigkeiten.

Im kalifornischen Energiemarkt waren zu jener Zeit eine Reihe von unabhängigen Stromerzeugern (IPPs) finanziert worden. Bei der Analyse der Chancen und Risiken aus den jeweiligen Projekten wurden gemeinhin auch die Risiken aus der Deregulierung, nämlich sinkende Strompreise dargestellt. Entsprechend wiesen die IPP-Stromerzeuger auch hinreichend robuste Deckungsrelationen auf, die – unter normalen Marktbedingungen – ein komfortables

Wirtschaften ermöglichen sollten. Dass die Marktmechanismen aber deutlich komplexer sind und Anreizwirkungen entfalten, die bei der Planung unberücksichtigt blieben, war nicht berücksichtigt worden. Zunächst konnten die Projekte von der Krise über deutlich gestiegene Strompreise profitieren, die sie den Unternehmen auf Großhandelsebene in Rechnung stellen konnten. Als diese nicht mehr zahlen konnten (PG & E) oder nicht mehr zahlen wollten (SOUTHERN CALIFORNIA EDISON), versiegte aber mit einem Schlag ihre einzige Einnahmequelle. Da ihre Stromabnahmeverträge so gestrickt waren, dass sie nur an einen der beiden Stromkonzerne liefern konnten, war ihnen die Möglichkeit verwehrt, den erzeugten Strom auf dem freien Markt zu verkaufen.

Da diese Situation drohte, in einem Zusammenbruch der gesamten Energiewirtschaft zu münden und damit unabsehbare volkswirtschaftliche Folgen nach sich gezogen hätte, musste der Staat intervenieren. Drei zentrale Maßnahmen sind in diesem Zusammenhang zu nennen: 1. Die Preise auf Endverbraucherebene wurden partiell freigegeben, wobei sie freilich auch jetzt bestimmte Maximalpreise nicht überschreiten durften. 2. Die Preise auf Erzeugerebene wurden ebenfalls gedeckelt, um mögliche Übergewinne auf Kosten der Unternehmen auf Großhandelsebene möglichst weitgehend zu vermeiden. 3. Der Staat Kalifornien kaufte von den Stromhandelsunternehmen deren Leitungsnetze auf, so dass diese die Gelegenheit hatten, sich weitgehend zu entschulden und wiederum ihre finanzielle Handlungsfreiheit zurück gewinnen konnten.

Für die IPP bedeutete dies zum einen, dass sie wiederum Zahlungen für die von ihnen erzeugte Energie erhielten, sie im Gegenzug aber auch akzeptieren mussten, dass ihre Preise für eine Dauer von zunächst fünf Jahren eingefroren wurden und mögliche Chancen auf Übergewinne entfielen. Durch diese Maßnahmen wurde es möglich, dass auch die IPP wiederum eine langfristige Perspektive hatten, wobei der tatsächliche Cashflow-Verlauf ein gänzlich anderer war als er in der ursprünglichen Projektion dargestellt worden war.

Dass die Krise des kalifornischen Strommarktes kein Einzelfall ist, mag ein Blick auf den britischen Strommarkt des Jahres 2000 zeigen: Der britische Gesetzgeber sah Mitte der 90er Jahre einen Bedarf an neuen Stromerzeugungskapazitäten, die – insoweit eine Parallele zum kalifornischen Strommarkt – über private Stromerzeuger möglichst kostengünstig erzeugt werden sollten. Zu diesem Zweck wurde ein so genannter Electricity Pool gegründet, in den hinein der Stromverkauf der Stromerzeuger erfolgte. Die Abrechnung aller Stromerzeuger erfolgte einheitlich über einen Poolpreis, der damit für die Wirtschaftlichkeit der Projekte von zentraler Bedeutung war. Ein das die Projekte, die in diesem Pool lieferten, beeinträchtigendes Marktrisiko wurde weder von den Marktgutachtern, noch von den Sponsoren, die durchaus erhebliche Eigenmittel zur Verfügung stellten, für möglich gehalten. Historische Poolpreise ließen einen wirtschaftlichen Kraftwerksbetrieb vermuten und die Bedienung des Kapitaldienstes schien – jedenfalls, was diesen Risikokomplex anbelangte – nicht gefährdet zu sein. Allerdings hatte der Poolpreis den Anreiz, dass eine Reihe von Stromerzeugern – mehr oder weniger zeitgleich – auf den Markt kamen, um an den erwarteten auskömmlichen Gewinnchancen zu partizipieren. Relativ schnell wurde aber auch deutlich, dass in rascher Folge so viele Kapazitäten aufgebaut worden waren, dass es aus volkswirtschaftlicher Sicht einen Angebotsüberhang gab. Um dieser Entwicklung entgegenzuwirken und auch für Neu-Investitionen nicht das falsche Preis-Signal zu geben, wurde das Preisbildungssystem im englischen Strommarkt geändert, so dass die Strompreise um 40 % einbrachen. Merchant-Projekte waren gegenüber diesem Preiseinbruch – trotz einer üblicherweise hohen Eigenmittelausstattung und damit resultierend einem relativ geringen Kapitaldienst – nicht hinreichend robust und gerieten in eine Schieflage, die eine Reihe von langdauernden Restrukturierungen auslösten.

Die beiden Beispiele belegen zum einen, welche Auswirkungen es haben kann, in einem teils regulierten, teils nicht regulierten Markt tätig zu sein, sie belegen aber auch, welche Anreizwirkungen ein Regulierungssystem entfalten kann, die den übergeordneten politischen Zielen widersprechen können und damit Gegenmaßnahmen erfordern können.

Wir haben in den Branchenkapiteln weitere Beispiele dargestellt, die die Ausgestaltung des Regulierungsumfeldes und seine Auswirkungen auf das Projekt, den technischen Fortschritt, den Wettbewerb und die Ausgestaltung der Finanzierungsstruktur beschreiben.

Insgesamt zeigen die Beispiele, dass jedes Regulierungssystem bestimmte Anreize entfaltet, die auch zu Fehlallokationen führen können, die wiederum in einer dynamischen Betrachtung einen Prozess zwischen Aktion und Reaktion auslösen können, dessen Prozesshistorie im vorhinein kaum abzuschätzen ist und damit allein neue Investitionen behindern oder bereits getätigte Investitionen gefährden kann. Weiter sollte deutlich geworden sein, dass Erneuerbare Energien einer Branchenregulierung benötigen, die eine langfristige Planbarkeit der Preise ermöglichen.

3.5.4 Wechselkursrisiko

Die im Folgenden zu erläuternden drei Risiken: Wechselkursrisiko, Zinsänderungsrisiko und Inflationsrisiko sind der Finanzseite des Vorhabens zuzuordnen und werden daher von vielen Autoren auch als Finanzierungsrisiken zusammengefasst. Auf eine derartige Zusammenfassung soll im Rahmen dieses Beitrags verzichtet werden, da die Ursachen dieser Risiken sehr verschieden sind.

Das Wechselkursrisiko beschreibt die Gefahr von Wechselkursverlusten, welche dann gegeben sind, wenn die Währung der Projekterlöse mit der Währung der Projektausgaben nicht übereinstimmt[120]. Dies wäre etwa dann der Fall, wenn ein Projekt international finanziert wird und die lokale Einnahmenwährung davon abweicht.

Dies ist bei Projekten häufig der Fall, soweit die Projektproduktion nicht auf den internationalen Märkten, sondern ganz oder zum Teil durch staatliche Veranlassung im Projektland abgesetzt werden muss, dessen Währung „weich“ ist und daher nicht als Finanzierungswährung dienen kann[121]. Aber auch bei Projekten im Bereich Erneuerbare Energien gibt es häufig keine Devisenwirksamkeit, sondern die Möglichkeit, dass die Inlandseinnahmen in Landeswährung nicht mit der Darlehenswährung korrespondieren. Angesichts der Volatilität

[120] M. Hupe 1995, S. 56.

[121] W. Schmitt 1989, S. 153.

vieler Währungen kann sich dieses Risiko erheblich auswirken[122]. Hinzu kommt, dass sich das Wechselkursrisiko über die gesamte Projektdauer erstreckt und sich die Vorhaben durch längere Laufzeiten auszeichnen. Daher ist vor Projektstart sorgfältig zu prüfen, ob und inwieweit ein Mismatch vermieden werden kann.

Während der Fertigstellungsphase werden i.a. die Sponsoren verpflichtet, bei Währungskursverlusten Liquiditätslücken durch Zusatzlinien aufzufangen. Termin-, Options-, Swap- und vergleichbare Geschäfte mögen eine Lösung für das Wechselkursproblem bieten, sofern sie zu ökonomisch vertretbaren Kosten zu erlangen sind[123]. Angesichts des Umfangs des Währungsrisikos wird bei langfristigen Projekten, die nicht devisenwirksam sind und für die sich keine ausreichenden Sicherungsgeschäfte abschließen lassen, am Ende der Projektstaat oder Exportkreditversicherer gefordert sein. Ziel all dieser Maßnahmen ist es, mindestens einige Unwägbarkeiten künftiger Cashflow-Entwicklungen zu vermeiden und in planbare Zahlungsströme umzuwandeln.

3.5.5 Zinsänderungsrisiko

Zinsänderungsrisiken bestehen in Gestalt höherer Kapitalkosten infolge einer Steigerung des Zinsniveaus. Grundsätzlich ist dies bei variabel verzinslichem Fremdkapital sowie bei Festzinskrediten hinsichtlich des Zeitraumes nach der Zinsbindung der Fall, wodurch zukünftige Zinsbelastungen nicht genau kalkulierbar sind[124]. Ein Zinsanstieg erhöht die Projektausgaben und beeinträchtigt die Cashflow- und Tilgungsplanung. Allerdings ist auch Fremdkapital mit festen Zinsen nicht risikofrei: Je nach Entwicklung der Inflationsrate, verändert sich für das Projekt der Realzinssatz und damit die relative Lage gegenüber variabel finanzierten Konkurrenzunternehmen. Feste Zinsen finden sich daher auch vor allem im Bereich staatlich subventionierter Förderkredite.

Im Extremfall übersteigt der Schuldendienst infolge der Zinssteigerung den geplanten und realisierten Cashflow einer Periode. Die Kreditgeber müssten die Laufzeiten strecken, die Tilgung aussetzen oder zusätzliches Kapital zur Verfügung stellen[125]. Je kapitalintensiver ein Vorhaben ist, umso stärker macht sich das Zinsänderungsrisiko bemerkbar. Besonders deutlich wird das Zinsänderungsrisiko bei Vorhaben im Bereich Solarenergie, die derzeit nur deshalb darstellbar sind, weil der Staat bestimmte Erzeugerpreise garantiert, die deutlich über

---

[122] Prominente Beispiele der jüngeren Vergangenheit waren der Währungseinbruch etwa der Indonesischen Rupie oder des Thailändischen Baht, die während der Asienkrise 1997 gegenüber dem US-Dollar bis zu 80 % ihres Wertes verloren. Auch die Kursentwicklung zwischen US-Dollar und dem Euro verläuft mit deutlichen Schwankungen, allerdings wird hier ein Währungs-Mismatch regelmäßig nicht schlagend, da die Banken in der Lage sind, die Finanzierung in der jeweiligen Landeswährung zu stellen.

[123] Dies mag in der Realität aber schwer zu erreichen sein, da die Hedging-Kosten c.p. mit der abzusichernden Laufzeit steigen werden und damit die Wirtschaftlichkeit des Projektes beeinträchtigen. Gerade Investitionen in Erneuerbare Energien-Projekte zeichnen sich durch zumeist lange Darlehensphasen aus, die erfahrungsgemäß mindestens sieben Jahre, aber auch bis zu 20 Jahre dauern können. In jedem Fall ist an dieser Stelle professioneller Rat erforderlich.

[124] M. Schulte-Althoff 1992, S. 119.

[125] A. Reuter; C. Wecker 1999, S. 74.

Strom-Marktpreisen liegen. Dennoch sind die Solarenergie-Vorhaben nur in einem vergleichbaren Rahmen belastbar, was wiederum umgekehrt bedeutet, dass die spezifischen Anlagenkosten deutlich höher sind als bei konventionellen Kraftwerken. Entsprechend stark ist die Reaktion auf Änderungen des Zinsniveaus.

Zur Vermeidung von Zinsänderungsrisiken schließt die Projektgesellschaft häufig Hedging-Verträge ab. Hedging ist der Oberbegriff für eine Reihe unterschiedlicher Gegengeschäfte, mit denen versucht wird, die Risiken eines bestimmten Grundgeschäftes zu senken. Der entscheidende Vorteil eines Hedgings besteht darin, gezielt Risiken abzusichern, ohne das eigentliche Grundgeschäft zu beeinträchtigen. Die Hedging-Instrumente, die am häufigsten bei einer Projektfinanzierung eingesetzt werden, sind Forwards, Caps, Floors, Collars und der Zinsswap. Es ist jeweils im Einzelfall zu entscheiden, welches Finanzinstrument für das jeweilige Projekt geeignet ist. Daher sind in einem ersten Schritt die Finanzierungsrisiken des Projektes sorgfältig zu analysieren und anschließend die zweckmäßigen Finanzinstrumente auszuwählen, wobei die Art der Risiken und die Situation der Projektgesellschaft in die Prüfung einzubeziehen sind. Die genannten Hedging-Instrumente sollen im Folgenden skizziert werden.

Mit Abschluss eines börsengehandelten Futures oder eines bilateral vereinbarten Forwards verpflichtet sich eine Partei, zu einem bestimmten Zeitpunkt in der Zukunft z.B. einen festgelegten Betrag einer Währung mit einer anderen Währung zu kaufen. Bei Vertragsabschluss vereinbaren die Parteien bereits den Kurs, zu dem die Währung gekauft werden soll. Eine solche Absicherung gegen Wechselkursschwankungen (*Currency Hedging*) spielt insbesondere dann eine besondere Bedeutung, wenn Cashflow in lokaler Währung erwirtschaftet wird, andererseits aber der Kredit in Euro zurückgeführt werden muss. Das gleiche Prinzip kommt auch bei der Lieferung von Rohstoffen oder Energie zur Anwendung, die dann zu einem festen Kurs gekauft werden. Liegt der tatsächliche Kurs der gekauften Währung unter dem vereinbarten Kurs, dann erhält der Käufer trotzdem nur den vereinbarten Kurs, und die Gegenpartei erhält die Differenz. Liegt der Kurs aber höher, so trägt die Gegenpartei diesen Verlust. Analog verhält es sich bei der Vereinbarung von Zinssätzen: Die Parteien vereinbaren vorab, einen vorab definierten Zinssatz zu zahlen oder zu erhalten, ohne aber dabei das zugrunde liegende Kapital auszutauschen.

Kauft eine Projektgesellschaft einen *Cap*, handelt es sich um einen Vertrag, bei dem die andere Partei gegen Zahlung eines Entgeltes verpflichtet ist, einen bestimmten Zinssatz für einen festgelegten Kapitalbetrag zu garantieren, d.h. alle Beträge ausgleicht, die einen bestimmten Zinssatz übersteigen. Verkauft die Projektgesellschaft einen *Floor*, dann verpflichtet sie sich, der Bank auch dann den vereinbarten Zinssatz zu zahlen, wenn der Marktzinssatz unter den Wert des Floor sinkt.

Bei einem Zinsswap vereinbart die Projektgesellschaft mit einem Transaktionspartner, Zinszahlungen unterschiedlicher Zinsfixierung, die sich auf einen bestimmten Nominalwert beziehen, untereinander auszutauschen. Dabei werden die Zinssätze in der Regel so festgelegt, dass die eine Partei einen variablen Zins und die andere einen festen Zinssatz erhält. Hat die Projektgesellschaft also beispielsweise ein Darlehen zu einem variablen Zinssatz aufgenommen, kann sie durch Abschluss eines Zinsswaps den variablen Zins mit einem festen Zinssatz tauschen, indem sie von der Gegenpartei den variablen Zinssatz gegen Zahlung des Vereinbarten Festzinses erhält. Auf diese Weise kann die Projektgesellschaft mit feststehenden Auszahlungen kalkulieren und sich zugleich gegen mögliche Steigungen des Zinssatzes schützen. Umgekehrt kann es in bestimmten Situationen für einen Kreditnehmer auch sinnvoll sein, einen festen Zinssatz gegen einen variablen einzutauschen, um so eventuell von einem sinkenden Referenzzinssatz zu profitieren.

Die Projektgesellschaft kann zwischen einem Hedging durch börsengehandelte (Standard-) Derivate (z.B. Futures) oder über außerbörslich gehandelte, so genannte OTC (Over-the-Counter)-Derivate wählen. Während bei börsengehandelten Derivaten die jeweils einschlägigen Börsenregelungen Anwendung finden, werden außerbörslich gehandelte Derivate durch den Abschluss mehrerer Vertragsdokumente geregelt. In der Praxis werden dazu meist die Musterverträge der ISDA (INTERNATIONAL SWAP AND DERIVATIVES ASSOCIATION) herangezogen. Solange nur deutsche Parteien an einem Hedging beteiligt sind, wird teilweise auch der Rahmenvertrag für Finanztermingeschäfte des Bundesverbandes deutscher Banken verwendet.

Vor dem Hintergrund der Finanzkrise sei auf eines hingewiesen: Hedging-Instrumente dürfen nicht missverstanden werden als Instrumente, die kostenlos eine Risikovernichtung erreichen. Sie haben einen Preis, den es gilt, in der Projektkalkulation mit zu berücksichtigen. Gefährlich wird es, wenn dieser Preis nicht kalkulierbar ist und möglicherweise sogar eine potentielle Risikoquelle darstellt. Spekulanten, die zu glauben wissen, was die Zukunft bringt, laufen stets Gefahr, sich zu irren und die Wette zu verlieren. In der langen Geschichte des Kapitals gibt es zahllose Fälle, in denen große Vermögen durch Wetten gewonnen oder verloren wurden und es hat nicht der Derivate bedurft, damit Menschen oder Unternehmen rasch Pleite gehen können. Sinnvoll ist der Einsatz von Hedging-Instrumenten dann, wenn Risiken außerhalb des Projektes platziert werden. Gefährlich wird ihr Einsatz dann, wenn die Risikomenge im System Projektfinanzierung erhöht wird und diese Instrumente zu Spekulationsinstrumenten werden, mit erhofften Erträgen und Begleitrisiken, die kein risikoneutraler Investor jemals bereit wäre einzugehen.

Dies kann bei komplexeren Hedging-Produkte durchaus der Fall sein, wenn – etwa zur Verbilligung des Produktes – eine Verknüpfung an Zinsen, Währungen oder andere Commodity-Preise vorgenommen wird, die möglicherweise in der Vergangenheit zwar eine große Konstanz gezeigt hat, aber für die es keine Prognosesicherheit gibt und deren Veränderung erhebliche Verteuerungen des Projektes nach sich ziehen könnte.

3.5.6 Inflationsrisiko

Das Inflationsrisiko kann ein Vorhaben bis zur Fertigstellung und auch über den Projektverlauf hinaus betreffen. Bis zur Fertigstellung ist das Inflationsrisiko eines von mehreren, die zu einer Kostensteigerung führen können. Die Möglichkeiten, die Kosten der Erstellung abzusichern, haben wir im Rahmen der Diskussion des Fertigstellungsrisikos diskutiert, so dass wir das Inflationsrisiko lediglich in Bezug auf seine Auswirkungen auf das Projekt während der Betriebsphase betrachten.

Kostensteigerungen infolge einer Preisniveauerhöhung führen zum Inflationsrisiko. Somit werden die Komponenten des Cashflows durch Differenzen in dem Zahlungszeitpunkt, der Zahlungshöhe und der Art der Zahlung unterschiedlich beeinflusst. Im Folgenden betrachten wir ein Szenario, in dem die wirkliche Inflation von der in der Planung angenommenen abweicht. Damit ergeben sich die beiden Ausprägungen, dass die Inflation einmal geringer ausfällt, einmal höher.

Unterstellt sei ein Solarvorhaben in Spanien, das unter dem Regime des Jahres 2008 realisiert werden konnte. Hier erfolgt – ausgehend von einem Minimumpreis von 45,5 € Cent/kWh – eine jährliche Anpassung an die Entwicklung der Inflationsrate. Steigt nun die Inflation, steigt im selben Maße auch der Cashflow nach Betriebskosten und damit auch der Freie Cashflow. Dies führt dazu, dass aus Sicht der Finanziers der Puffer im Projekt und aus Sponsorensicht der Ertrag größer ausfallen. In diesem Beispiel würde eine geringere als die geplante Inflation zu einem geringeren Puffer führen.

Umgekehrt liegen die Verhältnisse bei folgendem Beispiel: Bei einem deutschen Windenergieprojekt sind die Vergütungssätze gemäß EEG über 20 Jahre klar planbar, aber nicht indexiert. Hingegen ist die Mehrzahl der operativen Kosten zwar in seiner Basiskomponente fixiert, allerdings häufig auch an die Entwicklung der Inflationsrate gekoppelt. Damit reduziert sich über reduzierte Netto-Cashflows die Profitabilität des Projektes, je höher die Inflation ausfällt.

Komplexer wird der Sachverhalt bei Vorhaben, die Input und Output nicht langfristig kontrahiert haben oder von einer Branchenregulierung profitieren. Die Wirkung der Inflation auf die Input- und Outputschwankungen wollen wir hier aber nicht weiter betrachten, da wir Preisschwankungen und Absicherungsmechanismen bei diesen Faktoren schon unter den Marktrisiken diskutiert haben.

3.5.7 Länderrisiken

Der Standort eines Projektes spielt bei der Risikobetrachtung einer Projektfinanzierung stets eine bedeutende Rolle, denn das Verhalten des Projektlandes bzw. seiner Organe kann einen nicht unerheblichen Einfluss auf das Projekt haben[126].

Unter Länderrisiken sollen die Risiken gefasst werden, die sich aus den Veränderungen der Bonität und den Regularien des betreffenden Landes ergeben. Hierzu zählen insbesondere hoheitliche Eingriffe in bestehende Eigentumsverhältnisse und wirtschaftliche Abläufe[127]. Diese Risikoart lässt sich untergliedern in politische und wirtschaftliche Risiken.

---

[126] W. Schmitt 1989, S. 154.

[127] Vgl. Stein, I: Investitionsrechnungsmethoden bei Auslandsdirektinvestitionen, in: Schoppe, S.G.: Kompendium der internationalen Betriebswirtschaftslehre, München, 1991, S. 531-599 hier 551 ff., zit. nach M. Hupe 1995, S. 57.

Politische Risiken

Als politisches Länderrisiko werden staatliche Handlungen verstanden, die negative Auswirkungen auf das Projekt haben können. Hierzu zählen politische und wirtschaftliche Instabilitäten oder Regierungswechsel, die zu einer Verschlechterung der allgemeinen Lage im Land führen und somit indirekt den Fortgang des Projektes behindern. Aber auch direkt wirkende Maßnahmen sind denkbar, zu denen Verzögerungen bei Genehmigungsverfahren, Widerruf von Konzessionen, Gesetzesänderungen, Beschränkung des Kapitaltransfers, Streiks, Unruhen, Bürgerkrieg, Enteignung oder Verstaatlichung zählen[128]. Die Höhe des Risikos ist unter anderem abhängig vom Projektland, dem Investorland, der verwendeten Technologie und dem Investitionsvolumen[129]. Es sind keineswegs nur Fälle, die in politisch instabilen Staaten vorkommen. Auch schleppende oder problematische Genehmigungsprozesse sind in allen Ländern vorstellbar und können über erhöhte Finanzierungskosten und sonstige Kosten ein Projekt unwirtschaftlich machen.

Für internationale Projekte können Absicherungsmöglichkeiten bei den staatlichen Ausfuhrkreditversicherern beantragt werden. Hilfreich ist bei solchen Projekten auch die Einbindung des Projektstaates sowie ggf. den Institutionen der Weltbankgruppe oder anderen supranationalen Institutionen wie der EBRD oder der IFC. Gegen Enteignung und Verstaatlichung können zwischenstaatliche Investitionsschutzabkommen in Betracht kommen.

Letztlich wird man Risiken, die gleichermaßen für eine Branche gelten, nicht über eine reine Länderrisikoversicherung absichern können. Gesetze werden ständig geändert und wirken mehr oder wenige auf alle Wirtschaftseinheiten eines Landes. Soweit diese Änderungen aber das Projekt nicht diskriminieren, sondern sowohl für das Projekt als auch alle anderen Marktteilnehmer gelten, stellt dies kein versicherbares politisches Risiko dar. Eine CO_2-Abgabe etwa wirkt sich auf alle Betriebe aus, die unter diese Regelung fallen. Eine Diskriminierung ist aber nicht gegeben und damit greift auch keine Länderrisikoversicherung. Die Auswirkungen, die sich aus geänderten Verordnungen und Gesetzen ergeben, zählen in diesem Fall vielmehr zu dem wirtschaftlichen Umfeld des Projektes und sind damit, obwohl politisch verursacht, dem Projekt selbst als wirtschaftliches Projektrisiko zuzurechnen.

Wirtschaftliches Länderrisiko

Unter wirtschaftlichem Länderrisiko wird die Unfähigkeit oder Unwilligkeit eines Staates verstanden, seinen eigenen Kreditverpflichtungen nachzukommen oder Unternehmen seines Landes die Begleichung deren Verbindlichkeiten gegenüber Gläubigern aus anderen Staaten zu erlauben[130].

Mögliche Ursachen liegen in fehlenden Konvertierungsmöglichkeiten und zeitlich begrenzten oder dauerhaften Zahlungsverboten. Die Konvertierung der Währung des Projektlandes in eine andere Währung kann von staatlicher Seite teilweise oder vollständig trotz der Zah-

---

128 Ein prominentes Beispiel des Jahres 2001 war eine neue Gesetzgebung für die Mineralölindustrie in Venezuela, die vorschrieb, dass der staatliche Anteil an Joint Ventures oberhalb von 50 % .liegen müsse. Zeitgleich wurden die Steuern auf Mineralölprodukte von 16,6 auf 30 % erhöht.

129 M. Hupe 1995, S. 57 f.

130 M. Hupe 1995, S. 58.

lungswilligkeit der Projektgesellschaft untersagt werden. Hierbei stellt ein Moratorium einen befristeten Aufschub aller Zahlungen dar. Bei Transferrisiken bleibt die Konvertierung prinzipiell möglich, aber das Projekt ist nicht mehr in der Lage, erwirtschaftete Cashflows an die nicht im Projektland befindlichen Financiers weiterzuleiten. Das Transferrisiko ist damit im Wesentlichen von der Bonität des Projektlandes und deren Entwicklung abhängig und kann damit – wie andere Bonitätsrisiken auch – relativ objektiv eingeschätzt werden.

Dieses Risiko wird – in bestimmten Grenzen – als beherrschbar eingestuft: Zunächst kann darauf verwiesen werden, dass das Projekt die Mittel für seinen Kapitaldienst selbst erwirtschaftet und der Projektstaat in der Regel Interesse am Projekt und seiner Durchführung hat. Naturgemäß muss diese Überlegung nicht greifen: Ist das Projekt in Betrieb, wächst die wirtschaftliche Versuchung, Zugriff auf die Projekterlöse zu nehmen. Es hat sich deshalb bei internationalen Projekten fest eingebürgert, die Zahlungen der Abnehmer gar nicht erst in die Sphäre des Projektlandes gelangen zu lassen, sondern die Zahlungen in einem als sicher geltenden Land außerhalb des Projektlandes, also offshore, abzuwickeln. Man spricht in diesem Zusammenhang von *Offshore Accounts*, auf denen die Zahlungen für das Projekt abgewickelt werden. Das Konzept der Offshore Accounts kann das Transferrisiko weitgehend reduzieren, allerdings keine Absicherung gegen weiter gehende politische Risiken bieten.

Eine weitere Absicherung des Transferrisikos ist bei Projekten möglich, bei denen im erheblichen Umfang Anlagen für das Projekt in das Projektland exportiert werden. Für diese Projekte ist eine zumindest teilweise Absicherung durch Exportkreditversicherungen (EULER-HERMES, COFACE, EKF, US-EXIM usw.) möglich. Diese Versicherungen sollen die heimische Wirtschaft stützen und den Export der Produkte fördern, indem sie einen wesentlichen Teil der Risiken, die sich im Importland ergeben, absichern. Abgedeckt wird hier in der Regel nicht nur das Transferrisiko, sondern auch sehr umfassend das politische Risiko und zum Teil sogar große Teile der wirtschaftlichen Risiken wie z.B. Fertigstellung, Funktion und Bau.

Vertragsrisiko

Dieses Risiko entsteht durch national unterschiedliche oder fehlende Rechtsnormen. Da Vereinheitlichungen bisher lediglich in wenigen Bereichen verwirklicht wurden, müssen sich die Vertragsparteien neben der Wahl eines Rechtssystems ebenfalls auf einen Gerichtsstand sowie auf die Möglichkeit der Durchsetzung von Rechtsfolgen einigen[131]. Insbesondere die Frage, ob sich die Zusagen der jeweiligen Projektbeteiligten im Ernstfall durchsetzen lassen, nimmt hierbei eine wichtige Position ein[132].

Meist werden Schiedsverfahren vereinbart, da diese bei kleineren Streitigkeiten ein aufwendiges Gerichtsverfahren ersparen. In diesem Zusammenhang ist man auf den Goodwill aller Parteien zur Akzeptanz eines Schiedsspruches angewiesen. Allerdings gibt es inzwischen

[131] M. Hupe 1995, S. 56.

[132] A. Reuter ; C. Wecker 1999, S. 81.

internationale Vereinbarungen, in denen sich die unterzeichnenden Länder verpflichten, die Schiedssprüche anzuerkennen[133].

3.5.8 Force Majeure-Risiko

Unter dem Force Majeure-Risiko (Höhere Gewalt) sind Risiken zu verstehen, deren Eintritt außerhalb des Einflusses der Projektbeteiligten liegen. Für Force Majeure gibt es keine abschließende Definition, sondern es sind die Projektparteien, die vertraglich festlegen, welche Vorkommnisse unter Force Majeure gefasst werden und wie mit diesen Risiken umgegangen werden sollen. Dabei ist der Begriffsinhalt eines Force-Majeure-Risikos auch davon abhängig, ob das Sitzland des Projektes einer der Projektbeteiligten ist: Sind lediglich private Projektbeteiligte eingebunden, werden politische Risiken und das Risiko der Enteignung häufig als Force-Majeure-Risiken angesehen. Im umgekehrten Fall würden diese Risiken nicht als Force-Majeure-Risiken angesehen.

Dabei handelt es sich regelmäßig einerseits um Zufallsereignisse (z.B. Erdbeben, Sturm, Feuer und Überschwemmung) und andererseits um nicht zufallsbedingte Geschehnisse (z.B. Krieg, Generalstreik, Sabotage und Blockade, Enteignung)[134].

Die Folge des Eintritts eines Force-Majeure-Risikos ist, dass der zur Leistung Verpflichtete für die Dauer der Force Majeure von seiner Verpflichtung befreit wird, es sei denn, seine Verpflichtung erstreckt sich gerade auch auf diesen Fall[135]. Die ansonsten bestehenden Sanktionsrechte sind ausgesetzt und nach einem gewissen Zeitablauf wird der Schuldner ohne Wegfall der Force Majeure von der entsprechenden Leistungspflicht ganz frei. Umgekehrt versuchen Kreditgeber die Rückzahlung ihrer Kredite auch im Falle eines Force Majeure-Risikos sicherzustellen und beanspruchen entsprechende Garantien. Als Konsequenz aus dieser Interessenlage müssen die Projektbeteiligten sehr genau aushandeln, welche Risiken als Force Majeure-Risiken gelten und welche Konsequenzen sich aus ihrem Eintritt ergeben[136].

Der Eintritt dieser Ereignisse kann eine Verzögerung der Fertigstellung, eine Betriebsunterbrechung oder sogar den Abbruch des Baues oder der Produktion bedeuten. Infolgedessen ist mit einer Kostenerhöhung und/ oder mit einer Einnahmenreduktion bzw. mit dem vollständi-

[133] M. Hupe 1995, S. 57.

[134] P.K. Nevitt; F.J. Fabozzi 2000, S. 24.

[135] Force-Majeure-Risiken sollten jeweils spezifisch betrachtet werden: Ein Projektstaat, der z.B. für ein Kraftwerk Investitionsschutz zugesagt hat, kann sich sicherlich nicht auf Force Majeure wegen einer Änderung seiner nationalen Gesetze berufen. Ein Contractor, der explizit die fristgerechte Einholung der für ihn notwendigen Ausfuhrgenehmigungen zugesagt hat, kann sich nicht auf Exportkontrollen berufen. Vielmehr ist die Übernahme dieser Risiken jeweils vertraglich zu regeln. A. Reuter; C. Wecker 1999, S. 80.

[136] P. Benoit 1996, S. 13 f. So mag es alles andere als klar sein, ob der Kriegsbeginn als Entlastung für eine Non-Performance herangezogen werden kann: Handelt es sich beispielsweise um einzelne Übergriffe, ohne dass Krieg besteht? Ist der Beginn des Krieges in einem Landesteil bereits ein Force-Majeure-Ereignis oder muss auch die Region des Projektes hierin verwickelt sein? Weitere Hinweise finden sich in P. K. Nevitt; F.J. Fabozzi 2000, S. 24.

gen Wegfall der Erlöse zu rechnen. Dies bewirkt Zahlungsverzögerungen oder im Fall des Abbruchs sogar eine Zahlungseinstellung auf die Projektverbindlichkeiten[137].

Die folgende Übersicht enthält eine Übersicht über die gängigsten Force Majeure-Ereignisse sowie Möglichkeiten der Bewertung und zeigt die Bedeutung einzelner Risiken für ein Projekt (hier: Solarkraftwerk) und Maßnahmen zur Minimierung. Hier wird deutlich, dass bei einigen Risiken Höherer Gewalt durchaus ein Einfluss durch die Projektbeteiligten möglich ist. Dieser Erkenntnis wird mit dem neueren Verständnis von Force Majeure-Risiken Rechnung getragen, welches bei einzelnen vorherseh- und kontrollierbaren Gefahren den Einfluss der Projektbeteiligten deutlich unterstreicht[138].

Risiko	Möglichkeiten der Bewertung	Bedeutung	Vermeidung
Arbeitskampf	politische Stabilität im Land	sehr gering (BRD)	nicht möglich
Diebstahl, Sabotage	Erfahrungswerte, Information der Versicherungen	hoch	Einzäunung, Wachdienst, Alarmanlage
Feuer (Aufdachanlagen)	Brennbarkeit des Gebäudes und der eingelagerten Stoffe	mittel	ausschließliche Lagerung von schlecht brennbaren Materialien
Feuer (Bodenanlagen)	Brennbarkeit des Bodenbewuchses	gering	Bodenbewuchs kurz halten
Krieg	politische Stabilität in Deutschland sehr hoch	extrem gering	nicht möglich
Sturm	Rückschau	abh. von regionalen Gegebenheiten	nicht möglich
Terrorismus	Bewertung der allgemeinen Sicherheitslage	extrem gering	Einzäunung, Wachdienst, Alarmanlage
Überflutungen	Rückschau	abh. von regionalen Gegebenheiten	Vermeidung gefährdeter Regionen

Abbildung 41: Umgang mit Force Majeure-Risiken

Neben der Variante, beeinflussbare Force Majeure-Risiken einzelnen Projektbeteiligten im Sinne des Risk Sharings zuzuweisen, liegt die gängigste Möglichkeit, die Auswirkungen solcher Force Majeure-Ereignisse zu minimieren, in dem Abschluss von Versicherungen. Die Bewertung der Notwendigkeit einzelner Versicherungen unter ökonomischen Gesichtspunkten muss im Einzelfall geklärt werden[139]. So ist beispielsweise eine Absicherung eines Solarprojektes in Deutschland gegen Terrorismus aufgrund der sehr geringen Eintrittswahrscheinlichkeit in der Regel nicht notwendig, wohingegen eine Absicherung gegen Moduldiebstahl unbedingt erforderlich ist. Als wohl wichtigste Versicherungen können die folgenden identifiziert werden:

- Betriebsunterbrechungsversicherung: sie leistet für den Fall, dass die Solaranlage vorübergehend nicht betrieben werden kann.

---

137 M. Schulte-Althoff 1992, S. 121.

138 Buljevich, Park 1999, S. 163.

139 W. Schmitt 1989, S. 160.

- Sachversicherung: deckt Schäden durch Diebstahl, Feuer, Wasser, etc. ab.
- Montage-Versicherung: ihr kommt eine entscheidende Bedeutung zu, da das Auftreten von Force Majeure-Ereignissen insbesondere in der Fertigstellungsphase eine große Gefahr darstellt, weil das Projekt in diesem Fall eventuell gar keinen Cashflow mehr generieren kann. Während der Bauphase kann auch eine Bauherren-Haftpflichtversicherung, welche für Schäden an Mensch und Sachen während der Bauphase aufkommt, empfehlenswert sein.

Als weitere Gruppe von Force Majeure-Risiken sind solche zu betrachten, die sich aufgrund von politischen und gesellschaftlichen Gegebenheiten und Entwicklungen in der Region der Projektansiedlung ergeben. Beispiele hierfür sind Proteste von Seiten der Politik gegen eine Zerstörung des Landschaftsbildes oder eine mangelnde Akzeptanz der Anlieger aufgrund von beispielsweise störenden Reflektionen der Sonne auf den Solarpaneelflächen. Die Prävention solcher Entwicklungen, die sich gegebenenfalls auch erst nach Fertigstellung ergeben können, ist damit zu beachten. Höpfner empfiehlt in diesem Zusammenhang eine frühzeitige Abstimmung der Projektbetreiber mit den betroffenen Gruppen und die schriftliche Fixierung der getroffenen Vereinbarungen[140]. Betroffene Gruppen können bei Solarprojekten insbesondere lokale Interessenvereinigungen, Anwohner, politische Organisationen und Umweltschutzverbände sein.

Generell ließen sich alle Force Majeure-Risiken direkt oder indirekt anderen Projektrisiken zuordnen, so insbesondere dem Länderrisiko, dem Fertigstellungsrisiko und dem Betriebsrisiko. Die Bildung einer gesonderten Risikogruppe ist jedoch aufgrund der Tatsache gerechtfertigt, dass der Eintritt dieser Ereignisse im Gegensatz zu den anderen Projektrisiken außerhalb der Verfügungsgewalt der Projektbeteiligten liegt[141].

Zusammenfassend lässt sich festhalten: Identifizierbare – projektendogene und projektexogene – Risiken werden grundsätzlich den Beteiligten zugeordnet, die auf diese Risiken selbst stark einwirken können. Risiken, die entweder nicht qualifiziert oder nicht quantifiziert werden, werden nach eher traditionellen Finanzierungsregeln den Eigen- und Fremdkapitalgebern zugeordnet.

Wir werden eine Reihe von übergeordneten Sicherungskonzepten in den folgenden Abschnitten betrachten.

3.5.9 Zwischenergebnis: Beispielhafte Zusammenfassung der Einzelrisiken

Im Anschluss an die Betrachtung der Einzelrisiken ergibt sich die Notwendigkeit, diese in ihrer Gesamtwirkung zu betrachten. Einzelne Risiken stehen häufig in Wechselwirkung zueinander, und können sich verstärken, aber auch schwächen.

---

[140] Höpfner 1995, S. 207.

[141] W. Schmitt 1989, S. 160.

Im Folgenden soll eine zusammenfassende Beurteilung der Eignung der Projektfinanzierung für Photovoltaik-Vorhaben vorgenommen werden.

Beginnend mit einer Bewertung der Risiken soll dazu wie folgt vorgegangen werden:

- Es soll in der folgenden Übersicht eine Simulation eines Worst-Case-Szenarios vorgenommen werden. Dabei wird ein Eintritt aller identifizierten Risiken angenommen. Die in der Arbeit identifizierten, bei den einzelnen Risiken einzusetzenden Instrumente zur Minimierung und Abwälzung finden Anwendung.
- Es wird bei allen Einflussfaktoren versucht, die Risikofolgen mit ausreichender Genauigkeit zu quantifizieren. Diese Quantifizierung erfolgt dabei in Form eines Abschlages auf die jährlichen Einspeiseerlöse, da so ein direkter Bezug zum DSCR hergestellt werden kann.
- Die quantifizierten Auswirkungen der eingetretenen Risiken werden aggregiert.

Das Ergebnis dieses Worst-Case-Szenarios ist ein Abschlag auf die Planeinnahmen, bei dem das zu finanzierende Objekt noch tragfähig sein muss, d.h. es darf über die gesamte Laufzeit kein DSCR kleiner als 1,0 auftreten. Ist diese Situation gegeben, kann die Solaranlage (unter Berücksichtigung des individuellen Risikoprofils) durch die Projektfinanzierung realisiert werden, da der (sehr unwahrscheinliche) Eintritt aller Risiken keine negativen Folgen für den Kapitaldienst hat.

Risiko	Risikoinstrumente	Standardabweichung gegenüber Plan-Annahmen
Elementarrisiko	Heranziehen von mindestens zwei Ertragsgutachten, die standortspezifisch erstellt werden	4,00%
Unsicherheit des Ertragsgutachtens	Explizite Nennung der Unsicherheiten im Ertragsgutachten, z.T. Eliminierung auch von Teilunsicherheiten (z.B. durch Besichtigung vor Ort)	3,00%
Verzögerte Fertigstellung	Hereinnahme einer Fertigstellungsgarantie	0,00%
Leistungsverlust der Module	Verwendung von Modulen namhafter Hersteller, technische Prüfung	0,25%
Steigerung der operativen Kosten	Vertragliche Fixierung der operativen Kosten. Vorsichtige, konservative Kalkulation der Kosten	1,00%
Preis- bzw. Absatzrisiko	Absatzpreise gesetzlich garantiert und damit über Projektlaufzeit kalkulierbar	0,00%
Force Majeure	Abschluss der üblichen Versicherungen	0,00%
Gesamte Standardabweichung		5,11%

Abbildung 42: Gesamtbetrachtung der Einzelrisiken (Beispiel Photovoltaik-Projekt)

Werden alle Abschläge berücksichtigt, ergibt sich eine Standardabweichung von etwas über 5,1 %. Dies überführt sich in einen Abschlag von gut 15 %, bezogen auf die jährliche Jahresenergieproduktion.

3.6 Übergeordnete Risikoinstrumente

3.6.1 Grundsätzliche Überlegungen

Über die in den vorherigen Abschnitten beschriebenen Risikoinstrumente können verschiedene Einzelrisiken adressiert und durch Einbindung der verschiedenen Projektbeteiligten in ihren Auswirkungen auf das Projekt zumindest gemildert werden. Gleichwohl verbleiben Restrisiken, die über übergeordnete Sicherungssysteme aufgefangen werden müssen. Zu diesen Systemen zählen der Aufbau einer effizienten Informationsstruktur, die Entwicklung einer stabilen Projekt- und Finanzierungsstruktur sowie der Einsatz von klassischen Kreditsicherheiten. Folgendes Schaubild soll die Zusammenhänge verdeutlichen:

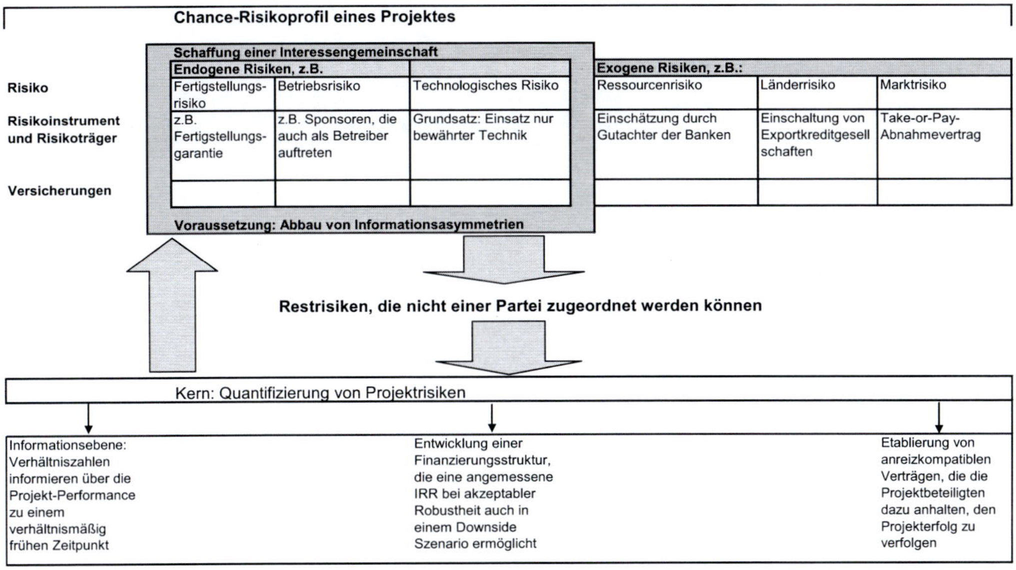

Abbildung 43: Prinzipien eines Risikomanagementprozesses bei Projektfinanzierungen

Für ein erfolgreiches Risikomanagement ist es wichtig, ausgehend von den identifizierten Risiken eines Projektes deren Auswirkung auf die ökonomische Leistungsfähigkeit und Belastungsfähigkeit zu erfassen. Dadurch lassen sich Erkenntnisse für die Auswahl der risikopolitischen Maßnahmen und die erfolgreiche Bewältigung von Krisensituationen gewinnen. Hierzu bedarf es einer Risikoquantifizierung, die den Einfluss der einzelnen Projektrisiken auf den Cashflow berücksichtigt[142].

---

142 Vgl. Belka, H.-G.: Die Projektfinanzierung als Finanzierungstechnik zur Realisation neuer Bergbauprojekte, Berlin, 1983, S. 60 f., zit. nach Schmitt 1989, S. 161.

Beispielhaft stellen sich die verschiedenen Risikokategorien im Zeitablauf bei einem Solarkraftwerk wie folgt dar:

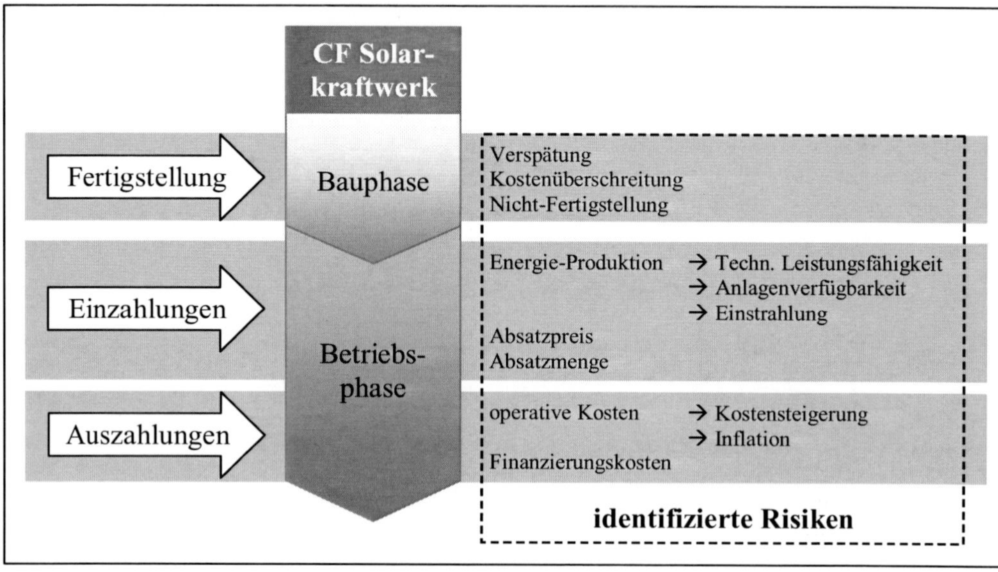

Abbildung 44: Risikoeinflüsse auf ein Solarkraftwerk

Erkennbar ist, dass die Risken quantifizierbare Auswirkungen haben und in ihrer Gesamtheit betrachtet und bewertet werden müssen. Die Quantifizierung der Chancen und Risiken eines Projektes erweist sich als der Dreh- und Angelpunkt eines übergeordneten Sicherungssystems. Die Quantifizierung ermöglicht dabei, aus Investorensicht die Wirtschaftlichkeit, aus Sicht der weiteren Projektbeteiligten die Angemessenheit der Anreiz-Beitragsstruktur und aus Kapitalgebersicht die Robustheit des Projektes zu beurteilen.

Die Investoren beurteilen – wie oben skizziert – das Projekt aus einer Base-Case-Betrachtung, wobei sie in ihr Kalkül bessere und schlechtere Projektentwicklungen einbeziehen werden. Die anderen Projektbeteiligten beurteilen das Vorhaben danach, welche Beiträge sie zu leisten haben und ob die Gegenleistung dazu in einem angemessenen Verhältnis steht. Die Kreditgeber beurteilen das Projekt danach, ob bei einer Worst-Case-Betrachtung die Bedienung des Kapitaldienstes gesichert erscheint. Hierzu überprüfen sie zum einen die Reagibilität des Projektes gegenüber möglichen adversen Projektänderungen – z.B. verspätete Fertigstellung, Minder-Performance der Anlagen oder Preisverfall auf der Marktseite – und bewerten zum anderen die Möglichkeiten und Verpflichtungen des Projektes und der Projektbeteiligten, bei negativen Planabweichungen unterstützend einzuspringen. Eine Möglichkeit, von Seiten des Projektes gegenzusteuern, kann dabei z.B. die Verpflichtung sein, bei Unterschreitung bestimmter *Trigger Events* – typischerweise das Unterschreiten eines bestimmten Schuldendienstdeckungsgrades – eine beschleunigte Tilgung der Darlehen vorzunehmen (*cash sweep*).

Die verschiedenen Verpflichtungen der Projektbeteiligten gegenüber dem Projekt haben wir im Zusammenhang mit der Diskussion der Einzelrisiken diskutiert. Im Zusammenhang mit der Risikoquantifizierung geht es nunmehr darum, die vertraglichen Verpflichtungen der Projektbeteiligten zu bewerten, was neben dem Umfang der möglichen Verpflichtungen auch eine Bonitätsbeurteilung der Verpflichteten erfordert. Darüber hinaus signalisiert die Verpflichtung der Projektbeteiligten ein Interesse am Projekterfolg, was über die Ebene der Quantifizierbarkeit hinaus von qualitativer Bedeutung ist.

Damit wird ersichtlich, dass Risiko-Quantifizierung und Risikoallokation in einem engen Wechselverhältnis zueinander stehen. Eine Risikoquantifizierung ist erst dann vollständig, wenn neben der isolierten Projektbetrachtung auch die verschiedenen Beiträge der Projektbeteiligten mit betrachtet werden, die bestimmte Projekt-Risiken übernehmen und das Projekt insoweit freihalten. Nach der Anreiz-Beitrags-Theorie nach BARNARD und MARCH können die individuellen Vor- und Nachteile der Beteiligten als positive und negative Anreize definiert werden, die die Projektbeteiligten durch ihre eingebrachten Beiträge erhalten[143].

Andererseits erfordert eine Risikoallokation die Quantifizierung der Chancen und Risiken sowohl auf Ebene der einzelnen Projektbeteiligten als auch auf Ebene des Gesamtprojektes. Der einzelne Projektbeteiligte kann erst dann seine Chance-Risiko-Position beurteilen, wenn er die vollständige Risikoquantifizierung des Cashflow-Modells mit den oben beschriebenen Beiträgen der einzelnen Projektbeteiligten kennt.

An dieser Stelle wird deutlich, dass die Ermittlung einer geeigneten Finanzierungsstruktur mit der Ausgestaltung der Projektstruktur auf das engste zusammenhängt: Einerseits bestimmt die Ausgestaltung der Finanzierungsstruktur darüber, welche Beiträge insbesondere die Sponsoren und die Kreditgeber zu leisten haben, andererseits lässt sich eine Finanzierungsstruktur nur vor dem Hintergrund der vertraglichen Verpflichtungen der verschiedenen Beteiligten beurteilen. Aus diesem Grunde ist die von Seiten der Sponsoren gestellte Frage nach der notwendigen Höhe der Eigenmitteleinbringung auch erst dann abschließend zu beantworten, wenn neben dem Risikoprofil des Projektes auch die vertraglichen Verpflichtungen der einzelnen Projektbeteiligten bekannt sind.

Für die Risikoquantifizierung spielt die Abweichungsanalyse von Soll- und Ist-Werten die wichtigste Rolle, während demgegenüber eine Jahresabschlussanalyse der Projektgesellschaft von nachrangiger Bedeutung ist.

1. Zunächst sind die Kapitalgeber über die üblicherweise vereinbarte unterjährige Berichterstattung weitaus zeitnäher über die wirtschaftliche Situation des Projektes informiert, so dass der Jahresabschluss nur noch das wiederholt, was die Bank als Kreditgeber eh schon wusste.
2. Aus Sicht des Risikomanagements ist der Abgleich zwischen der tatsächlichen und der geplanten Performance des Projektes Anknüpfungspunkt für vertraglich zugesicherte Stützungsmaßnahmen und damit wichtiger als die Jahresabschlussanalyse. Ist die Per-

[143] Die Stabilität einer Projektfinanzierung erfordert, dass alle Beteiligten einen positiven Anreiz-Beitrags-Saldo realisieren. Umgekehrt bedeuten unzureichende Anreize entweder den Zerfall oder die Veränderung der Organisationsziele. C. Barnard 1970, J.G. March 1958.

formance wie geplant oder sogar besser, haben Investoren und Fremdkapitalgeber üblicherweise keinen Handlungsbedarf, da ihre ursprünglichen Planungen aufgehen. Ist die Performance hingegen unter den Erwartungen, wird geprüft werden, was die Ursachen sind und wie ihnen begegnet werden kann. Zu den Maßnahmen kann auch gehören, dass Projektbeteiligte aus ihren vertraglichen Pflichten in Anspruch genommen werden, um Schaden vom Projekt zu wenden. In jedem Fall erfolgt der notwendige Soll-Ist-Abgleich dann aber zum einen nicht über den Jahresabschluss, sondern über die früher einsetzenden Projektberichte und zum anderen ist der Vergleichsmaßstab das der Planung zugrunde liegende Cashflow-Modell.

3. Hinzu kommt, dass Projektfinanzierungen befristet angelegt sind und insbesondere eine Re-Investition nur insoweit erfolgt, wie es zur planmäßigen Aufrechterhaltung der Performance notwendig ist. Außerdem werden die erwirtschafteten Cashflows nicht innerhalb der Projektgesellschaft thesauriert, sondern an die verschiedenen Projektbeteiligten nach den Grundsätzen des vertraglich vereinbarten „Wasserfalls" verteilt. Das bedeutet, dass erwirtschaftete Gewinne an die Sponsoren ausgeschüttet werden, anstatt die bilanzielle Basis der Projektgesellschaft zu stärken. Dies führt dazu, dass zum einen die Bilanz durch die fortschreitende Abschreibung von Jahr zu Jahr verkürzt wird und zum anderen die Eigenkapitalbasis immer geringer ausfällt.

Weiter ermöglicht erst die Risikoquantifizierung die Information über die Performance des Projektes und ist damit Anknüpfungspunkt für Steuerungsmaßnahmen der Projektgesellschaft bzw. für das Auslösen von Verpflichtungen der Projektbeteiligten. Weichen Kennzahlen von Planwerten ab, werden – je nach vertraglicher Ausgestaltung – die Projektbeteiligten verpflichtet, bestimmte Beiträge zu leisten oder bestimmte Kreditsicherheiten greifen. Damit ermöglicht die Risikoquantifizierung eine dauerhafte Begleitung des Projektes im Zeitablauf und erfüllt die Funktion eines Steuerungsmechanismus. Die folgende Grafik soll dies abschließend verdeutlichen:

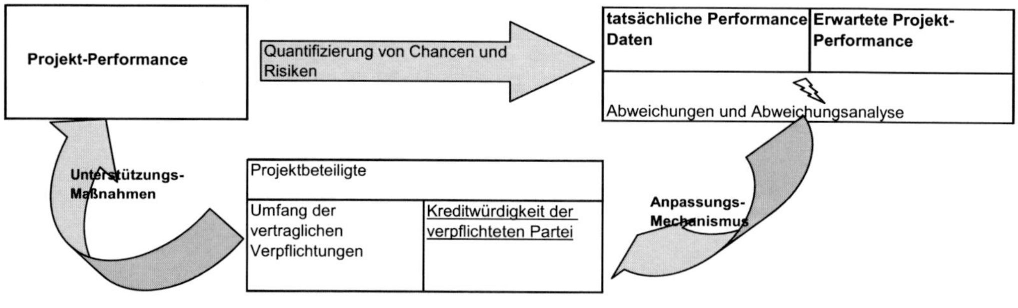

Abbildung 45: Funktionen einer Risikoquantifizierung

Zusammenfassend erfüllt die Risikoquantifizierung folgende Funktionen:

1. Quantifizierung der Wirtschaftlichkeit und der Belastbarkeit des Projektes,
2. Erarbeitung einer Projektstruktur, die die einzelnen Chancen und Risiken sachgerecht zuweist und damit einen nachhaltigen Projekterfolg unterstützt,

3. Festlegung eines Frühwarnsystems, das Plan-Abweichungen erkennt und damit die Handhabe liefert, um frühzeitig Gegenmaßnahmen durch einzelne Projektbeteiligte oder den Einsatz von Kreditsicherheiten einzuleiten.

Wir werden im folgenden Abschnitt zunächst skizzieren, wie eine Risikoquantifizierung erfolgen kann, bevor wir auf die anderen übergeordneten Sicherungsmechanismen eingehen.

Was ihr nicht rechnet, glaubt ihr sei nicht wahr,

Was ihr nicht wägt hat für euch kein Gewicht,

Was ihr nicht münzt das meint ihr gelte nicht.

(GOETHE, FAUST II, KAISERLICHE PFALZ, ZF. 4920-4923)

3.6.2 Projektbewertung und Risikoquantifizierung

Nach der Identifikation der relevanten Risiken und der Abschätzung der vertraglichen Verpflichtungen der Projektbeteiligten sind die Zahlungskonsequenzen zu quantifizieren, was regelmäßig in Form von Cashflow-Modellen erfolgt. Durch eine Quantifizierung bestimmter Risiken lassen sich Aussagen über die Belastbarkeit eines Projektes begründen.

Ziel einer Risikoquantifizierung ist, die Wahrscheinlichkeit und den quantitativen Umfang möglicher negativer Abweichungen des Projektes im zeitlichen Ablauf zu ermitteln. Die hierzu in der Praxis entwickelten Methoden haben dabei die betriebswirtschaftlichen Tendenzen nachvollzogen und entwickelten sich von statischen Methoden zu dynamischen Verfahren, die nunmehr die einzelnen Risiken im zeitlichen Ablauf berücksichtigen. Zum Teil sieht man allerdings auch heute noch Kalkulationsbeispiele, die darauf abzielen, eine Betrachtung für lediglich ein Jahr anzustellen oder aber eine Gewinngröße zu ermitteln. Von beiden Herangehensweisen muss dringend abgeraten werden: Zum einen sollte klar sein, dass eine statische Betrachtung künftige Veränderungen von Einzahlungen und Auszahlungen nicht abbilden und damit zu einer gravierenden Fehleinschätzung der Wirtschaftlichkeit eines Vorhabens führen kann. Zum anderen sind es lediglich die zahlungswirksamen Größen, die für die Begleichung der operativen Kosten und des Kapitaldienstes herangezogen werden können, nicht aber eine aus der Gewinn- und Verlustrechnung stammende Größe, die für Rechnungslegungszwecke entwickelt wurde. Es sollte daher Standard sein, auf dynamische Verfahren zu setzen und nur Nach-Steuern-Cashflows zu betrachten.

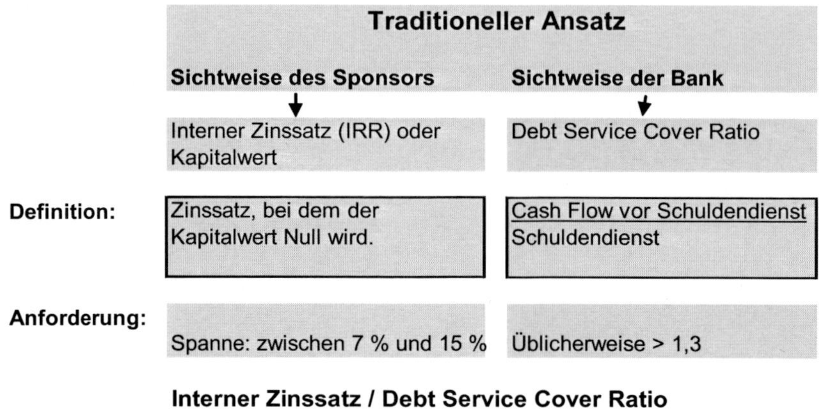

Abbildung 46: Gegenüberstellung Interner Zinssatz / Debt Service Cover Ratio

Aus Sicht der Investoren werden regelmäßig die Ein- und Auszahlungen, die er leisten muss bzw. erhält, auf den Zeitpunkt der Investitionsentscheidung mit einem geeigneten Kalkulationszinssatz abgezinst. Ergibt sich ein positiver Kapitalwert, erscheint das Vorhaben vorteilhaft. Alternativ – wenn auch mit gewissen theoretischen Nachteilen – kann der interne Zinssatz den Investor darüber informieren, ob eine bestimmte Mindestverzinsung seines Eigenkapitals erreicht oder überschritten wird. In der Praxis wird hierfür meist der interne Zinssatz (*Internal Rate of Return*) herangezogen. Bei dieser Methode wird der Zinssatz berechnet, bei dem die Barwerte der Einzahlungen und Auszahlungen des Investitionsvorhabens gleich groß sind. Daraus ergibt sich folgende Formel, wobei die Zielgröße der interne Zinssatz r ist:

$$\sum_{t=0}^{n}\left(E_t - A_t\right)*\left(1+r\right)^{-t} = 0$$

E_t: Einzahlungen in Periode t

A_t: Auszahlungen in Periode t

T: Periode

n: Nutzungsdauer des Investitionsobjektes

r: interner Zinssatz

Auf diese Weise erhält man die Effektivverzinsung eines Investitionsvorhabens. Die Investition wird unter der Annahme eines vollkommenen Kapitalmarktes dann durchgeführt, wenn der interne Zins über dem Kapitalmarktzins liegt. Für die Berechnung wird außerdem die Annahme getroffen, dass etwaige Überschüsse zum jeweiligen internen Zinssatz angelegt werden. Allerdings sind die aus den DCF-Verfahren abgeleiteten Kennzahlen nicht geeignet, die Dimensionierung und Struktur der Fremdmittel zu bestimmen. Hier kommt die Sichtweise der Fremdkapitalgeber ins Spiel.

Aus Sicht der Fremdkapitalgeber interessiert hingegen die Frage, wie sicher es ist, dass Zinsen und Tilgung aus dem Cashflow des Projektes erbracht werden können – je höher hier die Überdeckung ist, um so robuster sollte das Projekt auf Planänderungen reagieren.

Hauptproblem der im Folgenden darzustellenden Verfahren ist die Prognose der zukünftigen Periodenerfolge, die sich – in den Planungen der Projektbeteiligten – häufig als eine einmalige Analyse der wahrscheinlichen Entwicklung des Projektes darstellt. Dabei weisen diese Verfahren zwei Mängel auf: Zum einen wird die Wechselwirkung des Projekterfolgs mit den Interessen der verschiedenen Projektbeteiligten meist nicht thematisiert. Wir haben diesen Aspekt im Rahmen des Kapitels Risikoallokation näher betrachtet (s. 3.3). Zum anderen werden Handlungsmöglichkeiten der Projektbeteiligten – v.a. der Projektgesellschaft – auf Veränderungen der Umwelt, die auf das Projekt einwirken, nicht abgebildet, so dass die eher statische und gerichtete Sicht der traditionellen Bewertungsverfahren ergänzt werden muss. Gleichwohl sind die Kennzahlenermittlung und die Projektsteuerung mittels der Kennzahlen die zentralen Elemente jeder Risikoquantifizierung.

Der primäre Finanzierungsgedanke einer Projektfinanzierung beinhaltet, dass der generierte Cashflow ausreichen soll, um einerseits den Schuldendienst zu decken und andererseits eine angemessene Absicherung gegen den Eintritt möglicher Risiken zu bieten. Zur Umsetzung dieser Zielvorgabe werden die erwarteten Projekterlöse ermittelt und anschließend in Bezug zum ausstehenden Schuldendienst oder Kreditbetrag gesetzt.

Bei diesem Modell werden die Cashflows des Projekts unter Annahme der Plandaten periodenweise simuliert und es wird dann geprüft, inwiefern das Projekt in der Lage ist, seinen Verpflichtungen nachzukommen. Die ermittelte Über- oder Unterdeckung kann mit Hilfe des Debt Service Cover Ratio (DSCR) aggregiert dargestellt werden. Der DSCR (Schuldendienstdeckungsgrad) beschreibt dabei, inwieweit der Cashflow zur Deckung des Schuldendienstes ausreicht. Da es üblich ist, während des laufenden Betriebes zur Erhöhung der Belastbarkeit des Projekts eine Schuldendienstsreserve (SDR) aufzubauen, wird der DSCR im weiteren Verlauf der Arbeit wie folgt definiert:

$$DSCR = \frac{Cashflow\ der\ Periode + Schuldendienstreserve}{Schuldendienst\ der\ Periode}$$

Abbildung 47: Definition der Debt Service Cover Ratio (Schuldendienstdeckungsgrad)

Die so für die einzelnen Perioden ermittelten DSCR können in einem Graphen, der die gesamte Kreditlaufzeit abbildet, dargestellt werden, wodurch die für das Projekt kritischen Phasen leicht zu identifizieren sind.

Bei einem DSCR $\geq 1{,}0$ ist der Schuldendienst der Periode dementsprechend durch die Cashflows gedeckt. Um eine Absicherung gegen Schwankungen des Cashflows vorzunehmen, besteht von Seiten des finanzierenden Kreditinstituts im Allgemeinen der Anspruch, dass das Projekt in der Lage sein muss, auch im Worst-Case-Fall einen DSCR $\geq 1{,}0$ zu generieren. Die Anforderung an die als notwendig angesehene Überdeckung hängen von dem Umfang der Risikoüberwälzung ab, so dass eine bankseitige Forderung nach einem Mindestdeckungsverhältnis durch die projektspezifische Risikostruktur mit beeinflusst wird. Je ausgeprägter die Risikoübernahme unter Berücksichtigung der Risikotragfähigkeit des betreffenden Risikoträgers ist, umso geringer kann die Überdeckung ausfallen.

Der Schuldendeckungsgrad fordert lediglich eine pauschale Überdeckung für den Risikofall. Demnach gibt der DSCR noch keine Auskunft über die Entwicklung des Cashflows unter Risikoeinfluss. Inwieweit eine im DSCR enthaltene Sicherheitsmarge im Falle einer Risikorealisation ausreichend bemessen ist, wird zunächst noch nicht ersichtlich. Erst unter Anwendung von dynamischen Analysemethoden wird der DSCR zu einer Bewertungs- und Steuerungsgröße.

Der Einsatz des Cashflow-Modells und die Betrachtung des DSCR als zentrale Kenngröße unterstützt auch die in dieser Arbeit eingenommene Sichtweise, da die aus Sicht der Kredit gebenden Bank elementare Fähigkeit des Projektes zur Leistung von Zins und Tilgung abgebildet wird.

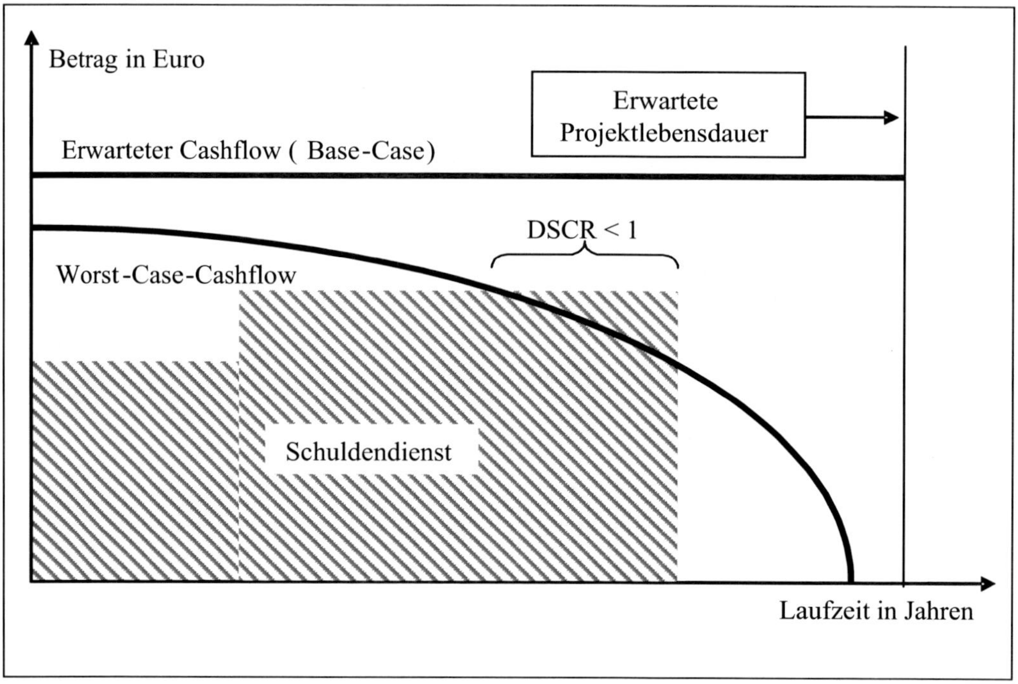

Abbildung 48: Grundlegendes Cashflow-Modell mit Base- und Worst-Case[144]

---

144 Nevitt/Fabozzi 2000, S. 12.

Neben der Bewertung der Ausgangssituation mit Plandaten kann mit dem Cashflow-Modell auch der Einfluss einzelner Risiken auf das Projekt bewertet werden. Mit Hilfe der Sensitivitätsanalyse wird dabei durch eine Simulation der verschiedenen Input-Daten geprüft, inwiefern entstehende Veränderungen im Cashflow die Tragfähigkeit des Projektes beeinflussen. Ziel ist es, die Reaktionsempfindlichkeit des Projektes auf veränderte Umweltbedingungen aufzuzeigen. Auf diese Weise wird ersichtlich, welche Bedeutung jeweils der Absicherung eines Risikos zukommt.

Da sich die Einzelrisiken und die spezifischen Risikoinstrumente im zeitlichen Ablauf des Projektes wandeln können, treten neben die eher statische Betrachtung des Schuldendienstdeckungsgrades den zeitlichen Ablauf stärker betonende dynamische Methoden in den Vordergrund, nämlich die Sensitivitätsanalyse, die Szenariotechnik, die simulative Risikoanalyse und neuerdings die Methode der Real- oder Handlungsoptionen.

Ziel der **Sensitivitätsanalyse** ist die Darstellung der Auswirkungen von Variationen des Wertes einzelner oder mehrerer Parameter auf das Entscheidungskriterium (z.B. Cashflow oder DSCR), um so zusätzliche Informationen über den Risikogehalt des Projektes zu gewinnen. Die Sensitivitätsanalyse kann dabei grundsätzlich in zweierlei Weise vorgenommen werden: Zum einen vom gewählten Beurteilungskriterium zum variablen Risikoparameter (Fragestellung: um wie viel darf der Risikoparameter schwanken, ohne den Zielwert beim gewählten Kriterium zu beinträchtigen? – Methode der kritischen Werte), zum anderen vom Risikoparameter zum Beurteilungskriterium (Fragestellung: Wie schwankt die Messzahl des Beurteilungskriteriums, wenn der Risikoparameter verändert wird? – Alternativenrechnung). Vorteilhaft ist dabei die Ermittlung, welche Änderungen des Datenkranzes sich besonders sensibel auf den Cashflow auswirken.

Nachteilig bei der Sensitivitätsanalyse ist der Umstand, dass sich in der Realität nur selten einzelne Parameter c.p. verändern, sondern Interdependenzen zwischen den Cashflow-Determinanten eher die Regel sind. Weiter ist mit der Sensitivitätsanalyse noch nichts für die Frage der Eintrittswahrscheinlichkeit der verschiedenen Parametereinsätze gewonnen. Das Verfahren macht jedoch deutlich, auf welche Änderungen das Projekt – gemessen am Beurteilungskriterium – am sensibelsten reagiert und weist so darauf hin, welchen Risiken besonderes Augenmerk geschenkt werden muss.

Einen Schritt weiter geht die **Szenariotechnik**. Die Szenariotechnik stellt eine besondere Form der Sensitivitätsanalyse dar, bei der auf Basis verschiedener als realistisch angenommener Datenkonstellationen – so genannten Szenarien – die Auswirkungen auf den Cashflow aufgezeigt werden, gemessen über den Schuldendienstdeckungsgrad. Dadurch wird abgebildet, wie sich die Wirtschaftlichkeit des Vorhabens in Abhängigkeit der für die wichtigsten Einflussparameter hypothetisch unterstellten Entwicklungen verändern kann. Die Untersuchung wird häufig auf drei Szenarien eingegrenzt:

- - base case (Unterstellung der wahrscheinlichsten Parameterwerte),
- - best case (Unterstellung günstigster Parameterwerte) und
- - worst case (Unterstellung ungünstigster Parameterwerte).

Als Vergleichsgröße dient das Base-Case-Szenario, das die verschiedenen Projektparameter mit ihrem wahrscheinlichsten Wert berücksichtigt. Ausgehend von dem Base-Case-Szenario lässt sich durch pessimistische Schätzungen ein Worst-Case-Szenario aufstellen. In diesem Szenario wird eine Projektsituation antizipiert, die bei einer ungünstigen Entwicklung der Cashflow-Determinanten eintritt und deshalb für die Fremdkapitalgeber von besonderer Bedeutung ist. Denn anhand einer Worst-Case-Betrachtung kann festgestellt werden, ob auch bei stark negativen Entwicklungen das Projekt in der Lage ist, den Schuldendienst zu erbringen. Ergeben die Auswertungen dieses Szenarios, dass eine Unterdeckung des Schuldendienstes vorliegt, müssen die Banken über mögliche Modifikationen am entworfenen Finanzierungsplan nachdenken. Aus Sicht der fremd finanzierenden Bank ist ein besserer Verlauf als der Base Case nicht entscheidungsrelevant, da ihr Risikobegriff aufgrund ihrer Chance-Risikoposition als negative Zielabweichung definiert ist und der Schuldendienst unabhängig vom Projektergebnis erbracht werden. Die Methodik der Szenariotechnik und die durch sie abgeleitete Ermittlung einer Finanzierungsstruktur werden detailliert anhand von Fallbeispielen jeweils zum Ende der Branchenkapitel beschrieben.

Die Tatsache, dass auf der Grundlage der Sensitivitätsrechnung bzw. Szenariotechnik keine Aussage über die Eintrittswahrscheinlichkeit der unterstellten Cashflow-Konstellationen möglich ist, wird als das größte Defizit dieser Untersuchungsmethode angesehen. Um dies zu kompensieren, können aufgrund vorhandenen Fachwissens subjektive Eintrittswahrscheinlichkeiten unterstellt werden.

Bei den vorherigen Methoden wurde von der Annahme ausgegangen, dass die Auswirkungen identifizierter Projektrisiken quantifizierbar sind. Diese Bedingung trifft aber bei einigen Risikofaktoren, die den Projekterfolg beeinflussen und daher in die Risikobetrachtung mit einzubeziehen sind, nicht zu. Dazu zählen beispielsweise die Beurteilung der Verfahrenstechnik sowie die Qualifikation des Projektmanagements. Hierbei handelt es sich um nicht quantifizierbare Risiken, die dadurch charakterisiert sind, dass ihre Auswirkungen auf den Projekterfolg nicht numerisch erfassbar sind.

Um diese Risiken bei der Projektbeurteilung zu berücksichtigen, wird die Methode der Risikoklassifikation genutzt. Bei dieser Bewertungsmethode wird die Intensität der Ausprägung der einzelnen Risikofaktoren beschrieben, woraus sich beispielsweise ein Klassifikationsmuster, wie im Folgenden dargestellt, ergeben kann.

Intensitätsstufen / **Risikofaktoren**	sehr gut	gut	zufrieden stellend	nicht zufrieden stellend
Qualität der Verfahrenstechnik				
Qualifikation des Managements				
Einschätzung der Contractors				
Qualifikation des Ingenieurs				

Klassifikationsmuster für Risikofaktoren

Abbildung 49: Klassifikationsmuster für Risikofaktoren

Die systematische Einbeziehung aller nicht quantifizierbaren Risiken erfordert das Zugrundelegen eines Vergleichsmaßstabes, der als Richtlinie für alle Projekte gilt. Der Wert eines solchen Beurteilungsrasters liegt im Zwang für den Urteilenden, schärfer zu analysieren und sein Urteil anderen verständlich zu machen. Auch lassen sich die Grenzen zwischen quantifizierbaren und nicht quantifizierbaren Risiken nicht trennscharf bestimmen.

In den folgenden Abschnitten werden wir die verschiedenen, in der Praxis dominierenden Kennzahlen innerhalb einer Projektfinanzierung darstellen und kritisch würdigen.

Spezifische Investitionskennziffer

Seit DUPONT DE NEMOURS Anfang des 20. Jahrhunderts erstmalig ökonomische Verhältniszahlen entwickelte, sind diese ein fester Bestandteil für die Bewertung ökonomischer Aktivitäten geworden. Bei Projektfinanzierungen bestehen beim Einsatz von Kennzahlen regelmäßig zwei Besonderheiten: Zum einen liegen bestimmte Informationen nicht vor, da es sich nicht um börsengehandelte Unternehmen handelt, und zum anderen werden die Verpflichtungen einer Projektgesellschaft aus gegenwärtigen und zukünftigen Cashflows zurückgeführt, so dass lediglich zukunftsbezogene Kennzahlen zweckmäßig sind.

Eine auch heute noch gebräuchliche Kennziffer ist die spezifische Investitionskennziffer, die wie folgt definiert ist:

$$\textit{Spezifische Investitionskennziffer} = \frac{\textit{Gesamtinvestitionskosten}}{\textit{Jahresnettoenergieertrag in kWh}}$$

So sind bei Windenergieprojekten in Deutschland derzeit Werte von 65 € Cent/kWh üblich, bei Solarprojekten in Spanien 4,20 €/kWh, wobei bei letzteren die Tendenz steil nach unten zeigt. Die Kernaussage lautet: Je höher die Kennzahl, umso weniger wirtschaftlich ist das Vorhaben. Allerdings hat diese Kennzahl eine Reihe von Nachteilen, weshalb sie im Rahmen von detaillierten Analysen nur selten verwandt wird:

1. Diese Kennzahl betrachtet mit den Investitionskosten nur eine Bestandsgröße zum Investitionsbeginn. Sämtliche Einzahlungen und Auszahlungen der Betriebsphase werden nicht berücksichtigt. Wird diese Kennzahl gleichwohl verwandt, können Anlagenlieferanten einen günstigeren Wert ausweisen, indem sie Zahlungen, die ansonsten in der Anschaffungsinvestition untergebracht werden, über erhöhte Wartungskosten in die Zukunft verschieben.
2. Es bleibt unklar, wie sich die Wirtschaftlichkeit aus Sicht des Investors und die Belastbarkeit aus Sicht des Fremdkapitalgebers darstellen. Hierfür benötigt man Informationen über die Ein- und Auszahlungen während der gesamten Projektlaufzeit.
3. Für Vergleiche ist diese Kennzahl nur sehr begrenzt einsetzbar, da sie die zukunftsbezogenen Informationen nicht verwendet. Ein Vorhaben, das von einem Vergütungssatz von z.B. 10 € Cent/kWh während der Laufzeit profitiert und eine spezifische Kennzahl von 70 € Cent/kWh aufweist, wird c.p. wirtschaftlicher sein als eines, dass bei einem Vergütungssatz von 8 € Cent/kWh eine spezifische Kennzahl von 65 € Cent/kWh aufweist.

Letztlich ist der Aussagegehalt dieser Kennzahl beschränkt und ebenfalls manipulierbar, so dass ihre Bedeutung in der Praxis auch gering ist. Die in der Praxis dominierenden Verfahren der Kapitaldienstüberdeckung vermeiden diese Mängel und werden im Folgenden dargestellt.

Der Schuldendienstdeckungsgrad

Der Schuldendienstdeckungsgrad (Debt Service Cover Ratio, DSCR) ist die wahrscheinlich am häufigsten gebräuchliche Kennzahl innerhalb einer Projektfinanzierung:

$$DSCR = \frac{Cashflow\ der\ Periode + Schuldendienstreserve}{Schuldendienst\ der\ Periode}$$

Die zentrale Kennzahl für die Kapitaldienstfähigkeit eines Projektes ist der Schuldendienstdeckungsgrad (*Debt Service Cover Ratio*), die das Verhältnis zwischen dem Cashflow und dem Kapitaldienst einer Periode darstellt. Diese Kennzahl wird zum einen jährlich – manchmal auch zu jedem Kapitaldiensttermin – berechnet, zum anderen aber bereits zur Planung eines Projektes über die gesamte Kreditlaufzeit ausgewiesen. Die Dominanz des DSCR erklärt sich unmittelbar aus dem zentralen, wirtschaftlichen Charakteristikum einer Projektfinanzierung: Da die zur Finanzierung des Projektes aufgenommenen Darlehen ausschließlich aus dem vom Projekt generierten Cashflows zurückgeführt werden, ist es nahe liegend, den Cashflow-Verlauf dahingehend zu untersuchen, ob er in der Lage ist, den Kapitaldienst für die Darlehen zu erbringen. Wenn der Schuldendienstdeckungsgrad die einzige verwandte Kennzahl ist, ist dies für die Zwecke einer Projektfinanzierung gleichwohl ausreichend.

Der DSCR gibt an, um welchen Faktor der erwartete Cashflow den Kapitaldienst in jedem Jahr über- oder unterdeckt. Banken sind aufgrund ihrer Risikopräferenzen nur bereit, Projektkredite bei Überschreitung bestimmter Überdeckungsverhältnissen zur Verfügung zu stellen. Wenn der DSCR unter 1,00 fällt, kann das Projekt seinen Verpflichtungen aus dem Kreditvertrag nicht mehr vollständig nachkommen und muss entweder weitere Kreditmittel aufnehmen oder Eigenmitteleinschüsse erhalten. Die Kennzahl ist im besonderen Maße dafür geeignet, das Rückzahlungsprofil eines Projektes zu bestimmen. In der oben genannten Verwendung beinhaltet sie die Schuldendienstreserve: Dies hat zwar den Nachteil, dass im Basisfall der DSCR strukturell überschätzt wird, aber den deutlichen Vorteil, dass in einem Belastungsfall – und vor allem dieser interessiert die Kreditgeber – die Belastbarkeit des Vorhabens inklusive aller Reserven aufgezeigt wird.

Wenn die Kennzahl wie oben benutzt wird, sollte sich die Interpretation auf einen Belastungsfall beziehen. In einem Basisfall ist zu berücksichtigen, dass der DSCR um die Schuldendienstreserve zu hoch ausgewiesen wird. Keinesfalls dürfen hier andere Konten als die Schuldendienstreserve eingerechnet werden, wie z.B. eine Wartungskostenreserve.

Der Schuldendienstdeckungsgrad ist eine hochgradig verdichtete Kennzahl, da sie sämtliche Einzahlungen und Auszahlungen eines Vorhabens vor dem Hintergrund der Kapitaldienstfähigkeit darstellt. Damit ergeben sich bestimmte Teilaspekte, die bei der Interpretation dieser Kennzahl beachtet werden müssen:

1. Definition des DSCR: Es mag sich trivial anhören, aber bei allen Beteiligten einer Projektfinanzierung sollte einheitlich klar sein, wie sich der DSCR berechnet. Allein ein Blick in ein beliebiges Standardlehrwerk zur Betriebswirtschaftslehre wird zeigen, dass es eine Vielzahl von Definitionen des Cashflows gibt. Wird hier nicht von Anfang an für Klarheit gesorgt, sind spätere Diskussionen unausweichlich. Bei Projektfinanzierungen wird typischerweise der DSCR an mindestens zwei Stellen vertraglich fixiert: Einerseits bei der Klärung, wie die Projekteinnahmen den verschiedenen Anspruchsberechnungen in welcher Priorisierung zugute kommen (Cashflow Waterfall), andererseits bei der Umsetzung innerhalb eines Cashflow-Modells.
   Hinzu kommt: Der Cashflow ist zwingend auf einer Nach-Steuern-Basis zu berechnen, da Steuerzahlungen vorrangig gegenüber dem Kapitaldienst zu leisten sind. Einzige Ausahme läge dann vor, wenn die Steuerzahlungen von Dritten getragen würden (was in en USA häufiger der Fall ist).

2. Methodische Vorgehensweise: Die reine Angabe des DSCR beinhaltet folgende Probleme:
   a. Verknüpfung zwischen Strom- und Bestandsgrößen: Häufig werden Stromgrößen – operative Cashflows während einer Periode – und Bestandsgrößen – der Stand einer Schuldendienstreserve – im Rahmen einer Kennzahl verdichtet. Ist die Schuldendienstreserve erst einmal dotiert und ist der operative Cashflow ausreichend, um den Kapitaldienst zu decken, weist der DSCR systematisch die einmal angesparte Schuldendienstreserve mit aus.
      Um eine systematische Überschätzung der Belastbarkeit eines Vorhabens zu vermeiden, empfiehlt es sich, das Vorhaben unter einem Stress-Szenario zu beurteilen, um so beurteilen zu können, wie lange ein Vorhaben kapitaldienstfähig bleibt, wenn auch die Reserven des Projektes abgeschmolzen werden.
   b. Vorsicht bei der Interpretation von Schuldendienstdeckungsgraden, die sich auf verschiedene Darlehenstranchen beziehen (Multi-Tranche Ratio): Bestehen etwa eine Senior Tranche und eine Junior Tranche, können sich folgende Konstellationen ergeben. Angenommen sei, dass der für den gesamten Kapitaldienst verfügbare Cashflow 150 GE betrage, der Kapitaldienst für den Senior Loan 60 GE und der für den Junior Loan 40 GE. Stellt man den DSCR im Sinne eines Cashflow-Waterfalls dar, ergibt sich für den Senior Loan ein $DSCR_{Senior\ Loan}$ von 2,50 und für den Junior Loan ein $DSCR_{Junior\ Loan}$ von 2,25. Berücksichtigt man allerdings, dass der gesamte Cashflow nur für den gesamten Kapitaldienst zur Verfügung steht, ergibt sich eine Kapitaldienstüberdeckung von nur noch 1,50.
   c. Der DSCR sollte immer berechnet werden, indem der Cashflow auf den gesamten Kapitaldienst bezogen wird, den ein Vorhaben zu erbringen hat.
   d. Unterschiedliche Vorstellungen zu den Basisannahmen des Projektes: Jeder Projektierer wird mit einem bestimmten Annahmen-Set die für eine Projektfinanzierung in Frage stehende Bank informieren und nicht alle wirtschaftlichen Rahmendaten werden während der Planungsphase eines Projektes fixiert oder bekannt sein. Dabei kann nun folgendes Problem bestehen: Stellt der Projektierer das Projekt schlechter dar als es wahrscheinlich sein wird (dieser Fall ist gar nicht so selten) und nimmt die Bank diesen Fall als Ausgangspunkt für die Dimensionierung der Fremdmittel an, wird dieses Projekt mit weniger Fremdmittel ausgestattet

werden als es aufgrund seiner „objektiven“ Qualität erhalten könnte. Umgekehrt liegt der Fall bei überoptimistischen Annahmen eines Entwicklers zu einem Projekt.
Da die Informationsasymmetrie zwischen Projektierern und Fremdkapitalgebern zu einer Adversen Selektion (GEORGE AKERLOF) führen könnte, werden Banken versuchen, ein realistisches Bild eines Projektes zu erlangen und dabei auch die Hilfe von Beratern in Anspruch nehmen.

3. Verknüpfung mit der Tilgungsstruktur: Über die Gestaltung der Tilgungsstruktur werden die Kapitaldienstzahlungen während der Finanzierungslaufzeit definiert. Grundsätzlich gibt es folgende Tilgungsmodalitäten, die jeweils einen typischen Verlauf von DSCR nach sich ziehen:
   a. Ratentilgung: Es erfolgt pro Rückzahlungstermin ein gleich bleibender Tilgungsbetrag. Durch die fortschreitende Tilgung sinkt im Zeitablauf der Zinsanteil auf die verbleibenden Darlehen, so dass der Kapitaldienst mit fortschreitender Projektdauer immer geringer wird. Diese Tilgungsstruktur führt zu tendenziell steigenden Überdeckungsrelationen.
   b. Annuitätentilgung: Bei der Annuitätentilgung bleibt der Kapitaldienst während der gesamten Rückzahlung konstant; es verändert sich lediglich der Anteil der Zins- und Rückzahlungsanteile innerhalb der Kapitaldienstrate. Bei annähernd gleich bleibenden Einnahmen und operativen Kosten führt der Einsatz dieser Rückzahlungsstruktur tendenziell zu gleich bleibenden Überdeckungsrelationen.
   c. Maßgeschneiderte Tilgung, die einen konstanten DSCR während der Finanzierungslaufzeit garantiert (*„sculptured repayment“*): Bei dieser Variante wird das Ziel eines bestimmten, fixierten Schuldendienstdeckungsgrades vorgegeben. In Abhängigkeit von den sonstigen Ein- und Auszahlungen verbleibt dann ein bestimmter Cashflow, der für die Rückzahlungen zur Verfügung steht. Hier können sich nun wiederum zwei Varianten ergeben – einerseits die Vorgehensweise, diesen Rückzahlungsstrom vor Financial Close zu fixieren oder aber das Prinzip der Bemessung des DSCR auch während der Projektlaufzeit beizubehalten. In diesem letzteren Fall wird die Rückzahlungsdauer der Darlehenstranche dann regelmäßig schwanken, da typischerweise nicht alle Ein- und Auszahlungen fixiert sein werden. Diese Herangehensweise korrespondiert mit der Idee, den Rückzahlungsstrom möglichst eng an die vom Projekt generierten Cashflows zu binden.
   d. Tilgung mit Restbetrag: Ebenfalls denkbar ist die Kombination einer der oben genannten Tilgungsstrukturen, wobei zu einem bestimmten späteren Zeitpunkt ein größerer Restbetrag entweder vollständig zurückgezahlt werden muss oder eine neue Entscheidung über eine Refinanzierung dieses Betrages erfolgen muss (*„balloon payment“*). Derartige Tilgungsstrukturen weisen dann regelmäßig – bis auf das letzte Jahr – gute Deckungsrelationen auf, bringen aber auch Unsicherheit über die sich anschließende Tilgung. Insbesondere muss bedacht werden, ob der ausstehende Kreditbetrag aufgrund der wirtschaftlichen, technischen und rechtlichen Gegebenheiten des Vorhabens zum Ablösungszeitpunkt auch refinanziert werden kann.

4. Berücksichtigung des Risikoprofils eines Vorhabens: Entscheidend für die Dimensionierung der zu erzielenden DSCR ist die Prognostizierbarkeit des Cashflows, die sich aus dem Zusammenspiel der Wirtschaftlichkeit des Vorhabens unter Berücksichtigung vertraglicher Verpflichtungen der Projektbeteiligten ergibt. Je schwieriger die Prognose der Cashflows bzw. je geringer die Einbindung der Projektbeteiligten ist, umso höher werden typischerweise die Schuldendienstdeckungsgrade ausfallen. So findet man beispielsweise bei Minenprojekten in Südamerika deutlich höhere Deckungsrelationen als bei Windenergieprojekten in Deutschland.
   In jedem Fall sei davor gewarnt, allein auf den minimalen Schuldendienstdeckungsgrad eines Vorhabens zu sehen. Dies ist ein eher allgemeiner Merksatz, der bereits in einer Reihe von Rechnungslegungssystemen festgeschrieben ist: Es existiert keine Möglichkeit, die Performance eines Unternehmens in einer Kennzahl auszudrücken. Daher sollte keine alleinige, übertriebene Bedeutung auf eine noch so wichtige Kennzahl gelegt werden, sondern zusätzlich untersucht werden, welche Parameter realistischerweise wie weit schwanken können und welche Konsequenzen sich insoweit auf die Belastbarkeit des Vorhabens ergeben.

Je nach Risikoeinschätzung kann der festgesetzte Mindestdeckungsgrad stark variieren. Entsprechend schwanken die Überdeckungsverhältnisse in Abhängigkeit von den Erfahrungen der Branche und dem jeweiligen Risikoprofil eines Projektes. Wichtig ist die Frage, wie robust das Projekt gegenüber negativen Planabweichungen reagiert und welche Sicherungsmechanismen greifen, um daraus eine Mindestdeckungsrelation für die Vergabe von Projektkrediten zu ermitteln.

Die Bedeutung der Risikoabsicherung nach dem Kriterium des Schuldendienstdeckungsgrades zeigt auch eine Schwäche dieses Verfahrens: Sein Ausgangspunkt ist nicht die Analyse der Risiken als solche und ihre Bemessung, sondern die auf die möglichen Folgen abgestellte Bemessung eines Risikopolsters, mit dem die verbleibenden Risiken pauschal abgesichert werden sollen. Solange das pauschal bestimmte Sicherheitspolster eine ausreichende Abfederung verschafft, mag dies genügen. Je dünner allerdings die Polster werden, umso stärker rücken wiederum die Einzelrisiken und die spezifischen Risikoinstrumente in den Vordergrund.

Loan Life Cover Ratio

Neben dem Schuldendienstdeckungsgrad werden folgende Kennzahlen eingesetzt:

$$\textit{Loan Life Cover Ratio} = \frac{\textit{Barwert der zukünftigen Cashflows}}{\textit{Ausstehende Kreditbeträge}}$$

$$\mathrm{Pr}\textit{oject Life Cover Ratio} = \frac{\textit{Barwert der zukünftigen Cashflows der }\mathrm{Pr}\textit{ojektlaufzeit}}{\textit{Kredits}\tan d}$$

Ziel der Berechnung dieser Kennzahlen und des DSCR ist es zu überprüfen, inwiefern das Projekt in der Lage ist, den Schuldendienst aus dem erwarteten Cashflow zu erbringen. Die drei Überdeckungsrelationen unterscheiden sich insoweit, dass unterschiedliche Zeiträume zur Betrachtung herangezogen werden. Während beim DSCR die Periode der Leistungserbringung und bei der *loan life cover ratio* die Kreditlaufzeit entscheidend sind, wird bei der *project life cover ratio* die Projektlaufzeit als Beurteilungszeitraum zugrunde gelegt.

Während in der bisherigen Bankpraxis Kapitaldeckungen aufgrund des DSCR vorgenommen wurden, berücksichtigt die Loan Life Cover Ratio (LLCR) die Kapitaldienstdeckung während der gesamten Finanzierungslaufzeit. Allerdings informiert sie nicht darüber, wie hoch die Belastbarkeit in einem einzelnen Jahr des Betrachtungszeitraumes ist.

Die Bedeutung der LLCR liegt darin, dass sie darüber informiert, wie hoch die Überdeckung des gesamten Kapitaldienstes durch zukünftige Cashflows ist und damit darüber informiert, wie viel Puffer bei einer möglichen Restrukturierung einer Projektfinanzierung besteht. In der eher theoretischen Betrachtung der Projektfinanzierung werden die Banken typischerweise nur einen bestimmten Anteil des Barwertes der für den Kapitaldienst verfügbaren Cashflows zur Verfügung stellen können[145].

Alleine ist die LLCR nur beschränkt aussagefähig: Würde man alleine auf sie abstellen, könnte etwa die Situation eintreten, dass sich in einzelnen Jahren eine Unterdeckung des Kapitaldienstes ergäbe (DSCR < 1,0), gleichwohl aber ein auskömmlich hoher LLCR ausgewiesen wird, der zukünftige Cashflow-Überschüsse ausweist. Eine derartige Herangehensweise wäre nur dann akzeptabel, wenn bereits vor Financial Close klar ist, wer die Unterdeckungen des Kapitaldienstes trägt und ob diese Partei diese Verpflichtung auch erfüllen kann. Als Träger kommen grundsätzlich die Projektgesellschaft, deren Sponsoren oder die fremd finanzierenden Banken in Frage. Wird die Klärung dieser Frage versäumt, würde strukturell eine Unterdeckung entstehen, die zu einer Restrukturierung des Vorhabens führen würde. Selbstverständlich kommt es bei der Beurteilung dieser Frage darauf an, ob wir uns über ein Downside-Szenario oder das als wahrscheinlich angesehene Base Case-Szenario unterhalten.

Hinzu kommt: Wie bei jeder Kalkulation, die auf der Diskontierung von Zahlungsströmen basiert, kann das Ergebnis durch eine Reihe von Wahlmöglichkeiten beeinflusst werden, wie die Wahl des Diskontierungssatzes. Wird dieser relativ niedrig gewählt, steigt die LLCR an, ohne dass sich an dem Projekt etwas geändert hätte.

Insgesamt sollte die LLCR niemals allein verwandt werden, sondern immer gemeinsam mit dem DSCR-Verlauf.

---

[145] John D. Finnerty 2007, S. 130 ff.

3.6.3 Zusammenfassende Bewertung der Einzelrisiken und Ausgestaltung der Risikoallokation

Die bisherige Darstellung hat deutlich gemacht, dass die Wirtschaftlichkeit eines Projektes zentral von der Cashflow-Stabilität bei Planabweichungen sowie der glaubwürdigen Einbindung der Projektbeteiligten abhängt. Diese Einflussgrößen müssen – soweit dies möglich ist – quantifiziert werden, um in einem nächsten Schritt das Risikoprofil des Projektes zu ermitteln, das wiederum Voraussetzung für die Ermittlung der Finanzierungsstruktur ist (siehe hierzu das folgende Kapitel).

Die zusammenfassende Bewertung der verschiedenen Risiken soll im Folgenden anhand der folgenden Abfolge verdeutlicht werden, wobei wir zur Konkretisierung ein idealtypisches Photovoltaik-Vorhaben gewählt haben.

- Im ersten Schritt wird unterstellt, dass alle identifizierten Risiken eintreten.
- Die identifizierten, bei den einzelnen Risiken einzusetzenden Maßnahmen zur Minimierung und Abwälzung finden Anwendung.
- Die quantifizierten Auswirkungen der nicht Dritten zuzuweisenden Risiken werden aggregiert.

Das Ergebnis dieses Worst-Case-Szenarios ist ein bestimmtes Annahmen-Set, unter dem das zu finanzierende Projekt noch tragfähig sein muss, d.h. jeweils einen Schuldendienstdeckungsgrad aufweisen muss, der höher ist als 1,0. Sofern diese Konstellation gegeben ist, kann das Vorhaben als Projektfinanzierung realisiert werden, da der gleichzeitige Eintritt aller Risiken die Bedienung des Kapitaldienstes nicht gefährden würde.

Risiko	Risikoinstrumente / Auswirkungen	Abschlag von Plan-Annahmen
Leistungsverlust der PV-Module	Verwendung ausschließlich kristalliner Module namhafter Hersteller, die industrieübliche Performance-Garantie abgeben	Mehrheitlich gehen die Technischen Gutachter davon aus, dass eine Degradation von mehr als 0,3 % p.a. bei heutiger Technologie unwahrscheinlich ist.
Einstrahlungsrisiko ("Elementarrisiko") und Gutachterrisiko	Einfordern qualitativ angemessener Gutachten, die nachvollziehbar das Einstrahlungspotential am Standort mit den jeweiligen Modulen untermauern. Wetterderivate haben sich in diesem Zusammenhang noch nicht durchgesetzt.	Aufgrund von Langzeitmessungen kann von einer Standardabweichung von max. ca. 5 % ausgegangen werden. Gutachter geben bei eigenen Gutachten häufig die Unsicherheit an (ca. 4 % Standardabweichung).
Verzögerte Fertigstellung oder Kostenüberschreitung	Abschluss eines Generalunternehmervertrages mit Garantie eines Fixpreises und eines Spätest-Fertigstellungstermins; bei Verzögerung über den Stichtag der Tarifabsenkung entsprechende Reduzierung des GU-Preises, der das Projekt schadlos hält.	kein Abschlag
Preisrisiko bei Änderung des EEG	Bei Entfall des EEG möglicherweise Entfall der Geschäftsgrundlage.	Szenario wird als unwahrscheinlich erachtet - kein Abschlag
Mangelhafte Betriebsführung	Betriebsführung darf nur in erfahrenen Händen liegen (angemessene Performance-abhängige Vertragsstruktur, eindeutige Eintrittsrechte für die Bank)	kein Abschlag
Steigerung der operativen Kosten	Vereinbarung langfristiger Wartungsverträge, möglichst mit Koppelung an die Einnahmenentwicklung des Projektes	Anfängliche, rechnerische Erhöhung der variablen, operativen Kosten und sodann Inflationierung
Zinsänderungsrisiko	Abschluss geeigneter Zinssicherungsinstrumente, die wesentliche Teile der Darlehen (üblich: 2/3) langfristig absichern.	Abhängig von der konkreten Ausgestaltung (üblich: die ersten 10 Jahre sind vollständig gesichert).
Einbringung des Eigenkapitals	Eigenmitteleinbringung muss gesichert sein (Einbringung des Eigenkapitals vor den Fremdmitteln, Stundungserklärung oder bewertbare Platzierungsgarantie).	kein Abschlag
Force Majeure Risiken	Abschluss industieüblicher Versicherungen für die relevanten Risiken	kein Abschlag

Abbildung 50: Zusammenfassende Darstellung bei einem Photovoltaik-Projekt

Bei der obigen Darstellung sind folgende Aspekte wichtig:

- Zum Teil handelt es sich bei den möglichen Risikoinstrumenten um solche, die in jedem Fall und vollständig erfüllt werden müssen, ansonsten käme keine Projektfinanzierung zustande. Bestünde etwa Unsicherheit hinsichtlich der Eigenmitteleinbringung, so wäre die Gesamtfinanzierung unsicher und die Fremdkapitalgeber hätten das potentielle Risiko, sämtliche Fremdmittel eingebracht zu haben, ohne dass das Projekt fertig gestellt wird, da die Eigenmitteltranche nicht gebracht wird.
- Des Weiteren bestehen Risiken, die sich praktisch nicht quantifizieren lassen, die aber gleichwohl ein reales Risiko für das Projekt darstellen können: Erweist sich der Betreiber als ungeeignet für den Betrieb eines Projektes, können die Auswirkungen auf den Cashflow erheblich sein, ohne dass sie im Vorfeld quantifiziert werden können[146]. Bei quantifizierbaren Risiken ist eine Gesamtbetrachtung zulässig und auch notwendig. Die Einflussgrößen münden in Cashflow-Größen, die Aussagen über die Wirtschaftlichkeit und die Belastbarkeit des Vorhabens zulassen. Das bedeutet aber

[146] Hier kann zum Beispiel zählen, dass es der Betreiber versäumt hat, sämtliche notwendigen Genehmigungen einzuholen und das Vorhaben nunmehr ohne rechtliche Basis operiert, so dass potentiell ein Totalschaden droht. Wahrscheinlicher sind aber Schlechtleistungen aufgrund mangelnder Qualifikation, die zu Einbußen bei der Produktion führen können.

auch, dass quantifizierbare Größen wie ein Mobile interagieren: Ein größeres Risiko – z.B. höhere Pachtzahlungen – kann durch einen anderen Effekt – z.B. ein besseres Energieangebot am Standort – mehr als kompensiert werden. Das Mobile-Konzept trägt aber nicht bei rein qualitativen Faktoren – ein ungeeigneter Betriebsführer kann nicht durch eine gut bewährte Technik kompensiert werden.

- Ebenfalls gibt es Risiken, bei denen eine dritte Partei zwar Garantien übernimmt, diese aber so ausgestaltet sind, dass gleichwohl größere Restrisiken bei den Kapitalgebern verbleiben. Als typisches Beispiel ist das Risiko der Degradation bei Photovoltaik-Modulen aufzuführen: Zwar geben die Modul-Hersteller üblicherweise eine Performance-Garantie von 90 % in den ersten zehn Jahren bzw. von 80 % in den Jahren 11 bis 25. Diese Garantie wird aber typischerweise nach Einschätzung der technischen Gutachter bei kristallinen Modulen heutiger Bauart nicht greifen, sondern es sind deutlich höhere Performance-Werte wahrscheinlich.

Bezieht man die verschiedenen Risikoinstrumente mit ein und geht von einer Darlehenslaufzeit bis zu 20 Jahren aus, so erscheint ein für das Worst-Case-Szenario angemessener Gesamtabschlag auf die Plandaten, bei dem das Vorhaben noch tragfähig sein muss, in Höhe von 15 % bis 20 % realistisch und findet sich in dieser Bandbreite auch bei den verschiedenen deutschen Kreditinstituten, die diese Vorhaben finanzieren.

Die obige Darstellung ist zunächst nur als didaktische Hinführung zu verstehen, die ein erstes Gefühl dafür vermittelt, welches Kreditvolumen tragfähig erscheint. Üblicherweise wird das so ermittelte Cashflow-Modell in ein selbständiges Simulations-Tool (ST) eingespeist, das über eine Vielzahl von Simulationsrechnungen ein Rating-Ergebnis für die Projektfinanzierung auswirft.

Ausgehend von einer zusammenfassenden Bewertung der Einzelrisiken kann nunmehr im nächsten Schritt eine angemessene Finanzierungsstruktur entwickelt werden.

3.6.4 Entwicklung einer geeigneten Finanzierungsstruktur

Besteht Klarheit über das Risikoprofil des Projektes einerseits und die Einbindung der Projektbeteiligten als Risikoträger andererseits, stellt sich die Frage nach einer geeigneten Finanzierungsstruktur.

Bei der Ausgestaltung einer Projektfinanzierung steht regelmäßig die Langfristfinanzierung während der Betriebsphase, das so genannte Term Loan, im Mittelpunkt der Diskussion. Gleichwohl müssen zusätzliche Finanzierungsbedarfe geprüft und ggf. bereitgestellt werden.

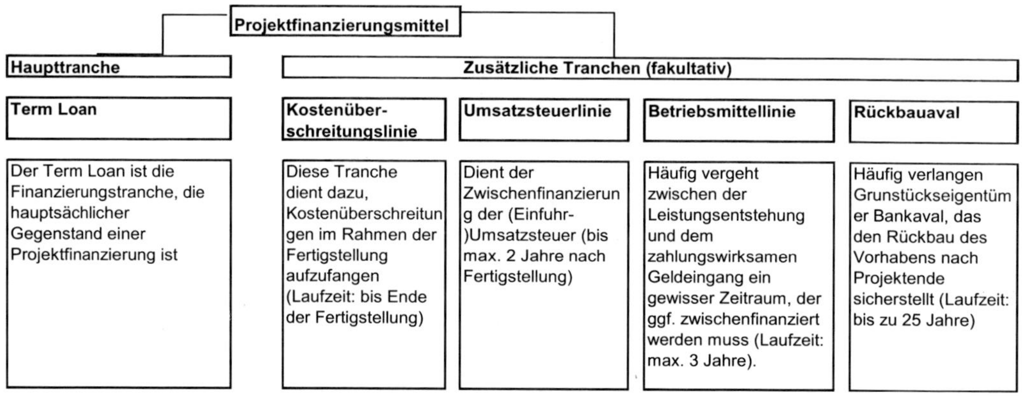

Abbildung 51: Finanzierungstranchen für eine Projektfinanzierung

Die *Working Capital Facility* dient der Finanzierung von Cashflow-Defiziten, die während des Projektverlaufs als Folge von unterschiedlichen Zahlungszyklen auftreten können. Eine Finanzierungslücke kann dann entstehen, wenn die Forderungen aus Lieferungen und Leistungen die Verbindlichkeiten aus Lieferungen aus Lieferungen und Leistungen übersteigen und somit mehr Zinsen gezahlt als eingenommen werden. Problematisch wird diese Situation dann, wenn unmittelbar fällige Leistungspflichten bestehen. Typisch ist diese Konstellation bei allen Erneuerbaren-Energien – Vorhaben, bei denen im Betrieb der Leistungsanspruch entsteht, aber vom Stromversorger erst eine gewisse Zeit später (häufig ein Monat später) beglichen wird. In diesem Zusammenhang ist es zentral, die nationalen Gegebenheiten in Erfahrung zu bringen, damit die Höhe und Laufzeit dieser Tranche angemessen dargstellt werden.

Die *Stand-By-Fazilität* (Kostenüberschreitungslinie) kann typischerweise dann in Anspruch genommen werden, wenn der Term Loan zur Deckung der zusätzlich entstandenen Kosten nicht mehr ausreicht. Da aufgrund ihres Eventualcharakters ungewiss ist, wie hoch diese Tranche ausfallen muss, und sich bei Inanspruchnahme dieser Tranche auch ein Risiko manifestiert, ist klar, dass einerseits diese Marge für die Tranche höher ausfällt als für den Term Loan und dass regelmäßig mit den Sponsoren parallel eine zusätzliche Eigenmitteleinbringungsverpflichtung vereinbart wird.

Die *Value-Added-Tax* (Mehrwertsteuerlinie) wird regelmäßig dann benötigt, wenn die Zeit der Kostenerstattung dieser Steuerart verhältnismäßig lang ist, so dass die Projektgesellschaft vor Eintritt in die Betriebsphase nicht dazu in der Lage ist, die bezahlte Mehrwertsteuer bei den eigenen Ausgaben durch die der Verkäufe zu decken. Daher ist eine Finanzierungslinie notwendig, um die Mehrwertsteuervorleistungen zu finanzieren. Diese Fazilität wird dann durch die Mehrwertsteuereingänge oder die Mehrwertsteuererstattungsansprüche während der Betriebsphase nach und nach zurückgezahlt.

Rückbauavale werden regelmäßig dann verlangt, wenn die Anlagen auf fremden Grund errichtet werden. Der Grundstückseigentümer möchte gesichert sehen, dass nach Ende der Nutzungsdauer der Anlagen diese auch wieder zurückgebaut werden. Um diese Verpflichtung abzusichern, wird regelmäßig eine Bankbürgschaft verlangt, in der die Bank eine Bürgschaft für den Rückbau durch die Projektgesellschaft übernimmt.

Doch nunmehr zurück zum *Term Loan*, der eigentlichen Projektfinanzierung. Dieses Darlehen dient der Bedienung der Kosten in der Errichtungsphase und wird zurückgezahlt durch die operativen Cashflows des Projektes, die in der Betriebsphase zurückgezahlt werden.

Ohne auf die schier unüberschaubare Literatur zum Thema „optimale Kapitalstruktur" eingehen zu wollen, soll hier stattdessen auf den Ansatz der Praxis eingegangen und skizziert werden, wie sich aus dem Risikoprofil des Projektes und den Verpflichtungen der verschiedenen Projektbeteiligten eine geeignete Finanzierungsstruktur ermitteln lässt. Immer ist auch zu berücksichtigen, dass jedes Projekt mit anderen Kapitalanlagen konkurriert, Kapital mithin nur dann anziehen kann, wenn es auf dem Kapitalmarkt wettbewerbsfähige Konditionen bietet.

Ausgehend von einem bestimmten mit einem Projekt verbundenen Investitionsaufwand ergibt sich ein anfänglicher Finanzierungsaufwand, der durch eine geeignete Finanzierungsstruktur dargestellt werden muss. Die Frage nach einer geeigneten Finanzierungsstruktur bezieht sich auf mindestens vier Aspekte, nämlich 1. die Frage nach einem angemessenen Mix von Eigenkapital, Fremdkapital oder Zwischenformen dieser Idealtypen, 2. der Frage nach geeigneten Laufzeiten und Tilgungsstrukturen für die Darlehenstranchen, 3. dem Einsatz verschiedener Finanzierungsformen[147] und 4. der Frage nach eventuell notwendigen Zinssicherungsinstrumenten. Den letztgenannten Aspekt werden wir im Zusammenhang mit klassischen Kreditsicherheiten behandeln, die erstgenannten im Anschluss über ein Beispiel illustrieren.

Weiter oben wurde dargelegt, dass Fremdkapitalgeber regelmäßig auf einen bestimmten Eigenkapitalbeitrag bestehen werden. Den unterschiedlichen Rollen und Interessen der Sponsoren entsprechend können deren Eigenkapitalbeiträge unterschiedliche Formen annehmen (z.B. Bareinzahlung, Bereitstellung von Ausrüstungsgegenständen, Einbringung von Konzessionen). Möglich sind aber auch Kapitalformen, die zwischen Eigenkapital und Fremdkapital liegen, die Eigenkapitalsurrogate. Bei der Mischung der verschiedenen Formen spielen steuerliche Überlegungen, die gewünschten Zins- und Tilgungstakte, die Platzierbarkeit am Kapitalmarkt und Beteiligungs- oder Verfügungsbeschränkungen eine Rolle. Geschäftsbankenkredite nehmen – trotz der Entwicklung neuartiger Finanzierungsinstrumente auf den Kapitalmärkten – immer noch den größten Anteil an Projektfinanzierungen in Anspruch. Geschäftsbankenkredite haben häufig eine Laufzeit bis zu zehn Jahren, bei hinreichender Planbarkeit auch längere Laufzeiten. Zur Finanzierung des Umlaufvermögens (*working capital*) werden die Kredite in Form von Kreditlinien zur Verfügung gestellt. Bei Projekten in Entwicklungsländern haben die lokalen Banken häufig hier ihren Schwerpunkt, zumal das *working capital* zumeist in Landeswährung benötigt wird, während die Finanzierung des Anlagevermögens Domäne international tätiger, ausländischer Banken ist.

147 Auf eine detaillierte Darstellung der verschiedenen Finanzierungsformen soll an dieser Stelle verzichtet werden. Für eine umfassende Darstellung der Finanzierungsformen sei stattdessen auf das Standardwerk im Bereich Projektfinanzierung von Nevitt/Fabozzi 2000, S. 67 ff. verwiesen.

Die Frage nach einer angemessenen Eigenkapital-Ausstattung wird durch die Art des geplanten Projektes, sein Risikoprofil sowie die Möglichkeiten und Fähigkeiten der Projektbeteiligten, Risiken zu übernehmen, bestimmt. Wir wollen anhand eines Beispiels einige Überlegungen zur Ausgestaltung der Finanzierungsstruktur verdeutlichen.

In unserem Beispiel stellt ein Sponsor ein Windenergie-Projekt vor, das in Deutschland im Jahr 2003 errichtet werden soll[148]. Die Gesamtinvestitionskosten liegen bei M€ 10,73, die finanziert werden sollen mit M€ 2,69 Eigenkapital sowie mit zwei Darlehenstranchen über M€ 3,7 (Laufzeit zehn Jahre) sowie über M€ 4,5 (Laufzeit 15 Jahre). Die Darlehen sollen im ersten Betriebsjahr tilgungsfrei sein. Es wird ein Netto-Jahresenergieertrag von 16,95 GWh (nach technisch-physikalischen Abschlägen) erwartet, der Vergütungssatz beträgt an dem Binnenstandort für 20 Jahre 8,9 € Cent/kWh. Die Betriebskosten liegen mit anfänglicher T€ 330 bei 21,9 % der Einnahmen.

Nach der ersten Berechnung stellen sich die Kerndaten aus Sicht der Kapitalgeber wie folgt dar: Die interne Rendite (IRR) liegt bei 16,31 %, der maximale verkraftbare Einnahmerückgang bei 9,4 %.

	Interne Verzinsung:	Min. DSCR:	Ø DSCR:	Max. Einnahmen-rückgang:
1. Anfängliches Kundenangebot:	16,3%	1,12	2,05	9,40%

Zunächst erscheint der Bank das Projekt mit Blick auf den geringen Min. DSCR von 1,12, der die geringe Belastbarkeit des Vorhabens bei dieser Finanzierungsstruktur anzeigt, aus Sicht der Fremdkapitalgeber nicht fremdfinanzierungsfähig: Die Einnahmen können dauerhaft lediglich auf 90,6 % fallen, ohne dass die Bedienung des Kapitaldienstes gefährdet ist.

Die Bank schlägt vor, eine Schuldendienstreserve über 50 % des Kapitaldienstes des Folgejahres aus dem Cashflow des Projektes aufzubauen, die dann zur Deckung des Kapitaldienstes zur Verfügung steht, wenn der operative Cashflow – z.B. aufgrund von Schwankungen im Windangebot – hierfür nicht ausreichend ist. Die obigen Daten ändern sich wie folgt:

	Interne Verzinsung:	Min. DSCR:	Ø DSCR:	Max. Einnahmen-rückgang:
2. wie 1. + SDR von 50 %:	15,0%	1,62	2,56	20,20%

[148] Das Beispiel basiert nicht auf realen Daten, sondern soll lediglich einige Grundsätze der Gestaltung der Finanzierungsstruktur illustrieren. Insbesondere die interne Verzinsung wäre für ein deutsches Windenergie-Projekt ungewöhnlich hoch.

Die interne Rendite ist auf 15,0 % gesunken, da die für den Aufbau der Schuldendienstreserve benötigte Liquidität nun nicht mehr anfänglich zur Ausschüttung an die Gesellschafter zur Verfügung steht. Gleichzeitig ist der Min. DSCR unter Einrechnung der Schuldendienstreserve gestiegen[149]. Bemerkenswert ist, dass die maximale Belastbarkeit des Vorhabens erheblich gestiegen ist, und zwar auf 79,8 % des Einnahmenniveaus im Basisfall.

Im Zuge der weiteren Verhandlungen möchte der Sponsor möglichst seine Rendite auf das Maß erhöhen, das er bereits in der Eingangsverhandlung hatte. Hierzu schlägt die Bank vor, dass der Sponsor die Schuldendienstreserve anfänglich um T€ 200 erhöht, dafür aber seine Eigenmittel um T€ 300 reduziert und die Finanzierungslücke durch eine gleichzeitige Erhöhung der 15-jährigen Darlehenstranche ausgleicht. Es ergeben sich folgende Werte:

	Interne Verzinsung:	Min. DSCR:	Ø DSCR:	Max. Einnahmen-rückgang:
3. Dotierung SDR über T€ 200:	16,2%	1,59	2,58	18,50%

Die Interne Rendite entspricht annähernd dem Ausgangswert, die Belastbarkeit hat sich allerdings im Vergleich zum Eingangs-Szenario deutlich verbessert. Auf dieser Basis werden Sponsor und Bank schließlich handelseinig. Abschließend seien die DSCR-Verläufe der drei Entwicklungsschritte im Diagramm wiedergegeben, wobei deutlich wird, dass die deutlichste Veränderung mit der Einführung der Schuldendienstreserve erzielt wurde.

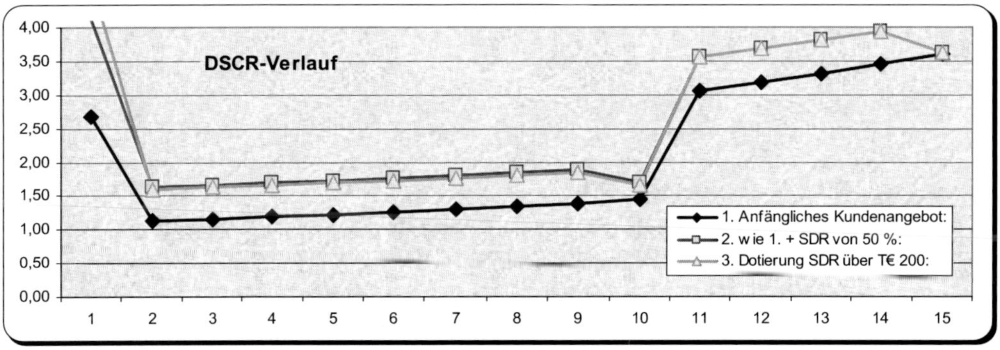

[149] Dabei entspricht die Differenz von 1,62 zu 1,12 dem Wert der Schuldendienstreserve von einem halben Jahr. Bei dieser Betrachtung darf man sich allerdings nicht zu sehr auf die Werte im Basisfall konzentrieren. Sie enthalten nämlich zwei Komponenten: den in jeder Periode zu erwirtschaftenden Cashflow (Stromgröße) und die Schuldendienstreserve (Bestandsgröße). Treten negative Planabweichungen auf, ist insbesondere die Schuldendienstreserve schnell verbraucht. Es empfiehlt sich daher, das Augenmerk auf die maximale Belastbarkeit zu legen.

Aus dem Beispiel wird aber auch deutlich, dass sich eine geeignete Finanzierungsstruktur als Ergebnis eines Verhandlungsprozesses zwischen Sponsor und Fremdkapitalgeber ergibt. Während der Sponsor die interne Rendite des Projektes maximieren will – was einen möglichst geringen Eigenkapitalbeitrag und eine späte Rückführung der Darlehen impliziert -, ist die Bank an einer angemessenen Belastbarkeit des Projektes innerhalb einer vorgegebenen maximalen Darlehenslaufzeit interessiert, die wiederum um so höher ist, je mehr Eigenkapital in das Projekt eingebracht wird. Diesen Spagat zu lösen, ist eine der interessanten Aufgaben bei der Gestaltung der Finanzierungsstruktur.

Während sich die Eigenkapitalquote bei einem herkömmlichen Unternehmen als Resultat einer Reihe historischer Gegebenheiten und vergangener unternehmerischer Entscheidungen darstellt, muss für jedes Projekt eine eigenständige Entscheidung über den Eigenmittelanteil getroffen werden. Faktoren, die hier berücksichtigt werden, sind das Risikoprofil des Projektes, das Wollen und Können der Projektbeteiligten, Risiken zu übernehmen und – neben der Verhandlungsmacht der beteiligten Parteien – die spezifische Risikowahrnehmung der Kreditgeber.

Was aus Sicht der Fremdkapitalgeber eine angemessene Belastbarkeit darstellt, hängt von einer Reihe von Gegebenheiten ab. Die Windverhältnisse in Deutschland der Jahre 2001 bis 2003 fielen abhängig vom Standort bis zu 25 % niedriger aus, als es der langjährige Durchschnitt hätte erwarten lassen können. Diese Entwicklung hat Einfluss auf die Akzeptanz von Investments sowohl was die Eigenkapitalgeber betrifft, die möglicherweise gar keine Ausschüttung erhalten haben, als auch die Fremdkapitalgeber, die möglicherweise ihr Anforderungsniveau erhöhen. Umgekehrt profitieren etwa Solar-Projekte von einer im Jahresvergleich weitaus weniger schwankenden Sonneneinstrahlung, die für die meisten Standorte in Deutschland unterhalb eines Wertes von 10 % um den 20jährigen Mittelwert liegen soll. Biomasse-Projekte hingegen müssen zusätzlich das Lieferrisiko auffangen, das sich bei ihnen sowohl mit Blick auf die Menge als auch den Preis verstärkt.

Für die Ermittlung der Eigenmittelausstattung bedeutet das folgendes:

1. In einem ersten Schritt wird die Risikostruktur bewertet, wobei wesentlich das Regulierungsumfeld und das technische Risiko eine Rolle spielen. Die Laufzeit einer gesicherten Vergütung ist ein erster Rahmenparameter, der zweite die Erwartung an die ökonomische Lebensdauer der verwandten Technik. Zur Vergütungsdauer: Wenn etwa die Regulierungsdauer bei 20 Jahren liegt, macht dies einen Unterschied gegenüber einer Regelung, bei der dies nur für 12 Jahren gilt und das Projekt dann darauf hoffen muss, dass es eine Anschlussregelung finden kann. Selbstverständlich ist eine Projektfinanzierung aus Bankensicht erst dann erfolgreich gewesen, wenn alle Darlehen zurückgeführt worden sind. Aufgrund dieser beiden limitierenden Kriterien ergibt sich eine maximale Laufzeit des Term Loans.
2. Nunmehr wird von der Bank ein Downside-Szenario formuliert, das mögliche Risiken, die nicht über das Risk Sharing abgedeckt sind, abbildet. Auf Basis dieses Szenarios muss das Projekt in der Lage sein, seinen Kapitaldienst jederzeit noch zu bedienen, erforderlichenfalls unter Einrechnung von Schuldendienstreservekonten oder dem Einsatz von bedingtem Eigenkapital. Als Ergebnis dieser ersten beiden Schritte ergibt sich ein be-

stimmter Finanzierungsbetrag, der als Term Loan dem Vorhaben zur Verfügung gestellt werden kann.

3. Unter Kenntnis der Gesamtinvestitionskosten und des unter 2. ermittelten Betrages für den Term Loan ergibt sich das Eigenkapital als Residualgröße.

Diese Vorgehensweise der Dimensionierung der Eigenmittel zeigt aber auch Folgendes:

1. Die Höhe der Eigenmittel spielt für die Beurteilung der Projektqualität keine Rolle.
2. Welche Höhe die Eigenmittel bei einem bestimmten Projekt haben müssen, ergibt sich erst unter Berücksichtigung aller Cashflow-relevanten Positionen des Projektes.

Für ein deutsches Windenergie-Projekt kann sich der DSCR-Verlauf beispielhaft wie folgt darstellen:

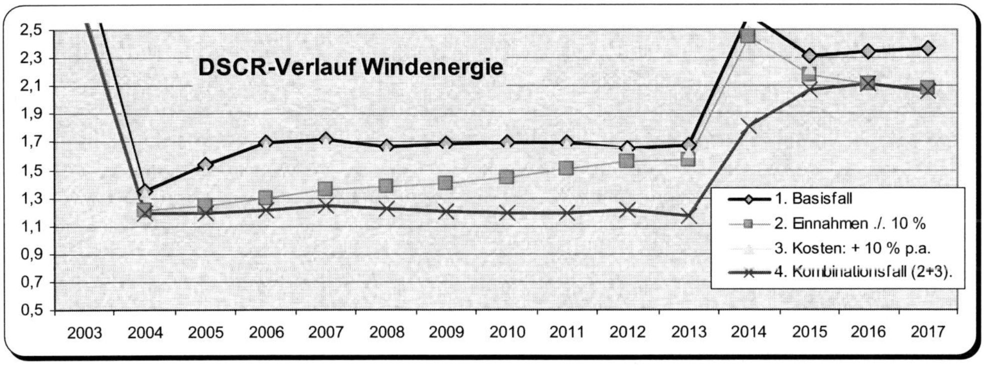

Die zentralen Kennzahlen ergeben sich wie folgt:

	Min. DSCR	Ø DSCR	Break-Even:
1. Basisfall	1,35	1,93	./.
2. Einnahmen ./. 10 %	1,21	1,70	.. bei 80,1 %
3. Kosten: + 10 % p.a.	1,33	1,88	..plus 75 %
4. Kombinationsfall (2+3):	1,17	1,51	

Deutlich wird, dass die Sensitivität auf einen Anstieg der operativen Kosten relativ gering ist, während ein Einnahmenrückgang die stärkste Wirkung auf die Belastbarkeit des Vorhabens hat.

Demgegenüber steht der DSCR-Verlauf eines Biomasse-Projektes, das allerdings nur sehr eingeschränkt mit dem Vorgänger-Projekt vergleichbar ist, da die Rückführung innerhalb von 8 Jahren erfolgt.

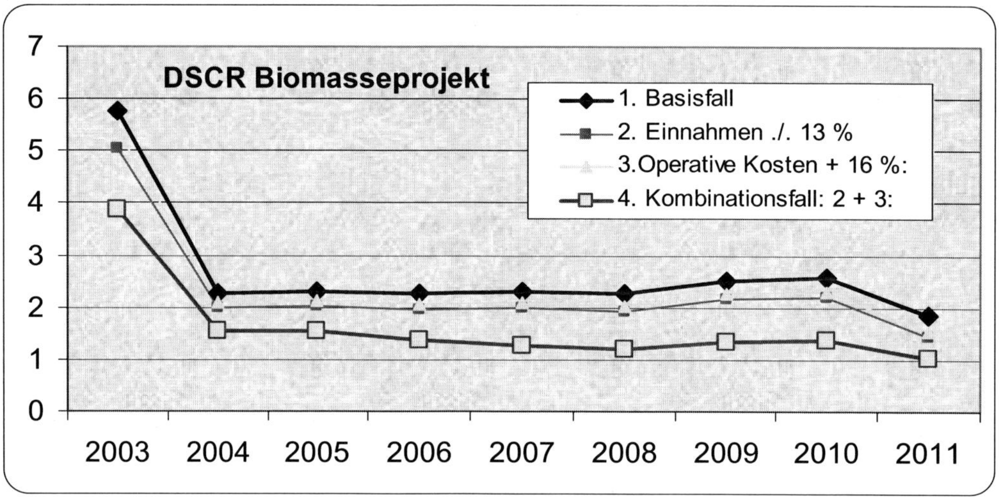

	Min. DSCR	Ø DSCR	Break-Even:
1. Basisfall	1,85	2,67	./.
2. Einnahmen ./. 13 %	1,44	2,30	..bei 77,5 %
3.Operative Kosten + 16 %:	1,55	2,43	.. plus 39 %
4. Kombinationsfall: 2 + 3:	1,02	1,62	./.

Gleichwohl wird ersichtlich, dass die Sensitivität gegenüber Einnahmenrückgängen weniger stark ausgeprägt ist als bei einem typischen Windenergie-Projekt, allerdings die Sensitivität gegenüber Holzpreisschwankungen – dem primären Rohstoff – weitaus ausgeprägter ist. Mit anderen Worten: das Einnahmenrisiko wird hier in ein Preisrisiko auf der Beschaffungsseite überführt.

Auch die Darlehenslaufzeit ist eine bedeutende Gestaltungsvariable der Finanzierungsstruktur, wobei eine allgemeingültige Laufzeit für eine Projektfinanzierung für die verschiedenen Vorhaben nicht genannt werden kann. Als Richtgröße für Mautstraßen kann eine Laufzeit von 20 bis 25 Jahren genannt werden, bei Großkraftwerken bis zu 18 Jahre und bei Vorhaben im Bereich Windenergie bis zu 15 Jahren.

Grundlegende Bezugsgröße für eine Kreditlaufzeit ist die geplante Laufzeit des Projektes, die eine Maximallaufzeit für die Kreditrückführung darstellt. Die Gültigkeitsdauern erforderlicher Genehmigungen und Lizenzen, die technisch mögliche Lebensdauer der Anlagen sowie die Laufzeit der Projektverträge beeinflussen den Betrieb und die Wirtschaftlichkeit des Projektes. Dabei spielt das Vertrauen in die Beständigkeit der Verpflichtungen aus den Projektverträgen ebenso eine zentrale Rolle wie erwartete Markt- und Branchenentwicklungen zu berücksichtigen sind. Zudem wird regelmäßig ein zeitliches Sicherheitspolster, etwa für notwendig werdende Tilgungsaussetzungen oder – streckungen, vereinbart.

In unmittelbarem Zusammenhang mit der Kreditlaufzeit stehen die Tilgungsmodalitäten für die verschiedenen Fremdkapitaltranchen, die der Höhe nach an die Belastbarkeit des Projekt-Cashflows einer Periode angepasst sein müssen. Dabei finden sich als idealtypische Ausprägungen zwei methodische Herangehensweisen:

1. In kontinentaleuropäischen geprägten Projektfinanzierungen finden sich eher im Zeitablauf leicht ansteigende Schuldendienstdeckungsgrade, was mit dem Einsatz von Ratendarlehen korrespondiert[150]. Rechnerisch ergibt sich so ein Polster, das in späteren Jahren immer größer wird.
2. Bei anglo-amerikanischen Projektfinanzierungen finden sich hingegen häufig im Zeitablauf konstante Schuldendienstdeckungsgrade, die wiederum den Einsatz von annuitätischen Darlehen voraussetzen[151]. Das Ziel eines konstanten DSCR dominiert hier die Ausgestaltung der Tilgungsstruktur und kann dazu führen, dass ergänzend Sonderrückzahlungszahlungen vereinbart werden. Durch einen solchen Mechanismus kann erreicht werden, dass die Rückführung des Fremdkapitals eng an dem Projekt-Cashflow erfolgt.

Der Tilgungsbeginn der verschiedenen Darlehen ist dabei ebenfalls ein wichtiges Gestaltungselement. Grundidee einer tilgungsfreien Zeit (so genannte *grace period*) ist, einerseits dem Projekt eine Anlaufphase einzuräumen, um ein Anfahren und Justieren der Anlage zu erlauben, und andererseits die vereinbarte Schuldendienstreserve aus dem Projekt-Cashflow aufzubauen. Grundsätzlich sollte die tilgungsfreie Zeit zum einen so bemessen sein, dass diesen beiden Zielen angemessen Rechnung getragen wird, und zum anderen berücksichtigen, dass der Kapitaldienst in den verbleibenden Perioden nicht übermäßig ansteigen darf. Die Erfahrung zeigt, dass über alle Tranchen eine tilgungsfreie Zeit zwischen 12 und 24 Monaten häufig eine angemessene tilgungsfreie Zeit ist.

Zur Sicherung einer für die Bedienung des Schuldendienstes ausreichenden Liquidität ist es zweckmäßig, ein Liquiditätspolster, die so genannte Schuldendienstreserve, von dem Projekt zu fordern. Freie Liquidität sollte bis zu einem gewissen Grad zur Liquiditätssicherung im Projekt gebunden bleiben und auf einem Schuldendienstreservekonto angelegt werden. Ist der operative Cashflow zu einzelnen Kapitaldiensttermінen nicht ausreichend, den Kapitaldienst zu bedienen, kann auf diese Reserve zurückgegriffen werden.

Die verschiedenen Strukturelemente – Höhe des Fremdkapitals, Laufzeit und Tilgungsmodalitäten der Darlehenstranchen sowie Zielwert der Schuldendienstreserve – müssen in ihrer Gesamtschau auf den Schuldendienstdeckungsgrad analysiert und betrachtet werden (siehe für Solarenergie den Abschnitt 4.4, für Bioenergie 5.4 und für Windenergie 6.4).

Die verschiedenen Sensitivitäten informieren über das Risikoprofil eines Projektes und machen auch deutlich, wo Sicherungsmaßnahmen im Sinne des Risk-Sharing-Prinzips notwen-

150 Ratendarlehen zeichnen sich dadurch aus, dass die Tilgungsleistung zu den einzelnen Fälligkeitsterminen konstant bleibt. Durch die fortschreitende Tilgung des Darlehens reduziert sich die Zinsleistung, so dass der Kapitaldienst von einem Maximumwert sukzessive absinkt.

151 Annuitätendarlehen zeichnen sich durch einen gleich bleibenden Kapitaldienst aus. Um dies zu erreichen, steigt der Tilgungsanteil im Zeitablauf, während der Zinsanteil geringer wird.

dig sind. Insofern handelt es sich bei der Risikoquantifizierung und der Auswahl einer geeigneten Finanzierungsstruktur nicht nur um ein übergeordnetes Sicherungsinstrument, sondern die quantitativen Ergebnisse erlauben Rückschlüsse auf die Ausgestaltung der Einzelrisiken, wie wir sie weiter oben behandelt haben.

Informationsstruktur

Eine effiziente Informationsstruktur ermöglicht es den Projektbeteiligten, ihre Chance-Risiko-Position frühzeitig zu bewerten und ggf. Risiko steuernde Maßnahmen ergreifen. Dafür wird ein umfassendes Informationssystem benötigt, das über den Projektverlauf fortlaufend berichtet. Zwei Aspekte sind zu unterscheiden: Zum einen die Möglichkeit, möglichst frühzeitig über bestimmte Entwicklungen zu erfahren. Zum anderen das Bestreben, dass Projektbeteiligte möglichst wahrheitsgemäß über ihre Informationen informieren.

Eine Reihe von Frühwarnsystemen steht zur Diskussion, wobei wir uns im Folgenden allein auf Kennzahlen beschränken wollen. Informationsquellen für ein Frühwarnsystem sind u.a. externe Analysen und Gutachten über den Projektfortschritt, die regelmäßig vorgelegt werden müssen. Außerdem haben die Sponsoren unverzüglich über negative Planabweichungen zu berichten. Kennzahlen stellen quantitativ darstellbare Sachverhalte in hoch verdichteter Form vor. Als beschreibende Größen können sie in Frühwarnsystemen verwendet werden, in dem sie als Zeitreihen dargestellt und mit den Plangrößen verglichen werden.

Da die Kennzahlen bereits oben dargestellt worden sind, sei an dieser Stelle nur auf Indikator gestützte Frühwarnsysteme hingewiesen. Indikatorgestützte Frühwarnsysteme befassen sich mit der systematischen Suche relevanter, den Projekterfolg beeinflussender Entwicklungen, in dem risikorelevante Bereiche mit Hilfe qualitativer und quantitativer Indikatoren beobachtet werden. Beobachtungsobjekte sind primär externe Daten und Vergleiche.

Kreditbedingungen und Kreditauflagen

Aus dem Kreditvertrag ergeben sich verschiedene Kontroll- und Mitspracherechte des Kreditgebers, die sich in Kreditbedingungen und Kreditauflagen unterscheiden lassen. Während in den Kreditbedingungen die wesentlichen Elemente der Sicherheitenstruktur einer Projektfinanzierung vor Fertigstellung festgeschrieben sind, übernehmen Projektauflagen die Sicherungsfunktion nach Fertigstellung des Projektes.

Innerhalb der Kreditbedingungen bewirken insbesondere Kreditverwendungs- und Auszahlungsbedingungen einen Kontrollanspruch der Kreditgeber. Bei den Kreditauflagen sind die Kapitalstrukturauflagen, die Verfügungsbeschränkungen sowie die Informations- und Inspektionsrechte der Kreditgeber in diesem Zusammenhang relevant. Folgende wesentliche Rechte sind zu unterscheiden:

Bedingung für die Valutierung der Darlehensbeträge ist der Nachweis des Abschlusses der in den Finanzierungsbedingungen vorausgesetzten Verträge, Zusicherungen und Genehmigungen. Zusätzlich ist die Zusicherung abzugeben, die Darlehensbeträge nur für den vereinbarten Verwendungszweck einzusetzen (**Kreditverwendungs- und Auszahlungsbedingungen**).

Ziel der **Kapitalstrukturauflagen** („*financial covenants*") ist es, das Existenzrisiko des Projektes in dem bei Abschluss des Kreditvertrages vereinbarten Rahmen zu halten. Dabei werden die Anforderungen, die an die Kreditwürdigkeit eines Kreditnehmers gestellt werden, in Auflagen festgeschrieben, deren Einhaltung die vereinbarungsgemäße Erfüllung des Darlehensvertrages sichern soll. Kapitalstrukturauflagen unterteilen sich in solche, die die Liquidität des Kreditnehmers sicherstellen sollen, und solche, die die Zusammensetzung der Kapitalquellen betreffen.

Verfügungsbeschränkungen treten in Form von Gewinnverwendungsauflagen sowie Auflagen auf, die die Veräußerung und Belastung von Vermögen betreffen. Mitspracherechte ergeben sich dabei insbesondere aus Auflagen, die die Verfügung des Kreditnehmers über Teile des Anlage- oder Finanzvermögens an die Zustimmung des Kreditgebers bindet. Durch Festsetzung von Grenzwerten bei Ausgaben, deren Überschreitung die Zustimmung der Kreditgeber erforderlich macht, haben diese zumindest teilweise die Möglichkeit zu einer Budgetkontrolle.

Die **Informationspflichten** des Kreditnehmers beziehen sich auf die periodisch wiederkehrende Vorlage von Jahresabschlüssen sowie von unterjährigen Performance-Berichten während der Betriebsphase sowie von Bautenstandsberichte während der Fertigstellungsphase. Darüber hinaus besteht die pauschal formulierte Pflicht, dem Kreditgeber alle Informationen zugänglich zu machen, die für ihn von Interesse sein könnten.

Im Falle des Vertragsbruchs oder unvorhergesehener Schwierigkeiten bei der Durchführung der Projektfinanzierung behalten die Kreditgeber sich i.d.R. das Recht vor, die Geschäftsleitung der Projektgesellschaft durch Bestellung eines Managements eigener Wahl zu übernehmen.

Denn der Wille

Und nicht die Gabe macht den Geber.

LESSING, NATHAN DER WEISE, ZFN. 539 F.

3.6.5 Anreizkompatible Verträge

Wie oben angedeutet, können Informationsasymmetrien zwischen den Projektbeteiligten ein opportunistisches Verhalten des Beauftragten begünstigen, das nicht nur zu unerwünschten Marktergebnissen führt, sondern das Entstehen einer Transaktion überhaupt unmöglich macht. Sollen derartige Fehlentwicklungen vermieden werden, müssen die Projektverträge so ausgestaltet sein, dass der Beauftragte gleichzeitig seine eigenen Interessen und die des Auftraggebers verfolgt.

Insofern hängt die Kreditentscheidung neben der rein quantitativen Belastbarkeit des Projektes gegenüber Planabweichungen von der Bereitschaft und Fähigkeit der Projektbeteiligten ab, sich glaubwürdig zu verpflichten, etwa indem Einzelrisiken bewusst übernommen werden.

Im Folgenden sollen einzelne Vertragsklauseln dargestellt werden, die genau dies versuchen. Eine Einteilung der Rechte erfolgt in „Modalitäten der Kapitalbereitstellung", „Vereinbarung von Informations-, Mitwirkungs- und Entscheidungsrechten".

Modalitäten der Kapitalbereitstellung

Im Rahmen einer Projektfinanzierung bestehen verschiedene Möglichkeiten, der Projektgesellschaft Kapital bereitzustellen: Meist handelt es sich um die Fragestellung, wann und in welcher Abfolge Eigen- bzw. Fremdmittel in das Projekt eingebracht werden: Im Regelfall werden die Fremdkapitalgeber darauf bestehen, dass die Eigenmittel vor den Fremdmitteln eingebracht werden, in Sonderfällen aber auch akzeptieren, dass Eigenmittel und Fremdmittel im gleichen Verhältnis je nach Baufortschritt eingebracht werden. Durch diesen Mechanismus soll erreicht werden, dass die Sponsoren ein nachhaltiges Interesse daran haben, das Projekt fertig zu stellen[152].

Eine andere Möglichkeit, die allerdings nur bei wenigen Projekten angewandt werden kann, ist die Vereinbarung, Finanzmittel nur in dem Maße zur Verfügung zustellen, bis eine bestimmte Entwicklungsstufe erreicht ist[153]. Werden die im Vorfeld definierten Ziele nicht erreicht, besteht für den Kapitalgeber die Möglichkeit, eine weitere Kapitalbereitstellung zu

---

[152] W.H. Jürgens 1994, S. 117 -120.

[153] Die Möglichkeit der Anwendung bei Projektfinanzierungen ist allein deshalb begrenzt, da es sich bei Projekten um eng begrenzte und in sich abgeschlossene Vorhaben handelt, die – im Idealfall – einen einmaligen Kapitaleinsatz erfordern, aber im Regelfall nicht auf Erweiterungen und Wachstum ausgelegt sind. Grundsätzlich anders ist die Situation bei Venture-Capital-Finanzierungen, bei denen dieses Verfahren eine weitaus höhere Bedeutung hat.

verweigern oder eine höhere Beteiligungsquote der Sponsoren zu fordern. Denkbar wäre ein solcher Mechanismus etwa bei der Realisierung von Offshore-Windparks, bei denen zunächst ein kleinerer Park realisiert wird und Erfahrungen gesammelt werden, bevor ein größerer Offshore-Windpark realisiert wird.

Die stufenweise Kapitalbereitstellung ist als Realoption anzusehen und ein Instrument zur Durchsetzung variabler Beteiligungsquoten. Jede Auszahlung durch die Kapitalgeber ist als eine Option auf eine Investition in der nächsten Stufe anzusehen. Die erste Investition wird durchgeführt, um dadurch in den Besitz einer Option zu gelangen, die die Möglichkeit bietet, Erfolg versprechende Anschlussinvestitionen durchzuführen, die ohne die ursprüngliche Investition nicht möglich gewesen wären. Der Projektgesellschaft werden durch die Konditionierung der künftigen Kapitalzufuhr an das Erreichen von Zwischenzielen positive Anreize geboten, die seine opportunistischen Verhaltensweisen einschränken. Das Einverständnis der Projektgesellschaft mit einer derartigen Auszahlungsvariante ist zudem als glaubhaftes Signal zu würdigen, dass er bestehende Informationsasymmetrien abzubauen versucht.

Vereinbarung von Informations-, Mitwirkungs- und Entscheidungsrechten

Die Projektgesellschaft verpflichtet sich im Rahmen des Darlehensvertrages, eine Reihe von Kreditauflagen zu beachten. Zu diesen Auflagen zählen im Wesentlichen Kapitalstrukturauflagen[154], Verfügungsbeschränkungen sowie Informationspflichten. Die Einhaltung dieser Auflagen durch die Projektgesellschaft soll sicherstellen, dass die vertraglich vereinbarte Rückzahlung der Kreditbeträge gesichert ist. Ein Anreiz zur Einhaltung von Verhaltensbeschränkungen oder Informationspflichten ergibt sich aus der Kopplung der Projektauflagen mit den Kündigungsklauseln. Mit der Kündigung werden Darlehen und Zinsen fällig gestellt und können als Pfandstellung von Seiten der Projektgesellschaft interpretiert werden.

Verfügungsbeschränkungen treten primär in Form von Gewinnverwendungsauflagen sowie Auflagen auf, die die Veräußerung und Belastung von Vermögen betreffen. Wesentliche Funktion der Gewinnverwendungsauflagen besteht in der Vereinbarung einer bestimmten Stufenfolge der Verwendung des Cashflows (so genannter *cash flow waterfall*). Im Rahmen dieser Abfolge ist geregelt, dass der Cashflow zunächst für Betriebskosten und Steuern, dann für den Kapitaldienst und die Dotierung der Schuldendienstreserve verwandt wird, bevor der verbleibende Cashflow an die Investoren ausgekehrt werden kann. Neben der Vereinbarung eines Cashflow-Waterfalls finden sich in den Darlehensverträgen Auflagen, die dem Darlehensnehmer Verfügungen über bestimmte Teile des Anlagevermögens verbieten. Dazu gehören das Verbot der Verschmelzung oder der Übertragung des Vermögens auf ein anderes Unternehmen sowie die Zustimmungspflicht bei Ausgaben, die eine bestimmte Grenze überschreiten.

Die Projektgesellschaft ist verpflichtet, bestimmte Informationen – insbesondere Jahresabschlüsse – periodisch vorzulegen. Darüber hinaus besteht die Möglichkeit, auf Basis aktuel-

---

154 Kapitalstrukturauflagen schreiben eine bestimmte Risikoschwelle des Kreditgebers fest. Ausgegangen wird dabei von der Annahme, dass die Robustheit eines Vorhabens und damit das Risiko der Darlehensrückzahlung auch abhängt vom Verschuldungsgrad, was für Projektfinanzierungen deutlich zu relativieren ist (s. hierzu den Abschnitt 3.3.5).

ler Daten das Cashflow-Modell fortzuschreiben und so Fehlentwicklungen frühzeitig zu erkennen und Gegenmaßnahmen einzuleiten. Insbesondere die Fortschreibung des Cashflow-Modells ermöglicht eine gegenüber konventionellen Kreditfinanzierungen bessere, da zeitnahere Kontrolle durch die Kreditgeber.

Wir haben so viel Rechte hingegeben,

Dass uns auf nichts ein Recht mehr übrig bleibt.

GOETHE, FAUST II, ZIFFER 4839 - 4840.

3.6.6 Versicherungen und klassische Kreditsicherheiten

Eine auf das Projekt bezogene Risikoanalyse bedarf eines zugeschnittenen Versicherungsprogramms während der Errichtungs- und Betriebsphase. Der Erwerb von Versicherungsschutz ist der entgeltliche Transfer bestimmter eigener Risiken in die Bilanzen Dritter. Dabei gilt bei Projektfinanzierungen ein gestuftes Subsidiaritätsprinzip: Zunächst sind Risiken vom Projekt zu tragen, danach von vertraglich verpflichteten Projektbeteiligten und schließlich von Versicherungen. Die Entscheidung ob, wann, zu welchen Konditionen und in welchem Umfang ein Risikotransfer vorgenommen werden muss, ist keine isolierte Entscheidung, sondern Teil eines geschlossenen Risikomanagementprozesses.

Zunächst einmal muss die Versicherung prüfen, ob ein Risiko überhaupt versicherbar ist, wobei verschiedene Prüfungsebenen zu unterscheiden sind: In einem ersten Schritt wird geprüft, ob die Risiken anreizkompatibel verteilt sind: Dies verlangt, dass Projektbeteiligte, die ein Risiko auch üblicherweise kontrollieren können, dies auch im konkreten Einzelfall tun. Umgekehrt: Eine Versicherung wird beispielsweise kaum ein Fertigstellungsrisiko übernehmen, wenn der Anlagenbauer nicht einen wesentlichen Teil dieses Risikos selbst übernimmt. Als weitere, versicherungs-mathematische Bedingungen werden dabei der Zufallsgrad eines Schadenseintritts, die eindeutige Zurechenbarkeit des Versicherungsfalls auf ein versichertes Ereignis und die Abschätzbarkeit der finanziellen Konsequenzen bei Risikoeintritt untersucht. Schließlich muss sichergestellt sein, dass die Risiken, die von den Versicherern übernommen werden, auch bei Rückversicherern platziert werden können.

Aus Sicht der Projektgesellschaft hilft eine Kosten-Nutzen-Analyse bei der Entscheidung, ob eine Versicherung zur Risikoallokation eines bestimmten Risikos abgeschlossen werden sollte, denn die Versicherungsprämie belastet grundsätzlich den Cashflow. Ist der erwartete Nutzen aus der Versicherung jedoch höher als die Kosten, steht der Risikoallokation durch eine Versicherung nichts im Wege. Dabei ist insbesondere zu beachten, dass eine Projektgesellschaft typischerweise nur geringe Reserven hat, um einen Schadensfall zu tragen, es sei denn durch Versicherungsschutz.

Die wichtigsten Versicherungen einer Projektversicherung sind die Sachversicherung und die Betriebsunterbrechungsversicherung. Die Sachversicherung deckt i.a. Schäden durch Wasser, Feuer, Diebstahl, Vandalismus und Naturkatastrophen während der Errichtungs- und Betriebsphase. Eine Betriebsunterbrechungsversicherung bietet Sicherheit für den Fall, dass das Projekt zeitweise nicht betrieben werden kann. Unterschiedliche Versicherungsverträge von privaten und staatlichen Versicherern werden in der Praxis als risikopolitische Strategie zur Kompensation von Schadensfällen aus eventuell eintretenden Projektrisiken abgeschlossen.

Besonders zu erwähnen sind die staatlichen Exportkreditversicherungen verschiedener Länder, die – da sie nicht nur wirtschaftliche, sondern regelmäßig auch politische Risiken übernehmen – eine hohe Bedeutung bei internationalen Projektfinanzierungen haben. Ihre Bedeutung steht in engem Zusammenhang mit einem Erklärungsansatz für Projektfinanzierungen, die ihren Bedarf gerade bei internationalen Großprojekten in der Verknüpfung von Anlagenlieferung und Anlagenfinanzierung sieht. Zur Absicherung des Kreditrisikos bei Exportgeschäften stellen eine Reihe von Ländern ihren Exporteuren Ausfuhrgewährleistungen, Kapitalanlagegarantien und so genannte ungebundene Finanzkredite. Die staatliche Risikoabsicherung ist erst dort vonnöten, wo eine private Risikoabsicherung nicht erhältlich ist, also insbesondere wenn wesentlich politische Risiken versichert werden sollen oder wirtschaftliche Risiken aus anderen Gründen nicht marktgängig sind (z.B. aufgrund des großen Volumens oder der langen Laufzeit). In den Fällen, in denen eine staatliche Absicherung benötigt wird, sind die Exportkreditversicherungen von zentraler Bedeutung.

Auch mit einer staatlichen Exportkreditversicherung wird der Projektgesellschaft, Exporteuren und Banken nicht das gesamte Risiko abgenommen. Mit dem in Deutschland üblichen Hermes-Instrumentarium lassen sich grundsätzlich nur die deutschen Lieferanteile absichern. Hinzu kommt, dass der für Deutschland verbindliche OECD-Konsensus für öffentlich unterstützte Exportkredite vom ausländischen Besteller An- und Zwischenzahlungen in Höhe von 15 % des Lieferwertes verlangt. Aus diesem Spannungsfeld zwischen den Grenzen der staatlichen Risikoabscherung einerseits und dem Wunsch der Besteller nach einer zinsgünstigen Vollfinanzierung – möglichst aus einer Hand oder durch wenige große Banken – andererseits ergeben sich besondere Anforderungen für die finanzierenden Banken: Sie müssen regelmäßig die Finanzierung der 15 %-igen An- und Zwischenzahlungen ohne Hermes-Deckung bereitstellen. Sie müssen darüber hinaus häufig ausländische und lokale Lieferanteile im eigenen Risiko finanzieren, sofern diese nicht in die Bundesdeckung einbezogen werden können. In Einzelfällen kann bei der Finanzierung ausländischer Lieferanteile auf die Deckung durch die betreffenden ausländischen Exportkreditversicherer zurückgegriffen werden. Eine Risikoabsicherung der lokalen Lieferungen und Leistungen hingegen ist häufig nicht möglich. Bestenfalls kann hier auf Garantien lokaler Banken zurückgegriffen werden.

Die Einnahmen aus Versicherungen sollten den Kreditgebern abgetreten sein. Von dieser Regel kann während der Fertigstellungsphase eine Ausnahme gemacht werden, wenn die Sponsoren sich zur Fertigstellung verpflichtet haben oder verpflichtet sind, die Darlehen vollständig zurückzuzahlen, sollte das Projekt nicht realisiert werden. Auch muss im Darlehensvertrag klar geregelt sein, unter welchen Umständen die entsprechenden Erlöse für den

Wiederaufbau des Projektes verwandt werden sollen oder zur Rückführung der Darlehensverbindlichkeiten benutzt werden müssen.

Folgende Übersicht soll grundsätzlich die Möglichkeiten des Einsatzes von Versicherungen verdeutlichen:

Versicherungsgegenstand	Versicherung gegen	Versicherungsmöglichkeit
Alle Risiken	Physische Verluste	groß
Funktions-Risiko	Mangelhaftes Design bzw. Unter-Performance	gering
Verlust von Gewinnen	Folgerisiko aus unternehmerischen Entscheidungen	praktisch nicht
politisch	Enteignung, Krieg, Moratorium	mittel / groß
Insolvenz	Bonität eines Dritten (z.B.Garanten)	überhaupt nicht / gering
Unerwartetes Ereignis	Reduktion der Absatzmenge	überhaupt nicht / gering

Möglichkeiten der Einbindung von Versicherungen

Abbildung 52: Möglichkeiten der Einbindung von Versicherungen

Der Einsatz klassischer Kreditsicherheiten sichert den Projektkredit in dem Fall ab, dass ein Projekt nicht mehr den für die vertragsgerechte Rückzahlung ausreichenden Cashflow generieren kann und das Risiko eines Forderungsausfalls besteht.

Diese Sicherheiten werden in jedem Fall von der Projektgesellschaft verlangt, können aber auch von Dritten hereingenommen werden. Da die Aktiva der Projektgesellschaft hoch spezifisch sind, werden sie im Allgemeinen nicht unter dem Verwertungsaspekt gesehen, sondern allein deshalb verlangt, um zu vermeiden, dass ein Dritter Ansprüche gegen die Projektgesellschaft anmeldet, die den Ansprüchen der Kreditgeber vorgehen. Zu den von der Projektgesellschaft typischerweise geforderten Kreditsicherungsmöglichkeiten gehören u.a.:

- Pfandrechte für das bewegliche Anlagevermögen,
- Verpfändung von Gesellschafter-Darlehen,
- Grundpfandrechte an den Projektgrundstücken,
- Sicherungsübereignungen der Projektanlagen und Einrichtungen und
- Zessionen über sämtliche Rechte und Forderungen der Projektgesellschaft.

Materiell bedeutsam sind hingegen Sicherheiten, die von Dritten abgegeben werden. Eine wichtige Sicherheit, die von Dritten gewährt wird, sind Garantien. Der Garantievertrag beinhaltet die Zahlungsverpflichtung eines Garantiegebers, der gegenüber dem Garantieberechtigten für einen bestimmten zukünftigen Erfolg einsteht. Der Garantiegeber übernimmt allerdings nur die wirtschaftlichen Folgen für den Schaden. Seine Hauptleistungspflicht besteht im Schadenersatz, ohne dass es auf Verschulden oder Unmöglichkeit ankommt.

Garantien beziehen sich meist auf genau spezifizierte Projektrisiken und sind neben Versicherungen die wichtigsten rechtlichen Strukturierungsmöglichkeiten für eine typische Risikoallokation. Beispiele für Garantievereinbarungen sind die oben dargestellten Formen der

Erfüllungsgarantie, der Verfügbarkeitsgarantie, der Leistungsgarantie und der Fertigstellungsgarantie[155].

3.7 Risikomanagement: ein Zwischenergebnis

Die Behandlung von Projektrisiken zeigt, dass es sowohl möglich als im Interesse des nachhaltigen Projekterfolges auch nötig ist, bestimmte, spezifizierbare Risiken einzelnen Projektbeteiligten zuzuordnen. Die verschiedenen Risikoinstrumente und Risikoträger haben wir im Rahmen des Themen-Komplexes Risikomanagement umfänglich dargestellt. Über diese Zuweisung von Einzelrisiken zu einzelnen Projektbeteiligten wird zum einen erreicht, dass das Projekt von einer Reihe von Risiken freigehalten wird und zum anderen von den Risikoträgern glaubwürdig signalisiert, dass sie nachhaltig am Projekterfolg interessiert sind.

Verbleibende, nicht zugeordnete Risiken müssen über übergeordnete Sicherungskonzepte aufgefangen werden. In diesem Zusammenhang kam der Risikoquantifizierung über eine Cashflow-Rechnung eine herausragende Bedeutung zu. Sie ermöglicht, während des Betriebes über einen Soll-Ist-Abgleich ein effizientes Informationssystem zu etablieren, eine tragfähige Finanzierungsstruktur zu entwickeln und Informationsasymmetrien zwischen den Projektbeteiligten zu begrenzen. Der Qualität der Cashflow-Rechnungen kommt daher eine besondere Bedeutung bei[156].

Über die Fragestellungen nach einer adäquaten Abbildung des Projektablaufs und der damit verbundenen Cashflows hinaus, erweist sich die Aufgabe, anreizkompatible Verträge zu entwickeln, als eine der Kernaufgaben bei der Gestaltung von Projektfinanzierungen. Nochmals sei klar betont, dass es nicht das Ziel der Risikoallokation ist, alle Risiken vom Projekt auf andere Projektbeteiligte zu verlagern, sondern die Risiken insoweit verlagert werden sollten, dass die Projektbeteiligten einen hinreichenden Anreiz haben, neben ihren eigenen Interessen auch die des Projektes nachhaltig zu fördern.

Eine zentrale Fragestellung war eingangs, welche Voraussetzungen erfüllt sein müssen, damit Vorhaben als Projektfinanzierung realisiert werden können. Schon jetzt lässt sich festhalten, dass die Prognostizierbarkeit des Cashflows und die angemessene Einbindung der zentralen Projektbeteiligten in das Projekt die zentralen Erfolgsfaktoren sind. Diese Kernthese wird in den folgenden Branchenkapiteln weiter vertieft.

---

155 Für weitergehende Überlegungen siehe z.B. D. Tytko 1999, S. 68 ff.

156 Die Technik der Cashflow-Prognoserechnungen bietet in der Tat Raum für Verbesserungsansätze: Hier geht es darum, Informationsasymmetrien und die Chance-Risiko-Struktur der einzelnen Projektbeteiligten besser als bisher zu erkennen. Insbesondere die Erkenntnis, dass die Realität des Projektablaufs typischerweise von den Planwerten abweichen wird, dass es aber andererseits Handlungsmöglichkeiten der einzelnen Projektbeteiligten bei Planabweichungen gibt, zeigt an, dass die Berücksichtigung von Handlungsoptionen zu besseren Prognoseergebnissen führen kann (siehe 3.3.8).

Fragt man weiter, welche Faktoren die Prognostizierbarkeit und Auskömmlichkeit des Cashflows bestimmen, so ergibt sich aufgrund unserer Erfahrung folgende Prioritätenfolge, die mit kleineren Abstufungen für das Gros der Projektfinanzierungen gilt:

1. Stabilität und Verlässlichkeit des rechtlichen und regulatorischen Umfeldes,
2. angemessene Chance-Risiko-Allokation für alle Projektbeteiligten,
3. Einsatz ausschließlich bewährter Technik,
4. Standortqualität (Ressourcenangebot).

Wenn man sich diese – zugegebenermaßen subjektive – Einschätzung zu Eigen macht, kann man für die Realisierung von Projekten nur den Rat geben, sich unbedingt Länder mit einem stabilen politischen und rechtlichen Umfeld auszusuchen. Planungsunsicherheiten sind Gift für Investitionsentscheidungen, die einen Zeitraum von meist mehr als zehn Jahren erfolgreich überstehen sollen.

Für die meisten Projektfinanzierungen heißt das auch, dass zentrale Fragen bei ihrer Ausgestaltung als Gegensatzpaare erscheinen:

1. Die Verträge in der Betriebszeit – Preisfixierung oder Marktorientierung: Oftmals vermittelt die Möglichkeit einer Preisfixierung zentraler Verträge (z.B. des Absatzvertrages) den Eindruck der gewünschten Planungssicherheit. Entwickelt sich der relevante Markt aber so, dass es für den Vertragspartner unwirtschaftlich wird, den Vertrag zu erfüllen, kann die vermeintliche Planungssicherheit schnell verschwunden sein.
2. Die verwandte Technik – bewährt oder neu? Es ist ein eherner Finanzierungsgrundsatz, dass nur bewährte Technologie Gegenstand einer Projektfinanzierung sein darf, da ansonsten der Cashflow im hohen Maße instabil wäre. So richtig der Grundsatz auch ist, darf er doch nicht den Blick darauf verstellen, dass andererseits auch keine veraltete Technologie finanziert werden darf, die schnell nicht mehr wettbewerbsfähig sein kann.
3. Das methodische Verfahren der Risikoquantifizierung: „Versuche, die Zukunft zu berechnen" oder „Versuche, auf die Zukunft vorbereitet zu sein". Vielfach wird die Ausgestaltung einer Projektfinanzierung auf die Cashflow-Orientierung reduziert, die dann auch die Ausgestaltung der Finanzierungsstruktur bestimmt. Die Erfahrung zeigt aber zum einen, dass Projektfinanzierungen häufiger anders verlaufen als geplant und zum anderen, dass die Projektgesellschaft bei Planabweichungen Möglichkeiten genutzt hat, an die zum Planungsbeginn kaum jemand gedacht hat. Das Denken in Handlungsmöglichkeiten, in Realoptionen, erscheint als eine wesentliche Ergänzung der traditionellen Methode der Risikoquantifizierung bei einer Projektfinanzierung.

Für die Gestaltung einer Projektfinanzierung gibt es auf jede der oben genannten Fragen nicht per se den Königsweg, sondern es ist bei jedem Projekt spezifisch zu prüfen, welche strukturellen Ausgestaltungen angemessen sind.

Ebenso sollte deutlich geworden sein, dass der Projekterfolg nicht allein von der Wirtschaftlichkeit des Projektes abhängt, sondern insbesondere von dem gemeinsam geteilten und umgesetzten Verständnis der Projektbeteiligten, dass der langfristige Projekterfolg davon abhängt, Chancen und Risiken im Rahmen der Möglichkeiten der Beteiligten fair zu teilen.

Die Methode der Projektfinanzierung bietet die notwendige Flexibilität, um diese Wachstumschancen auch umzusetzen.

Checkliste: Wann kommt eine Projektfinanzierung in Frage, wann nicht?
Könnte man es schaffen, eine Checkliste zu entwickeln, die einmal und für alle Zeiten beschreibt, welche Vorhaben für eine Projektfinanzierung in Frage kommen, würde man als reicher Projektfinanzierer in die Annalen der Finanzierungspraxis eingehen. Tatsächlich gibt es – wahrscheinlich ob dieser Aussicht – auch Autoren, die sich an dieser Aufgabe versuchen, und beispielsweise Branchen ausmachen, die mehr oder weniger gut geeignet sind für eine Projektfinanzierung[157]. Auch wenn dieses Vorgehen zunächst charmant erscheint, da eine einfache Management-Regel an die Hand gegeben wird, greift es doch zu kurz und ignoriert, dass Menschen lernfähig sind und Strukturen üblicherweise angepasst werden, wenn sie sich als nicht tauglich erwiesen haben.

Zwei Beispiele: Bis zur Jahrtausendwende erschienen Kraftwerks-Projektfinanzierungen als ein Selbstgänger im Bereich Projektfinanzierungen, so gut waren die Erfahrungen in der Vergangenheit: Die Fertigstellung stellte kaum ein Problem dar, die verwandten Turbinen liefen zuverlässig und die Produkte konnten problemlos auf den Märkten untergebracht werden. Die Erfahrungen im britischen Poolmarkt und einzelne Turbinen-Probleme wiesen deutlich darauf hin, dass auch Erfahrungen in die Irre führen können, wenn man nicht eine dynamische Sicht auf die verschiedenen Risikofaktoren vornimmt. Zweites Beispiel: Glasfaserverbindungen, die neue Kommunikationsmöglichkeiten ermöglichen sollten, erschienen ab Mitte der 90er Jahre als eine perfekte Möglichkeit, sichere Cashflows zu generieren, da die bestehenden Leitungen vielfach nicht den erweiterten Anforderungen genügten und die neuen Vorhaben als natürliches Monopol praktisch nicht angreifbar erschienen. Ärgerlicherweise erfolgte ein massiver Technologieschub, da über eine Neuprogrammierung der bereits bestehenden Leitungen eine Vervielfachung ihrer Leistungen erfolgte, der wiederum zur Folge hatte, dass die neuen Glasfaserkabel keinen Markt mehr hatten – diese Investitionen waren im wörtlichen Sinne versunken.

Die Erfahrung mit existierenden Projektfinanzierungen sollte also zur Vorsicht mahnen und zur Bescheidenheit anhalten. Allerdings wird man Prinzipien ausmachen können, die die Erfolgswahrscheinlichkeit von Projektfinanzierungen erhöhen und solche, die sie verringern.

Zentral ist sicher die Aussage, dass die Stabilität des Cashflows und damit der weitgehende Ausschluss der oben beschriebenen Risiken eine notwendige Voraussetzung für den Erfolg einer Projektfinanzierung ist. Daher kann ein Blick auf die folgende Checkliste einen ersten Anhaltspunkt geben, ob eine Projektfinanzierung in Frage kommt:

---

[157] R. Tinsley 2000, S. 76 f. Der Autor warnt beispielsweise vor Vorhaben im Bereich Petrochemie, bei denen der Produktname auf „-lene“ endet oder empfiehlt umgekehrt Glasfaser-Projekte.

	Risikobewältigung	Empfehlung:
Technisches Risiko (Technology Risk)	1. Einsatz ausschließlich "bewährter Technologie" durch den Hersteller, 2. Der Hersteller gewährt eine Leistungsgarantie (Frage: Dimensionierung, Laufzeit)? 3. Anforderung: Zeitraum des technologischen Wandels ist länger als Kreditlaufzeit	zu 1.: Bestehen ausreichende Erfahrungen mit dieser Technologie an diesem Standort und in dieser Verwendung (Gegenbeispiel: Solarkraftwerke mit Dünnschicht-Technologie)? zu 3.: Diese Empfehlung ist angesichts einer vielfach zu beobachtenden Verkürzung von Produktlebenszyklen nur schwer zu realisieren (Bsp. Mobiltelefonie) und ist - streng genommen - auch eine Anmaßung von Wissen.
Fertigstellungs-risiko (Construction Risk)	1. Technikerfahrung der Anlagenhersteller (Referenzanlagen)?, 2. Spezielle Vertragsform des "lumpsum, fixed-timescale turnkey-Vertrages" eingesetzt (der Anlagenbauer ist zur schlüsselfertigen Lieferung zum Festpreis und zu einem bestimmten Zeitpunkt verpflichtet)? 3. Besteht eine ausreichend dimensionierte Fertigstellungsgarantie der Sponsoren?, 4. Gibt es einen Verantwortlichen für die Gesamtfertigstellung? 5. Gibt es eine Nachschussverpflichtung der Sponsoren bei Kostenüberschreitungen?	Es sollten - sofern möglich - auch die Verträge mit den Subunternehmern überprüft werden: Bestehen auch für sie hinreichende Anreize, ihren Part vereinbarungsgemäß zu erfüllen?
Betriebsrisiko (Operating Risk)	1. Verfügbarkeit und Know-how der Arbeitskräfte? 2. Arbeitsmoral (Streikhäufigkeit, Lohnniveau)?, 3. Angemessenheit des Betreibervertrages zwischen der Projekt- und der Betreibergesellschaft?	Probleme sind bei diesem Teilbereich eher seltener aufgetreten.
Versorgungsrisiko (Supply risk)	1. Langfristige Bezugsverträge (Lfz. mindestens gleich Kreditlaufzeit plus Puffer für Prolongationen) mit Preisbindung, zugesicherten Qualitäten und Quantitäten sowie einer Absicherung über Pönalen, 2. unter Umständen Deliver-or-Pay-Verträge (Zusage der Lieferung einer bestimmten Menge, widrigenfalls Zahlung einer Entschädigung), 3. Lieferalternativen vorhanden? 4. Reserve bei der Projektgesellschaft? 5. Verkehrsinfrastruktur angemessen?	Lieferengpässe traten im allgemeinen nur auf als Folge einer allgemeinen Wirtschaftskrise des Projektlandes.
Absatzrisiko (Offtake Risk)	1. Bestehen langfristige Produktabnahmeverträge auf Take-or-Pay-Basis (entweder werden die Quantitäten abgenommen oder die Projektgesellschaft kann für die Mindermenge eine Kompensation verlangen)?, 2. Liegen Exportgenehmigungen vor? 3. Besteht ein Weltmarkt, auf dem die Projektprodukte abgesetzt werden können? 4. Einrichtung einer Kontenstruktur zur Aufnahme aller Projekterlöse mit Erlösverteilung nach dem Wasserfallprinzip (zuerst Betriebskosten, dann Schuldendienst, dann Dividenden).	1. Bei dem Abschluss von Abnahmeverträgen sollte verstärkt darauf geachtet werden, dass diese nicht gegen den Markt laufen. 2. Bei Märkten, die sich in einem Prozess der Deregulierung befinden, sollten die Wirtschaftlichkeitsrechnungen besonders kritisch überprüft werden (erfahrungsgemäß wird die preissenkende Wirkung überschätzt, die induzierte Nachfrageerhöhung aber überschätzt), v.a. Erfahrung bei Mobiltelefonie.
Finanzielles Risiko (Financial Risk)	1. Sicherung der Eigenmittelaufbringung (Bonität der Gesellschafter), 2. Fertigstellungsgarantie für die Bauphase (d.h. Garantie für die Rückzahlung der Fremdmittel bei Fehlschlagen des Projektes), 3. Kostenüberschreitungsreserve, 4. Verfügbarkeit einer Schuldendienstreserve (meist in Höhe des nächstfälligen halbjährlichen Schuldendienstes), 5. Vereinbarung von Covenants, 6. Einschränkung von Folgeinvestitionen	recht unproblematisch
Politisches Risiko (Länderrisiko)	1. Vollständige Devisengenerierung des Projektes (Hedging-Instrumente), 2. Innenpolitische Stabilität (insbesondere Akzeptanz bei der lokalen Bevölkerung), 3. Führung aller Bankkonten Offshore, 4. Staatliche Exportkreditversicherung	I. Das Länderrisiko (konkret: Asienkrise) hat sich als das Risiko erwiesen, dem in der Praxis die größte Bedeutung zukam. Empfehlung: 1. Einschätzung der Ländersituation durch Länder-Ratings unverzichtbar, 2. Konzentration von Projekten in einzelnen Ländergruppen vermeiden. II. Bei allen Projekten sollte die Kongruenz zwischen Einnahmen- und Ausgabeseite angestrebt werden (Devisenwirksamkeit, praktisch nicht zu realisieren etwa bei Mobiltelefonie oder Mautstraßen).
Höhere Gewalt (Force Majeure)	marktübliches und versicherungssummenmäßig ausreichend dimensioniertes Versicherungspaket, mindestens mit Bauversicherung, Bauhaftpflicht und Sachversicherungen	Zwischen den Projektbeteiligten muss in jedem Fall explizit ausgehandelt werden, wie die Risikoaufteilung aussehen soll. Möglichst sollte versucht werden, für diese Risiken eine Versicherung zu finden.
Rechtsrisiko	1. Beauftragung externer Juristen mit der Vertragserstellung, 2. Rechtsauswahl eines bekannten Rechtskreises, 3. Rechtliche Bestimmungen des Projektlandes westlichen Standards entsprechend, 4. Rechtsprüfung aller Verträge durch Legal Opinions renommierter Anwälte.	Das Rechtsrisiko steht in einem engen Zusammenhang mit dem Länderrisiko. Ex-post-Überraschungen sind auch hier möglich: In einem Fall wurde die Konkursordnung zwischenzeitlich so verwässert, dass ein Konkurs erst dann eintreten konnte, wenn der Schuldner subjektiv eingestand, illiquide zu sein.
Umweltrisiko	1. Umweltverträglichkeitsprüfung, 2 Einhaltung internationaler Umweltstandards, 3. Keine Altlastenproblematik, 4. Umweltschonender Produktionsprozess, 4. Entsorgung von Reststoffen gesichert, 5. Keine Verschärfung von Umweltstandards absehbar.	Ein Aspekt, der deutlich unterstrichen werden muss: "Externe Effekte" sind ein sehr dehnbarer und oft subjektiver Begriff. Umweltgruppen haben oftmals Erfolg darin, die Öffentlichkeit wegen behaupteter gravierender Eingriffe des Projektes in die Umwelt zu mobilisieren. Dies führte z.B. zu einer Verlagerung der Planung für Offshore-Windparks weiter weg von der Küste.

In einem zweiten Schritt sollte untersucht werden, ob die zentralen Projektverträge so ausgestaltet werden, dass jeder der Vertragsparteien daran interessiert ist, sich im Interesse des Projektes zu verhalten. Dies ist selbst bei Kenntnis der Projektverträge allerdings nur sehr schwer möglich, da ein Projekt nicht losgelöst von der restlichen Welt in einem ansonsten risikofreien Orbit schwebt, sondern sich immer auch in einem Geflecht von dynamischen Märkten, politischen Zielvorstellungen und verändernden Anreizen behaupten muss, die die ursprünglichen Pläne schnell obsolet machen können.

Letztlich gelten die im Ausblick beschriebenen Gegensatzpaare auch hier: Natürlich gibt es eine Präferenz für bewährte Technik, für Festpreisverträge und für die traditionelle Methode der Cashflow-Berechnung. Aber für alle genannten Bereiche lassen sich auch Beispiele finden, bei denen die Erfahrungen der falsche Ratgeber waren und die Entscheidungen für neue Technologie, für marktbasierte Verträge und für die Berücksichtigung von Handlungsoptionen besser gewesen wären.

Wenn beim Leser das Verständnis gewachsen wäre, dass Projektfinanzierungen jeweils individuelle Lösungen einer Finanzierungsfrage darstellen, wäre viel erreicht.

4 Projektfinanzierung von Solar-Projekten

Gemessen am gesamten Energieverbrauch in Mitteleuropa beträgt die solare Einstrahlung mehr als das Hundertfache. Zwar trägt die Photovoltaik bislang nur einen geringen Teil zur Stromversorgung bei, die Solarthermie einen noch geringeren Teil. Dafür sind aber die Wachstumsraten insbesondere der Energieerzeugung aus Photovoltaik unter allen Energieformen am höchsten, was ebenso für das Kostensenkungspotential in der gesamten Solarindustrie gilt.

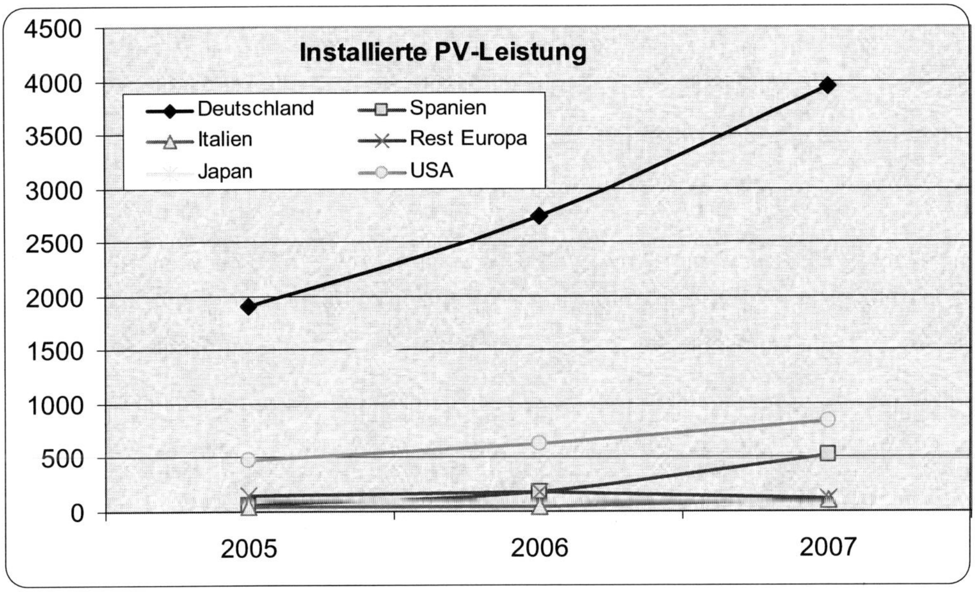

Abbildung 53: Globale installierte PV-Leistung in MW_{peak}

Mit der Einführung des Stromeinspeisungsgesetzes und insbesondere des EEG hat sich der Markt in Deutschland ebenso rasant entwickelt wie die Anwendung von Projektfinanzierungen in diesem Bereich Routine geworden ist. Seit 2004 ist bei Photovoltaikanlagen eine rasante Ausbaudynamik eingetreten, die mit rund 3.850 MW_p im Jahr 2007 zu einer Verzwanzigfachung der installierten Leistung gegenüber 2003 geführt hat. Durch das starke

Wachstum hat sich Deutschland zum weltweit wichtigsten Markt für Photovoltaikanlagen entwickelt. Der deutsche Photovoltaik-Produktionsanlagenbau ist inzwischen weltweit führend und auch die deutschen Solarzellenhersteller konnten ihren Anteil am Weltmarkt trotz schnell wachsenden Gesamtvolumens bereits 2005 auf über 20 % steigern.

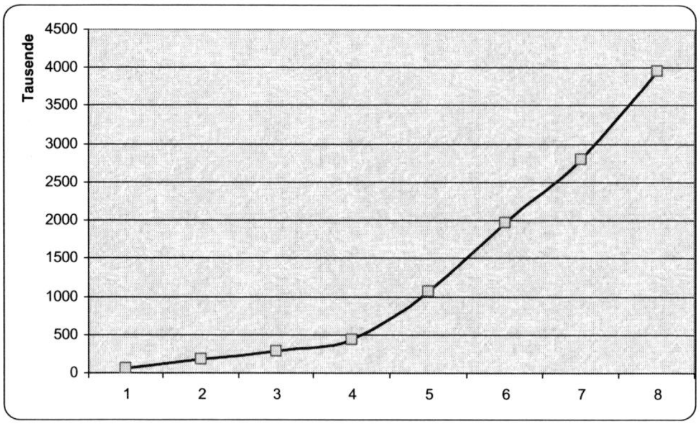

Abbildung 54: Entwicklung der installierten PV-Leistung in Deutschland[158]

Eine weitere dynamische Entwicklung ist wahrscheinlich: Nach einer Studie von EUPD RESEARCH und dem IFO INSTITUT wird der Zubau neuer PV-Anlagen für 2020 auf 28 GW und für 2030 auf 84 GW geschätzt. Der Anteil des Stromverbrauchs, der durch Photovoltaik abgedeckt wird, liegt derzeit in Deutschland noch bei 0,6 %. In seinem Leitszenario geht das BMU für 2020 von 14.000 MW_p aus. Die Stromgestehungskosten bei der Photovoltaik sind zwischen 1991 und 2003 um rund 60 % gesunken, allein 25 % entfallen dabei auf die Jahre zwischen 1999 und 2003. Auch danach ist davon auszugehen, dass die hohen Produktionszuwächse zu sinkenden Herstellungskosten für Photovoltaikmodule geführt haben.

Die spezifischen Investitionskosten für größere PV-Systeme werden mit dem steigenden Angebot, durch realisierte Skaleneffekte und aufgrund des technischen Fortschritts abnehmen. So werden für die Zukunft erhebliche Kostensenkungen prognostiziert: Im Jahr 2010 sollen PV-Anlagen noch 2.800 Euro/kw_p, im Jahr 2020 noch 1.600 Euro/kw_p und 2050 nur noch 900 Euro/kw_p kosten, eine Entwicklung, die regelmäßig auch im Rahmen des Regulierungssystems gefordert wird, aber auch eher als Tendenzaussage verstanden sein will.

Als entscheidender Engpass für die weltweite Marktentwicklung der letzten Jahre hat sich die Verfügbarkeit von Silizium als Rohstoff für die Produktion von Solarzellen herausgestellt. Da bisher nur wenige Firmen weltweit Anlagen zur Siliziumproduktion vorhalten, kam es in den letzten Jahren zu Lieferengpässen. Inzwischen erweitern etablierte Hersteller ihre Produktion und steigen zahlreiche neue Unternehmen in die Produktion von Solarsilizium ein. Bis zum Jahr 2010 wird die Kapazität vermutlich auf das Vierfache der Weltproduktion

[158] Quelle: www.photon.de

von 2007 steigen. Darüber hinaus wird an Material sparenden Solarzellen und Herstellungsprozessen gearbeitet. In Erwartung von dynamisch wachsenden Solarmärkten hat die Solarbranche versucht, die zu erwartenden Engpässe – etwa auf Ebene von Silizium und Solarglas – durch eine massive Kapazitätsausweitung aufzufangen.

Seit etwa September 2008 haben sich die Märkte für Solarenergie von Anbietermärkten zu Nachfragermärkten entwickelt. Zwei Gründe sind hierfür ausschlaggebend: Zunächst das weitgehende Wegbrechen des spanischen Solarmarktes, nachdem sich die Förderbedingungen auf Vergütungsebene wesentlich verschlechtert haben, aber auch die Planbarkeit von Vorhaben nur noch eingeschränkt möglich ist. Praktisch zeitgleich erreichte die Finanzkrise mit der Lehman-Pleite ihren ersten Kulminationspunkt, mit den eingangs beschriebenen Folgen für die Finanz- und Realwirtschaft.

4.1 Risikomanagement bei Photovoltaik- und Solarthermievorhaben

Der Bereich der Energiegewinnung durch Sonnenenergie umfasst drei verschiedene technologische Konzepte – die direkte Gewinnung von Strom (Photovoltaik), die Gewinnung von Wärme (Solarthermie) und die Photolyse. Da die Photolyse, die Erzeugung von Wasserstoff aus Sonnenenergie, aus Gründen mangelnder Effizienz bisher nur in Laborversuchen untersucht wird, eignet sie sich noch nicht zur kommerziellen Nutzung und wird daher im Folgenden nicht betrachtet.

Da Solarthermie und Photovoltaik auf grundsätzlich verschiedenen technologischen Konzepten beruhen und auch im Rahmen der jeweiligen Regulierungssysteme regelmäßig unterschiedlich gefördert werden, ergeben sich unterschiedliche Anforderungen an das jeweilig angemessene Risikokonzept, so dass diese beiden Teilbereiche im Folgenden auch gesondert dargestellt werden.

Die direkte Umwandlung von Energie aus Sonnenlicht in Elektrizität wird als Photovoltaik bezeichnet. Die technische Grundlage ist der im Jahre 1839 von ALEXANDER BECQUEREL entdeckte Fotoeffekt, unter dem die Freisetzung von Ladungsträgern durch Lichteinstrahlung verstanden wird. Die Technik der Photovoltaik wird seit über hundert Jahren verwendet und ist heute in den verschiedensten Größenordnungen und Anwendungsgebieten zu finden. Neben der Stromversorgung für Konsumgeräte wird sie zur dezentralen Stromerzeugung für Haushalte eingesetzt und auch Satelliten werden durch Photovoltaik mit Strom versorgt. Damit ergibt sich aus Anwendungsgesichtspunkten eine breite Datenbasis, um zu prüfen, ob die Methode der Projektfinanzierung für den Bereich der Photovoltaik geeignet ist.

Das Prinzip von Photovoltaik-Anlagen beruht auf der direkten Umwandlung von Sonnenlicht in elektrische Energie innerhalb einer Solarzelle.

Um den photovoltaischen Effekt bei **kristalliner Silizium-Technologie** zu erreichen, müssen gezielt Verunreinigungen – so genannte Dotieratome – in das Silizium eingebracht werden. Diese Dotieratome haben jeweils ein Elektron mehr oder weniger in ihrer Elektronenschale als Silizium, so dass Störstellen in dem festen Kristallgitter entstehen. Bei der Dotierung mit Phosphor entsteht pro Phosphor-Atom ein überschüssiges Elektron, so dass eine negative Dotierung (n-Dotierung) des Siliziums erreicht wird. Bei der Dotierung mit Bor dagegen entsteht pro Bor-Atom ein Loch, wodurch eine positive Dotierung (p-Dotierung) erreicht wird. Dieses Loch kann durch benachbarte Elektronen der Silizium-Atome aufgefüllt werden. Durch eine Wiederholung dieses Effektes kann das Loch „wandern" und es entsteht eine so genannte Störstellenleitung, die jedoch noch keine bestimmte Richtung des Stroms verursacht. Durch die Verbindung von n- und p-dotierten Halbleiterschichten entsteht ein „pn"-Übergang, in dem Elektronen aus der n-dotierten Schicht zur p-dotierten Schicht wandern und ein elektrisches Feld entsteht. Bei Einfluss von Licht werden Photonen von den Elektronen im Silizium absorbiert. Dadurch werden die Elektronenbindungen aufgebrochen und freie Elektronen werden aufgrund des elektrischen Feldes in das n-Gebiet gezogen. Die Löcher wandern gleichzeitig in das p-Gebiet. So entsteht eine elektrische Spannung, und bei Schließung des Stromkreises fließt ein gerichteter Strom.

Mehrere Solarzellen zusammengefasst bilden ein Solarmodul, mehrere zusammen geschaltete Module den PV-Generator. Die Module werden entweder in Reihe oder parallel geschaltet. Im PV-Generator, dem Herzstück der Anlage, wird Gleichstrom erzeugt. Da für eine Netzeinspeisung oder Eigennutzung jedoch Wechselstrom benötigt wird, ist ein weiteres zentrales Element einer PV-Anlage der Wechselrichter, der den Gleichstrom in Wechselstrom wandelt.

Seit etwa 2002 treten so genannte Dünnschicht-Module auf den Markt. Die Vorteile dieser Technologie liegen insbesondere in dem niedrigeren Siliziumverbrauch, der geringere Herstellkosten nach sich zieht und der guten Eignung des Verfahrens zur Herstellung großflächiger oder gekrümmter Flächen (siehe 4.2.2).

Bei der Solarthermie wird Sonneneinstrahlung in thermische Energie umgewandelt. Die dabei zum Einsatz kommenden Technologien gehen weit auseinander: neben der direkten Wärmenutzung kann die Technik auch zum Antrieb eines Stromgenerators genutzt werden. Während die Solarthermie im Bereich der Privathaushalte vor allem in Deutschland aufgrund des 100.000-Dächerprogramms im Jahre 1999 eine starke Verbreitung erfahren hat[159], ist diese Technik in der kommerziellen Energieproduktion – je nach verwandtem Technologietyp – in einem unterschiedlich fortgeschrittenen Stadium, wobei Parabolrinnen-Kraftwerke am weitesten entwickelt sind (siehe 4.2.2).

---

159 In Spanien besteht für Neubauten die Pflicht, eine solarthermische Anlage zu errichten.

4.2 Relevante Einzelrisiken – Zuweisung von Verantwortlichkeiten

4.2.1 Das Ressourcenrisiko – Abschätzung des Energieertrages

Von zentraler Bedeutung für die Wirtschaftlichkeit von Solarvorhaben ist eine realistische Prognose ihres Energieertrages. Da der Betrieb von Solar-Anlagen – im Gegensatz z.B. zu einem Biomassekraftwerk – vergleichsweise wenig aufwändig und störanfällig ist, kommt es bei der Wirtschaftlichkeitsbetrachtung umso mehr auf die zu erwartenden Energieerträge an. Ertragsprognosen werden – wie auch in den anderen Bereichen der Erneuerbaren Energien – durch Gutachter erstellt.

Zu beachten ist, dass es bei kristalliner Modultechnik langjährige Erfahrungen gibt, die hinreichend genaue Ertragsprognosen ermöglichen. Ertragsgutachten für PV-Kraftwerke mit Dünnschicht-Solarzellen erfordern eine besondere gutachterliche Sorgfalt, da sie im Gegensatz zu kristallinen Zellen nur auf ein relativ geringes Spektralband des Lichts ansprechen und die Datenlage bezüglich der spektralen Auflösung mit nur fünf Messstationen in Europa schlecht ist, so dass sich weitere Ungenauigkeiten bei den Ertragsprognosen ergeben. Bei solarthermischen Kraftwerken muss der Gutachter hingegen in der Lage sein, die Direkteinstrahlung sehr genau zu erfassen.

Das Ertragsgutachten ist nach der sorgfältigen Projektplanung der erste Schritt bei der Qualitätssicherung. Das Gutachten sollte sich nicht nur auf die Umrechnung von Strahlungsdaten mit einem theoretischen Anlagenwirkungsgrad beschränken. Wesentlich ist, dass der Standort des Projektes auf mögliche Verschattungssituationen geprüft wird. Bei professionellen Planungsunterlagen kann dies auf der Basis der Lagepläne, Fotos vom Umgebungsprofil und der Detailplanung zur Modulaufständerung erfolgen. Bei kritischen Standorten bzw. unzureichenden Planungsunterlagen ist unbedingt eine Ortsbesichtigung vorzunehmen. Oft gilt es bei Freiflächenanlagen die Auswirkungen von gegenseitiger Verschattung der Modulreihen, Schattenwurf durch Hochspannungsleitungen oder Baumreihen und Unebenheiten im Gelände zu bewerten.

Ertragsprognosen werden mit bewährten Simulationsmodellen durchgeführt. Diese Modelle sind sehr präzise, so dass die Gesamtunsicherheit des berechneten Ertrages etwa bei ± 4 % liegt. Die Hauptquelle der Unsicherheit sind die Einstrahlungswerte und die Umrechnung auf die geneigte Fläche. Als Basiswerte für diese Rechnungen werden sowohl für die Solarmodule als auch für die Wechselrichter die Angaben der Hersteller zugrunde gelegt.

Simulationsschritt		Toleranz
	Horizontale Einstrahlung	4,00%
	Umrechnung auf geneigte Fläche	1,10%
	Verschmutzungsverluste	0,20%
	Verschattungsverluste	0,90%
Module	Anfangsdegradation	0,60%
	Reflexionsverluste	0,40%
	Spektralverluste	0,40%
	Modulverluste (Temperatur, Teillast)	0,40%
	Abweichung von Herstellerangaben	0,30%
	DC-Leitungsverluste	0,10%
Wechselrichter	Umwandlungsverluste	0,40%
	MPP-Anpassungsverluste	0,10%
	Temperaturverluste	0,10%
	AC-Leitungsverluste	0,10%
Transformatorverluste		0,00%
Gesamttoleranz		4,38%

Abbildung 55: Angabe von Unsicherheiten innerhalb eines Solar-Ertragsgutachten

Da der Energieertrag zentral für den Projekterfolg ist, werden vor der Realisierung eines Vorhabens üblicherweise mehrere Ertragsgutachten in Auftrag gegeben. Bei diesen Gutachten sind die Sonneneinstrahlung am jeweiligen Standort, die Modultypen und die technische Verfügbarkeit die entscheidenden Einflussgrößen. Die verschiedenen Einflussgrößen sollen im Folgenden näher betrachtet werden.

Wie im Windbereich, steht die für die Energieproduktion maßgebliche Ressource kostenlos zur Verfügung. Damit reduziert sich das Elementarrisiko auf die Prognostizierbarkeit der zukünftigen Einstrahlung. Die damit verbundenen Unsicherheiten lassen sich zwei Teilbereichen zuweisen, einerseits der Prognoseunsicherheit der Gutachten selber und andererseits der Unsicherheit in dem Strahlungsangebot andererseits.

Zur Gewinnung einer soliden Datenbasis der meteorologischen Bedingungen am Standort sind Messwerte eines Zeitraums von mindestens zehn bis 15 Jahren zugrunde zu legen, die ggf. mit Erfahrungswerten von benachbarten Parks gestützt werden können. Selbst bei einer Messperiode von fünfzehn und mehr Jahren verbleibt eine Prognoseunsicherheit von etwa 4 %. Diese Abweichung ergibt sich aus der großen Zahl von Einflussfaktoren, die bei der Prognose zu berücksichtigen sind. Zu einer Unsicherheit tragen insbesondere die folgenden Faktoren bei:

1. Qualität der Basis-Meteorologie-Daten: Die regional sehr unterschiedliche Ausstattung mit Strahlungs-Messstationen kann dazu führen, dass die vorhandenen Daten interpoliert werden müssen, was die Datenqualität mindert.
2. Regionale Gegebenheiten: Starker Dunst, wie er etwa durch eine Nähe zu einem Gewässer oder durch ein benachbartes Biomasse-Kraftwerk entstehen kann, kann zu einer Reduzierung der Strahlungsintensität führen. Ebenso kann die Verschattung durch umgebende Gebäude, Vegetation oder benachbarte Hügel zu deutlich reduzierten Energieerträgen führen.

3. Umrechnung der Strahlung von der horizontalen zur geneigten Fläche: Hierbei kann die Berechnung der indirekten, diffusen Strahlung unter Umständen fehlerbehaftet sein.

Neben der Unsicherheit im Gutachten, die aus einer nicht perfekten Datenbasis resultieren, treten auch solche auf, die mit den natürlichen Schwankungen im Strahlungsangebot zusammenhängen und damit nicht eliminierbar sind. Mittlerweile sind die Gutachter in der Lage, im Regelfall standortbezogene Einspeisedaten vorzulegen.

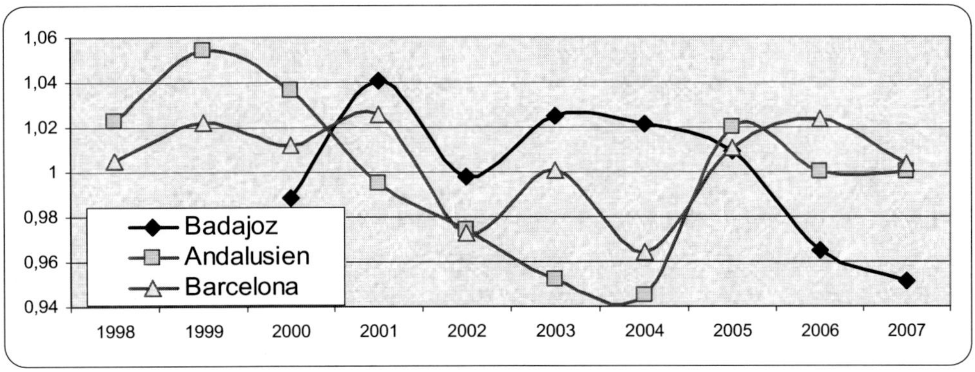

Abbildung 56: Globalstrahlungsdaten an drei Standorten in Spanien

Wir haben in der obigen Abbildung die Globalstrahlungsdaten an drei Standorten in Spanien abgebildet. Ausgewiesen werden Schwankungen der Globalstrahlungen, die eine Standardabweichung zwischen 3,1 % bei Badajoz und Barcelona von 2,2 % ausweisen. Diese verhältnismäßig geringe Schwankungsbreite gilt auch in anderen Ländern, wobei die Schwankungen etwas größer werden, je weiter das Vorhaben vom Äquator entfernt ist. Erwartet werden Standardabweichungen von etwa 4 % für Spanien und etwas über 5 % für Deutschland. Erkennbar ist bei den oben dargestellten spanischen Standorten, dass selbst in denselben Jahren unterschiedliche Einstrahlungswerte zu beobachten waren, und eine Übertragung von einem auf einen anderen Standort nicht sachgerecht ist. In jedem Fall sollten daher standortspezifische Zeitreihen der Projektbewertung zugrunde gelegt werden, anstatt auf eher allgemeine Standardabweichungen für einzelne Länder zuzugreifen.

Eine vollständige Prognosesicherheit lässt sich aufgrund der meteorologischen Datenlage und den nicht zu beeinflussenden Schwankungen im Strahlungsangebot der natürlichen Ressource Sonneneinstrahlung nicht realisieren. Durch die Einhaltung der im allgemeinen Teil genannten Anforderungen kann allerdings eine Optimierung der Ertragsgutachten erfolgen.

4.2.2 Das Funktionsrisiko – Bewährte Technologie?

Das Funktionsrisiko bei Solarvorhaben zeigt sich an verschiedenen Stellen, zunächst einmal grundsätzlich an der verwandten Technik und der Ausprägung der Energieproduktion, weiter an der Stabilität der Nennleistungen. Da der erste Aspekt etwas ausführlicher behandelt werden soll, wird der letztgenannte Aspekt hier vorgezogen.

Nach Informationen des Fraunhofer ISE zeigt eine Überprüfung der Solarmodule, dass gut die Hälfte der Solarmodule meist innerhalb der gemessenen Toleranzen liegt, allerdings deutlich unter der vom Hersteller angegebenen Nennleistung. Häufig wird daher eine repräsentative Stichprobe der Solarmodule vorgenommen und über so genannte Flash-Tests geprüft, was insbesondere bei kristallinen Solarmodulen sehr präzise – mit einer Messunsicherheit von 2 % – funktioniert. Diese Messverfahren sind bei Dünnschichtverfahren allerdings noch nicht so weit entwickelt.

Im Rahmen der Cashflow-Rechnungen wird regelmäßig von einer Lebensdauer der Module von mehr als 20 Jahren ausgegangen. Die Wirtschaftlichkeit ist allerdings nur dann gegeben, wenn die Leistung der Module in diesem Zeitraum nahezu konstant bleibt. Der wichtigste Parameter bei einem Solarmodul ist die Nennleistung P_{nenn} und wird angegeben in W_p. Dieser Wert gibt an, welche Leistung das Modul unter so genannten Standard Test Bedingungen (STC) erreicht. Damit werden die genormten Bedingungen für die Messung der Nennleistung eines Solar-Moduls bezeichnet. Die STC sind definiert durch eine Einstrahlung von 1.000 Watt/m^2 auf die Moduloberfläche, eine Modultemperatur von 25 % und ein Strahlenspektrum von 1,5 AM (*Air Mass*). In der Realität werden die STC jedoch so gut wie nie erreicht. Auch werden häufig Kenngrößen bei nominaler Zell-Betriebstemperatur angegeben, die jedoch über den tatsächlichen Durchschnittswert kaum eine Aussage machen können. Für mehr Transparenz sorgen Diagramme mit Strom-Spannungs-Kennlinien bei unterschiedlicher Einstrahlung und Temperatur. Abhängig von den Wirkungsgraden ist auch der Flächenbedarf bei den verschiedenen Zelltechnologien unterschiedlich.

Die Nennleistung der Anlage wird aus der Anzahl der Einzelmodule ermittelt. Nahezu alle gängigen Kaufverträge beziehen sich auf die Nennleistung mit der Angabe einer Leistungstoleranz – häufig ± 5 %. Unabhängig von der Toleranz müssen die Investoren und Fremdkapitalgeber davon ausgehen können, dass sie die ihnen vertraglich zugesicherten Solargeneratorleistung auch tatsächlich erhalten. Stand der Technik ist, dass der Mittelwert der Leistung von sämtlichen gelieferten Modulen des Solargenerators der Nennleistung des entsprechenden Moduls entspricht. Eine oft missverständliche Angabe im Datenblatt ist die garantierte Mindestleistung. Einzelne Hersteller verbinden damit die Vorstellung, dass lediglich die vertragliche Mindestleistung zu erbringen sei und alle Module sich im Minusbereich befinden können, was aber rechtlich kaum haltbar ist.

Nun aber zur Betrachtung der verschiedenen Technologieformen, wobei auch hier wieder zu beachten ist, dass aus einer Projektsicht die Funktionsfähigkeit der Gesamtanlage relevant ist, so dass hier das Zusammenspiel der verschiedenen technischen Komponenten gefragt ist. Die Hauptkomponenten sind im Bereich der Photovoltaik die Solarmodule und der Wechselrichter, im Bereich der Solarthermie die Spiegelsysteme, die Nachführtechnik sowie die Turbinen- bzw. Kraftwerkstechnik.

Für die Stromerzeugung mittels Photovoltaik kommt eine Reihe verschiedener Materialien und Solarzellen-Designs zum Einsatz bzw. künftig in Betracht, die sich in Eigenschaften, Stand der Technik und der Markteinführung zum Teil stark voneinander unterscheiden. Grundsätzlich kann eine Unterscheidung erfolgen in Solarmodule, die basieren auf monokristalliner Technologie, polykristalliner Technologie oder Dünnschicht-Technologie.

Am weitesten verbreitet sind bisher kristalline Solarzellen aus Silizium, die auf der Basis von mono- oder polykristallinen Siliziumscheiben (*Wafer*) im industriellen Maßstab produziert werden. Monokristalline Typen haben einen Weltmarktanteil von 39 % am Weltmarkt, polykristalline einen Anteil von 52 % (Stand 2005). Mit ihnen werden derzeit von allen kommerziell bedeutsamen Solarzellen die höchsten elektrischen Wirkungsgrade erreicht, wobei monokristalline Zellen (≤ 16 %) generell etwas besser abschneiden als polykristalline Zellen (≤ 15 %). Dagegen sind letztere aufgrund ihres wesentlich einfacheren und weniger energieintensiven Kristallisationsverfahrens in der Produktion kostengünstiger. Trotz des hohen Energieaufwands für die Herstellung kristalliner Solarzellen amortisieren sie sich energetisch betrachtet im Mittel innerhalb von weniger als vier Jahren (polykristalline Module) bzw. gut sieben (monokristalline Solarzellen). Aufgrund ihrer üblichen technischen Lebensdauer von deutlich mehr als 20 Jahren liefern sie damit erheblich mehr Energie als für ihre Produktion benötigt wurde.

Die anderen Modultypen erreichen dagegen weltweit nur einen Marktanteil von derzeit 9 %. Dazu gehören die so genannten Dünnschicht-Solarzellen aus amorphem Silizium, Cadmium-Tellurid und Kupfer-Indium-Selenid[160]. Mit ihnen werden Wirkungsgrade zwischen etwa 8 % und 12 % und energetische Amortisationszeiten zwischen gut einem und weniger als drei Jahren erreicht. Sie zeichnen sich im Vergleich zu den kristallinen Solarzellen durch deutlich material- und energieeffizientere und damit kostengünstigere Fertigungsverfahren aus. Eine erfolgreichere Marktverbreitung war längere Zeit durch eine geringere Produktivität aufgrund geringerer Beschichtungsraten und relativ kleiner Produktionskapazitäten gehemmt, wobei die rasant steigende Nachfrage aufgrund günstiger Regulierungsumfelder die Marktverbreitung deutlich gefördert hat.

Der Wirkungstyp von Solarzellen und –modulen ist stark abhängig vom Zellentyp. Polykristalline Siliziumzellen etwa weisen heute Wirkungsgrade von bis zu 16,5 % auf. Die höchsten Wirkungsgrade (bis zu 28 %) werden mit Konzentratorzellen realisiert. Möglichst hohe Wirkungsgrade sind dann entscheidend, wenn die zur Verfügung stehende Fläche begrenzender Faktor ist und möglichst viel Leistung pro Fläche installiert werden soll. Verluste entstehen zum Großteil dadurch, dass nur ein Teil des Lichtspektrums in der Solarzelle genutzt werden kann. Ein weiterer Teil der Strahlungsenergie geht aufgrund des Potentialgefälles innerhalb der Solarzelle verloren: An der Grenzschicht (pn-Übergang) ist das Potential am größten, mit Entfernung von dieser Schicht sinkt es. Ein Teil der Energie kann aufgrund

---

[160] Es gibt darüber hinaus noch verschiedene neue Solarzellen-Technologien, die mehr oder weniger nahe vor der Markteinführung stehen, wie Farbstoff- und organische Solarzellen sowie Multispektral- und Konzentrator-Solarzellen. Da es sich – aus heutiger Sicht – um innovative Technologien ohne Track Record handelt, spielen sie zum jetzigen Zeitpunkt für Projektfinanzierungen noch keine Rolle. Dieses Bild kann sich in einigen Jahren deutlich wandeln.

von Rekombination nicht genutzt werden, d.h. ein freies Elektron wird an ein Atom mit fehlendem Außenelektron gebunden, ohne die elektrischen Kontakte zu erreichen. Die Wahrscheinlichkeit der Rekombination nimmt mit zunehmender Entfernung von der Grenzschicht ebenfalls zu. Weitere Verluste sind durch Reflexion, Abschattung durch die Frontkontakte und den Serienwiderstand (Stromwärmeverlust) begründet. Die Wirkungsgrade der verschiedenen Solarzellentypen lassen sich untereinander abstufen. So haben unter den etablierten Zellen monokristalline Siliziumzellen derzeit die höchsten Wirkungsgrade. Bei polykristallinen Siliziumzellen sind sie deshalb etwas geringer, weil die Korngrenzen Kristalldefekte darstellen und somit ein erhöhtes Rekombinationsrisiko mit sich bringen. Dünnschichtzellen haben derzeit noch wesentlich geringere Wirkungsgrade als kristalline Siliziumzellen. Die Energieausbeute kann trotzdem relativ hoch sein, weil

- die Ausnutzung von diffusem und schwachem Licht besser ist als bei kristallinen Zellen,
- der Temperaturkoeffizient günstiger ist (die Leistungsabnahme bei höheren Betriebstemperaturen ist kleiner) und
- sie aufgrund der langen Zellstruktur unempfindlicher gegen Abschattung sind.

In der folgenden Abbildung sind verschiedene Wirkungsgrade dargestellt.

	Typischer Wirkungsgrad	Max. Wirkungsgrad	Max. unter Laborbedingungen gemessen
Monokristallin	15 % - 18 %	22,70%	24,00%
Polykristallin	13 % - 16 %	18,00%	18,60%
Amorphes Silizium	5 % - 7 %	10,20%	12,70%
Kadmium Tellurid (CdTe)	7 % - 8,5 %	13,00%	16,00%
Kupfer Indium Diselenid (CIS)	9 % - 11 %	13,00%	18,80%

Abbildung 57: Wirkungsgrade von verschiedenen Modultypen

Insgesamt ist zu beachten, dass es bei den Produktionsanlagen zur Erzeugung von Solarmodulen und Wechselrichtern nur sehr wenige Gesellschaften gibt, so dass – bei sachgerechter Handhabung der Prozesse und spezifikationsgerechten Inputfaktoren – im Regelfall auch kaum zu unterscheiden ist, wo die entsprechenden Solarmodule produziert worden sind. Gleichwohl muss man sich immer fragen, ob der Hersteller die notwendige Sorgfalt an den Tag legt und seine Performance-Garantien nachhaltig erfüllen kann[161].

Für die Bewertung der Eignung von kristallinen oder Dünnschicht-Modulen für eine Projektfinanzierung ist insbesondere die Stabilität und Prognostizierbarkeit der Energieerträge relevant. Da Alterungserscheinungen bei Solarpaneelen zu einem verminderten Energieertrag führen können, ist die langfristige Haltbarkeit der Module ein wichtiges zu prüfendes Merkmal. Die im Langzeiteinsatz kristalliner Siliziummodule auftretenden Leistungsverluste, die

161 In diesem Zusammenhang muss man weiter darauf achten, dass üblicherweise – aufgrund der guten Erfahrungen – von Performance-Daten ausgegangen wird, die regelmäßig deutlich oberhalb der garantierten Werte liegen.

so genannte Degradation, wurden von verschiedenen wissenschaftlichen Institutionen untersucht.

Institut	Überwachungs-zeitraum	Degradation p.a.
ISFH (D) und IEA	10 Jahre	0% bis -0,9%
IEE TU Berlin (D)	22 Jahre	-0,8% bis -1,7%
LEEE Tiso (CH)	15 Monate	+0,3% bis -7%
Sandia (USA)	8 Jahre	-0,5%
TÜV Rheinland (D)	15 Monate	-0,1%
TÜV Rheinland (D)	27 Monate	-0,6%
Fraunhofer ISE Freiburg (D)	10 Jahre	0%

Abbildung 58: Degradation kristalliner Siliziummodule im Langzeitmodulen[162]

Unter Ausschluss der Daten des Schweizer Instituts LEEE Tiso, die aufgrund eines sehr kurzen Betrachtungszeitraums einzelner Module nicht repräsentativ sind, ergibt sich eine durchschnittliche, jährliche Leistungsdegradation kristalliner Module in Höhe von 0,3%.

Die von den Instituten festgestellte Degradation wird durch verschiedene Faktoren ausgelöst. Die Studie der TU Berlin, welche aufgrund ihrer Laufzeit[163] die fundiertesten Kenntnisse über das Langzeitverhalten von mono- und polykristallinen Photovoltaikmodulen bietet, ermittelte als Hauptursache die Verfärbung der Kunststoffeinkapselung (Browning). Im Regelfall führt diese Verfärbung nicht zu einer Verschlechterung der Leistung. Lediglich in einem Fall, der allerdings auf einen Herstellungsmangel zurückzuführen war, lag die Leistungseinbuße bei 43,6%. Für aktuelle Module hat dieses Risiko weitgehend an Bedeutung verloren, da die Zertifizierung nach einer IEC-Norm erfolgt, die neben der Isolationsfähigkeit der Solarmodule auch Anforderungen an die mechanische Belastbarkeit stellt.

Mit dem 1.000-Dächer-Programm wurden in den Jahren 1992 bis 1995 erstmals im größeren Maßstab Photovoltaikanlagen in Deutschland installiert. Diese Anlagen sind mittlerweile seit deutlich über zehn Jahren in Betrieb, und es ist bei einer repräsentativen Stichprobe von hundert der insgesamt 2.000 Anlagen kein tendenzieller Rückgang bei den Wirkungsgraden der Anlagen erkennbar. Dies deckt sich ebenfalls mit weitergehenden Untersuchungen des FRAUNHOFER-INSTITUTS: Bei allen bisher in der Praxis aufgetretenen Modulausfällen waren grundlegende Fehler in der Produktion oder mangelnde Qualitätssicherung bei einigen Herstellern die Ursache. Mittlerweile gibt es auch Solarmodule, die schon mehr als 20 Jahre lang zuverlässig arbeiten, ohne dass sich Degradationseffekte bezogen auf die Leistung der Module feststellen ließen.

---

[162] Deutsche Gesellschaft für Sonnenenergie e.V. 2004.

[163] Teile der Versuchsanlage sind seit dem Jahr 1977 in Betrieb.

Unter Berücksichtigung aller möglichen Risiken ist bei den neueren der untersuchten Photovoltaikmodule der TU-Berlin-Studie unter mitteleuropäischen Klimabedingungen ein jährlicher Leistungsverlust in Höhe von maximal 1 % zu erwarten. Diese Größenordnung liegt in dem Rahmen, in dem sich auch die von vielen Modulherstellern gewährten Performancegarantien bewegen.

Hersteller	Performancegarantien und daraus resultierende Degradation p.a.					
	Jahr	Garantierte Leistung	Degradation	Jahr	Garantierte Leistung	Degradation
BP Solar	1 bis 15	90%	0,70%	1 bis 25	80%	0,89%
Kyocera Solar	1 bis 12	90%	0,87%	1 bis 25	80%	0,89%
Sharp	1 bis 10	90%	1,05%	1 bis 25	80%	0,89%
Shell Solar	1 bis 10	90%	1,05%	1 bis 25	80%	0,89%

Abbildung 59: Performancegarantien verschiedener Solarmodulhersteller

Daher empfiehlt es sich, ausschließlich Solarmodule von Herstellern einzusetzen, die ausreichend Erfahrung vorweisen können und deren Module sich bewährt haben. Dies bedeutet auch, die Fähigkeit der Hersteller zu bewerten, ihren Verpflichtungen langfristig nachzukommen (siehe „Risikoallokation"). In diesem Zusammenhang sei auf eine Darstellung der Weltmarktanteile der Solarmodulhersteller in Abbildung 60 und hierbei insbesondere auf die zehn größten Produzenten verwiesen.

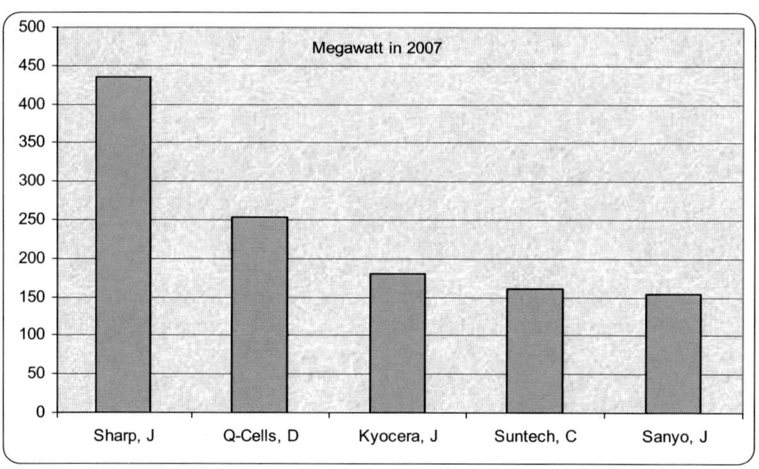

Abbildung 60: Produzierte MW der weltweit fünf größten Solarzellenhersteller im Jahr 2007

Neben der Ermittlung eines Worst-Case-Ansatzes muss in der Regel auch ein realistischer Wert für das Basis-Szenario gefunden werden. Da hierfür jedoch keine Daten von Langzeituntersuchungen vorliegen, da jene naturgemäß nicht den aktuellen technischen Stand der

Modulentwicklung widerspiegeln, kann bezüglich der Leistungsdegradation nur auf die Gutachten unabhängiger Institute zurückgegriffen werden.

Insgesamt lässt sich festhalten, dass durch die Auswahl etablierter Modul-Hersteller heutzutage aus Sicht der für den Cashflow elementaren Prognosesicherheit von einer sehr guten Eignung mono- und polykristalliner Module für eine Projektfinanzierung gesprochen werden kann.

Neben die den Markt dominierenden mono- und polykristallinen Modulen treten seit etwa dem Jahr 2002 Dünnschicht-Module, die seitdem ihren Marktanteil deutlich gesteigert (Ende 2007: ca. 11 %) und auch ihre Anwendungsfelder deutlich ausgeweitet haben[164]. Bei der Herstellung der Dünnschicht-Zellen wird das Silizium in einen gasförmigen Zustand versetzt und direkt auf dem Trägermaterial (geeignet sind beispielsweise Glas, Metall oder Kunststoff) mit einer Dicke von 0,01 mm bis 0,05 mm aufgedampft. Die Vorteile dieser Technologie liegen insbesondere in dem niedrigeren Siliziumverbrauch, der geringere Herstellkosten nach sich zieht und der guten Eignung des Verfahrens zur Herstellung großflächiger und/oder gekrümmter Flächen. Die sehr geringe Dicke der Siliziumschicht bringt jedoch auch Nachteile mit sich: Bedingt durch die momentanen Produktionsprozesse weisen die Schichten strukturelle und elektronische Defekte auf. Diese resultieren in einem geringeren Wirkungsgrad, welcher sich in der Größenordnung zwischen 5% und 11 % bewegt und damit um den Faktor zwei bis vier geringer als bei kristallinen Modulen ist[165]. Auch der Stromertrag ist dementsprechend niedriger.

Die geringe Stärke der Schicht führt zu einer geringeren Stabilität des Siliziums gegenüber Sonneneinstrahlung. So findet insbesondere in den ersten Betriebsmonaten ein merklicher Leistungsabfall statt, der allerdings von den Herstellern bei der Angabe der langfristigen Performance bereits zugrunde gelegt wird. Problematisch ist, dass aus heutiger Sicht lediglich bei einem Hersteller von Dünnschichtmodulen belastbare Langzeiterfahrungen mit diesem Zellentyp vorliegen, so dass für eine Projektfinanzierung auch nur dessen Module in Frage kommen[166].

Insbesondere bei PV-Projekten sind die Gestelle gesondert zu betrachten. Während statische Gestelle im Allgemeinen unproblematisch sind, müssen nachgeführte Systeme näher betrachtet werden. Regelmäßig erfolgt bei diesen Systemen eine dem Lauf der Sonne programmierte Nachführung, so dass die Energieausbeute – je nach Art der Nachführung –

---

[164] Allerdings werden aus heutiger Sicht die Dünnschichtmodule, die bei Projektfinanzierungen zum Einsatz kommen, praktisch ausschließlich von einem Unternehmen gestellt. Andere Hersteller stehen mit ihren Entwicklungen kurz vor der Markteinführung.

[165] Sofern sich dieser etwas geringere Wirkungsgrad von Dünnschichtmodule in niedrigeren Gestehungskosten niederschlägt und auch der leicht größere Flächenverbrauch berücksichtigt wird, spielt dieser physikalische Aspekt für die wirtschaftliche Beurteilung im Rahmen einer Projektfinanzierung keine Rolle.

[166] Eine Reihe von anderen Herstellern steht derzeit kurz vor der Markteinführung, so dass voraussichtlich in wenigen Jahren die genannte Einschränkung auch wieder aufgehoben werden kann. Zu beachten ist, dass eine Reihe von Modulen hoch giftige Substanzen – wie etwa Cadmium – enthalten, so dass das Entsorgungskonzept mit zu überprüfen ist.

angabegemäß um bis zu 30 % höher ausfallen kann als bei nicht nachgeführten Systemen. Dabei ergeben sich folgende Fragestellungen:

1. Zum einen stellt sich die Frage, ob die erwarteten Mehrerträge aufgrund der Nachführung die höheren Gesamtinvestitionskosten kompensieren. Die Erfahrung zeigte, dass mit Einführung nachgeführter Systeme die Investitionskosten so weit stiegen, dass die Wirtschaftlichkeit und Belastbarkeit annähernd unverändert blieb.
2. Aus technischer Sicht ist eine Nachführung bei bestimmten Systemen zwingend notwendig, wie z.B. der Konzentratortechnologie. Erfolgt hier nicht eine exakte Nachführung, sinkt der Wirkungsgrad der Module überproportional stark, während die Leistungseinbußen bei anderen Systemen verhältnismäßig gering sind.
3. Erfahrungen aus dem laufenden Betrieb: Sind die Nachführungssysteme wartungsarm und auch bei widrigen Bedingungen – z.B. Sandverwirbelungen – immer noch in der Lage, ihren Dienst zu verrichten? Sind die Stromkosten für den Antrieb der Nachführung angemessen geschätzt?

Als grundsätzliche Möglichkeit einer Risikoreduktion ist es sinnvoll und üblich, verschiedene Studien und Expertisen anfertigen zu lassen, um mögliche Risikoquellen zu identifizieren und zu quantifizieren. Dazu gehören vor allem die Due Diligence und ein Gutachten über die Projekttechnik, die im Allgemeinen durch einen unabhängigen technischen Gutachter erstellt wird.

Regelmäßig wird nicht der neueste Stand der Technik eingesetzt, sondern vielmehr Anlagentypen, die sich in der Praxis seit Jahren bewährt haben. Entscheidendes Kriterium für ihre Auswahl ist eher die gewünschte Wartungsarmut als ein möglichst großer Energieertrag. Diese Entwicklung ist für die Fremdkapitalgeber durchaus erwünscht – sie wünschen sich eher ein „Arbeitspferd“ als ein „Rennpferd“.

Da die Wirtschaftlichkeit von Solar-Projekten in den wichtigen Märkten Deutschland und Spanien in den Jahren 2003 bis 2008 – insbesondere aus Sicht der Modulproduzenten – gut gewesen ist, verwundert es nicht, dass die Kapazitäten weltweit massiv ausgebaut worden sind: Bis zum Ende 2010 sollen die Zellen-Fertigungskapazitäten weltweit auf insgesamt 18 GW ausgebaut werden, 14 GW davon im Bereich der Wafer-basierten Photovoltaik und 4 GW mit Dünnschichttechnologie. Diese Entwicklung wirft eine Reihe von Fragen auf: Wird für alle Produzenten genug Silizium verfügbar sein? Für Projektfinanzierungen besonders wichtig: Können die 18 GW vor dem Hintergrund der eingangs beschriebenen Entwicklungen auf den Solarmärkten abgenommen werden? Wenn Überkapazitäten errichtet werden, steht zu erwarten, dass es über Preisanpassungsprozesse zu einem Verdrängungswettbewerb zwischen den Produzenten kommen wird, der wiederum dazu führen würde, dass die ausgeschiedenen Produzenten ihre Leistungsgarantien nicht mehr erfüllen könnten[167].

---

167 Dieses Problem erscheint für Projektfinanzierungen im Solarbereich noch überschaubar, gewinnt allerdings bei Unternehmensfinanzierungen für Solarmodul-Unternehmen deutlich an Schärfe, da diese nicht in einem vom Wettbewerb geschützten Umfeld tätig sind.

Solare Kraftwerkstechnologien: Im Unterschied zu Photovoltaikanlagen, die aus der Solarstrahlung unmittelbar elektrische Energie gewinnen, wird in solarthermischen Kraftwerken die Strahlung zunächst konzentriert und in Wärme umgewandelt, bevor mittels Dampf- oder Heißgasprozessen Strom erzeugt werden kann. Konzentrierende solarthermische Anlagen nutzen das direkte Licht der Sonne, die dazu nicht verdeckt sein darf. Lediglich die solarthermischen Aufwindkraftwerke können sowohl die direkte als auch die diffuse Strahlung nutzen, da sie das Licht nicht konzentrieren. Außer zur Stromerzeugung kann die mit konzentrierenden Anlagen erzeugte Wärme auch als industrielle Prozesswärme über eine Meerwasserentsalzungsanlage zur Trinkwassergewinnung oder über eine Absorptionskälteanlage zur solaren Kühlung genutzt werden. In Verbindung mit thermischen Speichern oder mit fossiler Zusatzfeuerung (z.B. als GuD-Hybrid-Kraftwerk) können solarthermische Kraftwerke auch mittel- und grundlastfähig im Tag- und Nachtbetrieb gefahren werden. Durch die Vielzahl solarer Kraftwerks-Technologien (Parabolrinnen, Turm, Dish-Stirling, Aufwind) erschließen sich verschiedenste Größenklassen von 10 kW bis 200 MW und breite Anwendungsbereiche (u.a. Inselsysteme und Kraft-Wärme-Kopplung).

Die etablierteste Technologievariante unter den konzentrierenden Systemen ist das Parabolrinnen-Kraftwerk. Die Kollektoren bestehen aus langen parabolförmigen Spiegeln, die aufgrund ihrer Form die so genannten Solarrinnen bilden. In ihrer Brennlinie wird ein Rohr von einem Wärmeträgermedium (Wasser/Dampf oder synthetisches Öl) durchströmt. Das Wärmeträgermedium wird durch die konzentrierte Solarstrahlung auf rund 400 Grad Celsius erhitzt und dann einem konventionellen Kraftwerksteil (Dampferzeuger, Turbine und Generator) zugeführt. Bei der Turbine handelt es sich um eine so genannte Kondensationsturbine mit einem Hochdruck-Hochgeschwindigkeitsteil sowie einem durch ein Reduktionsgetriebe angeschlossenes Niederdruckteil. Der erzeugte Wasserdampf treibt dabei zunächst den Hochgeschwindigkeitsteil an, wird nach Austritt zwischenerhitzt und dann dem Niederdruckteil zugeführt. Es erfolgt somit eine Umwandlung der thermischen Energie in mechanische Energie. Dieser Turbinentyp gilt als hocheffizient und ist für einen zuverlässigen Betrieb von 30 Jahren mit täglichem An- und Abfahren ausgelegt. Der an die Turbine angeschlossene Stromgenerator wandelt in einem nächsten Schritt die mechanische Energie mit Hilfe elektromagnetischer Induktion in elektrische Energie um. Vereinfacht dargestellt handelt es sich hierbei um einen Elektromotor mit umgekehrter Wirkungsweise. Der Kraftwerksbereich an sich entspricht weitestgehend dem eines konventionellen Dampfkraftwerkes, so dass die Komponenten nahezu identisch sind. Technisch anspruchsvoll ist das Wärmeträgermedium, bei dem entweder das bewährte Thermoölverfahren oder das neue Verfahren der Direktverdampfung zum Einsatz kommt.

Die ersten kommerziell betriebenen Anlagen wurden bereits zwischen 1984 und 1991 in der kalifornischen Mojave-Wüste in Betrieb genommen und erreichen eine Gesamtkapazität von 354 MW. Im Kraftwerksbetrieb werden elektrische Netto-Anlagenwirkungsgrade von 21 – 24 % (Spitze<9 und 11-16 % (Jahresmittelwert) erreicht. Die derzeit typische Anlagengröße beträgt 50 bis 80 MW. Nach längerer Pause erscheint jetzt wiederum Bewegung in den Markt zu kommen. In Europa setzt vor allem Spanien mit vielfältigen Projekten und einer spezifischen Einspeiseregelung auf diese Technologie.

Höhere Temperaturen bis über 1000 Grad Celsius können in Solarturmkraftwerken (CRS – *Central Receiver System*) erzielt werden. Dabei werden hunderte von zweiachsig der Sonne nachgeführten Spiegeln (so genannte Heliostaten) in einem Solarfeld angeordnet und computergesteuert auf einen gemeinsamen Strahlungsempfänger (Receiver) ausgerichtet, der sich auf der Spitze eines 50 bis 150 m hohen Turms befindet. Im Receiver wird Luft, Dampf oder Salzschmelze erhitzt, die einem Kraftwerksteil aus Gas-/Dampfturbine oder einem chemischen Solarreformer (z.B. zur Erzeugung von Synthesegas) zugeführt wird. Der weitere Kraftwerksaufbau entspricht weitestgehend dem eines Parabolrinnenkraftwerks, wie er oben beschrieben wurde. In Betrieb sind Anlagen bis 11 MW, größere Anlagen sind in Planung und Bau.

Langzeiterfahrungen liegen für die Parabolrinnen-Kraftwerkstechnologie mit Thermoölverfahren vor, die als bewährte Technologie zu bewerten und somit im Rahmen einer Projektfinanzierung auch grundsätzlich finanzierbar ist. Die anderen Solarthermie-Technologien müssen erst längere Jahre im Betrieb gewesen sein und ihr erfolgreiches Funktionieren über einen ausreichend bemessenen Zeitraum nachgewiesen haben, bevor sie das Kriterium einer bewährten Technik erfüllen[168].

4.2.3 Das Fertigstellungsrisiko – Einbindung eines Generalunternehmers

Das im allgemeinen Teil dargestellte Fertigstellungsrisiko sollte bei Solarvorhaben regelmäßig gut zu handhaben sein. Allerdings sind die Besonderheiten Gelände, Errichtungsdauer und Regulierungssystem zu beachten:

1. Komplexes Gelände: Zum einen ist die Installation der Gestelle und Module deutlich schwieriger und langwieriger als in einfachem Gelände und wird damit tendenziell zu höheren Kosten bei der Bodenvorbereitung und Durchführung der Baumaßnahmen führen. Zum anderen ist an derartigen Standorten durch die Gutachter sehr genau zu prüfen, ob und inwieweit es zu einer Verschattung der Anlagen kommt.
2. Errichtungsdauer: Die Errichtungsdauer von Solarkraftwerken kann je nach Gelände und verwandter Technologie sehr unterschiedlich lang sein. Insbesondere Solarthermische Kraftwerke weisen regelmäßig eine mehrjährige Bauzeit auf.
3. Geringere Einspeisevergütung: In einzelnen Regulierungssystemen wird ein Fördertarif nur für ein bestimmtes Kontingent von installierten Projekten gewährt, so dass sich auch hier ein Preisrisiko ergeben kann. Eine derartige Regelung besteht in Spanien für PV- und Solarthermievorhaben. Wie bereits dargestellt, haben Solarthermie-Kraftwerke eine häufig mehrjährige Bauzeit bis zu deren Fertigstellung und Inbetriebnahme. Da der Fördertarif von einem Projekt erst mit dessen Inbetriebnahme gesichert werden kann, besteht folglich bis zu diesem Zeitpunkt das Risiko, dass in der Zwischenzeit andere Projekte installiert werden, die das Kontingent ausschöpfen. Insbesondere für Solarthermie-

---

[168] Aus diesem Grund werden auch Paraboloid-Kraftwerke und die Fresnel-Technologie nicht weiter betrachtet. Nach der Parabolrinnen-Technik scheint die Solarturmtechnologie die Technologie zu sein, die am weitesten fortgeschritten ist.

Vorhaben, die eine meist mehrjährige Fertigstellungsphase haben, bedeutet dies ein erhebliches Investitionshindernis, da die für die Wirtschaftlichkeit des Vorhabens notwendige Preissicherheit nicht gegeben ist.

Die genannten Risiken können erhebliche Auswirkungen auf das Projekt haben und im schlimmsten Fall den wirtschaftlichen Betrieb unmöglich machen und somit zum Abbruch des Projektes führen. Da die Banken eine Projektfinanzierung nur bei ausreichend hohem und stabilem Projekt-Cashflow gewähren werden, verlangen sie bei Identifizierung eines solchen Preisrisikos in der Regel eine umfangreiche Haftung eines der Projektbeteiligten, der für den ggf. entstehenden Schaden aufkommen müssen. Im spanischen System sind im Jahr 2008 Vorhaben realisiert worden, bei denen im Generalunternehmervertrag exakt verabredet wurde, welches Entgelt der Generalunternehmer in einer Spanne zwischen 31 € Cent/kWh und 45 € Cent/kWh erhält, je nachdem, ob er es schafft, die Vorhaben noch unter dem alten Regime oder dem neuen Regime mit einem zu dem damaligem Zeitpunkt noch nicht bekannten Tarif zu realisieren. Dabei wurde das Entgelt so gewählt, dass die Belastbarkeit des Vorhabens aus Banksicht konstant war[169].

4.2.4 Das Rechts- und Regulierungsrisiko in ausgewählten Ländern – die wesentlichen Systeme

Wie im allgemeinen Teil unter 3.5.3 beschrieben, kommt der Stabilität und Verlässlichkeit des Regulierungsumfeldes eine herausragende Bedeutung zu.

Zentrale Bedeutung haben in diesem Zusammenhang die nationalen Branchen—Regulierungen, die regelmäßig in Form von Mindestpreissystemen ausgestaltet sind. Während im Windenergie-Bereich in einzelnen Ländern auch Vorhaben realisiert werden können, die auf einem Mengenregulierungssystem basieren, funktioniert dies bei Solarvorhaben nicht, da die spezifischen Stromgestehungskosten derzeit noch wesentlich – etwa um einen Faktor 4 – höher sind. Die maßgeblichen Systeme für Photovoltaik-Vorhaben stellen sich wie folgt dar:

---

[169] Aus diesem Beispiel lassen sich eine Reihe von interessanten Fragen ableiten, die aber an dieser Stelle nicht weiter vertieft werden sollen: 1. Offensichtlich scheint es für einen Anlagenlieferanten, der in diesen Fällen ebenfalls als Generalunternehmer auftritt, immer noch attraktiv zu sein, einen wesentlich reduzierten Generalunternehmerpreis zu realisieren, was wiederum Rückschlüsse auf die Gewinnmargen im spanischen Markt zumindest bis zum Herbst 2008 zulässt. 2. Was passiert für den Fall, wenn das Kontingent in einem Jahr ausgeschöpft ist? Werden diese Vorhaben dann auf das nächste Jahr vorgetragen, so dass dann das Kontingent des Folgejahres ebenfalls keine klar greifbare Größe mehr ist? 3. Und schließlich: Wie ist eine Garantie zu bewerten, in der der Generalunternehmer (gleichzeitig Anlagenlieferant) im Jahr 2009 einen bestimmten Tarif des Jahres 2010 garantiert? Hier ist zu berücksichtigen, dass es derzeit noch unklar ist, ob und inwieweit das Projekt dann für einen bestimmten Tarif berechtigt ist oder nicht. Sollte es gar nicht berechtigt sein, müsste der Garant mindestens für die Darlehenslaufzeit für die entgangene Einspeisevergütung gut sein. Dies stellt das Konzept einer Projektfinanzierung praktisch auf den Kopf, da der Garant nicht eigene Risiken minimiert, sondern fast unkalkulierbare Risiken akzeptiert.

		Solarstrahlung (in kWh/qm)	Höhe in € Cents/kWh	Laufzeit	Sonstiges:
Grüne Zertifikate	Belgien (hier: Flandern)	1.040	45	unbefristet	
	Italien	Mailand: 1.377	36 - 46 zuzüglich Strompreis	20 Jahre	a) 36 Cents bei nicht gebäudeintegrierten Anlagen, die größer als 20 kW sind. b) zusätzliche unbefristete Vergütung der Stromproduktion
Festpreissysteme	Deutschland	Berlin: 1.019	38 - 54	20 Jahre	
	Frankreich	Paris: 1.150	30 - 55	20 Jahre	a) 30 € Cents bei Freiflächenanlagen, b) Inflationierung, c) zusätzlich regional unterschiedliche Investitionszuschüsse
	Griechenland	Athen: 1.630	40 - 50	10 Jahre + 10 Jahre (optional)	a) Freiflächenanlagen auf dem Festland: 40 Cents; B) Zuschüsse zwischen 40 - 50 % der Gesamtinvestitionskosten [sofern Haushaltsmitel verfügbar sind], c) Jährliche Anpasssung an die Inflation
	Portugal	Porto: 1.500	35 - 55	15 Jahre	
	Spanien (bis 09/08)	Barcelona: 1.575	45,5	25 Jahre, danach 80 % unbefristet	Inflationierung
	Spanien (ab 10/08)		32	25 Jahre, danach 80 % unbefristet	Inflationierung, 10 MW Obergrenze für Projekt (strenge Auslegung), 133 MW Obergrenze p.a. für Freiflächenanlagen (in 2009 plus 100 MW)

Abbildung 61: Vergleich verschiedener PV-Fördersysteme innerhalb der EU

Regelmäßig werden die Vergütungssätze bei Aufdach-Anlagen durch den maximalen Betrag abgebildet, während Freilandanlagen durch den minimalen Betrag beschrieben werden.

Die mit Abstand wichtigsten Länder für den Bereich Photovoltaik waren bis 2008 Deutschland und Spanien. Mit Änderung des Regulierungssystems in Spanien ist dieser Markt derzeit nicht mehr relevant, so dass die gesamte Branche derzeit versucht, den Entfall des spanischen Marktes durch das Erschließen neuer Märkte zu kompensieren.

Die Regelungen in Deutschland folgen der bereits in Kapitel 3.5.3 dargestellten Logik des EEG, auf die insoweit verwiesen wird[170]. In Spanien wird die Vergütung von erzeugtem Strom aus Erneuerbaren Energien über ein königliches Dekret („Real Decreto") geregelt.

Der aktuelle Einspeisetarif für CSP-Vorhaben in Spanien beträgt demnach ca. 27,84 EUR-Cent/kWh und wird einem Projekt für 25 Jahre ab dessen Inbetriebnahme gewährt. Zusätzlich kann eine begrenzte Prämie in Form des allgemeinen Marktstrompreises erzielt werden. Nach Ablauf der 25 Jahre erfolgt eine Absenkung auf 80% des anfänglichen Vergütungstarifes. Dieser Anschlusstarif gilt dann für unbestimmte Zeit bis zum Betriebsende des Projektes. Der zugesicherte Tarif ist zudem an die Entwicklung der spanischen Inflation gekoppelt und erfährt somit eine jährliche Anpassung unter Berücksichtigung gewisser Abschläge. Die

170 Eine Lücke in der Projektrealisierung ergibt sich derzeit in Deutschland bei größeren EE-Wärmeprojekten. Diese Projekte sind auf eine Förderung im Marktanreizprogramm (KfW-Programm-EE/Premium) angewiesen. Das Sonderprogramm der KfW kann von diesen Projekten aus beihilferechtlichen Gründen nur alternativ, aber nicht kumulativ genutzt werden. Damit ist eine Haftungsfreistellung der Banken bei Wahl des Marktanreizprogramms nicht möglich.

spanischen Energieversorger werden zur Abnahme des erzeugten Stroms verpflichtet. Der im Real Decreto festgelegte Tarif wird Solarthermie-Projekten bis zu einer installierten Gesamtleistung von 500 MW zugesichert. Aufgrund der Größe der solarthermischen Vorhaben (ca. 50 MW) ist damit zu rechnen, dass dieses Volumen sehr schnell ausgeschöpft sein wird.

4.2.5 Zinsänderungsrisiko

Vorhaben im Solarbereich reagieren aufgrund ihrer Kapitalintensität besonders sensibel auf Änderungen der Zinskosten. Damit sind neben dem absoluten Zinsniveau gleichermaßen die Zinssatzveränderungen abzusichern.

Das allgemeine Zinsniveau zum Zeitpunkt des Financial Close ist eine erste Größe, die bei der Projektprüfung zu betrachten ist. Üblicherweise werden die Zinssätze zum Zeitpunkt des Financial Close zu einem Teil und für einen bestimmten Zeitraum gesichert, so dass eine feste Kalkulationsbasis besteht. Wir werden die Auswirkung einer allgemeinen Veränderung des Zinsniveaus im Rahmen des Kapitels 4.4 darstellen.

Regelmäßig wird bei den Term Loans eine Zinsbindung über einen bestimmten Zeitraum vereinbart. Nach Ablauf dieser Zinsbindung werden die Konditionen entsprechend den dann geltenden Marktkonditionen neu festgelegt. Aus einem dann höheren Zinssatz ergeben sich relativ höhere Zinszahlungen, die sich direkt auf den Cashflow auswirken. Diese Gefahr wird als Zinsänderungsrisiko bezeichnet.

Grundlegend für ein mögliches Szenario ist dabei die Frage nach dem im Anschluss an die Zinsbindung geltenden Zinsniveau.

Wir haben in der folgenden Kalkulation dargestellt, wie sich eine Veränderung des Zinsniveaus um jeweils 1, 2 oder 3-Prozentpunkte auf die Wirtschaftlichkeit und Belastbarkeit auswirkt.

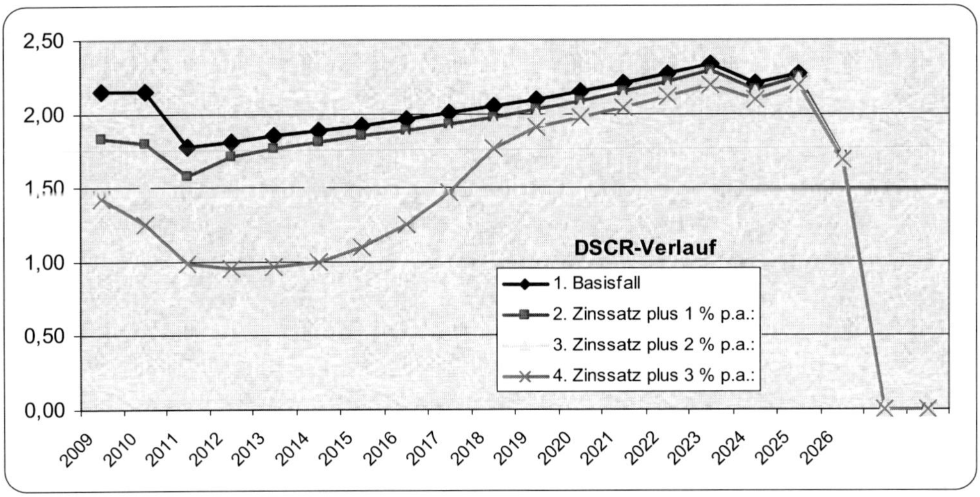

Abbildung 62: Auswirkungen einer Zinsänderung auf den DSCR-Verlauf (Solarprojekt)

	IRR	Belastbarkeit bei:
1. Base Case	12,04%	81,70%
2. Zinssatz plus 1 % p.a.:	10,02%	88,00%
3. Zinssatz plus 2 % p.a.:	8,21%	94,30%
4. Zinssatz plus 3 % p.a.:	6,59%	n.v.

Erkennbar ist, dass die Abhängigkeit der Wirtschaftlichkeit vom Zinsniveau zum Zeitpunkt des Financial Close signifikant ist und gleichermaßen Investoren wie Sponsoren betrifft. Für die Investoren bedeutet eine selbst geringfügige Erhöhung des Zinssatzes eine deutliche Verschlechterung der internen Rendite des Investors. Zusätzlich müssen aber auch bestimmte Belastungsanforderungen der Fremdkapitalgeber eingehalten werden. Sehen diese beispielsweise vor, dass eine Belastbarkeit auf einem Niveau von 83 % erreicht wird, müsste eine Anpassung der Finanzierungsstruktur angestrebt werden, die genau dies sicherstellt. Dies kann auch über eine Eigenmittelerhöhung erfolgen, was wiederum zu einer Absenkung der internen Rendite führen würde. Die hier diskutierte Darstellung spielt insbesondere dann eine Rolle, wenn die Projektgesellschaft aus bestimmten Gründen mit dem Abschluss eines Zinssicherungsgeschäftes wartet[171].

Mit dem Auslaufen der Zinsbindungsfrist stellt sich dieses Thema wiederum von neuem. Regelmäßig wird daher für den Großteil der langfristigen Darlehen für die Laufzeit eine Zinssicherung vereinbart. Auf die Darstellung entsprechender Szenarien verzichten wir allerdings. Hinsichtlich weiterer Überlegungen zu Zinsänderungsrisiken verweisen wir auf Abschnitt 3.5.5 und auf das Fallbeispiel unter Abbildung 66.

4.3 Zusammenfassende Würdigung der Einzelrisiken

Während wir bislang die Risiken und die Risikoinstrumente isoliert betrachtet haben, müssen diese in ihrer gesamten Wirkung auf das Projekt analysiert und bewertet werden. Dies erfolgt im Rahmen der Risikoquantifizierung des Projektes über ein Cashflow-Modell. Das Cashflow-Modell dient dabei der Entwicklung einer projektbezogenen Finanzierungsstruktur, die unter der Berücksichtigung eines zu definierenden Sicherheitsabschlages so auszugestalten ist, dass die bankseitigen Anforderungen für die Gewährung einer Projektfinanzierung über die gesamte Finanzierungslaufzeit stets erfüllt werden können. Die Einzelrisiken stellen sich in einer Gesamtschau wie folgt dar:

171 Die Projektgesellschaft wird häufig dann mit dem Abschluss eines Zinssicherungsgeschäfts warten, wenn etwa der Prüfungsprozess bei der finanzierenden Bank inkl. des Due Diligence-Prozesses noch nicht abgeschlossen ist.

Risiko	Risikoinstrumente	Standardabweichung gegenüber Plan-Annahmen
Elementarrisiko	Heranziehen von mindestens zwei Ertragsgutachten, die standortspezifisch erstellt werden	4,00%
Unsicherheit des Ertragsgutachtens	Explizite Nennung der Unsicherheiten im Ertragsgutachten, z.T. Eliminierung auch von Teilunsicherheiten (z.B. durch Besichtigung vor Ort)	3,00%
Verzögerte Fertigstellung	Hereinnahme einer Fertigstellungsgarantie	0,00%
Leistungsverlust der Module	Verwendung von Modulen namhafter Hersteller, technische Prüfung	0,25%
Steigerung der operativen Kosten	Vertragliche Fixierung der operativen Kosten. Vorsichtige, konservative Kalkulation der Kosten	1,00%
Preis- bzw. Absatzrisiko	Absatzpreise gesetzlich garantiert und damit über Projektlaufzeit kalkulierbar	0,00%
Force Majeure	Abschluss der üblichen Versicherungen	0,00%
Gesamte Standardabweichung		5,11%

Abbildung 63 (wiederholt): Einzelrisiken bei einem PV-Solarprojekt

Aus Gründen der mangelnden Quantifizierbarkeit der nach Anwendung von Risikoinstrumenten verbleibenden Einzelrisiken wird von den Banken ein pauschaler Sicherheitsabschlag anhand von Erfahrungswerten aus dem jeweiligen Anwendungsgebiet festgelegt. Der Sicherheitsabschlag für ein konkretes Projekt kann in seiner Höhe folglich von Bank zu Bank unterschiedlich bemessen sein.

Den Untersuchungen in dieser Arbeit soll ein Sicherheitsabschlag von 17 % auf den geplanten Jahresenergieertrag zu Grunde gelegt werden. Dieser Abschlag ist ausreichend bemessen, um auch das kombinierte Eintreten von Einzelrisiken bei dem betrachteten Projekt Solar LUZ ASTRAL realistisch abbilden und auffangen zu können.

4.4 Entwicklung einer Finanzierungsstruktur aus dem bisherigen Risikomanagement

4.4.1 Grundsätzliche Überlegungen

Im Folgenden soll ein Photovoltaik-Vorhaben mittels einer Analyse seiner Risikopotentiale auf seine Projektfinanzierungsfähigkeit hin untersucht werden. Da die Ausprägung der Projektrisiken in großem Maße von dem jeweiligen Finanzierungsobjekt abhängt, soll ein Fallbeispiel aus der Praxis betrachtet und bewertet werden (Name und Beträge geändert).

Projektname:	Luz Astral I
Projektstandort:	Südliches Spanien
Technologie:	PV-Projekt auf Basis von polykristallinen Modulen
Gesamtinvestitionsvolumen:	EUR 45.000.000,--
Fremdkapitalvolumen:	EUR 38.000.000,--
Eigenkapitalvolumen:	EUR 7.000.000,--
Finanzierungsstruktur:	Rückzahlung der Projektfinanzierungsdarlehen über 16 ½ Jahren mit linearem Tilgungsverlauf (Ratendarlehen).
Summe der Betriebskosten p.a.:	EUR 450.000,--
Inbetriebnahmezeitpunkt:	01.01.2009
Nennleistung:	6 MW
Jahresenergieproduktion:	12,46 GWh
Einspeisetarif:	Anfänglich 45 € Cent/kWh für die ersten 25 Jahre Projektbetrieb; danach Absenkung auf 80% des Anfangstarifes; der Tarif wird jährlich in Abhängigkeit zur Inflation in Spanien angepasst, in den Cashflow-Berechnungen wird eine prognostizierte Inflationierung des Tarifes von 1,5 % jährlich berücksichtigt.
Projektbeteiligte:	- Zwei Sponsoren als Projektentwickler und Eigenkapitalgeber (Partolandia und Rockerduck); - Spanische Projektgesellschaft als Eigentümer der Projektanlage, Auftraggeber für die Projektverträge und Darlehensnehmerin der Projektfinanzierungskredite; - Jeweils Darstellung über 100 kW-Gesellschaften - Finanzierendes Bankenkonsortium; - Generalunternehmer als Lieferant einer schlüsselfertigen Projektanlage; - Betreibergesellschaft für den technischen und kaufmännischen Betrieb der Projektanlage; - Energieversorgungsunternehmer als gesetzlich verpflichteter Abnehmer des erzeugten Stroms; - Weitere Beteiligte wie Versicherungen, Gutachter usw.

Abbildung 64: Rahmendaten eines PV-Projektes in Spanien

Auf Basis dieser Daten wurde von den Sponsoren ein erstes Cashflow-Modell als Sponsors Case erstellt. Dieses Modell stellt die Ausgangsbasis für die Analyse einzelner Projektrisiken dar, bevor es später im Rahmen der Risikoquantifizierung unter Berücksichtigung sämtlicher zu bewertenden Risiken zur Entwicklung einer geeigneten und tragfähigen Projektfinanzierungsstruktur dient.

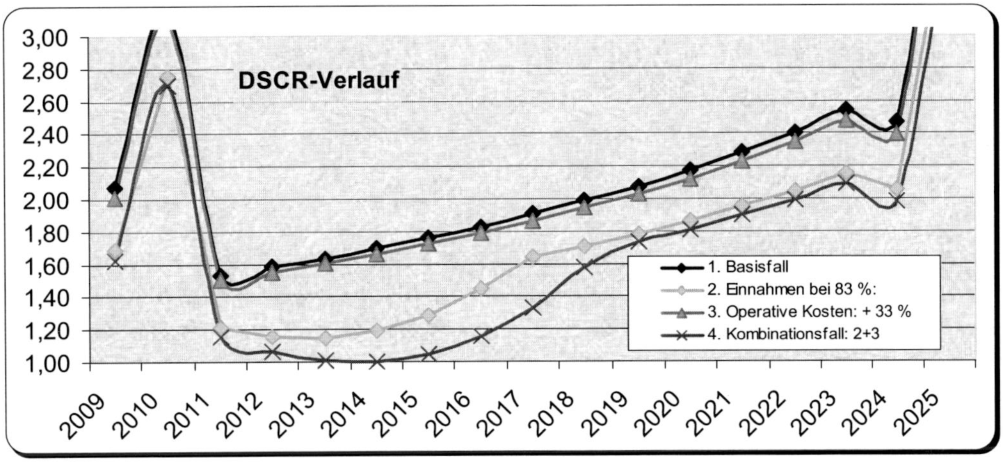

Abbildung 65: DSCR-Verlauf PV-Projekt (Sponsors Case)

Zinssatzänderung

Anhand des Fallbeispiels werden die Auswirkungen von Zinsänderungen in verschiedenen Abstufungen dargestellt. Dabei wird ausgehend von der von den Sponsoren vorgeschlagenen Finanzierungsstruktur der Zinssatz des Projektfinanzierungskredites in diesem Modell verändert und die hieraus resultierenden Ergebnisse im Folgenden beschrieben.

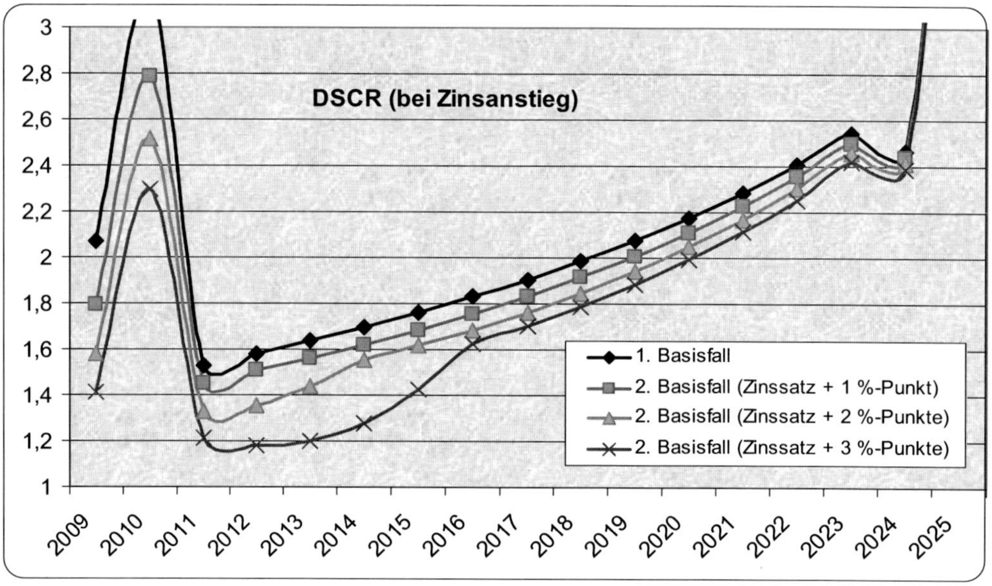

Abbildung 66: DSCR-Verlauf bei unterschiedlichen Zinssätzen

Die Erhöhung der Zinssätze führt dazu, dass der DSCR durchgängig über die gesamte Finanzierungslaufzeit unterhalb der Ausgangslage im Sponsors-Case liegt. Bei dem hier betrachteten Anstieg des Zinssatzes des Projektfinanzierungskredites um 3,7 Prozentpunkte auf einen Satz von 10,1 % jährlich beträgt der DSCR im ersten Betriebsjahr 2009 noch 1,0, was bedeutet, dass der Kapitaldienst gerade noch geleistet werden kann. Bei einem noch höheren Zinsanstieg wäre dies nicht mehr sichergestellt und die bankseitigen Anforderungen der jederzeitigen und vollständigen Leistung des Kapitaldienstes würden verfehlt. Die betrachtete Höhe des Zinsanstieges stellt somit die Grenze der Projektbelastbarkeit dar.

Die Erhöhungsdifferenz von 3,7 Prozentpunkten bis zur Erreichung der Projektbelastbarkeitsgrenze kann als Sicherheitspuffer des Projektes für das Zinsänderungsrisiko verstanden werden. Die Höhe dieses Sicherheitspuffers zeigt dabei, dass das Projekt Solar Luz Astral recht empfindlich auf einen Zinsanstieg reagiert. Diese Beobachtung kann generell bei Projektfinanzierungen im Bereich Solarenergie gemacht werden, da diese eine relativ hohe Kapitalintensität aufweisen und damit von einem Zinsänderungsrisiko wesentlich stärker betroffen sind als Vorhaben in den Bereichen Windenergie oder Biomasse.

Betriebskostenänderung
Die im allgemeinen Teil dargestellten Folgen aus dem Eintritt des Betriebs- und Managementrisikos (siehe 3.4.2) werden über eine Variation der Betriebskosten dargestellt und die hieraus resultierenden Ergebnisse im Folgenden beschrieben. Die jährlichen Betriebskosten werden in verschiedenen Szenarien um jeweils 50 %-Punkte erhöht. Die genannten Beträge beziehen sich auf den Ausgangswert der Betriebskosten im ersten Betriebsjahr ohne Berücksichtigung des im Modell generell kalkulierten Betriebskostenanstieges von 3 % jährlich.

Die entgegen der Ausgangslage im Sponsors-Case zusätzlich anfallenden Betriebskosten müssen durch den unveränderten Projekt-Cashflow gedeckt werden. Dadurch sinkt der Teil des Projekt-Cashflows, der für die Bedienung des Kapitaldienstes zur Verfügung stehen kann. Die Kapitaldienstfähigkeit in Form des DSCR sinkt folglich über die gesamte Finanzierungslaufzeit, wie es die nachfolgende Grafik veranschaulicht.

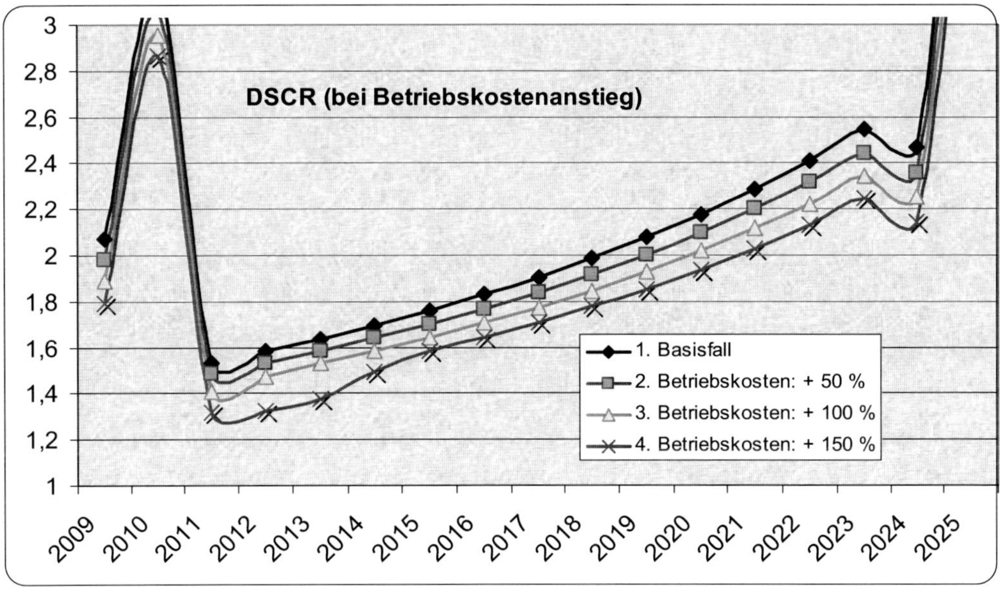

Abbildung 67: DSCR-Verlauf bei veränderten Betriebskosten

Es zeigt sich, dass auch hier der DSCR durch die vorgenommene Veränderung durchgängig unterhalb der Ausgangslage im Sponsors-Case liegt. Bei allen betrachteten Fällen liegt der DSCR deutlich über 1,0. Das Projekt kann somit in allen Fällen den Kapitaldienst noch leisten. Bei noch höheren Betriebskosten wäre dies nicht mehr sichergestellt und die bankseitigen Anforderungen der jederzeitigen und vollständigen Leistung des Kapitaldienstes würden verfehlt.

Insgesamt zeigt sich das Projekt Solar LUZ ASTRAL recht unempfindlich gegenüber Betriebskostenanstiegen, weil die Betriebskosten im Verhältnis zu Investitionsvolumen, Projekt-Cashflow und Kapitaldienst nur einen geringen Anteil ausmachen. Diese Unempfindlichkeit ist nicht nur in diesem speziellen Fall zu beobachten, sondern eine generelle Eigenschaft von Solar-Projekten insgesamt.

Auch wenn Solarprojekte hohe Betriebskostenanstiege verkraften können, so sollte dieses Risiko dennoch nicht ignoriert werden.

Einnahmenrückgang

Die dargestellten Folgen aus dem Eintritt des Ressourcenrisikos und die sich hierdurch ergebenden Auswirkungen haben wir im Folgenden über eine Variation des Jahresenergieertrages in mehreren Szenarien abgebildet. Die Kapitaldienstfähigkeit in Form des DSCR sinkt folglich über die gesamte Finanzierungslaufzeit, wie es die nachfolgende Grafik veranschaulicht.

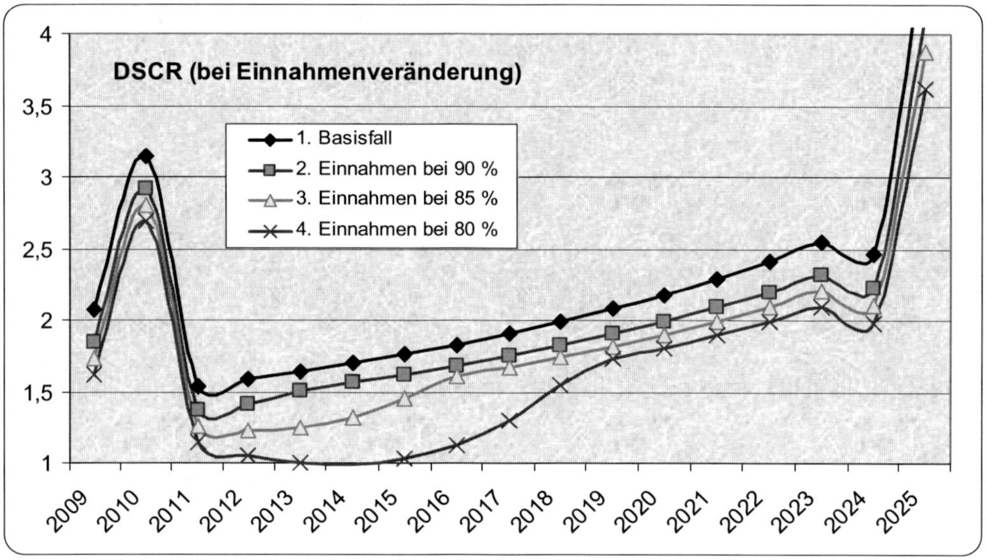

Abbildung 68: DSCR-Verlauf bei Einnahmenveränderung (PV-Solarvorhaben)

Durch die vorgenommene Veränderung liegt der DSCR durchgängig unterhalb der Ausgangslage im Sponsors-Case. Bei einer Senkung des Jahresenergieertrages um 20,0 % erreicht der DSCR im fünften Betriebsjahr des Projektes sein Minimum von 1,0. Das hier betrachtete Ausmaß des Absinkens des Jahresenergieertrages stellt folglich die Grenze der Projektbelastbarkeit dar.

Die Differenz von 20,0 % bis zum Erreichen der Projektbelastbarkeitsgrenze aus Sicht des Sponsors-Case kann somit auch als dessen Sicherheitspuffer im Hinblick auf das Ressourcenrisiko verstanden werden. Die Höhe des Sicherheitspuffers bei Solar LUZ ASTRAL ist dabei als komfortabel zu bewerten, wenn man sich die durchschnittliche Schwankung der jährlichen Direkteinstrahlung in Spanien vor Augen hält (siehe 4.2.1).

Die Tabelle zeigt, dass die jährliche Direkteinstrahlung in Spanien hoch und recht stabil ist. Dem theoretischen Sicherheitspuffer von 20,0 % im Cashflow-Modell steht eine gutachterlich ausgewiesene maximale negative Abweichung der Globalstrahlung in Höhe von etwa 4 % von ihrem langfristigen Mittelwert am Projektstandort gegenüber. Dennoch soll das Ressourcenrisiko hierdurch nicht in seiner Bedeutung unterschätzt werden.

4.4.2 Hinweise zur Optimierung aus Sicht der Investoren und der Fremdkapitalgeber

Investoren und Kreditgeber haben das gleichgerichtete Interesse, ein Projekt so wirtschaftlich wie möglich zu gestalten. Ein hoher Cashflow-Überschluss bedeutet einerseits, dass die Fremdkapitalgeber mit größerer Sicherheit ihre festen und erfolgsunabhängigen Rückzahlungsansprüche erfüllt sehen (s. 2.5), aber auch, dass die Sponsoren mehr bzw. frühzeitigere Ausschüttungen realisieren können. Während beide Gruppen ein gleichgerichtetes Interesse haben, den Projektwert zu steigern, besteht ein Wettbewerb um die Verwendung der Cashflows. Wie bereits oben angesprochen, haben die Sponsoren ein Interesse daran, möglichst viel Cashflow frühzeitig auszuschütten, während die Fremdkapitalgeber möglichst schnell getilgt werden wollen. Die Erarbeitung einer Finanzierungsstruktur beinhaltet damit immer auch einen Verhandlungsprozess zwischen den beiden Kapitalgebergruppen. Zwei Beispiele sollen verdeutlichen, wie ein Prozess zur Entwicklung einer Finanzierungsstruktur aussehen kann und welche Möglichkeiten bestehen, ein Projekt aus Sicht beider Kapitalgebergruppen zu verbessern.

Zunächst sei die Veränderung der tilgungsfreien Zeit des Vorhabens dargestellt.

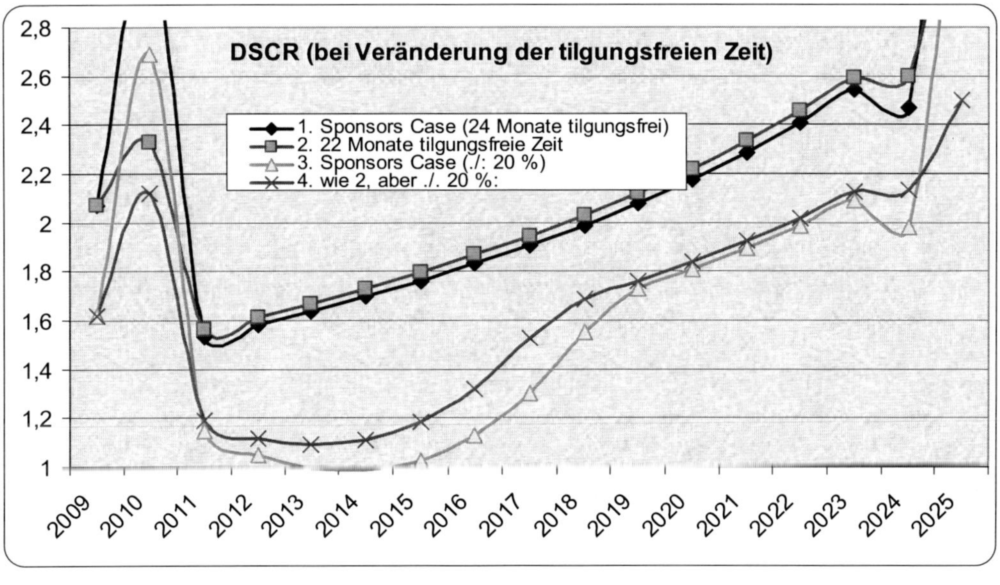

Abbildung 69: DSCR-Verlauf (bei Veränderung der tilgungsfreien Zeit) – Solarprojekt

Während bei der ursprünglichen Struktur eine tilgungsfreie Zeit von 24 Monaten vorgeschlagen wurde, ist diese nunmehr um zwei Monaten gekürzt worden, wobei die Gesamtlaufzeit der Darlehen bis zu ihrer vollständigen Rückführung gleich geblieben ist.

Erkennbar ist, dass der Schuldendienstdeckungsgrad im Sponsors Case praktisch durchgängig geringer ist als bei einer um zwei Monate kürzeren tilgungsfreien Zeit. Dies korrespondiert mit einer verbesserten Belastbarkeit der kürzeren tilgungsfreien Zeit in einem Belastungsfall. Während die Belastbarkeit im Sponsors Case bei einem Einnahmenniveau von 80 % liegt, verbessert sie sich im zweiten Fall um 1,2 Prozentpunkte auf 78,8 %. Allerdings geht die Verbesserung der Belastbarkeit mit einem Rückgang der internen Rendite einher, und zwar von 20,5 % auf 20,0 %.

Der Grund für die unterschiedlichen Belastbarkeiten ergibt sich aus folgender Überlegung: Angenommen sei, man verzichte bei gegebener Gesamtlaufzeit des Darlehens auf eine tilgungsfreie Zeit. In diesem Fall ergeben sich einerseits insgesamt mehr Rückzahlungszeitpunkte, in denen das Darlehen zurückgezahlt werden kann, so dass sich die jeweiligen Tilgungsbeträge reduzieren und die ausgewiesenen Schuldendienstdeckungsrelationen erhöhen. Andererseits besteht in einem Belastungs-Szenario praktisch keine Möglichkeit mehr, die Schuldendienstreserve aus dem Cashflow des Projektes aufzubauen, so dass kein Risikopuffer vorhanden ist. Im umgekehrten Fall einer verhältnismäßig langen tilgungsfreien Zeit kann zwar auch in einem Belastungs-Szenario die Schuldendienstreserve aufgebaut werden, aber die Tilgungsbeträge steigen pro Rückzahlungstermin an, da relativ weniger Rückzahlungstermine zur Verfügung stehen. Aus Sicht der Fremdkapitalgeber ergibt sich damit eine Optimierungsaufgabe mit Blick auf die Ausgestaltung der tilgungsfreien Zeit, die jeweils projektspezifisch zu lösen ist. Die Sponsoren haben tendenziell ein Interesse daran, eine möglichst lange tilgungsfreie Zeit durchzusetzen, da sie ihnen ermöglicht, früher Ausschüttungen vorzunehmen, so dass sich ihre interne Rendite verbessert.

Die Schuldendienstreserve spielt auch bei dem zweiten Beispiel zur Verbesserung der Finanzierungsstruktur eine wichtige Rolle. Ein Diskussionspunkt zwischen Banken und Projektgesellschaft ist die angemessene Höhe der Schuldendienstreserve. Wiederum seien die beiden Extrempositionen betrachtet: Würde auf die Schuldendienstreserve verzichtet, stünden bei Schwankungen des operativen Cashflows möglicherweise nicht genügend liquide Mittel zur Verfügung, um den Kapitaldienst zu bedienen. Um dies von vornherein zu vermeiden, würden die Banken ihre Belastbarkeitsprüfung rein auf Basis der operativen Cashflows auslegen, so dass sich c.p. eine höhere Eigenmittelausstattung und damit auch eine niedrigere interne Rendite ergäbe. Auf der anderen Seite ist es aber weder durchsetzbar noch notwendig, die Schuldendienstreserve übermäßig zu dimensionieren. Zum einen wirkt der Einbau einer Schuldendienstreserve in eine Finanzierungsstruktur als eine faktische Ausschüttungssperre, da sie aus dem Cashflow zwar nach dem Kapitaldienst dotiert wird, aber vor den Ausschüttungen. Daher wird die interne Rendite umso niedriger ausfallen, je mehr Liquidität in die Dotierung der Schuldendienstreserve umgeleitet wird, anstatt an die Sponsoren ausgeschüttet zu werden. Zum anderen muss der Cashflow des Vorhabens auch so strukturiert sein, dass realistischerweise der Zielwert der Schuldendienstreserve erreicht werden kann. Wenn unter einem Stress-Szenario das Projekt nicht in der Lage ist, einen bestimmten Zielwert der Schuldendienstreserve zu überschreiten, ist es auch aus Kapitalgebersicht nicht zielführend, auf diesem überhöhten Zielwert zu beharren.

In unserem Beispiel wird gegenüber dem Sponsor's Case der Zielwert der Schuldendienstreserve von 50 % des Kapitaldienstes des Folgejahres auf 75 % angehoben. Damit wird während der tilgungsfreien Zeit mehr Cashflow in die Dotierung der Schuldendienstreserve umgeleitet, so dass einerseits die Belastbarkeit des Vorhabens steigt, andererseits aber die interne Rendite des Vorhabens von 20,5 % auf 19,2 % sinkt.

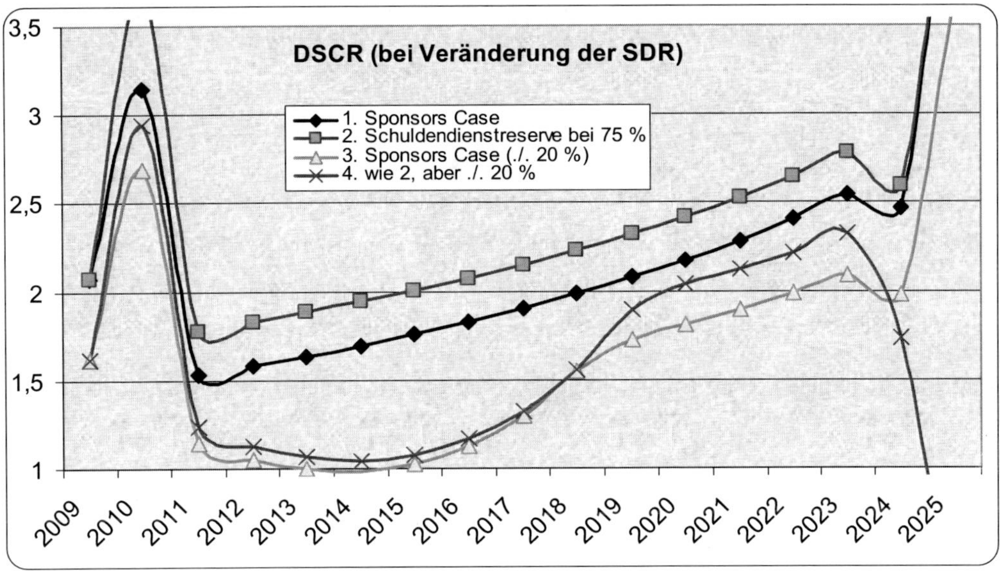

Abbildung 70: DSCR PV-Projekt bei Veränderung der Höhe der Schuldendienstreserve

Neben der Höhe der Schuldendienstreserve gibt es weitere Gestaltungselemente, die bei der Ausgestaltung der Schuldendienstreserve eine Rolle spielen, die aber nur skizziert werden sollen:

- In unserem Fallbeispiel wird die Schuldendienstreserve aus dem Cashflow des Vorhabens aufgebaut. Alternativ ist denkbar, dass diese von Anfang an als zusätzliche Kreditlinie durch die finanzierenden Banken zur Verfügung gestellt wird. Aus Sicht der Sponsoren ergibt sich der Vorteil, dass für die Verfügung dieser Kreditlinie lediglich Bereitstellungsprovisionen anfallen und Ausschüttungen früher möglich sind. Da die Kreditgeber das Vorhaben vorrangig unter einem Belastungsszenario bewerten, werden sie nur dann bereit sein, eine derartige Fazilität zur Verfügung zu stellen, wenn das Vorhaben eine Verschuldungskapazität hat, die die Inanspruchnahme und planmäßige Rückführung dieser Linie mit abdeckt. Regelmäßig kommt diese Variante daher dann in Frage, wenn die Überdeckungsrelationen des Vorhabens besonders gut sind. Eine Variante dieser Fazilität besteht darin, dass eine dritte Partei sich verbürgt, etwaige operative Cashflow-Defizite aufzufangen. In jedem Fall ist die Entscheidung, ob eine der vorgenannten Varianten gewählt wird, auch aus Sicht der Sponsoren ein Rechenexempel, bei dem Bereitstellungsprovisionen und etwaige Zinszahlungen mit dem Vorteil früherer Ausschüttungen verglichen werden müssen.

- Die Höhe der Schuldendienstreserve kann in Abhängigkeit gebracht werden von der Performance des Projektes. In Phasen mit geringeren Überdeckungsrelationen kann etwa der Zielwert der Schuldendienstreserve höher sein als in Phasen mit höheren Überdeckungsrelationen.

Beide Beispiele zeigen im ersten Schritt, dass die angesprochenen Veränderungen einzelner Finanzierungsparameter hinsichtlich der Verwendung der Cashflows in einem Konkurrenzverhältnis stehen. Zwar verbessert sich durch einzelne Maßnahmen die Belastbarkeit aus Sicht der Fremdkapitalgeber, andererseits verschlechtert sich die interne Rendite der Sponsoren. In der Diskussion der beiden Kapitalgebergruppen wird neu auszutarieren sein, wie sich die endgültige Finanzierungsstruktur darstellt.

Nach einem Verhandlungsprozess zwischen Sponsoren und Banken könnte eine geänderte Finanzierungsstruktur wie folgt aussehen:

- Zielwert der Schuldendienstreserve bei 60 % des Kapitaldienstes des Folgejahres,
- Tilgungsfreie Zeit läuft aus am 20.11.2011
- Erhöhung des Term Loan um T€ 600 auf insgesamt T€ 38.600.

Unter diesen Rahmendaten verändern sich die Wirtschaftlichkeit und Belastbarkeit gemäß dem nachfolgenden Schaubild:

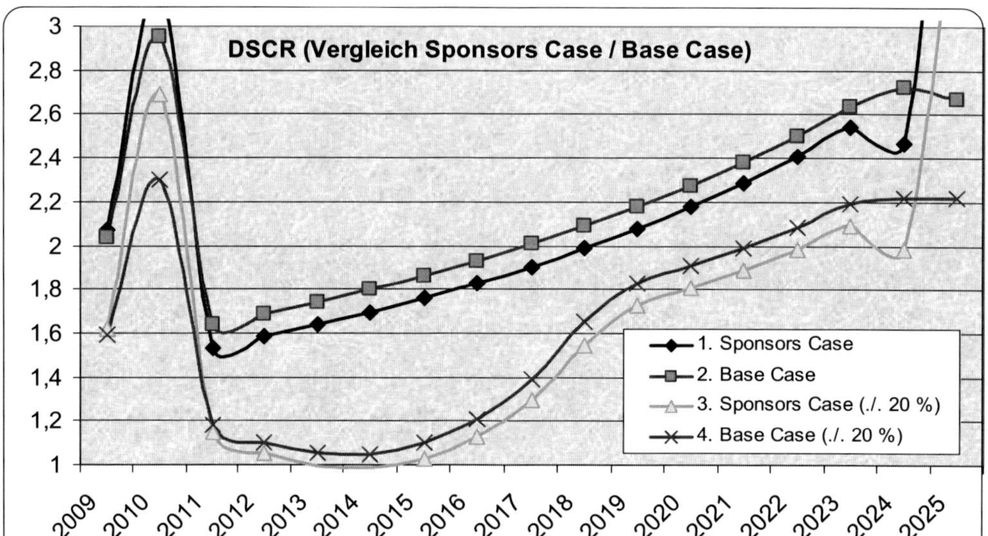

Die Belastbarkeit des Vorhabens verbessert sich von ursprünglich 20,0 % auf 20,3 %, die interne Rendite von 20,5 % auf 22,5 %. Damit ist über verhältnismäßig einfache Änderungen erreicht worden, dass sich beide Kapitalgebergruppen besser stellen.

4.5 Ausblick

Vorhaben im Bereich Photovoltaik und solarthermische Kraftwerke mit Parabolrinnentechnologie erscheinen grundsätzlich als gut geeignet für Projektfinanzierungen. Neben der Technik spielt das Rechts- und Regulierungsumfeld eine entscheidende Rolle, die die Anwendung aus heutiger Sicht allerdings auf wenige Länder beschränkt.

Solarthermische Kraftwerke stellen eine vergleichsweise kostengünstige Stromerzeugungsoption dar, die in sonnenreichen Regionen über ein großes Potential verfügt und auch als Exporttechnologie von Bedeutung ist. Ferner kann der Import von solarthermischem Strom aus Nordafrika über Höchstspannungsgleichstromübertragungen eine wichtige zukünftige Ergänzung innerhalb der Energieversorgung der Europäischen Union darstellen (Vorhaben DESERTEC).

Ein wichtiges Thema für Vorhaben im Bereich Solarenergie ist ihre hohe Kapitalintensität, die zu einer hohen Reagibilität gegenüber Zinsänderungen führt.

5 Projektfinanzierung von Biomasse-Projekten

5.1 Vielfältigkeit der Einsatzformen von Biomasse – Vielfältigkeit des Einsatzes von Projektfinanzierungen

5.1.1 Einsatzformen von Biomasse

Insgesamt gehört die Biomasse zu den vielfältigsten Nutzungsoptionen erneuerbarer Energien[172]. Biomasse als Energieträger fällt in unterschiedlichen Formen an: (1) Holzartige Biomasse, (2) Rückstände aus Land- und Forstwirtschaft, Industrie und Kommunen sowie (3) Energiepflanzen aus dem gezielten Anbau. Eine Vielzahl von Umwandlungs- und Nutzungsprozessen steht heute schon zur Verfügung, um aus der Rohbiomasse feste, flüssige oder gasförmige Energieträger zu erzeugen. Biomasse hat somit den ersten Vorteil, in den drei Sektoren der Strom-, Wärme- oder Kraftstoffbereitstellung gleichermaßen eingesetzt werden zu können. Der zweite Vorteil ist ihre Grundlastfähigkeit. Durch die Kopplung der Produktion von Strom und Wärme (Kraft-Wärme-Kopplung, KWK) erhöhen sich in der Regel Wirkungsgrad und Wirtschaftlichkeit gegenüber einer reinen Wärme- oder Stromnutzung.

Bezüglich der Bilanz der Treibhausgasemissionen ist Biomasse von anderen Formen der Erneuerbaren Energien zu unterscheiden: Biomasse ist nicht CO_2-frei, sondern CO_2-neutral. Das bedeutet, dass bei der Verbrennung von Biomasse dieselbe Menge CO_2 emittiert wird, die vorher von der Pflanze aufgenommen wurde. Neben diesem CO_2-Kreislauf können klimarelevante Emissionen innerhalb der Prozessketten auftreten, wie z.B. Lachgasemissionen. Im Bereich der flüssigen Bioenergieträger wird vor allem der Einsatz von Palmöl kritisch gesehen, der mit der Vernichtung von tropischem Regenwald in Indonesien und Malaysia in Verbindung gebracht wird, die 85 % des Palmöl-Weltmarktes abdecken. Die ökologische Bilanz der Biokraftstoffe hängt stark von der Verwendung der Nebenprodukte (etwa Glyce-

---

[172] Selbstverständlich ist die Nutzung von Biomasse als Energieträger nicht die einzige Nutzungsmöglichkeit, sondern steht in einer Konkurrenz zu einer Nutzung als Lebensmittel, als intakte Umwelt, als stoffliche Verwertung und ist damit neben ökonomischen und ökologischen Kriterien auch Gegenstand von Werturteilen.

rin bei der Biodieselproduktion), den Ausgangsprodukten (Reststoffe oder Energiepflanzen) und von den Bereitstellungsmethoden (z.B. Düngemitteleinsatz bei der Herstellung) ab.

Um Biomasse konkurrieren vier unterschiedliche Märkte: stoffliche Verwertung, Wärmeerzeugung, Stromerzeugung und Kraftstofferzeugung. Diese Märkte werden durch zum Teil sehr unterschiedliche Maßnahmen gefördert – im stofflichen Bereich meist durch Investitionshilfen, im energetischen Bereich durch Marktanreize. Die gesetzlichen Regelungen für die Verwertung aus Biomasse sind vergleichsweise komplex, was mit den vielfältigen Einsatzstoffen, Anwendungsmöglichkeiten, technischen Verfahren und ökologischen Effekten zusammenhängt.

Die meisten Biomasseanlagen in Deutschland werden primär zur Wärmeproduktion eingesetzt und von Gewerbe- und Industrieunternehmen betrieben, die die produzierte Energie als Prozesswärme nutzen. In den letzten Jahren stieg zudem das Interesse der Energiewirtschaft an der Nutzung fester Biomasse stark an. Seit Anfang des Jahrtausends hat sich der Markt zur Verstromung fester Biomasse in Deutschland kontinuierlich entwickelt. So stieg die installierte elektrische Gesamtleistung dieser Anlagen von 200 MW_{el} im Jahr 2000 auf 1100 MW_{el} im Jahr 2006. Bis zur Novellierung des EEG im Jahr 2004 dominierten bei der Neuerrichtung Anlagen mit einer Leistung über 5 MW_{el}. Durch die Änderung der Vergütungsstruktur verlagerte sich der Schwerpunkt bei den Neuanlagen zu kleineren und mittleren Anlagen bis 5 MW_{el} und damit verbunden zu einer verstärkten Nutzung der *Organic Rankine Cycle* (ORC)-Technik. Die Kraft-Wärme-Kopplung dominiert bei Anlagengrößen bis 10 MW_{el}, bei noch größeren Anlagen werden etwa 40 % ausschließlich zur Stromproduktion eingesetzt. Ende 2005 gab es in Deutschland etwa 115 Biomasseheizkraftwerke, 2006 waren es bereits über 160 Anlagen und Ende 2007 185 Anlagen. Seit dem Jahr 2000 hat sich die Anlagenzahl verdreifacht, die installierte Gesamtleistung mehr als verfünffacht. Die Stromerzeugung aus Biomassekraftwerken betrug 2006 etwa 4.700 bis 5.500 GWh, die Wärmeerzeugung etwa 1.900 bis 3.700 GWh. In der Leitstudie 2007 „Ausbaustrategie Erneuerbare Energien“ des Bundesumweltministeriums geht man davon aus, dass sich die Stromerzeugung aus Biomasse insgesamt im Zeitraum zwischen 2005 bis 2020 etwa verdreifacht auf bis zu 36.000 GWh pro Jahr. Nach 2020 würde sich die Stromproduktion aus Biomasse den Potentialgrenzen nähern, und bis 2030 wäre ihr Ausbau mehr oder weniger abgeschlossen.

Auch über den Weg der Kraft-Wärme-Kopplung kann Biomasse zur Strom- und Wärmebereitstellung eingesetzt werden. Hier wird zumeist Biogas in Blockheizkraftwerken bei gleichzeitiger Nutzung der entstehenden Abwärme verstromt. An dezentralen Standorten, die aus logistischen Gründen für die Biomassenutzung vorrangig sind (wie z.B. landwirtschaftliche Betrieben), ist allerdings oft keine Möglichkeit gegeben, die entstehende Abwärme sinnvoll zu nutzen. Aus diesem Grund wird derzeit auch die Einspeisung von Biogas in das bestehende Erdgasnetz geplant, die allerdings erfordert, das Biogas entsprechend aufzubereiten. Auf diesem Weg können unter Nutzung der flächendeckenden Infrastruktur neue Absatzmärkte für Biogas dort erschlossen werden, wo eine effiziente Energieausnutzung möglich ist. Maßgeblich für das Wachstum bei Biogasanlagen, deren elektrische Gesamtleistung sich zwischen 2004 und 2006 nahezu vervierfacht hat, war die Einführung des NAWARO-Bonus im Rahmen der EEG-Neufassung 2004 (s. 5.2.4).

Im Transportbereich spielen bislang weltweit drei Arten von Biokraftstoffen eine wesentliche Rolle. Zur so genannten ersten Generation von Biokraftstoffen gehören Bioethanol, die Gruppe der Fettsäuremethylester (FAME), zu denen auch Biodiesel zu zählen ist, sowie schließlich reines Pflanzenöl. Alle drei können nach dem heutigen Stand der Technik problemlos hergestellt werden und sind kommerziell verfügbar. Innerhalb der letzten Jahre hat die Nachfrage nach Biokraftstoffen stark zugenommen. Im Jahre 2006 wurde etwa 3,6 % des gesamten Kraftstoffbedarfs in Deutschland durch Biokraftstoffe, vornehmlich Biodiesel, gedeckt. Politische Vorgabe der Europäischen Union ist, diesen Anteil bis zum Jahr 2010 auf 6 %, bis 2015 auf 8 % und bis 2020 auf 10 % zu erhöhen. Im Jahre 2007 wurde in Deutschland die bisherige Steuerbefreiung für Biokraftstoffe in eine Beimischungspflicht an der Tankstelle umgewandelt (Biokraftstoffquotengesetz). Reines, unbehandeltes Pflanzenöl (*pure plant oil*) wird bisher nur begrenzt überregional gehandelt und eher auf lokaler Ebene in Nischenmärkten eingesetzt. Da die Produktion einfach darzustellen ist, ist PPO als eine gute Option auch für ländliche Räume und Entwicklungsländer anzusehen und kann in vereinfachter Form (z.B. kalt gepresstes Rapsöl) auch direkt beim Erzeuger Verwendung finden. Die innovativen Biokraftstoffe der zweiten Generation wurden in verschiedenen Demonstrationsanwendungen getestet, sind bisher aber noch nicht kommerziell verfügbar. In diesem Zusammenhang sind vor allem die Produktion von Ethanol aus Ligno-Zellulose (Holz und Stroh) und die FISCHER-TROPSCH-Synthese (im Anschluss an eine Vergasungsanlage) von festen Biomassen zu flüssigem Kraftstoff (Biomass-to-Liquid) zu nennen. Beide Prozesse haben ihre technische Machbarkeit in Demonstrations- und Pilotanlagen bereits bewiesen. Der entscheidende Vorteil besteht darin, dass einerseits die ganze Pflanze energetisch genutzt werden kann, andererseits über den synthetischen Weg ganz spezifische, hochkompatible Kraftstoffe hergestellt werden können, die sich entsprechend effizient einsetzen lassen.

Der Vorteil von Biokraftstoffen ist, dass sie Importe von fossilen Energieträgern ersetzen und gleichzeitig Treibhausgasemissionen einsparen können. Im Vergleich zu anderen Optionen wie zum Beispiel Wasserstoff sind Biokraftstoffe schon heute verfügbar. Diese Voraussetzungen bieten den potentiellen Initiatoren von Biokraftstoff-Projekten sehr große Chancen.

Eine Betrachtung des Marktes für Biomasse muss zwingend auch die ökologischen und sozialen Restriktionen sowie die Substitutionskonkurrenz berücksichtigen. Diese Aspekte werden wir in Abschnitt 5.2.5 detailliert betrachten. Die Nutzungseffizienz biogener Energieträger lässt sich wesentlich erhöhen und die Substitutionskonkurrenz verringern, wenn man eine Kaskadennutzung anstrebt. Die Idee besteht in der zunächst stofflichen Verwendung der Biomasse und der dann – zeitversetzten – energetischen Nutzung. Bei der stofflichen Nutzung müssen entsprechende Vorkehrungen getroffen werden, um die organischen Bestandteile am Ende der Nutzungszeit leicht abtrennen zu können. Entsprechende Prozessketten sind bisher allerdings noch kaum etabliert. Eine weitere Erhöhung der Biomasseverfügbarkeit in Deutschland könnte durch den Import biogener Energieträger erreicht werden. Begrenzt werden die Möglichkeiten durch die hohe Transportintensität der Biomasse; gleichwohl kommt es bereits heute zu erheblichen Importen nach Deutschland. Dies gilt z.B. für Holzpellets aus Österreich, aber auch zunehmend für Pflanzenöle. Letztere, vor allem Palmöle, sind dabei aufgrund ihrer negativen ökologischen und ökonomischen Auswirkungen – Umwandlung der Regenwälder mittels Brandrodung in Anbauflächen, Ausbreitung ökonomisch monokultureller und sozial inadäquater Strukturen – besonders in die Kritik geraten. Ihnen kann nur dann ein Beitrag beigemessen werden, wenn es gelingt, über die Festsetzung von transparenten Standards Herkunft und nachhaltige Produktionsmethoden nachzuweisen.

Dies letzte Beispiel macht deutlich, dass die Verwendung von Biomasse – anders als bei Windenergie oder Solarenergie – stärkere Auswirkungen auf die Ökologie haben kann und auch sozialverträglich eingesetzt werden muss. Gleichzeitig bewegt man sich hier stark in das Feld der Werturteile hinein – die Aussage von KLAUS TÖPFER: Erst kommt der volle Teller, dann die intakte Natur und dann die energetische Nutzung von Biomasse, die ohne Konkurrenz zu den beiden anderen Zielsetzungen steht, wird man teilen, aber sie enthält ein Werturteil, über das man sich auch im klaren sein muss.

Diese Vorbemerkung zeigt, dass Biomasse strukturell anders zu betrachten ist als Solar- und Windenergie. Für eine Biomasse-Projektfinanzierung ist es wichtig, die oben beschriebenen Zusammenhänge zu begreifen und in das jeweilige Projektkonzept umzusetzen.

5.1.2 Technische Prozessbeschreibung

So verschieden die Nutzungsmöglichkeiten von Biomasse sind, so verschieden sind die den Produkten zugrunde liegenden technischen Prozesse. Da sich aus diesen unterschiedlichen Prozessen auch unterschiedliche technische Risiken ableiten lassen, ergeben sich unterschiedliche Anforderungen an eine Projektfinanzierung.

Im Folgenden werden wir daher die wesentlichen Prozesse für die Teilbereiche Biogas, Biokraftstoff und Verstromung aus Biomasse getrennt darstellen.

In einer **Biogasanlage** werden organische Stoffe unter Sauerstoffabschluss vergoren (fermentiert). Biogas ist ein Stoffwechselprodukt von Bakterien, das entsteht, wenn sie organisches Substrat abbauen. Es besteht zum größten Teil – zwischen 40 bis 80 % – aus Methan (CH_4) und zu ca. 20 bis 60 Prozent aus Kohlendioxid (CO_2). Der Abbauprozess besteht aus den vier Stufen Hydrolyse, Versäuerung, Essigsäurebildung und Methanbildung.

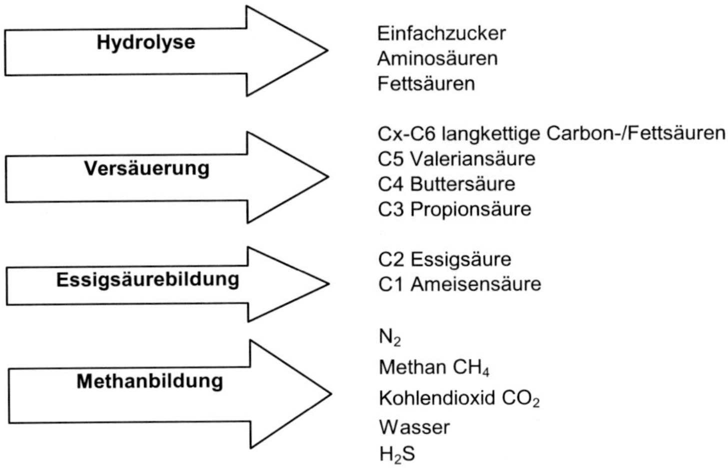

Abbildung 71: Stoffwechselprodukte des anaeroben Abbaus von organischem Substrat

Der Behälter, in dem die Fermentation stattfindet (der Fermenter), ist der Hauptbestandteil einer Biogasanlage. Es gibt Biogasanlagen, die aus mehreren Fermentern bestehen. Das Gas wird in der Regel in ein Blockheizkraftwerk (BHKW) geleitet, wo daraus Strom erzeugt wird und als Nebenprodukt Wärme entsteht, die zum Teil zur Beheizung des Fermenters genutzt wird. Häufig wird ein Gasspeicher an den oder die Fermenter angeschlossen. Denn je nach der Menge der eingebrachten organischen Substanz wird manchmal mehr Biogas erzeugt als im BHKW umgesetzt werden kann. Der eigentliche Verfahrensprozess lässt sich wie folgt beschreiben:

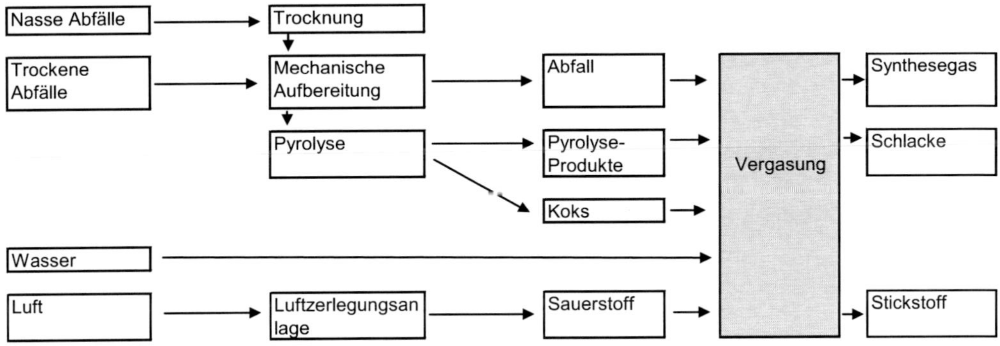

Abbildung 72: Verfahrensschema zur Vergasung biogener Abfälle

Wichtig zum Verständnis aus technischer Sicht ist, dass der organische Abbau in die einzelnen Bestandteile und der Umbau zu Methan nur in einem feuchten Milieu stattfinden, da die

Bakterien nur gelöste Stoffe verarbeiten können. Im Rahmen des Abbauprozesses müssen folgende wesentliche Aspekte beachtet werden:

1. Für jede Prozessstufe werden spezifische Bakterien benötigt, die sehr spezielle Anforderungen an ihre Umwelt stellen und die auch miteinander interagieren[173]: Beim Abbau sind die Stoffwechselprodukte der jeweiligen Bakteriengruppe die Nahrung für die folgende Bakteriengruppe. Der Abbau der Organik in den einzelnen Phasen verläuft aber mit unterschiedlicher Geschwindigkeit. Idealerweise pendelt sich in der gesamten Prozessbetrachtung aber zwischen den Abbauphasen ein dynamisches Gleichgewicht der Stoffkonzentrationen ein. Ein häufiger Fehler in der Praxis ist die Überfütterung der Bakterien durch schnell abbaubares Substrat, was zu einer Anhäufung von Säuren durch die säurebildenden Bakterien führt. Dadurch kommt es zu einem raschen Abfall des ph-Wertes, den die anderen Bakterien nicht vertragen, so dass der Produktionsprozess beeinträchtigt wird.
2. Das Fließgleichgewicht wird zudem durch die Abbaubarkeit der Substrate beeinflusst. Zucker und Stärke werden aufgrund ihrer einfachen Struktur sehr schnell abgebaut und benötigen nur eine kurze Zeit im Fermenter. Je komplexer die Struktur des Substrates, umso länger dauert der Abbau. Die Abbaugeschwindigkeit der Substrate beeinflusst direkt die technisch notwendige Verweilzeit, so dass schon bei der Planung feststehen muss, welche Substrate vergoren werden sollen.

Die Vielzahl verschiedener Biogasverfahren lässt sich auf wenige verfahrenstechnische Varianten zurückführen. Grundsätzlich können die Verfahren unterschieden werden nach der Art der Beschickung (Batch- oder Durchflussverfahren), nach der Art der Mischung (volldurchmischt oder Pfropfenstrom), ob einstufig oder mehrstufig gearbeitet wird und nach der Konsistenz des Substrats (Feststoff- oder Flüssigverfahren).

1. Bei den Flüssig-Verfahren wird in der Praxis zumeist das Durchfluss-Verfahren eingesetzt, entweder in reiner Form oder kombiniert mit dem Speicherverfahren. Hier ist der Faulbehälter stets gefüllt und wird nur zur Reparatur oder Wartung gelegentlich entleert. Aus einem kleinen Vorbehälter werden das flüssige Frischsubstrat und die zu vergärenden Feststoffe aus entsprechenden Einbringvorrichtungen mehrmals täglich in den Faulbehälter eingebracht, wobei gleichzeitig und automatisch am Überlauf des Behälters eine entsprechende Menge von ausgefaultem Substrat in den Lagerbehälter austritt oder abgepumpt wird. Vorteilhaft sind beim Durchflussverfahren die gleichmäßige Gasproduktion, die gute Faulraumauslastung und damit eine kompakte Bauweise mit niedrigen Wärmeverlusten.
2. Weiter wird im Regelfall das Substrat voll durchmischt, da ein Animpfen entfällt und der Umsetzungsprozess sofort beginnen kann.

Ein weiteres Unterscheidungskriterium ist die Prozess-Temperatur, die während des Prozesses möglichst gleich bleibend sein sollte, damit der biologische Prozess stabil ablaufen kann

[173] Zu den Anforderungen gehören ein feuchtes Milieu (mindestens 50 % Wasseranteil), Luftabschluss für die Methanbakterien, gleichmäßige Temperaturbereiche, eine bestimmte Bandbreite von saurem oder basischem Milieu je nach Prozessstufe, eine bestimmte Nährstoffversorgung, möglichst große Stoffoberflächen, eine gleichmäßige Zufuhr des Substrats und möglichst die Abwesenheit von Hemm- oder Störstoffen.

und nicht umkippt. Da im Gegensatz zur Kompostierung – die in Anwesenheit von Sauerstoff stattfindet – bei der Vergärung unter Sauerstoffabschluss zuwenig Wärme entsteht, muss der Fermenter mit einer Heizung versehen werden. Das Temperaturniveau bestimmt maßgeblich die Geschwindigkeit des Abbauprozesses.

Das Spektrum der Biokraftstoffe reicht von großindustriell bewährten Verfahren bis hin zu einer Fülle von viel versprechenden, aber noch im Forschungsstadium befindlichen Verfahren. Entsprechend differenziert müssen die technischen Gegebenheiten dargestellt werden, wobei in der vorliegenden Untersuchung ausschließlich die nach heutiger Einschätzung relevanten Biokraftstoffe betrachtet werden[174]. Hierzu zählen Pflanzenöl, Biodiesel und Bioethanol, die auch als Biokraftstoffe der ersten Generation bezeichnet werden. Als Kraftstoff der zweiten Generation wird der synthetische BtL-Kraftstoff betrachtet.

Die Biokraftstoffe im Einzelnen:

Pflanzenöl: Pflanzenöl wird in Deutschland überwiegend aus Rapssaaten gewonnen und kann nach Umrüstung der Motoren Dieselkraftstoff ersetzen. Die derzeitig gültige Norm DIN EN 590 erlaubt keine Zumischung zu Dieselkraftstoff, so dass Pflanzenöl zurzeit nur als Reinkraftstoff vertrieben werden kann. Der Einsatz von Pflanzenöl ist bisher auf den Einsatz im Schwerlastverkehr, in der Landwirtschaft und auf wenige PKW beschränkt. Brennwert: 0,96 L Diesel = 1 L Rapsöl

Biodiesel: Der Ausgangsstoff für Biodiesel ist in Deutschland überwiegend Rapsöl, aber auch andere Pflanzenöle wie Palmöl sind generell verwertbar. Bei der Herstellung wird Glycerin durch Methanol ersetzt, was zu einer Verringerung der Viskosität führt. Anders als beim Pflanzenöl wird hier der Kraftstoff an den Motor angepasst. Ein Großteil der LKW-Modelle ist für den Einsatz von Biodiesel freigegeben, bei PKW ist nur eine Beimischung erlaubt. Der Brennwert liegt unter dem von fossilem Diesel. Brennwert: 0,91 L Diesel = 1 L Biodiesel

Bioethanol: Bioethanol ist der weltweit am meisten verbreitete Biokraftstoff und wird durch alkoholische Gärung aus Biomasse gewonnen. In Deutschland wird Bioethanol aus Getreide, Kartoffeln und Zucker hergestellt und hat zurzeit einen Marktanteil von 0,6 %. Bioethanol kann in verschiedenen Beimischungen oder als Reinkraftstoff Ottokraftstoffe substituieren. Je nach Fahrzeughersteller ist ab einer bestimmten Beimischungsquote eine Anpassung des Motors erforderlich. Brennwert: 0,675 L Ottokraftstoff = 1 L Bioethanol

BtL: BtL steht für ein Herstellungsverfahren zur Gewinnung eines synthetischen Kraftstoffes aus Biomasse. BtL wird durch thermochemische Umwandlung mit anschließender Synthese produziert. Im Gegensatz zu den Biokraftstoffen der ersten Generation kann hier bei der Herstellung die ganze Pflanze genutzt werden, wodurch der Hektarertrag deutlich größer ist. Gegenwärtig existieren nur Pilotanlagen und BtL- Kraftstoff ist am Markt noch nicht verfügbar, so dass noch keine verlässlichen Plandaten vorhanden sind. Daher wurde in dieser Arbeit auf Prognosen und Schätzwerte Bezug genommen. Brennwert: 0,97 L Diesel = 1 L BtL

---

[174] FNR (2006), S. 11.

Folgende Abbildung zeigt die einzelnen Herstellungsverfahren der in die Untersuchung einbezogenen Biokraftstoffe.

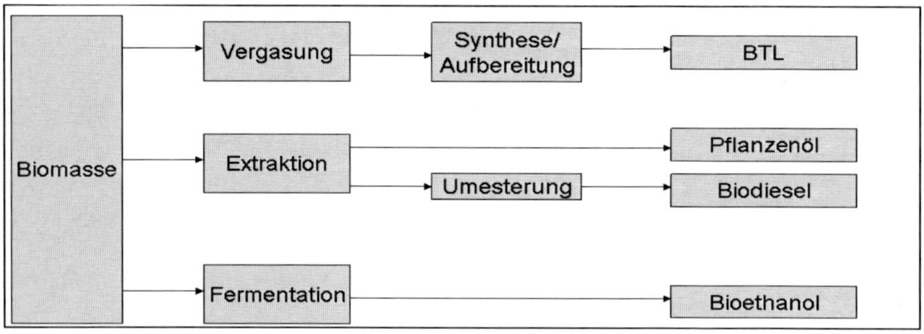

Abbildung 73: Herstellungsverfahren von Biokraftstoffen

Feste Biomasse, wie Holz oder Stroh, kann direkt in (Heiz-)Kraftwerken genutzt werden, und zwar entweder in eigens dafür bestimmten Anlagen oder in Form der Zufeuerung zu fossilen Brennstoffen wie etwa Kohle in Großkraftwerken. Letztere Option wird derzeit in Deutschland kaum angewandt, da hierfür bisher keine Förderung gewährt wird. In anderen Ländern – etwa Dänemark und den Niederlanden – ist dies aber gängige Praxis.

5.2 Risikomanagement bei Biomasse-Projekten

5.2.1 Fertigstellungsrisiko – Einbindung eines Generalunternehmers

Es gilt zu untersuchen, welche Projektpartei das Fertigstellungsrisiko übernehmen kann und will. Hierbei muss zwischen den verschiedenen technischen Verarbeitungsformen der Biomasse unterschieden werden.

Auf dem Gebiet der Biomasse-, Biogas- und der meisten Biokraftstoffanlagen sowie bei Ölmühlen sind in der Vergangenheit zahlreiche Projekte realisiert worden. Für Vorhaben in diesem Bereich sollte es kein Problem darstellen, geeignete Contractors zu beauftragen, die einen großen Erfahrungsschatz vorweisen, so dass eine Umsetzung dieser Projekte problemlos möglich sein sollte. Dennoch wird gerade während der Planungs- und Errichtungsphase das Risiko für die Fremdkapitalgeber so hoch eingeschätzt, dass entsprechende Garantieverträge verlangt werden müssen, um Risiken aus Termin- und Kostenüberschreitungen auszuschließen[175]. Schließlich erwirtschaftet das Projekt noch keine Einnahmen und die halbfertige Anlage kann nicht als Sicherheit für die Kredite dienen, da sie wahrscheinlich einen ge-

175 D. Tytko 1999, S. 56.

ringeren Wiederverkaufswert aufweist. Vielmehr sollte die vollständige Rückzahlung der Darlehen und damit auch der Kapitaldienst abgesichert werden.

Daher sollte der Sponsor eine Fertigstellungsgarantie abgeben, die diesen gegenüber den Fremdkapitalgebern verpflichtet, bei einer Verzögerung für den Kapitaldienst bis zur Fertigstellung einzustehen. Bei Nichtfertigstellung haftet der Sponsor in Höhe der Garantie, welche die vollständige Rückzahlung der Kredite decken sollte (siehe hierzu 3.4.1)[176]. Dadurch verfügen die Kreditgeber auch bei einer Nichtfertigstellung über Rückgriffsrechte gegenüber dem Sponsor. Sind mehrere Sponsoren in das Projekt eingebunden, so sollten sie gesamtschuldnerisch verpflichtet werden.

Bei allen Bioenergie-Projekten sollte die Fertigstellung durch einen Leistungstest belegt und von einem Gutachter festgestellt werden, so dass die Betriebsbereitschaft nachgewiesen ist. So kann sichergestellt werden, dass zu den geplanten Kosten die vorgesehene Produktionsmenge erreicht wird. Diese Struktur führt dazu, dass die Fremdkapitalgeber die Bonität des Sponsors analysieren müssen. Damit ist sichergestellt, dass der Sponsor im Falle einer Schlechterfüllung durch den Contractor seinen Verpflichtungen nachkommen kann[177].

Bei dem Fertigstellungsrisiko kommt dem Contractor eine herausragende Stellung zu. Schließlich obliegt es seinen Fähigkeiten, die Anlage termingerecht und mit den vertraglich festgeschriebenen Leistungsmerkmalen zu errichten. Deshalb sollte bei der Auswahl des Contractors besonderes Augenmerk auf dessen Erfahrung bei Bioenergie-Projekten gelegt werden, die durch vergleichbare Referenzanlagen dokumentiert sein sollten. Für die Herstellung von BtL-Kraftstoff existieren bislang nur wenige Pilotanlagen. Diese Pilotanlagen dienen bisher nur der Forschung und Entwicklung und belegen nicht die Umsetzung im großindustriellen Maßstab. Daher stellen solche Pilotanlagen keine Referenzobjekte für eine Projektfinanzierung dar. Infolgedessen fehlt es an erfahrenen Anlagenbauern, die ein entsprechendes Know-how auf diesem Gebiet nachweisen können. Die Tatsache, dass die Kosten für eine BtL-Anlage etwa auf das zwanzigfache einer Biodieselanlage beziffert werden, verdeutlicht aber auch die finanzielle Dimension des Fertigstellungsrisikos.

5.2.2 Das Funktionsrisiko – Bewährte Technik bei Biomasse-Projekten?

Wie oben dargestellt (siehe 3.4.3), verlangt eine Projektfinanzierung den Einsatz von bewährter Technik. Dieser Leitsatz muss sich aber auch einer kritischen Würdigung unterziehen, schließlich soll auch keine veraltete Technik finanziert werden. Würde dies der Fall sein, so besteht für das Projekt im weiteren Zeitablauf die Gefahr, an Wettbewerbsfähigkeit zu verlieren. Dies gilt insbesondere für die relativ jungen Technologien des Biokraftstoffsektors, die nicht von einer Preisgarantie auf der Absatzseite profitieren. Gerade in diesen Bereichen fordert der Wettbewerb auf den Märkten die Anwendung neuer Technologien, um Pro-

---

176 Schulte-Althoff 1992, S. 122 f.

177 Böttcher/Blattner 2006, S. 52.

duktionskosten zu reduzieren. Die Frage ist dann nur, ob eine Projektfinanzierung die geeignete Methode ist.

Technische Fragestellungen treten bei Biomasse- und Biogas-Vorhaben erkennbar erst nach einer gewissen Betriebsdauer auf. Gerade bei Biomasse-Heizkraftwerken ist der gesamte Stoffkreislauf wartungsanfällig: Beispielsweise können – etwa durch den Einsatz von belastetem Holz – die Rohre im Kessel wesentlich schneller als gedacht korrodieren, was zu ungeplanten Reparatur- und Stillstandskosten führt. Gründe können sein, dass der verbaute Stahl trotz Stichprobenkontrolle nicht die erforderliche Qualität besitzt und beschleunigt korrodiert. Häufig lassen sich derartige technische Probleme nicht bei der Abnahme feststellen und zeigen erst im Dauerbetrieb ihre negativen Auswirkungen. Das Beispiel zeigt allerdings auch, dass Fertigstellungsrisiken und technische Risiken nicht eindeutig voneinander zu trennen sind.

Biokraftstoff-Vorhaben sind unter dem Technik-Aspekt differenziert zu beurteilen. Die Herstellung von Pflanzenölen in Ölmühlen unterscheidet sich – abgesehen von den unterschiedlichen Qualitätsanforderungen – nicht wesentlich von den Verarbeitungstechniken zur Herstellung eines Nahrungsmittels. Die heutige Technik der Extraktion ist ein bewährtes Verfahren und liegt mit einer Ölausbeute von 99 % am Leistungsmaximum. Somit ist hier das Kriterium der Verwendung einer bewährten Technik erfüllt. Die Herstellung von Biodiesel durch Umesterung von Pflanzenöl ist ein weit verbreitetes Verfahren, um Pflanzenöl an konventionelle Dieselmotoren anzupassen. Umesterung bezeichnet die Verdrängung des dreiwertigen Alkohols Glycerin durch drei einwertige Alkohole. Das Glycerin bleibt bei der Herstellung als Kuppelprodukt erhalten und kann in der Pharma-, Zigaretten- oder Kosmetikindustrie verwendet werden. Der Vorgang der Umesterung wird als unproblematisch angesehen, da hier relativ einfache chemische Verfahren zum Einsatz kommen, so dass es aus Projektfinanzierungssicht ebenfalls als bewährte Technik angesehen werden kann. Für die Bioethanol-Herstellung kommen zuckerhaltige Pflanzen (z.B. Zuckerrüben) und stärkehaltige Pflanzen (z.B. Getreide, Mais, Kartoffeln) in Betracht. Aus den Ausgangsstoffen wird durch verschiedene Verfahren ein zuckerhaltiges Substrat hergestellt. Dieses Substrat wird anschließend vergärt, separiert und hinterher destilliert. Neben dem Endprodukt Bioethanol fallen auch Nebenprodukte wie Hefe und Schlempe an. Letztere kann als Dünger oder in Biogasanlagen Verwendung finden. Schon seit vielen Jahren gibt es zahlreiche Anlagen, die Bioethanol aus zucker- und stärkehaltigen Pflanzen im großindustriellen Maßstab herstellen. Die Technik hat sich bewährt. Die Herstellung von BtL-Kraftstoff gilt hingegen keineswegs als bewährt und die Frage der bestmöglichen Technik ist noch nicht geklärt. Die technische Machbarkeit wird zwar grundsätzlich nicht in Frage gestellt, jedoch weiterhin an der Entwicklung eines technisch und wirtschaftlich tragbaren Verfahrens geforscht.

Bei allen verfahrenstechnischen Risiken treten inhaltliche Parallelen zu den Fertigstellungsrisiken auf, so dass auch Überschneidungen bei den risikopolitischen Maßnahmen möglich sind. Der Sponsor wird der Bank eine umfangreiche technische Studie („engineering and design study“ bzw. „feasibility study“) zur Verfügung stellen, auf die sich die Bank bei ihren Analysen stützen wird. Die Bank sollte darüber hinaus weitere Gutachten von Sachverständigen einholen, um eine differenzierte Analyse der Verfahrenstechnik durchführen zu können. In Frage kommen hier beispielsweise Ingenieurbüros, die nicht bei der Erstellung der

Studie involviert waren. Den besten vorbeugenden Schutz gegen Folgen des technischen Risikos bietet eine sorgfältige Auswahl des Contractors hinsichtlich Know-how und Erfahrungsschatz. Handelt es sich bei dem Projekt um eine bewährte Technik, sollte sich der Contractor bereit erklären, entsprechende Garantien für die Betriebsbereitschaft der Anlage zu übernehmen. Der Contractor hat selbst ein Interesse daran, dass keine verfahrenstechnischen Mängel auftreten, schließlich ist seine Wettbewerbsfähigkeit auch mit seinem guten Ruf eng verbunden.

Eine praktikable Absicherung gegen technische Risiken kann eine Verfügbarkeitsgarantie sein[178]. Durch eine solche Garantie, die im Rahmen des Anlagenvertrages vereinbart werden kann, übernimmt der Contractor für einen gewissen Zeitraum die Verantwortung, dass die Anlage die zugesicherten Eigenschaften erfüllt. Hierzu zählen Leistungsmengen und –qualitäten, die eindeutig überprüfbar sein müssen. Im Garantiefall muss der Contractor, je nach Vereinbarung, nachbessern oder Schadenersatz leisten. Der Contractor übernimmt demgemäß das Risiko technisch bedingter Einzahlungsminderungen bzw. Auszahlungserhöhungen. Aus Bankensicht ist hier eine Bonitätsprüfung des Garantiegebers zwingend, um die Werthaltigkeit dieser Garantie überprüfen zu können. Eine solche Garantie scheint bei Pflanzenöl-, Biodiesel- und Bioethanolanlagen praktikabel zu sein, da es sich hierbei generell um eine bewährte Technik handelt. Dies belegen auch die bereits realisierten Projekte, welche als Referenz gelten können.

Bei BtL-Vorhaben kristallisieren sich weitere Schwierigkeiten heraus, da es sich um eine grundlegend neue Technologie handelt. Somit kann bei der Erstellung technischer Studien nicht auf vergleichbare Informationen aus bereits im Betrieb befindlichen Anlagen zurückgegriffen werden. Die Studien müssen deswegen auf zukunftsbezogenen Annahmen und Annahmen zu einer analogen Technikanwendung basieren, die kaum überprüfbar sind. Das Nichtvorhandensein einer Referenzanlage, unausgereifte technische Verfahren und mangelnde Erfahrungen auf diesem Gebiet bei vergleichsweise hohen Kosten lassen an einer wirtschaftlichen Realisierbarkeit in naher Zukunft in Form einer Projektfinanzierung zweifeln.

Die Finanzierung einer neuen Technologie ist dann möglich, wenn das verfahrenstechnische Risiko einem Beteiligten, dies kann der Contractor oder der Sponsor sein, über die gesamte Finanzierungsdauer zugewiesen werden kann[179].

5.2.3 Das Management des Betriebs- und Managementrisikos

Als Betriebs- und Managementrisiko sind die Gefahrenquellen zusammengefasst, welche die operative Funktionstüchtigkeit der Anlage nach der Fertigstellung gefährden und durch das Management beeinflusst werden können[180]. Je nach Autor werden auch noch die verfahrenstechnischen und die Zulieferrisiken zugerechnet. Da diese Risiken jedoch an anderer Stelle gesondert betrachtet werden, sollen derartige Risiken hier keine weitere Beachtung finden.

---

178 Buljevich/Park 1999, S. 102.

179 Buljevich/Park 1999, S. 150.

180 Schmidt 1989, S. 145ff.

Betriebs- und Managementrisiken können durch eine fehlerhafte Betriebsführung hervorgerufen werden, die z.B. zu unwirtschaftlichen Lagerhaltungen, Logistikproblemen oder Fehlkalkulationen führt. Darüber hinaus kann unzureichend qualifiziertes Personal Fehler bei der Anlagenwartung und –bedienung verschulden. Dies kann dazu führen, dass die Projektanlage nicht die geplante Qualität produziert oder die geplanten Mengen auf Grund von Produktionsunterbrechungen nicht erreicht werden[181].

Die Folgen sind betriebsbedingte Erlösminderungen oder auch Betriebskostensteigerungen. Beide Ausprägungen wirken sich negativ auf den Cashflow und somit auf die Stabilität des Projektes aus. Derartige Probleme haben häufig ihren Ursprung in der mangelnden Erfahrung des Managements bei der Betriebsführung. Die Risiken in der Betriebsphase sind je nach Form der Biomasse und der Biomasse-Aufbereitung sehr verschieden.

Bei Biogasvorhaben erfordern die verschiedenen Prozessstufen, die unterschiedlichen technischen Umsetzungsmöglichkeiten und die Inhomogenität der Einsatzstoffe eine sehr aufmerksame und kompetente Steuerung der Anlagen. Dabei ist es klar, dass die im Betrieb auftretenden Probleme sehr vielschichtig ausfallen können.

Um das Betriebs- und Managementrisiko zu verringern, ist das Projekt auf ein erfahrenes und qualifiziertes Management angewiesen, da für die Betriebsführung wirtschaftliche und technische Kenntnisse erforderlich sind. Diese Aufgabe kann von verschiedenen Projektbeteiligten oder von einer professionellen Managementgesellschaft wahrgenommen werden, die dafür ein Betriebsführungsentgelt erhalten. Aus Anreizsicht sollte hier neben einem Fixbeitrag auch eine erfolgsbezogene Komponente vereinbart werden (siehe hierzu 3.3.5).

Aus Sicht der Bank sollte einer der Projektbeteiligten das Management übernehmen. Dafür kommt insbesondere ein Sponsor oder der Anlagenbauer in Frage. Häufig wird der Anlagenbauer selbst diese Aufgabe übernehmen, schließlich hat er im Rahmen der abgegebenen Verfügbarkeitsgarantie schon bestimmte Gewährleistungen zu erfüllen. Zumindest in der Anfangsperiode können sich dadurch gewisse Synergieeffekte ergeben. Des Weiteren erfordert die Wartung eines Biomasseprojektes entsprechendes Know-how, welches der Anlagenbauer zweifelsohne besitzt.

Häufig wird die Betriebsführung durch den Sponsor übernommen. Im Gegensatz zu Windenergie- und Solarprojekten, bei denen häufig auch reine Finanzinvestoren als Sponsoren auftreten, sind bei Biomasse-Projekten regelmäßig Sponsoren vertreten, die eine enge Verzahnung zum Biomasse-Markt aufweisen. Dies wird wesentlich mit dem technisch anspruchsvollen Handling der Anlage zusammenhängen, das eine reibungslose Logistik erfordert, um das Projekt laufend mit ausreichend Biomasse zu versorgen.

---

[181] Schulte-Althoff 1992, S. 118.

5.2.4 Bedeutung des Rechts- und Regulierungsumfeldes für Biomasse-Projekte

Das Regulierungsrisiko stellt auf die Stabilität des Rechts- und Regulierungsumfeldes ab. Neben dem Aspekt der Rechtssicherheit für die Projektverträge geht es hierbei insbesondere um die Frage, inwieweit die bei Projektbeginn vorherrschenden Rahmenbedingungen während der Projektlaufzeit Bestand haben. Gerade im Bereich der Erneuerbaren Energien spielt die staatliche Förderung und somit die staatliche Einflussnahme eine herausragende Rolle[182].

Im Bereich der nach dem EEG vergüteten Biomasseverstromung ist seit dem Inkrafttreten des EEG 2004 eine besondere Dynamik zu verzeichnen. Die Stromerzeugung stieg von 5,2 Mrd. kWh in 2004 auf etwa 10,9 Mrd. kWh in 2006. Verantwortlich ist hierfür insbesondere der starke Anstieg bei Biogasanlagen, deren elektrische Gesamtleistung sich von 2004 bis 2006 auf 1.000 MW_{el} annähernd vervierfacht hat. Treiber dieser Entwicklung ist die Einführung eines Bonus für nachwachsende Rohstoffe (NawaRo-Bonus), der derzeit von rund 60 % aller Biogasanlagen in Anspruch genommen wird. Dabei handelt es sich sowohl um Neuanlagen, als auch um Altanlagen, die auf den Einsatz industrieller und landwirtschaftlicher Reststoffe umgestellt wurden. Die Entwicklung der Verstromung fester Biomasse verläuft hingegen seit dem Jahr 2000 relativ gleich bleibend. Ende 2006 war eine elektrische Leistung von 1.100 MW_{el} installiert. Durch die Anreizwirkungen von NawaRo-, Technologie- und KWK-Bonus ist ein Trend zu Anlagen im kleinen und mittleren Leistungsbereich bis 500 kW_{el} erkennbar. Sprunghaft angestiegen ist die installierte Leistung bei Pflanzenöl-BHKW von 12 MW_{el} Mitte 2004 auf 237 MW_{el} Ende 2006. Dabei wird in kleineren Anlagen hauptsächlich Rapsöl, in größeren Anlagen Palmöl als Brennstoff eingesetzt. Für Biokraftstoff-Projekte müssen zwei Regulierungsumfelder betrachtet werden. Zum einen die Sicherheit des Regulierungsumfeldes für den Ausgangsstoff „Biomasse“ (siehe 5.2.5), zum anderen für das Endprodukt „Biokraftstoff“ (siehe 5.2.6).

Änderungen der Förderungsmodalitäten haben direkten Einfluss auf den Cashflow und somit auf die Tragfähigkeit des Projektes. Es wird deutlich, dass das Regulierungsrisiko zwei weitere Risiken tangiert: Das Bezugsrisiko kann massiv steigen und sich in erhöhten Bezugskosten niederschlagen oder das Absatzrisiko wächst auf Grund eines zu teuren Endprodukts. Somit ist es unabdingbar, die vorherrschenden rechtlichen Rahmenbedingungen zu betrachten. Aus Gründen der Übersichtlichkeit werden im weiteren Verlauf der Risikoanalyse die Regulierungsrisiken für Biomasse und Biokraftstoffe separat behandelt.

Regulierungsrisiko bei Biomasse

Im Rahmen der Gemeinsamen Agrarpolitik (GAP) der EU wird durch Subventionen regulierend Einfluss auf den Ablauf bestimmter Wirtschaftsprozesse genommen. Für Biomasse bedeutet dies, dass die Marktpreise nicht die tatsächlichen Produktionskosten widerspiegeln, sondern auch andere politische Ziele – wie Versorgungssicherheit oder Abfederung des Strukturwandels – berücksichtigen.

---

[182] Böttcher/Blattner 2006, S. 78.

Die EU hat in den letzten Jahren verstärkt Anreize für Landwirte geschaffen, Energiepflanzen anzubauen. Energiepflanzen sind Pflanzen, die besonders schnell wachsen und ausschließlich zur energetischen Verwertung angebaut werden. Prominente Beispiele für den Einsatz von Energiepflanzen sind der Anbau von Raps in Deutschland und international der Zuckerrohranbau in Brasilien. 2003 wurde im Rahmen der GAP-Reform eine Sonderbeihilfe für Energiepflanzen in Höhe von 45 € je Hektar eingeführt. Diese Förderung wurde auf eine Anbaufläche von 1,5 Millionen Hektar begrenzt.

Soll die Produktion von Biokraftstoffen erhöht werden, muss zwangsläufig auch die Produktion von Biomasse als Ausgangstoff steigen. Werden mehr als die Höchstfläche von 1,5 Millionen Hektar mit Energiepflanzen bewirtschaftet, wird die Energiepflanzenprämie proportional gekürzt. Eine weitere Ausweitung des Anbaus von Energiepflanzen würde somit für die Landwirte unwirtschaftlicher werden. Die 1992 eingeführte Flächenstilllegungspflicht wurde ursprünglich eingeführt, um ein Gleichgewicht auf den Getreidemärkten herzustellen. Eine Bewirtschaftung auf stillgelegten Flächen ist hiernach nicht zulässig. Eine Ausnahme bilden Pflanzen, die als Biomasse verwendet werden. Im Jahre 2005 wurden in der EU auf einer Fläche von 1,8 Mio. Hektar Rohstoffe für die Biokraftstoffproduktion angebaut. Hiervon entfielen 0,9 Mio. Hektar auf die Flächenstilllegungsregelung und 0,5 Mio. Hektar auf die Sonderbeihilfen für Energiepflanzen. Allein in Deutschland ist die Rapsanbaufläche gegenüber dem Vorjahr von 1,5 Mio. Hektar auf 1,4 Mio. Hektar reduziert worden, was einem Rückgang von 350.000 Tonnen Rapssaat entspricht.

Alternativ kommt der Bezug von Biomasse bzw. von zu Pflanzenölen verarbeiteter Biomasse aus Entwicklungsländern in Frage. In Indonesien und Malaysia zum Beispiel werden bereits erhebliche Mengen Palmöl hergestellt und zum Teil nach Europa exportiert. Es werden oftmals große Regenwaldflächen gerodet, um schnell wachsende Palmen anzubauen, welche später zu Palmöl verarbeitet werden. Dies stellt jedoch einen wesentlichen Zweck zur Verwendung von Biokraftstoffen in Frage, nämlich Treibhausgase zu reduzieren. Werden auf der einen Seite Regenwaldflächen verringert, um auf der anderen Seite CO_2-Emissionen durch die Nutzung von Biokraftstoffen einzusparen, ist es letztendlich zweifelhaft, ob die gesamte Umweltwirkung positiv ist. Die ökologische Beurteilung der Erzeugung von Biokraftstoffen ist allerdings komplex: Sofern der Anbau der Rohstoffe CO_2-optimiert erfolgt, die Rohstoffe kurze Wege bis zum Produktionsstandort und von dort überschaubare Strecken zum Verbraucher zurücklegen, dann kann die CO_2-Bilanz positiv ausfallen[183]. Sollten die Importe von Biomasse bzw. hergestellten Ölen an bestimmte Nachhaltigkeitskriterien geknüpft werden, wird dies Einfluss auf die Importpreise haben, da viele Bezugsquellen wegfallen dürften.

Eine solche Entwicklung ist bereits für Öle zur Stromerzeugung erkennbar. Zurzeit werden alle Öle zur Stromerzeugung nach dem EEG gefördert. Diese Förderung ist seit 2009 im Rahmen einer Nachhaltigkeitsverordnung an bestimmte ökologische Bedingungen geknüpft.

Ein weiteres Problem in diesem Zusammenhang ist, dass Biokraftstoffe derzeit fast ausschließlich aus Pflanzen hergestellt werden, die alternativ auch als Nahrungsmittel dienen

183 D. Jensen 2008, S. 66.

können. Hier wird befürchtet, dass die Nahrungsmittelpreise gerade in Entwicklungsländern in untragbare Höhen steigen und eine adäquate Versorgung nicht mehr gewährleistet werden kann. Mitte Juni 2008 kostete eine Tonne Rapsöl über 1.020 Euro, gefolgt von Sojaöl mit 800 Euro pro Tonne und Palmöl mit 795 Euro pro Tonne (siehe Abbildung 78). Grund für die Preisexplosion sind die steigende weltweite Nachfrage, Spekulationsgeschäfte mit dem Rohstoff an der Börse sowie Ernteausfälle durch Wetterextreme. Festzuhalten bleibt, das sich der Ölsaatenmarkt – bis auf von der EU-regulierte Teilbereiche – dynamisch nach Angebot und Nachfrage verhält. Die EU hat diese Problematik erkannt und beobachtet die weitere Entwicklung. Es bleibt abzuwarten, wie die EU zukünftig darauf reagiert und ob Maßnahmen ergriffen werden, welche die Einfuhren aus Entwicklungsländern reglementieren.

Selbstverständlich haben die gestiegenen Rohstoffpreise einen erheblichen Einfluss auf die Wirtschaftlichkeit insbesondere von Biogas- und Biokraftstoffprojekten. Der Anteil der Substratkosten an den gesamten jährlichen Stromerzeugungskosten schwankt dabei in einer Größenordnung zwischen 34 bis 48 %, während der über das EEG erzielbare Preis fix ist. Die gesamte Wirtschaftlichkeit ist eine Funktion der Anlagengröße und der eingesetzten Substrate. Tendenziell sinken die Stromgestehungskosten von Biogas- und Biokraftstoffanlagenanlagen mit zunehmender Anlagenleistung, was im Wesentlichen eine Folge der Verringerung der spezifischen Investitionen und der Erhöhung der Wirkungsgrade mit zunehmender Anlagenleistung ist. Bei Biomasseprojekten, die als Biomassekraftwerke operieren, stellt sich diese Frage nicht in dem Maße, da für die verwandten Hölzer und Biomasse eher lokale Märkte relevant sind.

Der Sachverständigen Rat für Umweltfragen, ein wissenschaftliches Beratungsgremium der Bundesregierung, empfiehlt, die Produktion von Biokraftstoffen nicht nennenswert auszubauen und stattdessen die Biomasse für Strom- und Wärmeerzeugung zu nutzen.

Regulierungsrisiko bei Biokraftstoffen

In der aktuell geführten Diskussion um Biokraftstoffe kommt den folgenden Faktoren eine Schlüsselrolle zu:

- Der Verbrauch von fossilen Brennstoffen hat zu einer verstärkten Emission von Treibhausgasen geführt, was zu beträchtlichen Klimaveränderungen führen kann.
- Der größte Teil der Erdölimporte kommt aus politisch instabilen Regionen, so dass eine ausreichende Versorgungssicherheit bei Konflikten gefährdet ist.
- Zu dem hohen Erdölverbrauch durch die Industrienationen gesellt sich ein stetig wachsender Bedarf aus den bevölkerungsreichen Schwellenländern Asiens und Südamerikas. Dies hat zu starken Preiserhöhungen für Erdölprodukte geführt, was regenerative Energieträger zunehmend wettbewerbsfähiger macht.

Die EU hat durch die Biokraftstoffrichtlinie die Mitgliedsstaaten verpflichtet, 2010 einen Marktanteil an Biokraftstoffen in Höhe von 5,75 % zu erreichen, der auf 10 % im Jahr 2020 gesteigert werden soll. Deutschland möchte dieses Ziel übererfüllen und bis 2010 einen Anteil von 6,75 % erzielen. Allerdings gilt das Regulierungsumfeld als instabil, die Technik ist zum Teil neu und sowohl der Bezug der Rohstoffe als auch der Absatz des Endproduktes bergen weitere Risiken. Ob und inwieweit Projektfinanzierungen in diesem Bereich zum Einsatz kommen können, werden wir uns im Folgenden ansehen.

Durch die Biokraftstoffrichtlinie der EU (2003) wurden die Mitgliedsstaaten verpflichtet, für einen Mindestmarktanteil von Biokraftstoffen zu sorgen. In 2005 sollte der Marktanteil 2 % betragen, was jedoch europaweit nicht erreicht wurde. Im Jahr 2010 soll ein Anteil von 5,75 % erzielt werden, im Jahr 2020 von 10 %. Um dieses Ergebnis zu erreichen, hat Deutschland Anfang 2004 alle Biokraftstoffe von der Mineralöl- und der Ökosteuer bis 2009 befreit. Dies wurde durch die EU-Richtlinie zur Energiebesteuerung möglich, die solche Steuererleichterungen als staatliche Beihilfe zulässt. In derselben Richtlinie wird aber auch verlangt, dass seitens der Staaten keine Überkompensation der Mehrkosten in der Erzeugung von Biokraftstoffen im Vergleich zu fossilen Kraftstoffen entstehen darf. Das führte dazu, dass Deutschland im August 2006 mit dem Energiesteuer- und Biokraftstoffquotengesetz beschloss, die Rahmenbedingungen für Biokraftstoffe grundlegend zu ändern. Die Steuerbefreiung wird in mehreren Schritten reduziert, so dass bis 2012 jeder Liter mit 44,9 Cent besteuert wird. Damit liegt der Steuersatz zwar 2 Cent unter dem für fossilen Diesel, allerdings ist der Brennwert auch entsprechend geringer.

Steuersätze in Ct/l	**2006**	**2007**	**2008**	**2009**	**2010**	**2011**	**2012**
Biodiesel	7,1	7,1	13,4	19,7	26	32,3	44,9
Pflanzenöl	0	0	8,15	16,55	24,95	32,3	44,9
Bioethanol	0	0	0	0	0	0	0
BtL	0	0	0	0	0	0	0

Abbildung 74: Besteuerung von Biokraftstoffen in Deutschland

Anstelle der Steuerbefreiung für Biodiesel und Pflanzenöl wurde eine Quotenregelung für Biokraftstoffe beschlossen. Jeder Liter fossiler Diesel soll energetisch 4,4 % Biodiesel enthalten, was einem Volumen von 5 % entspricht. Benzin soll ab 2007 ein Anteil von 1,2 % Bioethanol (energetisch) zugemischt werden. Diese Quote soll sukzessive bis 2010 auf 3,6 % steigen. Hierbei handelt es sich um so genannte Unterquoten, die es zu erreichen gilt. Darüber hinaus gibt es eine Gesamtquote, die erfüllt werden muss.

Jahr	Gesamt-Quote (bis 01/2009 gültig)	Gesamt-Quote (revidiert 01/2009)	Diesel-Quote	Benzin-Quote
2007	-	-	4,40%	1,20%
2008	-	-	4,40%	2,00%
2009	6,25%	5,25%	4,40%	2,80%
2010	6,75%	6,25%	4,40%	3,60%
2011	7,00%	6,25%	4,40%	3,60%
2012	7,25%	6,25%	4,40%	3,60%
2013	7,50%	6,25%	4,40%	3,60%
2014	7,75%	6,25%	4,40%	3,60%

Abbildung 75: Biokraftstoffquoten gemäß Biokraftstoffquotengesetz[184]

Das EU-Ziel eines Anteils von 5,75 % bis 2010 wird mit diesen Vorgaben übererfüllt. Bei den EU-Zielen handelt es sich um indikative Ziele, während die Vorgaben des deutschen Biokraftstoffquotengesetzes verbindlich sind. Werden die Quoten nicht eingehalten, drohen Strafzahlungen in Höhe von 0,90 € je Liter Bioethanol und 0,60 € je Liter Biodiesel. Die Strafzahlungen wirken wahrscheinlich prohibitiv. Zu beachten ist, dass ab 2015 die Quotenverpflichtung wegfallen soll und stattdessen die Berechnung vom Kraftstoff-Energiegehalt auf die CO_2-Ersparnis des Biokraftstoffs umgestellt werden soll. Das Umweltministerium verspricht sich damit eine Förderung von Biokraftstoffen der zweiten Generation, auch wenn die Modalitäten der dann geltenden Berechnung heute noch nicht bekannt sind.

Die Quote von 4,4 % Prozent Biodiesel entspricht einer Beimischungsmenge von 1,5 Millionen Tonnen, was jedoch nicht einmal die Hälfte der heutigen Produktionskapazitäten auslasten kann. Laut Verband der Deutschen Biokraftstoffindustrie wird in Deutschland 60 % des Biodiesels als Reinkraftstoff (B100) vertrieben. B100 lebt vom Preisvorteil, im Gegensatz zur Pflichtbeimischung B5. Der Preisvorteil hängt von der Preisentwicklung für fossilen Diesel ab und ist damit abhängig von der Rohölentwicklung und den geltenden Steuerregeln. Dabei ist zu beachten: Ein Liter Pflanzenölkraftstoff kostet inklusive Mineralölsteuersatz etwa 1,20 Euro. Ein Liter fossiler Diesel kostete im Herbst 2008 an der Tankstelle rund 1,50 Euro inklusive aller Steuern und Abgaben, im März 2009 hingegen nur noch 1,00 Euro. Geht man davon aus, dass Fuhrparkbesitzer den Dieselpreis zu günstigeren Konditionen

---

[184] Die neuen Regelungen zu den Beimischungsquoten sind im Oktober 2008 vom Bundeskabinett beschlossen worden und müssen noch das Gesetzgebungsverfahren durchlaufen (Stand: Januar 2009). Im Jahr 2011 wird die gesamte Beimischungsquote überprüft.

einkaufen können und sie gleichzeitig die Mehrwertsteuer nur durchreichen, ist der fossile Diesel genauso teuer wie Pflanzenöl beziehungsweise mittlerweile sogar deutlich günstiger. Hinzu kommt, dass Fahrzeuge im Pflanzenölbetrieb volumetrisch gerechnet fünf bis sechs Prozent mehr Kraftstoff verbrauchen. Experten rechnen damit, dass mindestens ein Preisunterschied von 15 Cent bestehen muss, damit Pflanzenöl als Kraftstoff wettbewerbsfähig ist. Auf aktueller Basis ergibt sich eine wesentliche Unterförderung etwa von Biodiesel in einer Größenordnung von mindestens 20 € Cent pro Liter.

Werden die höheren Produktionskosten von Biodiesel nicht mehr steuerlich kompensiert, drohen verheerende Folgen für den Biodieselmarkt. Es droht ein völliger Zusammenbruch des B100 Marktes. Seit dem Inkrafttreten des neuen Gesetzes ist der Absatz von deutschem Biodiesel bereits um 25 % zurückgegangen, so dass erste Hersteller ihre Biodieselanlagen zeitweise stillgelegt haben. Dennoch befinden sich zurzeit über eine Million Tonnen Kapazität im Bau. Vertreter der Biokraftstoffbranche plädieren für das Konzept einer flexiblen Besteuerung in Abhängigkeit von dem Ölpreis. Demnach soll der Steuersatz bei sinkenden Ölpreisen ebenfalls fallen, um einen erforderlichen Mindestabstand zu gewährleisten. Dies würde eine permanente Marktfähigkeit für Biokraftstoffe bedeuten.

Für Bioethanol bleibt die Steuerbefreiung vorläufig bis 2015 bestehen, dasselbe würde auch für BtL-Kraftstoffe gelten. Dennoch bleibt hier ein latentes Risiko vorhanden, dass eine Überkompensation festgestellt wird und die Rahmenbedingungen wieder geändert werden. Bei den aktuellen Verhandlungen zur Liberalisierung des Welthandels bilden die Schutzmaßnahmen für den Agrarsektor in der EU und in den USA einen Schwerpunkt. Hiervon ist auch die Biokraftstoffbranche betroffen. Werden Importbarrieren abgebaut, müssen sich Energiepflanzen und Biokraftstoffe dem internationalen Wettbewerb stellen. Erwartet werden eine Liberalisierung der Zuckermarktordnung und eine Reduktion des prohibitiven Importzolls bei Bioethanol. Zurzeit besteht ein Importzoll von 0,192 € je Liter Bioethanol, was in etwa den Produktionskosten von Bioethanol in Brasilien entspricht. In Deutschland betragen die Herstellungskosten 0,45-0,50 € je Liter. Eine Reduzierung des Einfuhrschutzes würde die Importmengen von Bioethanol ansteigen lassen und einen Wettbewerbs- und Preisdruck auf die Biokraftstoffe zur Folge haben. Eine solche Entwicklung stünde jedoch dem politischen Ziel entgegen, die eigene Landwirtschaft zu stärken. Es ist nicht abzusehen, wie der Gesetzgeber sich in dieser Frage verhält.

Grundsätzlich sind zwei Regulierungssysteme voneinander zu unterscheiden, die anhand zweier unterschiedlichen Nutzungsmöglichkeiten von Biomasse dargestellt werden (siehe folgende Abbildung).

	Biomasse für Stromerzeugung	Biomasse für Kraftstoffherstellung
Regulierungssystem	Preisregulierung	Mengenregulierung über Quote; Reinkraftstoff bis 2012 steuerbegünstigt
Absatzpreis	fester Abnahmepreis, der staatlich garantiert ist	Preisfindung am Markt
Absatzmenge	Garantierte Abnahme zu festgelegten Vergütungssätzen	staatlich festgelegte Quote an gesamter Kraftstoffmenge
Absatzrisiko	sehr gering, auf Grund von Abnahmegarantien zu festgelegten Vergütungssätze	sehr hoch, da Absatzpreise nicht langfristig planbar sind

Abbildung 76: Vergleich von Regulierungssystemen bei Biomasse

Anders als beispielsweise Biomasseprojekte zur Stromerzeugung wird die Herstellung von Biokraftstoffen nicht nach dem Erneuerbare-Energien-Gesetz (EEG) gefördert. Auf Grund von Abnahmegarantien zu vorher festgelegten Preisen ist hier das Absatzrisiko weitestgehend minimiert. Biokraftstoffprojekte genießen eine solche Planungssicherheit hingegen nicht, so dass dieses Risiko durch geeignete Absatzsicherungsmaßnahmen strukturiert werden muss.

Wettbewerb der Regulierungssysteme

Da Biokraftstoffe ein handelbares Gut sind, sind die unterschiedlichen Regulierungssysteme mit in die Betrachtung einzubeziehen. Während die Einfuhr von Biokraftstoffen nach Deutschland weitgehend frei ist, gilt dies in anderen Ländern nicht. In Frankreich und Belgien dürfen die Produzenten nur bestimmte vom Staat vorgegebene Produktionsquoten erfüllen. In anderen Ländern, u.a. Österreich, Ungarn, Polen und Tschechien, gibt es andere Importschranken: In Polen und Ungarn müssen 75 % des gesamten Rohstoffs für die Biodieselproduktion von europäischen Bauern kommen. In Deutschland gilt nur die Vorgabe, dass ein bestimmter Prozentsatz des Kraftstoffverbrauchs durch Biokraftstoffe ersetzt werden soll.

Die Offenheit des deutschen Marktes hat dazu geführt, dass von Januar bis August 2007 rund 700.000 Tonnen Biodiesel aus den USA auf den deutschen Markt importiert wurden. Nach dem ENERGY POLICY ACT 2005 erhalten Hersteller für jedes Prozent Biodiesel, das sie fossilem Diesel beimischen, einen USD Cent als Anreiz. Allerdings hat die amerikanische Mineralölindustrie kein Biodiesel beigemischt, was bei den Biodieselproduzenten dazu geführt hat, dass sie ihrerseits ihrem Biodiesel ein Prozent Diesel zugemischt haben, so dass der US-Biodieselproduzent 99 USD Cent pro Gallone (4,5 Liter) für diese Mischung an Zuschuss erhält, was einem Zuschuss von 20 Eurocent pro Liter entspricht. Die US-Biodieselhersteller profitieren von heimischen Subventionen in einem Maße, dass es sich lohnt, Produktionsüberhänge über den Atlantik nach Deutschland zu transportieren und hier abzusetzen. Der Preisvorteil des importierten Diesels wird auf bis zu 15 € Cent je Liter beziffert[185]. Dieser Wettbewerbsverzerrung wird man dadurch begegnen können, indem eine Standardisierung der Standards auf supra- und internationaler Ebene erreicht.

Es muss festgehalten werden, dass der Gesetzgeber in Deutschland mit dem Energie- und Biokraftstoffquotengesetz Unruhe in die Biokraftstoffbranche gebracht hat. Das macht es für die Projektbeteiligten schwierig, mit diesen Unsicherheiten umzugehen und die Konsequenzen nachteiliger Gesetzesänderungen einzuschätzen bzw. zu übernehmen. Lange Darlehenslaufzeiten von bis zu 20 Jahren verschärfen diese Problematik aus Bankensicht. Durch die stufenweise Anhebung der Besteuerung büßen die Produkte Biodiesel und Pflanzenkraftstoff an Wettbewerbsfähigkeit gegenüber fossilen Kraftstoff ein.

Die gesetzlichen Rahmenbedingungen erfordern eine besonders sorgfältige Strukturierung der Absatzseite, auf die das Regulierungsrisiko hier einwirkt.

Vergütung bei Biomasse-Projekten

Die Vergütung für Strom aus Biomasse ist überaus komplex, was wiederum mit den vielfältigen Einsatzstoffen, Anwendungsmöglichkeiten und technischen Verfahren zusammenhängt. Neben der auch hier bedeutsamen EEG-Regelung, auf die noch eingegangen wird, ist insbesondere die Umsetzung des INTEGRIERTEN ENERGIE- UND KLIMAPROGRAMMS (IEKP) der Bundesregierung zu nennen. Durch die Umsetzung der geänderten Gasnetzzugangsverordnung im April 2008 wurden die Bedingungen wesentlich verbessert und die Zielsetzung für den Ausbau der Biogaseinspeisung konkretisiert: Bis zum Jahr 2020 sollen jährlich 60 Mrd. kWh Biogas und bis zum Jahr 2030 100 Mrd. kWh Biogas in das Gasnetz eingespeist werden. Da aufbereitetes und eingespeistes Biogas derzeit noch nicht konkurrenzfähig zu Erdgas ist, nutzt die Politik einen Instrumentenmix, um die Nachfragemärkte zu entwickeln. Zu diesen Instrumenten zählen neben dem EEG das Wärmegesetz (EEWärmeG), die Gasnetzzugangsverordnung und das Marktanreizprogramm (MAP).

Das Wärmegesetz legt fest, dass spätestens im Jahr 2020 14 Prozent des Wärmeverbrauchs in Deutschland aus Erneuerbaren Energien stammen müssen. Wesentliche Elemente des Gesetzes sind die Nutzungspflicht für Erneuerbare Energien, die finanzielle Förderung und der Ausbau von Wärmenetzen. Im Zuge der Verordnung zur Förderung der Einspeisung von Biogas wurde im April 2008 auch die Gasnetzzugangsverordnung geändert. Ziel der Neuregelung ist es, die Einspeisung von 6 Mrd. Kubikmetern Biomethan bis 2020 und 10 Mrd. Kubikmetern bis zum Jahr 2030 zu ermöglichen. Biogas soll dabei verstärkt in der Kraft-Wärme-Kopplung und als Kraftstoff eingesetzt werden. Das Marktanreizprogramm sieht u.a. Unterstützungen für Biogasaufbereitungsanlagen und Biogasleitungen für unaufbereitetes Biogas vor. Diese Förderung ist nicht mit anderen Förderungen aus öffentlichen Mitteln kumulierbar und bis Ende 2010 befristet.

Die EEG-Vergütungsvorschrift ist so aufgebaut, dass zunächst einheitlich für alle Anlagen eine Grundvergütung zu zahlen ist. Daneben können verschiedene Boni beantragt werden,

185 M. Bensmann 2007, S. 54.

wobei die Voraussetzungen für die Boni in sich recht komplex sind und bei ihrer Anwendung eine Reihe von rechtlichen und wirtschaftlichen Fragen aufwerfen.

Die Grundvergütung für Strom aus Biomasse liegt bei einer elektrischen Leistung bis 150 kW bei 11,67 Cent/kWh. Für den Bereich zwischen 150 kW und 500 kW beträgt sie 9,18 Cent/kWh und von 500 kW bis 5.000 kW 8,25 Cent/kWh. Diese Grundvergütung unterliegt einer jährlichen Degression von einem Prozent. Von der Degression sind auch der Nawaro-Bonus, der KWK-Bonus und der Technologiebonus betroffen. Voraussetzung ist in jedem Fall, dass Biomasse im Sinne der Biomasseverordnung eingesetzt wird. Werden Stoffe eingesetzt, die zwar Biomasse darstellen, aber nicht von der Biomasseverordnung erfasst werden, kann eine EEG-Vergütung insgesamt nicht beansprucht werden.

Der Nawaro-Bonus beträgt nach EEG 2009 drei Cent statt sechs Cent. Neu ist, dass nicht mehr der ausschließliche Einsatz von nachwachsenden Rohstoffen der Positivliste erforderlich ist. Das neue EEG bietet die Möglichkeit, Nawaro mit bestimmten rein pflanzlichen Nebenprodukten, die in einer gesonderten Positivliste aufgeführt sind, zusammen zu vergären. Der Nawaro-Bonus wird dann aber nur für die Stoffe der Positivliste gewährt und nicht für die ergänzenden Produkte.

Zusätzlich wird ein Güllebonus in Höhe von 3 Cent/kWh gewährt, der bei einem Einsatz von mindestens 30 Massenprozent zusätzlich zum Nawaro-Bonus gewährt wird. Der Güllebonus entfällt, wenn Biogas als Biomethan eingespeist oder an anderer Stelle entnommen wird.

Einen weiteren Bonus gibt es für Kraft-Wärme-Kopplung (KWK). Er beträgt für bestehende Anlagen zwei Cent, wenn die Wärmenutzung den Vorgaben des EEG von 2004 entspricht. Anlagen, die nach dem 1. Januar 2009 ans Netz gehen, bekommen drei Cent. Altanlagen, auch solche, die vor dem 1.1.2004 in Betrieb genommen worden sind, erhalten den erhöhten KWK-Bonus, wenn sie den Anforderungen des novellierten EEG entsprechen. Der Bonus wird nur gewährt, wenn mindestens ein Fünftel der verfügbaren Wärmeleistung ausgekoppelt wird und die Wärmenutzung nachweislich fossile Energieträger ersetzt.

Ein weiterer Bonus in Höhe von 3 € Cent/kWh wird für Strom gezahlt, der in KWK-Anlagen und unter Verwendung besonders fortschrittlicher, aber auch unter Gewährung der sonstigen EEG-Vergütungsbestandteile noch nicht marktfähiger Technologien gewonnen wurde. Ziel der Bonusregelung ist es dabei, die Markteinführung dieser Technologien zu beschleunigen, um Skaleneffekte zu erreichen. Damit fördert das Gesetz nur bestimmte Technologien, wobei sich praktische Probleme bei der Auslegung des Begriffs der Trockenfermentation ergeben haben. Problematisch ist insbesondere die Frage, welche Stoffe im Einzelnen eingesetzt werden dürfen und wie hoch der Flüssigkeitsgehalt sein darf[186]. Hier zeigt sich, dass auch Prozesstechniken sehr genau gesteuert werden müssen, damit ein Projekt nicht riskiert, einen wesentlichen Teil seines Cashflows aufs Spiel zu setzen. Da es extrem schwierig erschien, die Prozesstechnik der Trockenfermentation rechtssicher zu beschreiben, wird der Bonus für Biomasse aus Trockenfermentation im EEG 2009 vollständig gestrichen.

---

[186] Siehe hierzu eine Auslegungshilfe des Bundesumweltministeriums, die unter der folgenden Adresse herunter geladen werden kann: www.bmu.de/erneuerbare_energien/downloads/doc/39019.php.

Einen Überblick über die verschiedenen Vergütungssysteme gibt das folgende Schaubild:

		bis 150 kW		bis 500 kW		bis 5 MW		bis 20 MW	
		EEG 2004	EEG 2009	EEG 2004	EEG 2009	EEG 2004	EEG 2009	EEG 2004	EEG 2009
Grundvergütung		11,67		9,18		8,25		7,79 KWK zwingend notwendig	
Jährliche Degression in Prozent		1,5	1	1,5	1	1,5	1	1,5	1
Emissionsminderungsbonus		0	1	0	1	0	0	0	0
Nawaro-Bonus (Biogas-anaerob) oder Gülle		6	3	6	3	4	3		3
Landschaftspflegebonus		0	2	0	2	0	0	0	0
KWK-Bonus	Wärmekonzept nach EEG 2004	2	2	2	2	2	2	2	2
	Wärmekonzept nach EEG 2009	0	3	0	3	0	3	0	3
Technologie-Bonus		2	3	2	3	2	3	2	3

Abbildung 77: Biomasse-Vergütungssysteme in Deutschland

5.2.5 Strukturierung der Beschaffungsseite – Sicherung der Menge, des Preises und der Qualität der Biomasse

Alle hier vorgestellten Biomasse-Verfahren verarbeiten den Rohstoff „Biomasse" zu verschiedenen Produkten. Das Bezugsrisiko beschreibt die Gefahr, dass nicht genügend Biomasse in ausreichender Qualität zu prognostizierten Preisen termingerecht beschafft werden kann und dem Projekt stellt sich umgekehrt die Aufgabe, die benötigten Mengen an Biomasse rechtzeitig, zu kalkulierbaren Preisen und in der erforderlichen Qualität zu erhalten.

Schon die Nichterreichung eines Ziels hat gravierende Folgen auf den Cashflow. Ist es nicht möglich, genug Biomasse zu beschaffen, kann die prognostizierte Kapazitätsauslastung der Anlage nicht erreicht werden und führt als Folge zu einem geringeren Output. Dies kann wiederum, je nach Vertragsgestaltung, auf der Absatzseite zu Strafzahlungen führen, da es nicht möglich ist, die zugesicherte Menge der Projektleistung an Kunden zu liefern. Bei einzelnen Prozessanlagen gibt es darüber keine einfache lineare Beziehung zwischen Biomasse-Bezug und Produktionsmenge: Vielfach lässt ein Rückgang von Eingangsstoffen unter einen kritischen Wert den gesamten Prozess zusammenbrechen oder führt zu Problemen an anderer Stelle des Produktionsprozesses.

An diesem Punkt ist zu betonen, dass Biokraftstoffe mit anderen Branchen im Wettbewerb um die Rohstoffe stehen und somit eine Konkurrenzsituation herrscht. Biokraftstoffe stellen nicht die einzige Nutzungsform von Biomasse dar. Dies gilt beispielsweise für die Nahrungsmittelindustrie und die Betreiber von Biogasanlagen, welche ebenfalls Biomasse nutzen. Biogasprojekte haben gegenüber Biokraftstoffprojekten einen Wettbewerbsvorteil, da die Stromerzeugung nach dem EEG gefördert wird und dadurch Planungssicherheit für die nächsten zwanzig Jahre gegeben ist. Die daraus resultierende hohe Sicherheit auf der Absatzseite vereinfacht die langfristige Einbindung von Lieferanten in die Projektstruktur, was einen Beschaffungsvorteil darstellt. Auch die Nahrungsmittelbranche bezieht Öle, Getreide, Zucker etc. und ist somit ebenfalls als Wettbewerber um die Rohstoffe anzusehen. Darüber hinaus existieren noch zahlreiche weitere Verfahren in der Strom- und Wärmeerzeugung, die Biomasse als Rohstoff nutzen.

Ausreichende Biomasseressourcen sind die Grundvoraussetzung für die Versorgungssicherheit der Projektanlage. Daher ist eine permanente Marktbeobachtung über die gesamte Finanzierungsdauer notwendig, denn sollte Biomasse als Energieträger, wie bisher, weiter an Bedeutung zunehmen, hat dies Konsequenzen. Es kann zum einen schwierig werden, die geplanten Mengen einzukaufen, zum anderen führt eine verstärkte Nachfrage im Regelfall zu steigenden Preisen. Grundsätzlich hat der Nachfrageboom der letzten Jahre zu einer Verknappung und als Folge dieser zu einer Preissteigerung bei Biomasse geführt. Eine wesentliche Anforderung an das Risikomanagement ist es, Lösungen zu finden, eine größtmögliche Preisstabilität zu gewährleisten.

Eine Betrachtung des Marktes für Biomasse muss zwingend auch die ökologischen und sozialen Restriktionen sowie die Substitutionskonkurrenz berücksichtigen. Ein erster limitierender Faktor bei der Nutzung von Biomasse ist die verfügbare Anbaufläche. Die Fläche zum Anbau von Energiepflanzen beträgt in Deutschland etwa 1,6 Mio. Hektar. Legt man strenge Kriterien an, wie dies etwa die Europäische Umweltagentur tut, dürfte eher nur von einer Fläche in der Größenordnung von rund 1,0 Mio. Hektar auszugehen sein. Durch den Bevölkerungsrückgang in Deutschland sowie die zu erwartenden Ertragssteigerungen in der Landwirtschaft dürfte zukünftig allerdings weniger Fläche zur Produktion von Nahrungsmitteln erforderlich sein und dementsprechend die verfügbare Anbaufläche zur alternativen Nutzung tendenziell zunehmen. Mittelfristig halten die Experten entsprechend größere Flächen für nutzbar (rund 2 Mio. Hektar in 2020 bzw. 3 Mio. Hektar in 2030), auf der Bioenergie nachhaltig produziert werden kann. Letztlich bleibt aber auch dann die Fläche die restriktive Größe für die Biomassepotentiale. Dies gilt erst recht dann, wenn höhere Anteile ökologischen Landbaus angestrebt werden als heute. Zusätzlich ist zu beachten, dass neben der Produktion von Nahrungsmitteln auch die stoffliche Verwertung von Biomasse, z.B. für Dämmmaterial, Schmierstoffe, Spanplatten usw., zunimmt sowie die Konkurrenz unter den verschiedenen energetischen Nutzungsrouten zu berücksichtigen ist. Aus Effizienzgesichtspunkten kommt gerade der stofflichen Nutzung eine besondere Bedeutung zu, wenngleich diese trotz der vielfältigen Anwendungsmöglichkeiten bisher kaum in der öffentlichen Diskussion präsent ist. Aufgrund der Vielzahl der unterschiedlichen Nutzungsformen der Biomasse einerseits und ihrer Begrenztheit andererseits sollte die Zuweisung auf die verschiedenen Nutzungspfade so weit wie möglich klaren Effizienzkriterien folgen, damit eine möglichst hohe Substitutionswirkung gegenüber konventionellen Energieträgern erzielt werden kann. Dabei sind die heute vorherrschenden Nutzungsoptionen nicht unbedingt die effektivsten. Dies gilt insbesondere für die in den letzten Jahren stark gestiegene Nachfrage nach Biodiesel. Ein weiteres ungesteuertes Wachstum erscheint mit Blick auf die heimischen Flächen nicht möglich.

Wichtig ist in diesem Zusammenhang die differenzierte Betrachtung der verschiedenen Rohstoffe. Bei der Herstellung von Biodiesel und Pflanzenöl sind heute bereits in Deutschland Grenzen erreicht. Bei Raps, dem Hauptrohstoff, müssen bestimmte Fruchtfolgen beim Anbau eingehalten werden, was eine Ausweitung des Anbaus begrenzt. Bei BtL würde die Rohstoffversorgung zunächst besser aussehen. Da hier grundsätzlich jede Art von Biomasse verwendet werden kann, bestehen auf Grund der größeren Rohstoffbasis mehrere Alternativen. So könnte problemlos auf Resthölzer oder Stroh ausgewichen werden. Dadurch besteht hier vorläufig auch keine Konkurrenz zur Nahrungsmittelproduktion. Biomasse aus der Forstwirtschaft und der holzverarbeitenden Industrie sowie Stroh könnten jedoch nur einen kleinen Teil des notwendigen Bedarfs abdecken, so dass langfristig landwirtschaftliche Biomasse benötigt würde. Auch an dieser Stelle ist darauf hinzuweisen, dass eine großtechnische Anlage hier bisher nicht vorhanden ist und sich dieses Verfahren in der Praxis erst noch beweisen muss. Bei der Herstellung von Bioethanol wird in Deutschland hauptsächlich auf Getreide und aktuell verstärkt auf Zucker gesetzt. Dies ist im Zusammenhang mit der speziellen Regulierung des Zuckermarktes zu sehen. So sieht die neue EU-Zuckermarktordnung aus 2006 eine starke Reduktion der Quotenzuckerproduktion um 25-30% vor. Unternehmen, die Bioethanol aus Zucker herstellen, haben dadurch enorme Verhandlungsvorteile gegenüber den Lieferanten. Für die Landwirte erschließt sich hier ein neuer Absatzmarkt, um die entstandenen Überkapazitäten abzubauen.

Höhere operative Kosten des Projektes, bedingt durch höhere Bezugskosten, führen unmittelbar zu einer Verringerung des Cashflows, was das gesamte Projekt gefährden kann. Es besteht die große Gefahr, dass aus dem Erlös des Endproduktes nicht ausreichend Einzahlungen generiert werden, um den Kapitaldienst zu bedienen. Entwickeln sich die Beschaffungspreise deutlich volatiler als vorhergesagt, kann die Situation eintreten, dass die Produktion im Extremfall unwirtschaftlich wird. Hat die Biomasse nicht die erwartete Qualität, kann es bei der Verarbeitung zu operativen Mehrkosten oder zu Kapazitätsbeeinträchtigungen kommen. Sollte beispielsweise feuchte Biomasse angeliefert werden, führt die Trocknung zu Mehrkosten und es kann sogar zu Produktionsunterbrechungen kommen.

Auf der Bezugsseite besteht also einerseits die Gefahr von Mindererlösen, falls nicht ausreichend Biomasse für die Produktion beschafft werden kann, andererseits können die operativen Kosten bei Preisänderungen steigen[187]. Die Risikoanalyse verdeutlicht, dass eine sorgfältige Strukturierung der Beschaffungsseite eine erste notwendige Voraussetzung für eine Projektfinanzierung bei Biokraftstoffprojekten darstellt.

Voraussetzungen für eine Beherrschung des Bezugsrisikos wären langfristige Lieferverträge mit verlässlichen Lieferanten zu einem Festpreis. Alle drei Beschaffungsziele wären erfüllt und eine adäquate Planungssicherheit wäre gewährleistet. Preis-, Mengen- und Qualitätsrisiken wären somit vollständig auf die Lieferanten übertragen[188]. Im Folgenden werden die Voraussetzungen zur Erfüllung dieser Ziele beleuchtet.

Der Abschluss von langfristigen Lieferverträgen ist bei Biomasse mit mehreren Schwierigkeiten verbunden. Derartige Verträge sollten mindestens die Darlehenslaufzeit abdecken, um einen Ausfall zukünftiger Lieferungen und somit die Gefährdung des Cashflows zu vermeiden. Den Lieferanten müssten bei Vertragsabschluß bereits Daten über zukünftige Ernteer-

[187] Uekermann 1993, S. 65.

[188] Uekermann 1993, S. 66.

träge vorliegen, um seriös kalkulieren zu können. Zwar ist es möglich, langfristige Verträge zu schließen, angesichts schwankender Ernteerträge können die Landwirte jedoch nur gewisse Mindestmengen zusichern, die sich aus der Betrachtung vergangener Ernteerträge ergeben. Dies führt regelmäßig dazu, dass solche Verträge mit mehreren Lieferanten geschlossen werden müssen, um eine ausreichende Belieferung der Anlage gewährleisten zu können. Dabei sollten Verträge abgeschlossen werden, die Strafzahlungen beinhalten, sofern zugesicherte Mengen entsprechender Qualität nicht geliefert werden können (siehe 3.4.4). Die Höhe sollte den aktuellen Marktpreis für eine Ersatzbeschaffung abdecken. Eine Analyse der wirtschaftlichen Verhältnisse der Lieferanten ist daher notwendig, um sicher zu stellen, dass derartige Zahlungen auch geleistet werden können.

Die Vereinbarung von Festpreisen wird hingegen kaum durchsetzbar sein, wofür mehrere Gründe ausschlaggebend sind: In der Vergangenheit haben die Biomassepreise einen äußerst volatilen Verlauf genommen, der von diskontinuierlichen Entwicklungen geprägt ist, so dass Prognosen für zukünftige Preisentwicklungen praktisch nicht möglich sind. Diskontinuierliche Entwicklungen für den Biomassemarkt waren politische Entscheidungen auf nationaler und internationaler Ebene zur Förderung der Biomasse als Energieträger, die Entwicklung der globalen Nachfrage und – insbesondere in den letzten zwei Jahren – auch die Spekulation an den Weltmärkten auf steigende Rohstoffpreise. Zahlreiche Agrarrohstoffe verzeichneten noch in der ersten Jahreshälfte 2008 historische Höchstkurse, wie zum Beispiel Palmöl und Sojaöl.

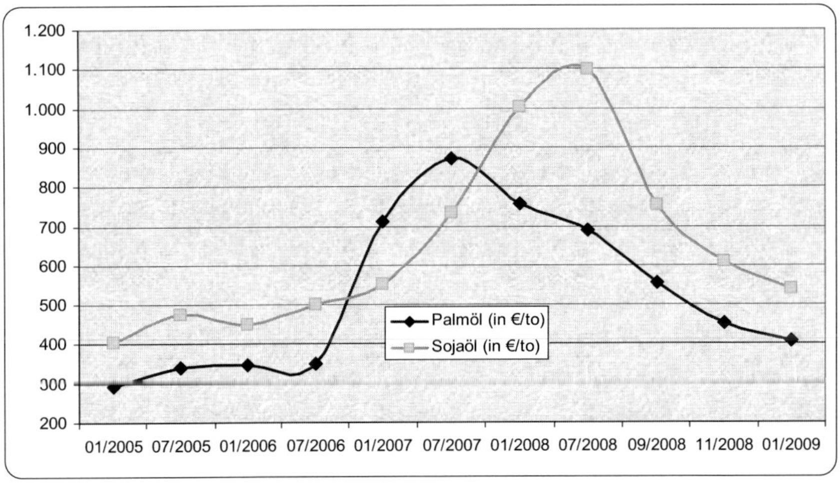

Abbildung 78: Preisentwicklung einzelner Pflanzenöle

Eine noch nicht existierende Möglichkeit im Biomassemarkt zur Absicherung solcher Preisschwankungen wären Termingeschäfte und vergleichbare Derivate mit entsprechend langer Laufzeit. Durch solche vertraglichen Kaufpositionen auf zukünftige Zeitpunkte ließen sich nachteilige Gegebenheiten bei Lieferterminen auffangen. Somit ließe sich das Preisrisiko verkleinern und die Kalkulationsbasis verbessern. Zum heutigen Zeitpunkt werden für Raps und Weizen Terminnotierungen mit einjähriger Laufzeit, bei Soja und Mais lediglich mit halbjähriger Notierung erhoben, was an nicht fixierbaren zukünftigen Ernteerträgen liegt. Daher eignen sich solche Termingeschäfte lediglich für kurzfristige Absicherungen, stehen jedoch als Sicherheit für die gesamte Finanzierungsdauer nicht zur Verfügung. Es bleibt festzuhalten, dass weder langfristige Lieferverträge mit Festpreisgarantie am Markt bestehen noch langfristige derivative Absicherungsinstrumente vorhanden sind.

Eine Alternative zur Verwendung heimischer Rohstoffe ist der Import von Biomasse und bereits hergestellten Ölen aus dem Ausland. Durch den Import ist eine Möglichkeit gegeben, auf andere Anbaugebiete mit anderen Regulierungen auszuweichen und somit die Risiken des Projektes auf der Beschaffungsseite zu diversifizieren. So weisen weltweit Soja- und Palmöl erhebliche Potentiale auf. Auf Grund der klimatischen Bedingungen in einigen Regionen der Welt wachsen bestimmte Pflanzen dort deutlich schneller als z.B. in Europa. Die beinahe vollständige Substituierbarkeit von Pflanzenölen im technischen Bereich führte zu einer Anpassung der Preise. Eine zuletzt stark steigende Nachfrage führte zu einer weltweiten Verknappung und als Folge dessen zu einer Verteuerung des Angebots. Daher fallen die Einsparpotentiale durch Importe wesentlich geringer aus als in der Vergangenheit.

Am sinnvollsten ist es, Biomasse aus dem nächstmöglichen Umfeld der Projektanlage zu beziehen. Zum einen sind die Logistikkosten deutlich günstiger, zum anderen ist die Verlässlichkeit der Lieferanten besser einzuschätzen. Die Qualität der Importe entspricht zwar nicht immer den üblichen Anforderungen, doch sind Importe von Biomasse als ergänzendes Instrument der Risikodiversifikation anzusehen.

Eine denkbare Lösung wäre, einen Lieferanten als Sponsor in das Projekt mit einzubinden. Der Rohstofflieferant hätte ein dauerhaftes Interesse, die Anlage mit Biomasse zu beliefern, schließlich wäre er am wirtschaftlichen Erfolg der Anlage beteiligt. Jedoch gibt es hierbei mehrere Schwierigkeiten, die mit dieser Struktur verbunden sind. Es ist unwahrscheinlich, dass ein einziger Lieferant die notwendigen Mengen Biomasse zum Betrieb der Anlage zusichern kann. Infolgedessen wäre es erforderlich, mehrere Lieferanten in das Projekt einzubinden. Die grundlegenden Eigenheiten des Biomassemarktes bleiben jedoch auch durch die Einbindung von Lieferanten in das Projekt bestehen. Es ist auch nicht das Ziel einer Risikoallokation, ein Maximum an Risiken auf die Projektbeteiligten zu überwälzen, sondern nur soviel, dass diese einen hinreichenden Anreiz zur Förderung des Projekterfolges haben. Auf unsere Ausführungen unter 3.3.5 sei ausdrücklich verwiesen.

Biokraftstoffprojekte sind gegenüber Biomasse- und Biogasvorhaben insoweit benachteiligt, dass sie sich einem zusätzlichen Preisrisiko auf der Absatzseite ausgesetzt sehen. Den Lieferanten müssten demnach nicht vorhersehbare Marktpreise für die abzunehmende Biomasse gezahlt werden. Dies kann sich aber für das Projekt dauerhaft als Nachteil erweisen. Können steigende Bezugskosten auf der Absatzseite nicht durchzusetzen sein, ist das Projekt in seiner Existenz gefährdet. Als Konsequenz müssten große Liquiditätsreserven eingeplant werden, die eine solche Kostenerhöhung auffangen.

Besonders interessant wären Verträge, die den Bezugspreis an den Absatzpreis koppeln würden, wie es etwa im Kraftwerksbereich üblich ist. Eine vereinbarte Spanne würde verbleiben und den Cashflow des Projektes quasi garantieren. Somit wäre das Projekt auf der Bezugs-

und der Absatzseite gegen volatile Marktverläufe abgesichert. Bei Biokraftstoffvorhaben sind allerdings mit dem Agrarmarkt und dem Kraftstoffmarkt zwei Märkte angesprochen, die nicht miteinander verbunden sind und zudem im erheblichen Maße Gegenstand von staatlichen Regulierungsmaßnahmen sind. Daher ist es fraglich, ob ein Lieferant einer solchen Vereinbarung zustimmen würde, da er Risiken übernehmen würde, die er nicht kontrollieren kann und somit gegen den Grundsatz der Risikotragfähigkeit verstoßen.

Auf Grund der identifizierten Faktoren wird eine langfristige Festpreisvereinbarung bei Biomasseprojekten nicht durchsetzbar sein. Derivative Absicherungsinstrumente sind zurzeit nur für kurze Zeiträume möglich. Es wäre von großem Vorteil, Biomasselieferanten langfristig an das Projekt zu binden, im Idealfall als Sponsoren des Projektes. Durch diese langfristige Bindung wäre die Belieferung der Prozessanlage in quantitativer und qualitativer Hinsicht gewährleistet. Zur Reduktion von Logistikkosten ist ein Standort in Lieferantennähe anzustreben. Ob das verbleibende Preisrisiko aus Bankensicht tragbar ist, muss im Rahmen der Risikoquantifizierung geprüft werden.

5.2.6 Die Strukturierung der Absatzseite – Gesetzliche Vorgaben oder vertragliche Bindung

Die Vielgestaltigkeit der Biomasse-Nutzung spiegelt sich auch in seinen Absatzmöglichkeiten wider – zum einen staatlich regulierte Absatzmärkte für die Stromerzeugung aus Biomasse und die Biogasgewinnung, zum anderen freie Märkte bei Biokraftstoffprojekten, die in jedem Fall besondere Strukturierungsmaßnahmen erfordern. Zusätzlich gibt es weitere Anforderungen, die sich etwa daraus ergeben, dass die Wärmeproduktion im Rahmen aller Biomasse-Projekte nicht staatlich reguliert ist und andererseits vielfältige steuerliche Aspekte auf die Märkte einwirken.

Biomasse- und Biogas-Vorhaben werden nach den gesetzlichen Vorgaben insbesondere des EEG vergütet, auf die an dieser Stelle nicht näher eingegangen werden soll, da dies bereits in Abschnitt 5.2.4 erfolgt ist. Stattdessen soll im Folgenden auf die Besonderheiten des Biokraftstoffmarktes hingewiesen werden.

Bei Biokraftstoff-Projekten sind in diesem Zusammenhang mehrere Besonderheiten zu beachten. Kein heute existierender Biokraftstoff ist ohne staatliche Förderung wettbewerbsfähig, wobei der Stabilität der Förderbedingungen eine zentrale Rolle zukommt. Diese Stabilität ist momentan nicht gegeben, da sich durch das Biokraftstoffquotengesetz die Rahmenbedingungen insbesondere für Biodiesel und Pflanzenöl deutlich verschlechtert haben. Bioethanol ist der permanenten Gefahr ausgesetzt, dass eine Überkompensation festgestellt wird und die Steuerbefreiung abgeschafft wird. Diese Tatsache behindert langfristige Planungen von Investitionen.

Ein ökonomischer Vorteil ergäbe sich für Biokraftstoffe durch einen Preisvorteil gegenüber fossilen Kraftstoffen, also müssen sich reine Biokraftstoffe am Markt gegen ihr Substitut behaupten. Dieser Preisvorteil sollte in jedem Fall den durch niedrigere Brennwerte verursachten Mehrverbrauch ausgleichen.

Durch die Einführung der Besteuerung der Biokraftstoffe ist die Wettbewerbsfähigkeit von Biodiesel und Pflanzenöl noch stärker als bislang an die Entwicklung des Mineralölpreises gekoppelt worden. Mit der bis 2012 jährlich steigenden Besteuerung von Biodiesel und Pflanzenöl verlieren diese Kraftstoffe an Attraktivität. Dies kann durch steigende Ölpreise kompensiert werden, mindestens in dem Umfang der Steuererhöhung bei Biokraftstoffen. Da Öl der wichtigste Inputfaktor bei der Herstellung von Otto- und Diesel-Kraftstoffen ist, sind deren Preise eng mit dem Ölpreis verbunden. Eine Entscheidung für Biokraftstoffe kommt also quasi einer Wette auf steigende Ölpreise gleich, im umgekehrten Fall wird auf sinkende Ölpreise gesetzt. Der langfristige Trend hat bis etwa Juli 2008 steigende Ölpreise aufgezeigt, was folglich dem Biokraftstoffabsatz zu Gute kommen sollte. Seitdem sind in Folge der Finanz- und Wirtschaftskrise die Preise für Rohöl drastisch gesunken und notieren im März 2009 bei etwa 45 USD/Barrel.

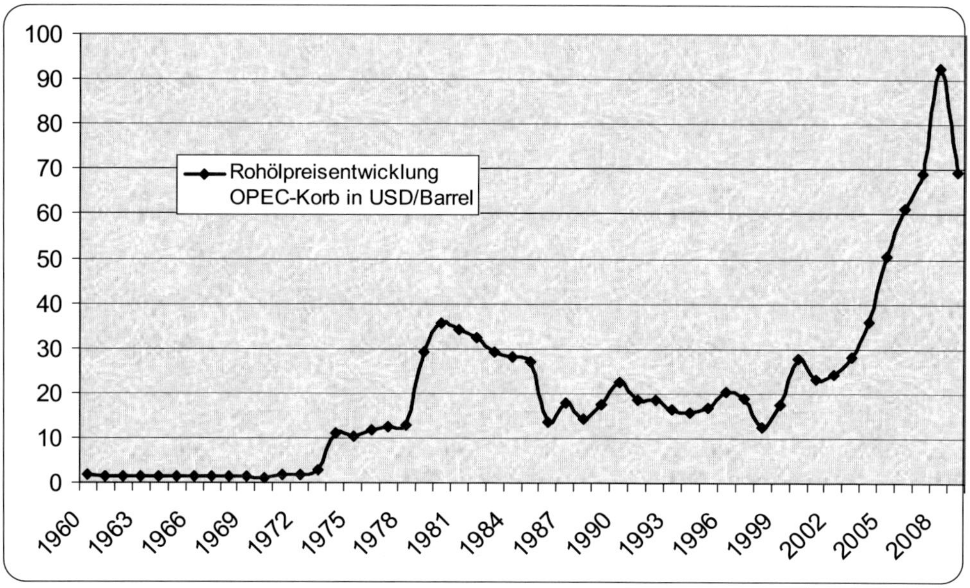

Abbildung 79: Jahresdurchschnittliche Rohölpreise in USD/Barrel

Die Schwankungsbreite der Erdölpreise während der letzten zwei Jahre ist offenkundig.

Die Wettbewerbsfähigkeit von Biokraftstoffen in Abhängigkeit von dem Ölpreis wurde in mehreren Analysen untersucht.

Deutsche Bank Research: 2005	100 USD / Barrel
BtL-Realisierungsstudie: 2006	75 USD – 90 USD / Barrel
Fachagentur für Nachwachsende Rohstoffe: 2006	75 USD / Barrel
Bundesfinanzministerium: 2006	90 USD - 120 USD / Barrel
Bundesverband Biogene und Regenerative Kraft- und Treibstoffe e.V.: 2007	90 USD / Barrel

Abbildung 80: Wettbewerbsfähigkeit von Biokraftstoffen in Abhängigkeit vom Ölpreis

Die Ergebnisse zeigen, dass differenzierte Einschätzungen zur Marktfähigkeit von Biokraftstoffen vorherrschen. In den Studien aus 2005 und 2006 wurde die Besteuerung von Biokraftstoffen noch nicht berücksichtigt. Obwohl der Ölpreis zwischenzeitlich über 120 USD pro Barrel lag, sind Biokraftstoffe nach dem seit Mitte 2008 zu beobachtenden Preisverfall noch nicht wettbewerbsfähig.

Eine Ausnahme bildet die Nutzung von Biokraftstoffen in der Landwirtschaft, welche weiterhin steuerbegünstigt bleibt. Auf Grund der Kostenvorteile bei großen landwirtschaftlichen Betrieben wird hier eine Zunahme der Nachfrage erwartet. Die Umstellung auf Biokraftstoff gilt hier ab einem Jahresverbrauch von 40.000 Litern als sinnvoll. Zudem erhalten Land- und Forstwirte Zuschüsse von bis zu 40 % für die Errichtung von Biokraftstoff–Eigenverbrauchstankstellen. Auf Grund der daraus resultierenden dezentralen Absatzstruktur sind jedoch nur große Betriebe als potentielle Abnehmer interessant.

Nicht zuletzt aufgrund des Biokraftstoffquotengesetzes nehmen die Mineralölkonzerne auf dem Biokraftstoffmarkt eine Schlüsselstellung ein. Zum einen sind sie verpflichtet, den fossilen Kraftstoffen bestimmte Anteile an Biokraftstoffen beizumischen, zum anderen sind sie auf Grund ihres flächendeckenden Distributionsnetzes potentielle Vertriebsstellen für reinen Biokraftstoff. Die Abnahmemengen von Biokraftstoff verhalten sich also auf Grund der Beimischungsquote proportional zum Gesamtverbrauch an Kraftstoff. Die langfristige Absatzprognose geht von einem sinkenden Bedarf für Diesel- und Ottokraftstoff aus. Diese Entwicklung hat langfristig zur Folge, dass auch die absolut beigemischte Menge sinken wird. Entscheidend ist, wie sich das Regulierungsumfeld entwickelt. Sollten die Quoten, wie geplant, deutlich angehoben werden, kann diese Maßnahme den absoluten Rückgang kompensieren.

Kriterien für die Vermarktung von Biokraftstoffen sind eine flächendeckende Verfügbarkeit durch Tankstellen, ausreichende Qualitätsstandards und Fahrzeuge, die Biokraftstoffe tanken können. Darüber hinaus müssen die einzelnen Biokraftstoffe separat hinsichtlich ihrer Marktchancen geprüft werden. Die wichtigsten Hersteller und Vermarkter von Biodiesel haben sich zur Arbeitsgemeinschaft Qualitätsmanagement Biodiesel e. V. (AGQM) zusammengeschlossen, deren Mitglieder mehr als die Hälfte des Biodieselbedarfs in Deutschland decken. Ziel dieses Zusammenschlusses ist es, durch ein einheitliches Qualitätsmanagementsystem allgemeingültige Qualitätsstandards zu schaffen. Dies ist bei Biodiesel seit 2003 durch die europäische DIN EN 14214 gelungen. Diese Qualitätssicherung ist eine unabdingbare Voraussetzung, um die Betriebssicherheit der Motoren zu gewährleisten.

Der Markt für Biodiesel weist zurzeit durch die geänderten Rahmenbedingungen enorme Überkapazitäten auf.

	Einheit	**Ziel 2010**
Mengenziel-Anteil	%	4,40
Dieselkraftstoffverbrauch	Mio. Tonnen	31,30
Biodieselbedarf	Mio. Tonnen	1,51

Abbildung 81: Zielvorgaben und Mengen für Biodiesel in Deutschland

2006 wurden bereits 2 Millionen Tonnen Biodiesel abgesetzt. Die Gesamtkapazität für Biodiesel liegt bei 4,4 Millionen Tonnen. Somit sind die Marktchancen für weitere Biodieselanlagen auf dem deutschen Markt eher als schlecht einzuschätzen.

Bei Pflanzenöl ist zukünftig mit keiner bedeutsamen Verwendung zu rechnen. Ein Grund hierfür ist, dass Pflanzenöl auf Grund seiner Eigenschaften nicht als Beimischung zu Diesel zulässig ist. Ein weiterer Grund ist, dass Pflanzenöl die Emissionsanforderungen im PKW-Bereich (EURO IV und V) nicht einhalten kann. Die Zukunft von Ölmühlen ist auch stark mit der von Biodieselanlagen verknüpft, da viele dieser Anlagen das bereits gewonnene Öl aus Ölmühlen beziehen, anstatt es selber zu produzieren.

Für Rapsöl existiert ebenfalls ein einheitlicher Qualitätsstandard durch die DIN V 51605. Damit ist Rapsöl momentan das einzige genormte Pflanzenöl. Die Herkunft des Pflanzenöls spielt also eine herausragende Rolle, da nicht alle Öle die gleichen Eigenschaften besitzen. So raten Experten zum Beispiel von Sojaöl als Pflanzenkraftstoff auf Grund des hohen Säureanteils ab. Bioethanol wird Ottokraftstoff bereits als Ethyl-Tertiär-Butyl-Ether (ETBE) zur Erhöhung der Klopffestigkeit zugeführt. Hierbei handelt es sich um ein Kraftstoffadditiv, welches das krebserregende und fossile Methyl-Tertiär-Butyl-Ether (MTBE) bereits komplett ersetzt. Bisher war ETBE der einzige Absatzweg, produzierte Bioethanolmengen in nennenswerten Umfang abzusetzen. Die derzeit gültige Norm DIN EN 228 erlaubt eine Zumischung von maximal 5 % Bioethanol zu Ottokraftstoff. Nach Angaben vieler Fahrzeughersteller, u.a. Porsche und VW, wäre auch die Verwendung von einer zehnprozentigen Bioethanolbeimischung in normalen Ottomotoren problemlos möglich.

Bioethanol als E85-Kraftstoff, 85 % Bioethanol- und 15 % Ottokraftstoffanteil, ist weiterhin energiesteuerbegünstigt. Zur Verbesserung der bei Verwendung von reinem Bioethanol ungünstigen Kaltstarteigenschaften werden dem Bioethanol 15 % Super-Benzin beigemischt. E85 kommt in Flexible-Fuel-Vehicles (FFV) zum Einsatz, die sowohl mit Benzin als auch mit Bioethanol betankt werden können. Diese Fahrzeuge sind in Deutschland, im Gegensatz zu Schweden, Brasilien und den USA, wenig verbreitet. In Schweden ist dies im Zusammenhang mit staatlichen Förderungen zu sehen. So genießen FFV Steuervergünstigungen und freies Parken in Innenstädten. Als Folge haben FFV in Schweden einen Marktanteil von zurzeit 10 % erreicht. Durch die im Biokraftstoffquotengesetz festgelegten Mindestmengen von Bioethanol im Ottokraftstoff haben sich neue Vermarktungswege für die Bioethanolproduzenten erschlossen. Anders als bei Biodiesel sind bei Bioethanol die Mindestquoten noch nicht erfüllt.

	Einheit	**Ziel 2010**
Mengenziel Anteil	%	3,6
Ottokraftstoffverbrauch	Mio. Tonnen	22
Bioethanolbedarf	Mio. Tonnen	1,09

Abbildung 82: Zielvorgaben und Mengen für Bioethanol in Deutschland

Es besteht also eine gesetzliche Notwendigkeit, die Bioethanolkapazitäten weiter auszubauen. 2006 hatte Bioethanol in Deutschland einen Marktanteil von 0,6 %, was 0,5 Millionen Tonnen entspricht. Des Weiteren etabliert sich Bioethanol auch immer stärker auf anderen Märkten. Schweden zum Beispiel strebt bis 2020 eine Autarkie von fossilen Brennstoffen an. Im Verkehrssektor wird hierbei auf E85 gesetzt. Während Schweden 2006 ca. 320 Bioethanol-Tankstellen hatte und diese Zahl in 2007 auf 600 steigern möchte, existieren in Deutschland bislang nur rund 100 Vertriebsstellen.

Zu dem Biokraftstoffpreis kommen bei PKW noch Kosten für die Modifikation des Fahrzeuges hinzu, da momentan kein großer PKW-Hersteller Neuwagen für Biokraftstoffe freigibt. Ausschlaggebend sind bei Biodiesel die beschleunigte Abnutzung von Lack, Kunststoffen und Gummiteilen, die Korrodierung der Einspritzanlagen und Motorschäden auf Grund von Oxidationsprozessen. Bei dem Einsatz von Pflanzenöl sind noch Probleme mit der Viskosität und einer verschlechterten Zündwilligkeit zu bedenken. Im Nutzfahrzeugsegment erteilen die meisten Hersteller eine Freigabe für Biodiesel. Jedoch wird auf verkürzte Serviceintervalle bei Werkstätten hingewiesen.

Die Exportmöglichkeiten für deutschen Biokraftstoff sind nur bedingt vorhanden. Während Indonesien 28,9 Millionen Tonnen Pflanzenöl exportiert, importiert die EU 8,6 Millionen Tonnen. Den internationalen Handel dominieren die Länder, die den Kraftstoff am günstigsten herstellen können. So bezieht Schweden z.B. das Bioethanol aus Brasilien, da die Produktionskosten dort besonders günstig sind.

Eine denkbare Struktur wäre, einen Abnehmer als Sponsor in das Projekt mit einzubinden. Diese Struktur würde dazu führen, dass der Abnehmer ein Eigeninteresse am Erfolg des Projektes entwickelt und infolgedessen sein Abnahmeverhalten steuert. Die Machbarkeit einer solchen Beteiligung ist jedoch fraglich. Aufgrund von bestehenden Angebotsüberhängen, insbesondere bei Biodiesel, haben die Großabnehmer keine Notwendigkeit, sich über eine Projektbeteiligung als Sponsor ihren Bedarf zu sichern.

Eine solche Struktur ist bei Bioethanolprojekten denkbar, da hier bislang weder die Quoten ausgeschöpft sind, noch das volle Marktpotential erreicht ist. Da Mineralölkonzerne verpflichtet sind, hohe Bioethanolmengen beizumischen, wäre deren Beteiligung vorstellbar. Zukünftig ist jedoch mit einem Abbau von Importbarrieren bei Bioethanol zu rechnen, so dass sich Mineralölkonzerne nicht fest an eine deutsche Biokraftstoffanlage binden werden, um sich die Chance auf einen günstigeren Bezug durch Importe zu erhalten. Ein weiterer Grund ist, dass potentielle Sponsoren durch die geänderten gesetzlichen Rahmenbedingungen abgeschreckt werden. Die Ungewissheit der zukünftigen steuerlichen Behandlung bei Bioethanol und die unzureichende Höhe der Quoten bei Biodiesel sind ausschlaggebend.

Deutlich wahrscheinlicher ist es, die Marktrisiken durch entsprechende Abnahmeverträge abzusichern. Die Laufzeit derartiger Verträge sollte aus Bankensicht mindestens der Darlehenslaufzeit entsprechen. Dies setzt verlässliche Partner mit einwandfreier Bonität voraus, da durch sie die Rentabilität des Projektes gesichert werden soll. Ob solche Verträge geeignet sind, das Preis- und Mengenrisiko abzusichern, hängt von deren inhaltlichen Ausgestaltung ab. Preise, Mengen und Laufzeit sind die Gestaltungsparameter von solchen Abnahmeverträgen. Derartige Verträge müssen wesentliche Anteile des Projektoutputs abdecken, im Idealfall bis zu 100%. Um sicherzustellen, dass die Einnahmen aus langfristigen Abnahmeverträgen für den Kapitaldienst verwendet werden, sollte sich die Bank die Forderungen gegen den Abnehmer abtreten lassen. Um einen Vertragsbruch vorzubeugen, sollte neben der Bonität auch die Reputation des Abnehmers in die Bewertung von Abnahmeverträgen einbezogen werden.

Im ersten Schritt sollten geeignete Abnehmer identifiziert werden, mit denen, wenn möglich, Verträge über bestimmte Mindestabnahmemengen geschlossen werden. Es kommen insbesondere Mineralölkonzerne und große Flottenbetreiber in Frage, da hier ein hohes Kontrahierungsvolumen vereinbart werden kann. Bei der Preisfestsetzung existiert ein breites Feld an Möglichkeiten. Bei Biokraftstoffen werden die Verträge Preisanpassungsklauseln beinhalten, welche den Abnahmenpreis an den Marktpreis koppeln werden (Preisindexierung). Dennoch sollte unbedingt versucht werden, bestimmte Mindestpreise (*floor price*) zu vereinbaren, da bei einer Marktpreisorientierung das Projekt dem Preisrisiko vollständig ausgesetzt wäre. Durch Mindestpreise wäre die Volatilität der Abnahmepreise deutlich verringert.

Eine übliche Gestaltung von Abnahmeverträgen beinhaltet so genannte Take-or-Pay-Klauseln. Der Abnehmer wird zur regelmäßigen Abnahme von Mindestmengen zu Mindestpreisen verpflichtet. Hierbei besteht eine Zahlungsverpflichtung unabhängig von der tatsächlichen Abnahme des Kraftstoffes[189]. Die zu leistende Mindestzahlung sollte mindestens dem Schuldendienst sowie den fixen und variablen Betriebskosten entsprechen[190]. Ist der Vertragspartner auch noch bonitätsstark, sind bestimmte Einzahlungen über die Vertragslaufzeit garantiert. Daher ist eine solche Lösung aus Bankensicht ebenfalls geeignet, Markt- und Absatzrisiken abzusichern.

---

189 Buljevich/Park 1999, S. 189.

190 Uekermann 1993, S. 89.

Geht das Projekt langfristige Lieferverpflichtungen ein und kommt es, z.B. auf Grund unvorhersehbarer Produktionsunterbrechungen, zu Lieferstörungen, muss das Projekt am Markt Biokraftstoff kaufen, um den Abnehmer zu beliefern. Daher ist es wichtig, die Anlage gegen dadurch auftretende Mehrkosten zu versichern (Mehrkostenversicherung), um Schaden vom Projekt abzuwenden. Die Bank sollte bei Biomass to Liquid-Projekten keine Markt- und Absatzrisiken übernehmen. Eine solche Risikoübernahme wäre nur bei besonders Erfolg versprechenden Projekten akzeptabel und die Erlösrückgänge dürften nur kurzfristig zu einer Verzögerung des Kapitaldienstes führen. Es kann jedoch nicht im Vorwege abgeschätzt werden, inwieweit eventuelle Erlösrückgänge bei Biokraftstoffprojekten temporärer Natur sind. Eine solche Risikoübernahme würde damit einhergehend das Chance / Risiko – Profil der Bank negativ beeinflussen.

Dieses Verfahren entspricht der Grundeinstellung, dass eine Übernahme von Unternehmensrisiken durch die Bank nicht akzeptabel ist, da sie auch nicht am Unternehmensgewinn partizipiert[191]. Grundsätzlich erscheint es fraglich, ob das Markt- und Absatzrisiko auf ein für Projektfinanzierungen tragbares Niveau reduziert werden kann. Das unsichere Regulierungsumfeld und die Schwierigkeit, langfristige Abnahmeverträge über entsprechende Mengen zu schließen, verdeutlichen das hohe Risiko.

Entscheidend ist, ob ein Großabnehmer als Sponsor in die Projektstruktur miteingebunden bzw. über langfristige Abnahmeverträge an das Projekt gebunden werden kann. Ansonsten ist das Projekt mit einem nicht wettbewerbsfähigen Produkt dem Markt und dem Regulierungsumfeld vollständig ausgesetzt, was eine äußerst belastbare Finanzierungsstruktur erfordern würde. Es muss quantifiziert werden, inwieweit Preis- bzw. Absatzrückgänge Auswirkungen auf die Tragfähigkeit des Projektes haben.

5.3 Zusammenfassende Würdigung der Einzelrisiken

In der Untersuchung wurden die Einzelrisiken hinsichtlich ihrer Auswirkungen auf ein Biokraftstoff-Projekt analysiert. Daraufhin wurden risikopolitische Maßnahmen und potentielle Risikoträger zur Risikoreduzierung und Risikoabwälzung identifiziert.

Die Ergebnisse im Überblick:

[191] Schulte-Althoff 1992, S. 131.

Einzelrisiko	Risikoinstrument	Machbarkeit
Fertigstellungsrisiko	1.Fertigstellungsgarantie des Sponsors 2.Einsatz eines erfahrenen Generalunternehmers 3.Turn-Key-Vereinbarung	Bei bewährter Technik grundsätzlich machbar (gilt nicht für BtL)
Verfahrenstechnische Risiko	1.Einsatz von bewährter Technik 2.Beauftragung erfahrener Contractor 3.Verfügbarkeitsgarantie des Contractors	Grundsätzlich machbar (gilt nicht für BtL, da Technik nicht bewährt)
Betriebs- und Managementrisiko	1.Betriebsführung durch Sponsor oder Contractor bzw. beide zusammen	unproblematisch
Regulierungsrisiko	Einplanung ausreichender Reserven auf der Bezugs- und Absatzseite	sehr instabiles Regulierungsumfeld, erhebliche Unsicherheiten, Projekt müsste äußerst belastbar sein
Bezugsrisiko	1.Lieferanten als Sponsor einbinden 2.Abschluss langfristiger Lieferverträge (Laufzeit sollte mindestens Kreditlaufzeit entsprechen) mit festgeschriebenen Preisen, Mengen und Qualitäten 3.Supply-or-pay-Verträge, 4.Diversifikation durch Importe.	Lieferanten als Sponsor eher unwahrscheinlich, langfristige Verträge nur über Mengen, keine Festpreise, langfristige Einbindung von Lieferanten unbedingt erforderlich
Markt- und Absatzrisiko	1.Großabnehmer als Sponsor einbinden 2.Abschluss langfristiger Abnahmeverträge, 3.Take-or-Pay-Verträge.	Grundsätzlich machbar, jedoch Kopplung an Marktpreise, erhebliche Unsicherheiten hinsichtlich Regulierungsumfeld und somit auch der Marktfähigkeit
Zinsänderungsrisiko	1.Abschluss geeigneter Zinssicherungsinstrumente 2.Reserve einplanen	unproblematisch, abhängig von konkreter Ausgestaltung
Force Majeure Risiko	1.Abschluss geeigneter Versicherungen, insbesondere Sach-, Ertragsausfall- und Bauleistungsversicherung 2.nicht versicherbare Risiken im Vorfeld explizit Projektbeteiligten zuweisen 3.Einbindung relevanter Interessengruppen	Relevante Risiken können versichert werden

Abbildung 83: Zusammenfassende Bewertung der Einzelrisiken (Biokraftstoff)

Die Tabelle gibt einen Überblick über identifizierte Risikoinstrumente bei den Einzelrisiken. In der dritten Spalte wird eine Aussage über die Machbarkeit des Risikoinstrumentes abgegeben. Auf allgemeine Vorschläge hinsichtlich Sicherheitsabschläge für das jeweilige Einzelrisiko vom Cashflow wird aus Gründen der mangelnden Quantifizierbarkeit verzichtet.

Es wurde festgestellt, dass es sich bei BtL, dem Biokraftstoff der zweiten Generation, um keine bewährte Technologie handelt. Das Fertigstellungsrisiko ist so groß einzuschätzen, dass kein Contractor zur Übernahme des Fertigstellungsrisikos bereit sein wird und eine Turn-Key-Vereinbarung folglich nicht zustande kommen kann. Dies führte bei der Betrachtung des Fertigstellungs- und verfahrenstechnischen Risikos zu der Feststellung, dass der Einsatz einer Projektfinanzierung bei BtL-Projekten ungeeignet ist.

Für die Kraftstoffe der ersten Generation gelten andere Voraussetzungen. Die hier eingesetzten Techniken gelten als bewährt und es erscheint möglich, durch den Einsatz adäquater Risikoinstrumente einen Großteil der Risiken auf ein akzeptables Niveau zu reduzieren.

Es sprechen jedoch auch hier wesentliche Gründe dagegen, eine Projektfinanzierung als Finanzierungsinstrument einzusetzen. Aus Bankensicht sind die wesentlichen Voraussetzungen für eine Finanzierbarkeit eines Biokraftstoff-Projektes langfristige Biomasselieferverträge und langfristige Abnahmeverträge, mindestens über die Darlehenslaufzeit. Darüber hinaus sind klare und verlässliche politische Rahmenbedingungen notwendig. Das Regulierungsumfeld ist jedoch als sehr instabil einzuschätzen. Nicht zuletzt diese Tatsache führt zu einer äußerst ungewissen Einnahmesituation. Es erscheint momentan weder möglich, die Bezugs- noch die Absatzseite bankadäquat über einen entsprechenden Zeitraum zu strukturieren. Daher ist es auch nicht möglich, z. B. über langfristige Verträge, diese exogenen Risiken in endogene Risiken zu überführen. Die Quantifizierung zeigt sehr starke Sensitivitäten gegenüber Einnahmerückgängen bzw. einer Erhöhung der operativen Kosten.

Das konstitutive Merkmal einer Projektfinanzierung, die Cashflow-Orientierung, erscheint unter diesen Voraussetzungen nicht realisierbar. Es ist auch fraglich, Projektbeteiligte zu finden, die entsprechend Risiken übernehmen würden, womit ein weiteres Merkmal von Projektfinanzierungen, das Risk Sharing, schwer durchsetzbar erscheint.

Die Finanzierungsstruktur sollte weit reichende Rückgriffsrechte auf bonitätsstarke Sponsoren beinhalten, um die Bank vor Forderungsausfällen zu schützen. Aus diesem Grund wird eine Full-Recourse-Finanzierung mit projektfinanzierungsähnlichen Strukturen vorgeschlagen.

5.4 Entwicklung einer Finanzierungsstruktur aus dem bisherigen Risikomanagement

5.4.1 Grundsätzliche Überlegungen

Wie auch in den anderen Branchenkapiteln zuvor, soll im Folgenden anhand eines realen Beispielsfalls die Wirtschaftlichkeit eines Vorhabens beurteilt werden, bevor im Folgenden eine mögliche Finanzierungsstruktur entwickelt wird.

Bei dem Beispielsfall „LIQUID BONUS“ handelt es sich um ein Biodiesel-Vorhaben in Deutschland, bei dem eine Jahresenergieproduktion von 96.000 tpa (Tonnen pro Jahr) Biodiesel erwartet wird.

Name des Vorhabens	Liquid Bonus, Deutschland
Jahresenergieproduktion	96.000 tpa Biodiesel
Gesamtinvestitionskosten	27,35 M€
Eigenkapital / Fremdkapital	12,00 M€ / 15,35 M€
Betriebskosten	71,66 M€
Laufzeit der Langfristdarlehen / Tilgungsfreie Zeit	Gewichtet 15 Jahre / 1 Jahr
Einnahmen pro Jahr (Basisfall):	81,32 M€
Schuldendienstreserve	Nicht vorhanden

Abbildung 84: Rahmendaten eines Biodiesel-Projektes

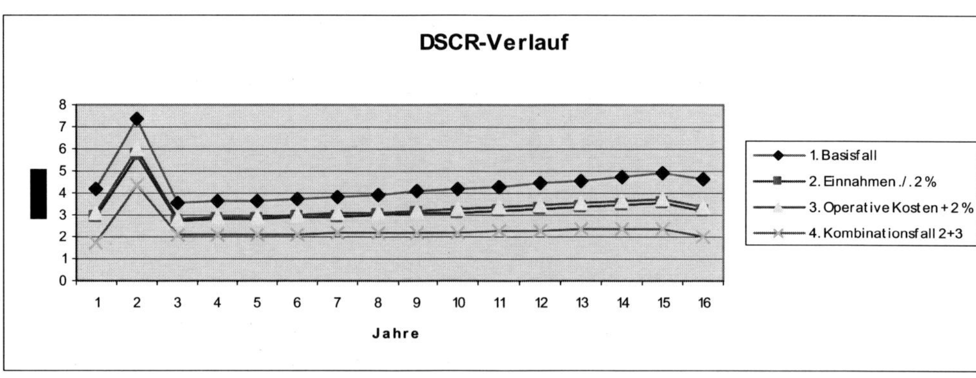

Abbildung 85: DSCR-Verlauf Biodiesel-Projekt (Sponsors Case)

Das Projekt soll im Folgenden auf Sensitivitäten hinsichtlich einer Erhöhung der operativen Kosten und Einnahmerückgängen analysiert werden. Eine Erhöhung der operativen Kosten resultiert bei Biomass to Liquid – Projekten im Wesentlichen aus der Erhöhung der Bezugskosten, in diesem Fall aus der Erhöhung der Rapspreise. Der DSCR-Verlauf des Projektes stellt sich wie folgt dar:

	Min. DSCR	**Ø DSCR**	**Break-Even:**
1. Basisfall	3,52	4,35	./.
2. Einnahmen ./. 2 %	2,74	3,32	..bei 95,69 %
3. Operative Kosten + 2 %	2,85	3,46	plus 4,96 %
4. Kombinationsfall 2+3	1,71	2,40	./.

Abbildung 86: Sensitivitätsberechnungen bei einem Biokraftstoff-Projekt

Diese Analyse hebt das Risikoprofil eines Biokraftstoff-Projektes hervor und lässt Rückschlüsse auf notwendige Sicherungsmaßnahmen zu. Der optisch hohe DSCR im Basisfall lässt das Projekt auf den ersten Blick äußerst belastbar und somit auch fremdfinanzierungsfähig erscheinen. Die Analyse einzelner Sensitivitäten zeigt aber, dass das Projekt sehr stark selbst auf eine leichte Erhöhung der operativen Kosten bzw. Einnahmerückgänge reagiert. Die maximale Belastbarkeit des Projektes ist gering. Der Kapitaldienst kann bereits bei einem dauerhaften Einnahmerückgang von 4,31 % nicht gedeckt werden. Die operativen Kosten können bei konstanten Einnahmen maximal um 4,96 % steigen. Der interne Zinsfuß sinkt von 43 % auf 6,4 % bzw. 6,8 % in den Szenarien 2 und 3, was potentielle Investoren ebenfalls nicht zufrieden stellen wird.

Demnach müssten schon leicht erhöhte Bezugskosten zu einer Preiserhöhung des Biodiesels führen, um den Fortbestand des Projektes zu gewährleisten. Fraglich ist, ob der Markt solche Preiserhöhungen akzeptieren wird. Eine nachteilige Entwicklung auf der Einnahmeseite muss eine Reduzierung der Bezugskosten zur Folge haben, da die Einnahmen ansonsten die Bezugskosten nicht mehr decken. Da es sich jedoch bei den Biomassepreisen um Marktpreise handelt, wird es unwahrscheinlich sein, gegenüber dem Lieferanten Preise unterhalb des Marktniveaus durchzusetzen. Diese Tatsache ist umso dramatischer vor dem Hintergrund, dass der Cashflow die wesentliche Sicherheit einer Projektfinanzierung darstellt.

Das Kernproblem vor einer Lösungsfindung ist, dass mit dem Agrarmarkt und dem Kraftstoffmarkt zwei Märkte betroffen sind, die vollständig voneinander entkoppelt sind. Hinzu kommt, dass bei einer relativen geringen bilanziellen Basis ein hoher Umsatz erzielt wird. Die Umschlagshäufigkeit ist wesentlich höher als bei anderen Projekten im Bereich Erneuerbare Energien. Aus diesen Gründen eignet sich ein Biokraftstoffprojekt nicht für eine Projektfinanzierung und damit auch nicht für die Diskussion der Optimierung der Finanzierungsstruktur innerhalb einer Projektfinanzierung.

Stattdessen sehen wir uns im folgenden Kapitel ein Biomasseprojekt an, das eine Verstromung von Holz vornimmt.

5.4.2 Hinweise zur Gestaltung der Finanzierungsstruktur eines Biomasseprojektes

Wie in 5.4.1 beschrieben, erwies sich das vorgestellte Biodieselprojekt als nicht hinreichend robust genug gegenüber einem möglichen Einnahmenrückgang. Aus diesem Grund wird im Folgenden ein Biomasseprojekt vorgestellt.

Name des Vorhabens	Agujero Nero, Deutschland
Jahresenergieproduktion:	20 MW_{el}
Gesamtinvestitionskosten:	43,6 M€
Eigenkapital / Fremdkapital:	17,54 M€ / 26,06 M€
Betriebskosten pro Jahr:	7,886 M€
Laufzeit der Langfristdarlehen / Tilgungsfreie Zeit:	12 Jahre / 1 Jahr
Sondertilgung:	Vollständiger Cash-Sweep, der bei einem DSCR von unter 1,2 einsetzt
Einnahmen pro Jahr (Basisfall):	11,087 M€
Schuldendienstreserve:	50 % des Kapitaldienstes des Folgejahres

Abbildung 87: Rahmendaten eines Biomasse-Projektes

Das Projekt soll im Folgenden auf Sensitivitäten hinsichtlich einer Veränderung der wesentlichen Inputfaktoren analysiert werden.

Zinssatzänderung
Anhand des Fallbeispiels werden die Auswirkungen von Zinssatzänderungen in verschiedenen Abstufungen dargestellt. Dabei wird der Zinssatz des Projektfinanzierungskredites in diesem Modell verändert und die hieraus resultierenden Ergebnisse im Folgenden beschrieben.

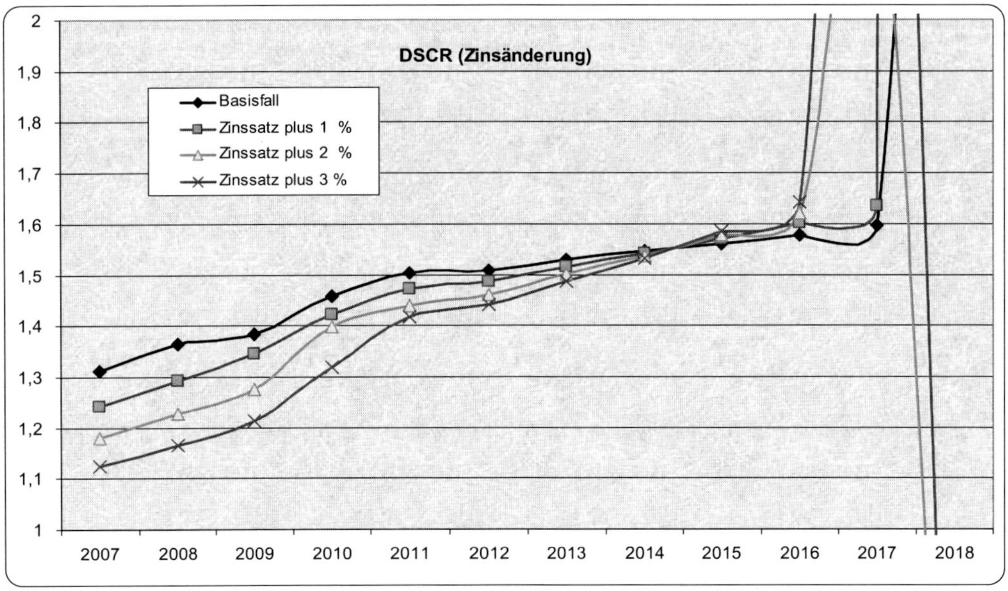

Abbildung 88: DSCR-Verlauf bei Zinssatzveränderung (Biomasseprojekt)

Die Erhöhung der Zinssätze führt dazu, dass der DSCR über die meiste Zeit der Finanzierungslaufzeit unterhalb der Ausgangslage im Sponsors-Case liegt. Dass dies nicht durchgängig der Fall ist, liegt an der Sondertilgung begründet, die bei bestimmten Downside-Szenarien zu einer schnelleren Tilgung führt.

Bei dem hier betrachteten Anstieg des Zinssatzes des Projektfinanzierungskredites um 4,1 Prozentpunkte auf einen Satz von 10,2 % jährlich beträgt der DSCR im ersten Betriebsjahr 2007 noch 1,0, was bedeutet, dass der Kapitaldienst gerade noch geleistet werden kann. Bei einem noch höheren Zinsanstieg wäre dies nicht mehr sichergestellt und die bankseitigen Anforderungen der jederzeitigen und vollständigen Leistung des Kapitaldienstes würden verfehlt. Die betrachtete Höhe des Zinsanstieges stellt somit die Grenze der Projektbelastbarkeit dar.

Die Erhöhungsdifferenz von gut vier Prozentpunkten bis zur Erreichung der Projektbelastbarkeitsgrenze kann als Sicherheitspuffer des Projektes für das Zinsänderungsrisiko verstanden werden. Die Höhe dieses Sicherheitspuffers zeigt dabei, dass das Projekt AGUJERO NERO recht unempfindlich auf einen Zinsanstieg reagiert. Diese Beobachtung kann generell bei Projektfinanzierungen im Bereich Biomasse gemacht werden, da diese eine relativ geringe Kapitalintensität aufweisen und damit von einem Zinsänderungsrisiko weit weniger betroffen sind als Vorhaben in den Bereichen Windenergie und Solarenergie.

Betriebskostenänderung

Im Folgenden werden die jährlichen Betriebskosten in verschiedenen Szenarien um jeweils 5 %-Punkte erhöht. Die genannten Beträge beziehen sich auf den Ausgangswert der Betriebskosten im ersten Betriebsjahr ohne Berücksichtigung des im Modell generell kalkulierten Betriebskostenanstieges von 3 % jährlich.

Die entgegen der Ausgangslage zusätzlich anfallenden Betriebskosten müssen durch den unveränderten Projekt-Cashflow gedeckt werden. Dadurch sinkt der Teil des Projekt-Cashflows, der für die Bedienung des Kapitaldienstes zur Verfügung stehen kann. Die Kapitaldienstfähigkeit in Form des DSCR sinkt folglich über die gesamte Finanzierungslaufzeit, wie es die nachfolgende Grafik veranschaulicht.

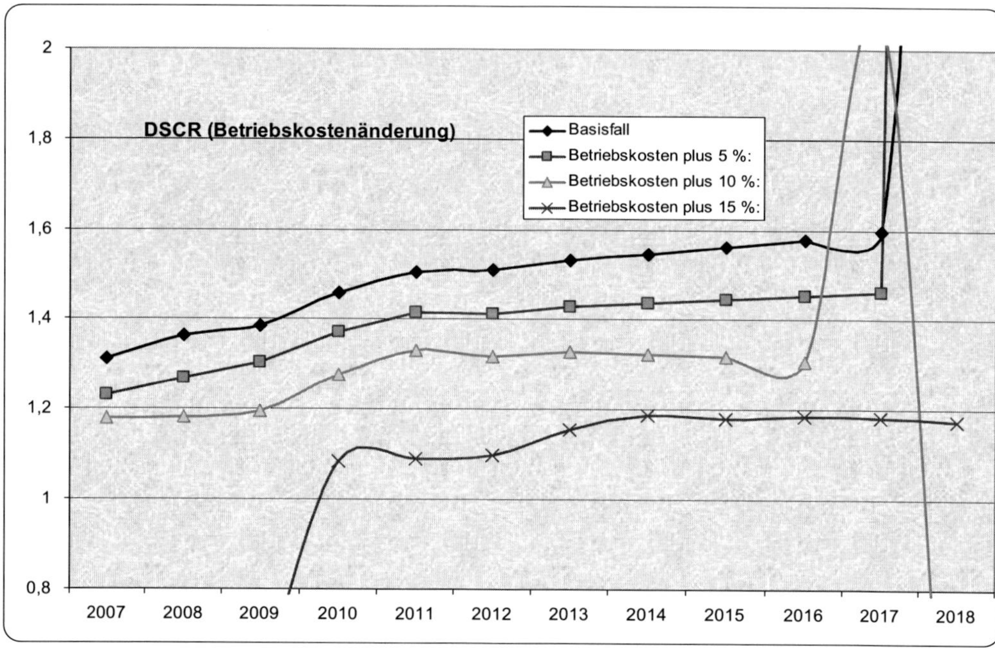

Abbildung 89: DSCR bei Betriebskostenänderung (Biomasse-Projekt)

Es zeigt sich, dass auch hier der DSCR durch die vorgenommene Veränderung durchgängig unterhalb der Ausgangslage liegt. Ab einem Betriebskostenanstieg von mehr als 12 % wäre dies allerdings nicht mehr sichergestellt und die bankseitigen Anforderungen der jederzeitigen und vollständigen Leistung des Kapitaldienstes würden verfehlt.

Insgesamt zeigt sich das Projekt AGUJERO NERO als sehr empfindlich gegenüber Betriebskostenanstiegen, weil die Betriebskosten im Verhältnis zu Investitionsvolumen, Projekt-Cashflow und Kapitaldienst einen erheblichen Anteil ausmachen. Diese Anfälligkeit ist nicht nur in diesem speziellen Fall zu beobachten, sondern eine generelle Eigenschaft von Biomasse-Projekten. Dieses Risiko ist daher besonders sorgfältig zu prüfen. Wie bei anderen Vorhaben auch, empfiehlt es sich zu untersuchen, wie volatil die einzelnen Betriebskostenkomponenten sind und welche Einflussgrößen ihnen zugrunde liegen. Etwa ein Drittel der jährlichen Betriebskosten entfällt auf den Bezug der Biomasse, die im Basisfall mit 15 €/to angenommen wurde. Da für Biomasse typischerweise keine langfristigen Lieferverträge mit Festpreisgarantie angeboten werden, ergibt sich hier ein offenes Preisrisiko auf der Bezugsseite. Das Problem besteht wesentlich darin, dass sich die Bezugspreise frei verändern können, während die Absatzpreise im Rahmen des EEG fixiert sind. Dieses Problem stellt sich weder bei Windenergie- noch Solarprojekten, da der „Treibstoff" kostenlos verfügbar ist.

Einnahmenrückgang

Die dargestellten Folgen aus dem Eintritt des Ressourcenrisikos haben wir insoweit abgebildet, dass der Jahresenergieertrag des Projektes in mehreren Szenarien jeweils um 5 % verringert wird. Die Kapitaldienstfähigkeit in Form des DSCR sinkt folglich über die gesamte Finanzierungslaufzeit, wie es die nachfolgende Grafik veranschaulicht.

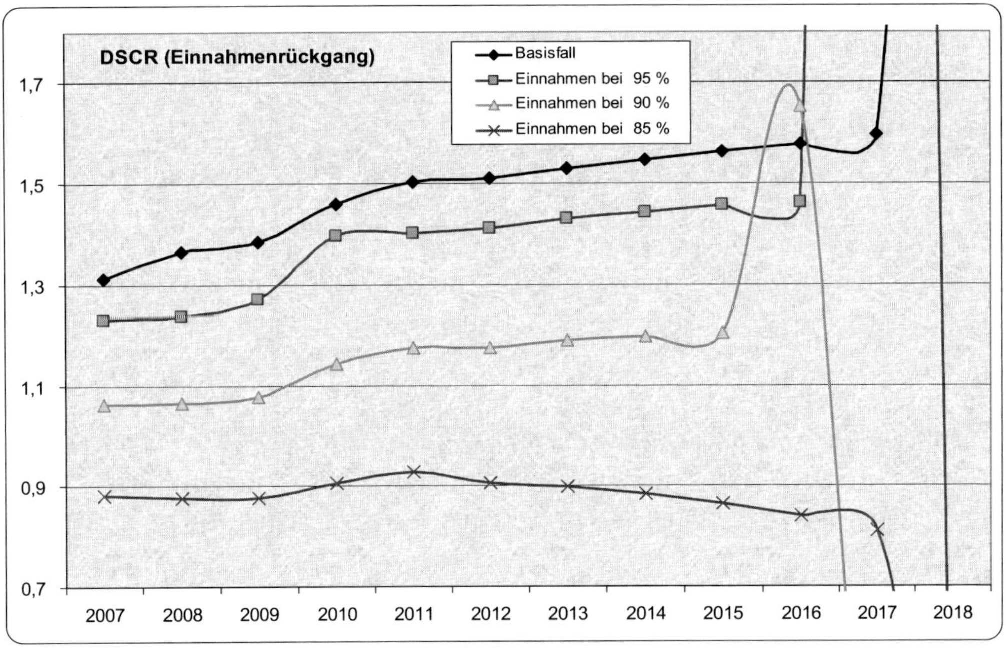

Abbildung 90: DSCR bei Einnahmenveränderung (Biomasse-Projekt)

Durch die vorgenommene Veränderung liegt der DSCR durchgängig unterhalb der Ausgangslage im Sponsors Case. Bei einer Senkung des Jahresenergieertrages um 11,5 % erreicht der DSCR ab Betriebsbeginn sein Minimum von 1,0. Das hier betrachtete Ausmaß des Absinkens des Jahresenergieertrages stellt folglich die Grenze der Projektbelastbarkeit dar.

Die Höhe des Sicherheitspuffers bei AGUJERO NERO ist dabei als sehr knapp zu bewerten, wenn man sich vor Augen hält, dass der gesamte Prozess mit dem Bezug und Handling von Biomasse stabil durchlaufen muss. Insofern ist der Risikoschirm, der sich aus dem Base Case ableiten lässt, als nicht ausreichend einzuschätzen und muss überarbeitet werden.

Erweiterung des bisherigen Beispiels
Bei der bisher dargestellten Finanzierungsstruktur hat sich gezeigt, dass die Belastbarkeit nicht ausreichend war. Insbesondere Betriebskostenerhöhungen, aber auch Einnahmenrückgänge können das Vorhaben rasch in eine Situation bringen, in der der Kapitaldienst nicht mehr gedeckt werden kann.

Die Sponsoren sind allerdings aufgrund ihrer Einschätzung des Biomasse-Marktes davon überzeugt, dass eine Steigerung der Betriebskosten über das Maß hinaus, bei dem die Kapitaldienstbedienung gefährdet sei, sehr unwahrscheinlich sei. Den Vorschlag der Banken, den Eigenmittelanteil weiter zu erhöhen, beantworteten sie mit dem Gegenvorschlag, bei einem operativen Cashflow-Defizit in einem bestimmten Umfang zusätzliche Mittel in das Vorhaben zur Deckung des Kapitaldienstes einzubringen.

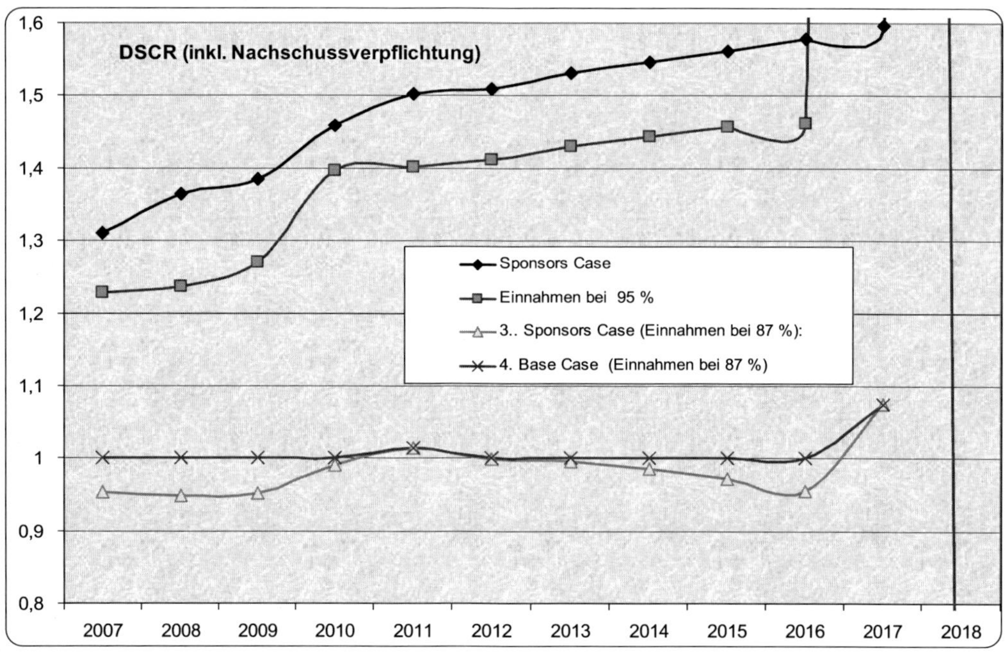

Abbildung 91: DSCR inkl. Nachschussverpflichtung (Biomasse-Projekt)

Die von den Sponsoren einzugehende Verpflichtung wird zeitlich durch die Laufzeit der Term Loans begrenzt und ist betraglich auf einen Betrag von T€ 2.000 limitiert.

Für die Sponsoren hat diese bedingte Nachschussverpflichtung den Vorteil, das Vorhaben mit einem Minimum an Eigenkapital realisieren zu können und erst in einem von ihnen selbst als unwahrscheinlich angesehenen Szenario weitere Eigenmittel einbringen zu müssen. Anknüpfungspunkt für die bedingte Nachschusspflicht ist jeweils der jährliche Kapitaldienstdeckungsgrad, also das Verhältnis von operativem Cashflow zu Kapitaldienst. Diese Maßgröße hat den Vorteil, dass sie alle einzahlungs- und auszahlungsrelevanten Positionen beinhaltet und damit die tatsächliche Performance des Projektes so genau wie möglich abbildet. Umgekehrt verlangt die Handhabung ein genaues Handling des Cashflow Waterfalls auch in seiner zeitlichen Dimension und eine präzise Fortschreibung des Cashflow-Modells. In unserem Beispielsfall sind die Sponsoren verpflichtet, dann Mittel einzubringen, wenn der DSCR kleiner als 1,0 ist, was bei einem Einnahmenrückgang von etwa 11,3 % gegenüber dem Base Case beginnt. In diesem Fall müssten die Sponsoren insgesamt T€ 646 über die Darlehenslaufzeit zusätzlich einbringen. Ihre interne Rendite lässt sich in diesem Fall nicht mehr berechnen.

Die Banken erreichen durch dieses Vorgehen, dass das Vorhaben in einem Stress-Szenario unter Zuhilfenahme der Sponsoren kapitaldienstfähig bleibt. Für die Banken bedeutet diese vertragliche Regelung auch, neben der bloßen Projektqualität die Fähigkeit der Sponsoren zu beurteilen, langfristig ihren Verpflichtungen nachkommen zu können. Ob in Zeiten der Finanz- und Wirtschaftskrise, in der die langfristige Einschätzung einer Bonität zunehmend zögernd gesehen wird, ein derartiges Konzept noch umsetzbar wäre, ist eine fallspezifisch zu beantwortende Frage.

5.5 Ausblick Bioenergie

Vorhaben im Bereich Bioenergie weisen – wie eingangs erläutert – ein extrem breites Spektrum an Eingangsstoffen, Umwandlungsverfahren und Verwendungsmöglichkeiten auf. Die Bewertung der technischen Verfahren und die Regulierungssysteme fallen entsprechend unterschiedlich aus, so dass auch die damit verbundenen Risiken unterschiedlich zu bewerten sind. Neben der Technik spielt das Rechts- und Regulierungsumfeld eine entscheidende Rolle, die die Anwendung aus heutiger Sicht auf wenige Länder beschränkt.

Alle Biomasseprojekte haben – im Unterschied zu anderen Vorhaben im Bereich Erneuerbare Energien – das Bezugsrisiko als zusätzliches Risiko, das sich in den Ausprägungen Menge, Preis und Qualität äußert.

Die verschiedenen Teilbereiche stellen sich wie folgt dar:

- Biogas- und Biomasse-Vorhaben sind technisch anspruchsvoll, lassen sich aber vor dem Hintergrund der Regelungen des EEG und der flankierenden gesetzlichen Regelungen im Allgemeinen so strukturieren, dass sie für eine Projektfinanzierung geeignet sind.
- Sämtliche Biokraftstoff-Vorhaben weisen das Kernproblem auf, dass Bezugsmärkte und Absatzmärkte nicht miteinander verbunden sind und beidseitig volatile Preise aufweisen. Bei bereits knappen Deckungsrelationen im Basisfall bedeutet dies, dass die Vorhaben – sofern nicht deutliche staatliche Stützungsmaßnahmen hinzukommen – für eine Projektfinanzierung derzeit nicht geeignet sind. Bei Biokraftstoffen der zweiten Generation besteht zusätzlich noch weiterer Forschungs- und Entwicklungsbedarf, bevor erste Pilotanlagen realisiert werden können.

Aufgrund der Regelungen des EEG 2009 und der flankierenden Rechtsnormen kann von einem weiteren Wachstum der Biogassparte ausgegangen werden, eine moderate Weiterentwicklung der Stromerzeugung aus Biomasse sowie einen Rückgang bei Pflanzenöl-Biomasseheizkraftwerken sowie der gesamten Biotreibstoffbranche.

6 Projektfinanzierung von Windenergieprojekten

Die Windindustrie ist seit Jahren eine der am dynamischsten wachsenden Branchen weltweit. Die installierte Leistung ist 2008 global um 28,7 Prozent gegenüber dem Vorjahr gewachsen. Deutschland war mit dem Stromeinspeisungsgesetz (1991) und dem Erneuerbare-Energien-Gesetz (EEG, 2000) internationaler Trendsetter der politischen Förderung und ist mit einem Anteil von etwa 40 % am Gesamtumsatz der Windindustrie und einer Exportquote von gut 70 % nach wie vor Weltmarktführer. Windenergie ist eine Erfolgsstory und verspricht es auch zukünftig zu bleiben. In der folgenden Übersicht ist die Entwicklung der Windenergie-Nutzung weltweit und europaweit dargestellt.

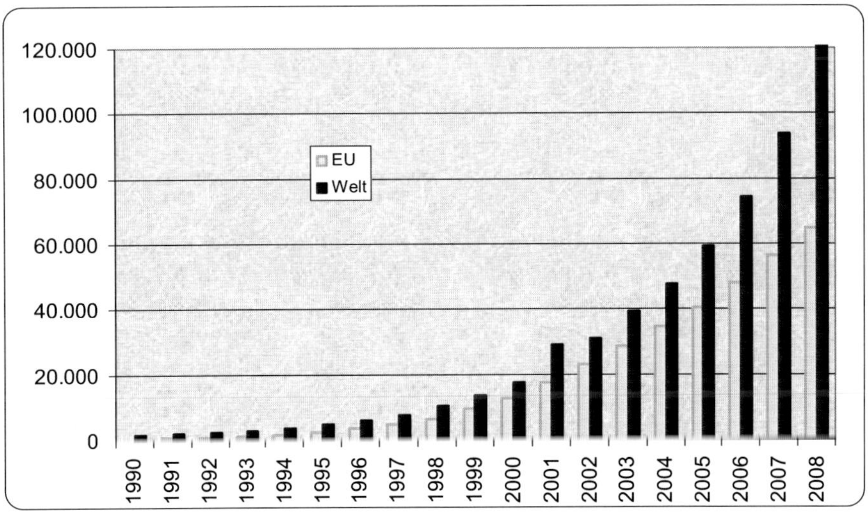

Abbildung 92: Entwicklung der Windenergiekapazitäten in Europa und weltweit (Angaben in MW), Quelle: EWEA

Europäische Unternehmen haben einen Weltmarktanteil von etwa 85 % der Turbinenproduktion; 75 % der weltweiten Windenergiekapazität ist in Europa installiert. Die EUROPEAN WIND ENERGY ASSOCIATION prognostiziert für die EU eine installierte Leistung von 80 GW bei einer jährlichen Energieproduktion von 179 TWh für das Jahr 2010. Dies entspräche einem Anteil am gesamten Stromangebot von etwa 6 %.

Mit rund 30,7 Mrd. kWh hatte die Windenergie in Deutschland im Jahr 2006 unter den Erneuerbaren Energien den deutlich größten Anteil an der gesamten Bruttostromerzeugung. Ende 2006 waren in Deutschland 18.685 Windenergieanlagen mit einer Gesamtleistung von 20.622 MW installiert. In den vergangenen Jahren ist jedoch tendenziell ein Rückgang der Neuinstallationen zu verzeichnen, da viele verfügbare Flächen bereits belegt sind. Der weitere Ausbau an Land ist derzeit durch administrative Hemmnisse deutlich eingeschränkt.

Fragt man nach den Gründen für die ausgeprägte Erfolgsstory bei der Nutzung der Windenergie, so wird man Folgendes festhalten können: Wie bei anderen Erneuerbaren Energien auch, stellt man eine Marktdurchdringung gerade in den Ländern fest, in denen ein langfristiges, stabiles Mindestpreissystem etabliert worden ist. Ihre verhältnismäßig geringere technische Komplexität (im Vergleich etwa zu der verfahrenstechnisch anspruchsvollen Bioenergie) und ihre aus heutiger Sicht weitgehend ausgereifte Technik begünstigt ihre Finanzierbarkeit. Damit bietet sich hier auch für die Politik eine besonders gute Chance, mit relativ geringen Einflüssen die energiepolitischen Ziele umzusetzen[192]. Hieraus resultiert ein Risikoprofil, das die Windenergie für eine Projektfinanzierung besonders attraktiv macht.

Gegenwärtig wird der bei weitem überwiegende Anteil der Windenergie auf dem Festland erzeugt. Gleichwohl bestehen verschiedene Szenarien, die ein erhebliches Wachstum von Offshore-Windparks prognostizieren.

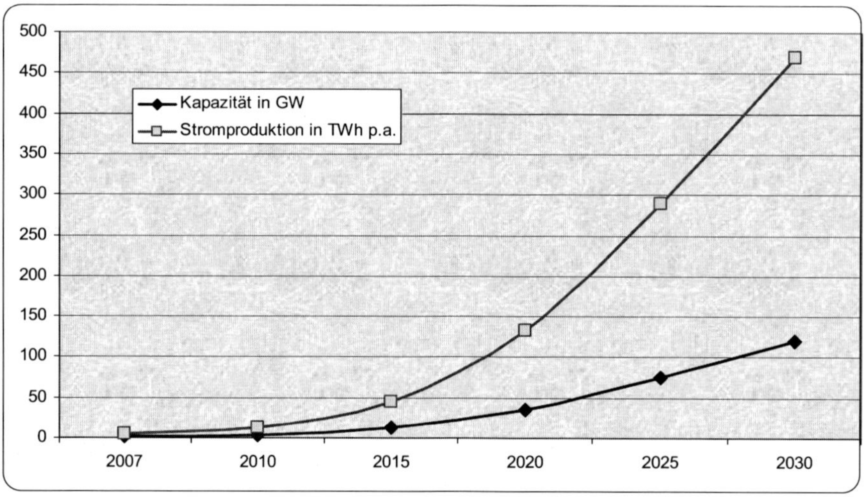

Abbildung 93: Prognose der Entwicklung der Offshore-Windparks in Europa[193]

---

[192] In Indien dominiert etwa das Ziel einer schnellen Energieversorgung. Die Windenergie erlaubt hier, aufgrund ihrer kurzen Fertigstellungsfristen, die Energieknappheit schneller zu befriedigen als dies mit anderen Energieträgern möglich ist.

[193] EWEA 2009, S. 417 f., wobei das wahrscheinlichste Szenario unterstellt wurde.

Die wichtigsten, in Betrieb befindlichen Offshore-Windparks sind in der folgenden Abbildung dargestellt:

Vorhaben der 1. Generation		Anzahl der WEA	Gesamt-kapazität	Max. Wassertiefe	Entfernung zur Küste (km)	Inbetriebnahme
Vindeby	Lolland, DK	11	4,95	5	2,5	1991
Tuno Knob	Kattegat, DK	10	5	4	6	1995
Bockstigen	Gotland, S	5	2,8	8	3	1998
Blyth	Blyth Hafen, GB	2	3,8	6	1	2000
Utgrunden I	Kalmarsund, S	7	10,5	10	7	2001

Größere Vorhaben der Multi-MW-Klasse		Anzahl der WEA	Gesamt-kapazität	Max. Wassertiefe	Entfernung zur Küste (km)	Inbetriebnahme
Middelgrunden	Kopenhagen, DK	20	40	8	1	2001
Horns Rev	Blavand, DK	80	160	14	20	2002
Nysted	Lolland, DK	72	165,6	9	6	2003
North Hoyle	Prestatyn, GB	30	60	12	7,5	2003
Scroby Sands	Great Yarmouth, GB	30	60	10	3	2004
Arklow Bank	Wicklow, IRL	7	25,2	15	7	2004
Kentish Flats	Whitstable, GB	30	90	5	8,5	2005
Barrows	Walney, GB	30	90	15	7	2006
OWP Egmond aan Zee	Egmond, NED	36	108	23	12	2006
Beatrice	Moray Firth, GB	2	10	40	n.b.	2007
Lillgrunden	Malmö, S	48	110	9	10	2007
Offshore Q7 / Prinses Amalia	Ijmuiden, NED	60	120	24	23	2008
Robbin Rigg	Solway Firth, UK	60	110	21	9	2008
Inner Dowsing	Ingoldmells, GB	30	90	10	5,2	2008

Abbildung 94: Stand wichtiger, realisierter Offshore-Projekte in Europa

Die Entwicklung der Offshore-Windparks verlief bis zur Jahrtausendwende recht zögerlich. Die eingesetzten Anlagen der 1. Generation waren häufig in geschützten Gewässern platziert, zudem deutlich teurer als Onshore-Anlagen und auch nicht wesentlich auf die Bedingungen auf Hoher See vorbereitet. Das änderte sich zunächst auch nicht mit dem Vorhaben HORNS REV, bei dem aber zum ersten Mal eine Multi-MW-Anlage zum Einsatz kam. Die Erfahrungen bei HORNS REV, bei der sämtliche Gondeln wegen schadhafter Transformatoren und Generatoren abmontiert und an Land repariert werden mussten, haben zu einer merkbaren Konzentration auf die besonderen Herausforderungen geführt, die ein Offshore-Einsatz mit sich bringt. Mit zunehmendem Zutrauen in die Offshore-Technologie wurde die Entfernung zur Küste größer und die Wassertiefe größer, was wiederum neue Gründungskonzepte erforderlich machte.

Bis zum Vorhaben Q7 sind alle Offshore-Parks als Unternehmensfinanzierungen dargestellt worden, insofern ist die Anwendung der Methodik einer Projektfinanzierung für Offshore-Windparks neu. Wie in anderen Branchen auch, müssen sich die Projektbeteiligten damit erst einmal an ein Set von Finanzierungsparametern herantasten. Dies passiert zu einer Zeit, in der durch die Finanz- und Wirtschaftskrise die Finanzierungsmöglichkeiten verhangen sind.

Insbesondere in Europa gibt es auf nationaler Ebene große Anstrengungen, auch diesem Teilbereich der Erneuerbaren Energien zum Durchbruch zu verhelfen, wobei insbesondere Großbritannien, die Niederlande und Deutschland eine prominente Rolle übernehmen.

	Vergütungssatz	Bemerkung
Deutschland	15 € Cents/kWh für mindestens 12 Jahre (siehe Erläuterungen im Textteil)	Netzanbindung erfolgt durch Netzbetreiber
Spanien	Vorschlag aus 2007: Vergütung zwischen 7,125 und 16,4 € Cents/kWh (beinhaltet Zuschuss)	Vergütungs-Zuschuss wird projektspezifisch ausgeschrieben
Frankreich	13 € Cents/kWh (10 Jahre, danach Absenkung der Vergütung in Abhängigkeit der Standortqualität)	Inflationsausgleich
Dänemark	6,7 - 6,95 € Cents/kWh (14 Jahre)	Netzanbindung erfolgt durch Netzbetreiber
Großbritannien	13,9 € Cents/kWh (6 Cents für Zertifikate; 7,4 Cents Marktpreis Strom, 0,5 Cents Steuervergünstigung)	
Niederlande	15,7 € Cents/kWh (9,7 Cents Zertifikate (10 Jahre), plus 6 Cents Marktpreis)	27 M€ Zuschuss für OWP "Egmond aan Zee"

Abbildung 95: Vergütungsregelungen bei Offshore-Projekten in Europa

Ob die staatliche Unterstützung ausreicht, bleibt abzuwarten: Zunächst zeigen Offshore-Windparks ein stärker ausgeprägtes Risikoprofil, das sie derzeit in der Gunst der Kapitalgeber nicht gerade steigen lässt. Weiter sind sie so kapitalintensiv, dass sie eine konzertierte Herangehensweise mehrerer Kapitalgeber erfordern, die parallel ein solches Vorhaben strukturieren und finanzieren müssen. Schließlich ist die erst im Aufbau befindliche Wertschöpfungskette (Zulieferer, Hersteller und Installation) stark abhängig davon, dass die Investitionsentscheidungen zum Bau der Windparks kurzfristig getroffen werden. Bereits getätigte Investitionen in die Hafeninfrastruktur und Produktionsstätten, insbesondere in den Küstenländern, laufen ohne kurzfristige Investitionsentscheidungen ins Leere und gefährden junge Unternehmen.

6.1 Risikomanagement bei Onshore- und Offshore-Vorhaben

Der Bereich der Energiegewinnung durch Windenergie umfasst die beiden Teilbereiche der Onshore-Windenergie und der Offshore-Windenergie. Die sehr unterschiedliche Verbreitung von Projektfinanzierungen innerhalb einer Branche ist in keinem anderen Bereich der Erneuerbaren Energien so unterschiedlich ausgeprägt wie in der Windindustrie – während die Projektfinanzierung im Onshore-Windenergie praktisch als „Schubladen-Geschäft" angesehen werden kann, halten Projektfinanzierungen derzeit nur sehr zögerlich bei Windkraftanlagen auf Hoher See, so genannten Offshore-Windenergieanlagen, Einzug. In den folgenden Kapiteln werden die Einflussfaktoren des Chance-Risiko-Profils detailliert dargestellt, und dabei auch Gründe angeführt, warum Onshore-Vorhaben derzeit deutlich anders zu bewerten sind als Offshore-Vorhaben. Obwohl beide Teilbereiche aus heutiger Sicht eine sehr unterschiedliche Bedeutung haben, sollen sie gleichberechtigt dargestellt werden. Dafür sind zwei

Gründe ausschlaggebend: Das weitere Wachstum der Windenergie wird von einer Reihe von Branchenstudien in den nächsten Jahren insbesondere im Bereich Offshore erwartet. Und zweitens: Anhand von Offshore-Windparks lässt sich das Risikomanagement insbesondere für die Fertigstellung und den laufenden Betrieb deutlicher darstellen, während die Risikoquantifizierung aufgrund vielfältiger Erfahrungswerte bei Onshore-Windparks illustrativer ist.

Onshore- wie Offshore-Anlagen basieren auf dem selbem technologischen Konzept, weisen aber angesichts der sehr unterschiedlichen Anforderungen unterschiedliche Risikoeigenschaften auf, so dass sich auch unterschiedliche Anforderungen an das jeweilig angemessene Risikokonzept ergeben.

6.2 Einzelrisiken – Identifizierung und Zuweisung von Verantwortlichkeiten

6.2.1 Das Rechts- und Regulierungsrisiko in ausgewählten Ländern – die wesentlichen Systeme

Die zentrale Bedeutung der Stabilität des Cashflows für die Gestaltung einer Projektfinanzierung soll im Folgenden dargestellt werden. Das Beispiel soll verdeutlichen, dass der Vorhersagbarkeit der Cashflows ein erheblicher ökonomischer Wert zukommt sowie die Konsequenzen beschreiben, wenn die Vorhersagbarkeit der Cashflows nicht mehr gegeben ist und Schlussfolgerungen für die Gestaltung eines Regulierungssystems ableiten.

Die Stromerzeugung aus Windenergie wird von staatlicher Seite in den meisten EU-Ländern und verschiedenen US-Staaten durch eine Branchenregulierung gefördert. Diese Branchenregulierung beinhaltet zumeist einen Kontrahierungszwang des Stromabnehmers, kombiniert mit einer Preis- oder Mengenregulierung. Regelmäßig sind im Bereich Erneuerbare Energien zwei Regulierungssysteme – Mengenregulierungssystem (*quota-based system*) und Preisregulierungssystem (*feed-in tariff*) – zu unterscheiden, die sich auf das Absatzrisiko beziehen.

Zur Erinnerung: Im Rahmen eines Mengenregulierungssystems gibt der Staat vor, wie hoch der Anteil „grünen Stroms“ an der gesamten Strommenge sein soll; der Preis für den grünen Strom soll sich am Markt finden. Bei einem Preisregulierungssystem garantiert der Staat hingegen einen festen Abnahmepreis und die Menge an „grünem Strom“ ist umgekehrt den Marktkräften überlassen.

Festpreissysteme	2006	2007	2008	2010 G
Deutschland	20.662	22.247	23.912	25.624
Spanien	11.623	15.145	16.754	20.000
Frankreich	1.567	2.454	3.456	5.300
Portugal	1.716	2.150	2.833	3.500
Griechenland	746	871	985	1.500
Mengenregulierungssysteme				
Dänemark	3.136	3.125	3.180	4.150
Italien	2.123	2.726	3.736	4.500
Großbritannien	1.962	2.389	3.317	5.115
Niederlande	1.558	1.746	2.216	3.000
Österreich	965	982	995	1.200
Irland	746	805	1.047	1.326
Schweden	571	788	1.021	1.665
Norwegen	325	323	353	n.v.
Belgien	194	287	384	800
Polen	153	276	405	1.000

Abbildung 96: Ländervergleich – Installierte Windenergiekapazität in MW (Quelle: EWEA, 2010 geschätzt)

Auch hier gilt die im allgemeinen Teil gemachte Bemerkung, dass insbesondere die Betrachtung der Vergütungssätze jeweils eine projektspezifische Betrachtung verlangt, da Vergütungssätze und weitere Förderungsmöglichkeiten häufig verändert werden.

Im Folgenden skizzieren wir das deutsche Festpreissystem für den Onshore- und Offshore-Windmarkt: Mit dem EEG 2009 wird die Anfangsvergütung für Onshore-Windenergie zum 01.01.2009 auf 9,2 € Cent/kWh erhöht (nach dem EEG 2004 hätte der Satz für 2009 7,87 € Cent/kWh betragen). Dieser Betrag wird dann für jedes Jahr für neu in Betrieb genommene Anlagen um 1 % gesenkt (bisherige Degression 2 %)[194]. Die Anfangsvergütung fällt in den ersten fünf Jahren des Betriebszeitraums und für einen Verlängerungszeitraum an, dessen Dauer sich in Abhängigkeit vom Referenzertrag der Anlage errechnet. Im Anschluss an den Verlängerungszeitraum wird für den Rest der Vergütungsdauer von insgesamt 20 Jahren zuzüglich des Inbetriebnahmejahres die Grundvergütung von 5,02 € Cent/kWh bezahlt (nach EEG 2004 hätte der Satz für 2009 4,97 € Cent/kWh betragen). Der Anstieg der Vergütung und der geringere Degressionssatz reflektieren die geänderte Kostensituation, insbesondere den Anstieg der Kosten für Rohstoffe, durch den sich die Herstellung der Anlagen selbst erheblich verteuert hat. Aufgrund der in den vergangenen Jahren stark gestiegenen installierten Leistung der Onshore-Windenergie wird es erforderlich, dass die Windenergieanlagen auch zur Netzstabilisierung beitragen. Insbesondere können die heutigen

194 Das Prinzip der Degression hat eine zweifache Bedeutung: Zum einen ist damit das Absinken des Vergütungssatzes nach Auslaufen des Referenzzeitraums auf den normalen Tarif gemeint. Für Anlagen, die in 2009 errichtet werden, bedeutet dies nach dem oben beschriebenen Mechanismus einen Rückgang von 9,2 € Cent/kWh auf 5,2 € Cent/kWh, wobei sich der Zeitraum der höheren Vergütung nach dem Referenzertragsmodell ergibt (ohne Technik-Bonus). Zum anderen: Hat eine Anlage die EEG-Vergütung gesichert, so erhält sie diese auch konstant – nach dem unten beschriebenen Referenzmodell – über 20 Jahre. Eine jährliche Degression für diese Anlage findet nicht statt. Der Degressionsmechanismus bezieht sich auf Anlagen, die in unterschiedlichen Jahren ihre EEG-Vergütung sicherstellen. Eine Anlage, die in 2009 EEG-berechtigt wird, erhält – ohne Technik-Bonus und unter Beachtung des Referenzmodells – eine Vergütung von konstant 9,2 € Cent/kWh. Wird diese Anlage erst in 2010 EEG-berechtigt, erhält sie lediglich eine Vergütung von konstant 9,11 € Cent/kWh.

Windenergieanlagen Beiträge zur Spannungs- und Frequenzunterstützung leisten, einen erweiterten Blindleistungsbereich abdecken und sich stabilisierend im Netzfehlerfall verhalten (*fault-ride-through*). Daher erhalten Windenergieanlagen, die zur Systemstabilisierung beitragen, einen zusätzlichen Systemdienstleistungs-Bonus in Höhe von 0,5 € Cent/kWh.

Der Referenzertrag ist die für jeden Typ einer Windenergieanlage einschließlich der jeweiligen Nabenhöhe bestimmte Strommenge, die dieser Typ bei Errichtung an dem Referenzstandort rechnerisch auf Basis einer vermessenen Leistungskennlinie in fünf Betriebsjahren erbringen würde. Die erhöhte Anfangsvergütung wird für einen Zeitraum von fünf Jahren gezahlt, wenn die Anlage in dieser Zeit 150 % des Referenzertrages erbringt. Wenn die Anlage einen geringeren Ertrag erbringt, erhöht sich der Zeitraum, für den die erhöhte Vergütung gezahlt wird, und zwar um zwei Monate je 0,75 % des Referenzertrages, um den ihr Ertrag den Referenzertrag unterschreitet. Eine Anlage, die beispielsweise 105 % des Referenzertrages erzielt, erhält die erhöhte Vergütung für fünf Jahre zuzüglich eines Zeitraums von zwei Monaten pro 0,75 %, die die Anlage den Referenzertrag unterschreitet. Bei dieser beispielhaften Referenzleistung beträgt die Differenz 45 %, die durch 0,75 zu teilen ist. Das Ergebnis von 60 ist mit zwei Monaten zu multiplizieren, so dass die Anlage die erhöhte Vergütung insgesamt für 15 Jahre erhält.

Hintergrund dieser Regelung ist, dass Anlagen an windstarken Standorten andernfalls eine sehr hohe Förderung bekommen würden, während Anlagen an windschwächeren Orten eine geringere Vergütung bekommen. Dadurch könnte es zu einer Über- oder Unterförderung von Anlagen sowie zu einer Konzentration von Windkraftanlagen an windreichen Standorten kommen. Obwohl der Gesetzgeber über das EEG windschwächere Standorte relativ begünstigt, indem die höhere Vergütung für einen längeren Zeitraum gewährt wird, vermeidet die Mechanik des EEG aber auch, dass Anlagen bevorzugt an windschwächeren Standorten gebaut werden. In der Gesamtbetrachtung führt eine Kombination „hoher Jahresenergieertrag und kürzerer Zeitraum der hohen Vergütung“ immer noch zu einem wirtschaftlicheren Vorhaben als ein Vorhaben mit der Kombination „geringer Jahresenergieertrag und langer Zeitraum der hohen Vergütung“. Zusätzlich hat das EEG eine Regelung eingebaut, wonach eine Vergütungspflicht des Netzbetreibers für den Strom dann nicht besteht, wenn die Anlage weniger als 60 % des Referenzertrages erzielt. Aus Projektfinanzierungssicht ist damit im jedem Fall der Referenzertrag an dem Standort zu erfragen:

1. Läge der Wert des Referenzertrages unter 60 %, wäre die Voraussetzung für eine EEG-Vergütung nicht gegeben, was einen wirtschaftlichen Betrieb der Anlage bei heutigen Marktpreisen unmöglich machen würde.
2. Typischerweise werden Darlehenslaufzeiten bei Windenergieprojekten von bis zu 15 Jahren vereinbart. Wenn nicht berücksichtigt wird, dass es an einem sehr windhöffigen Standort zu einem Rückgang des Vergütungssatzes auf den normalen Vergütungssatz kommt, hätte man die Cashflows gerade gegen Ende der Laufzeit der Darlehen deutlich überschätzt und sehr wahrscheinlich ein Finanzierungsproblem.

Die Problematik der beiden Aspekte relativiert sich vor dem Erfahrungshintergrund, dass die überwiegende Zahl der Vorhaben einen Referenzertrag um 80 % (± 10 %) aufweist und Vorhaben mit einem noch niedrigeren Referenzertrag weder für Investoren attraktiv sind, noch eine Fremdfinanzierung finden, da sie nicht hinreichend belastbar sind. Die Laufzeit des erhöhten Vergütungssatzes in Abhängigkeit vom Referenzertrag ist in der folgenden Abbildung dargestellt:

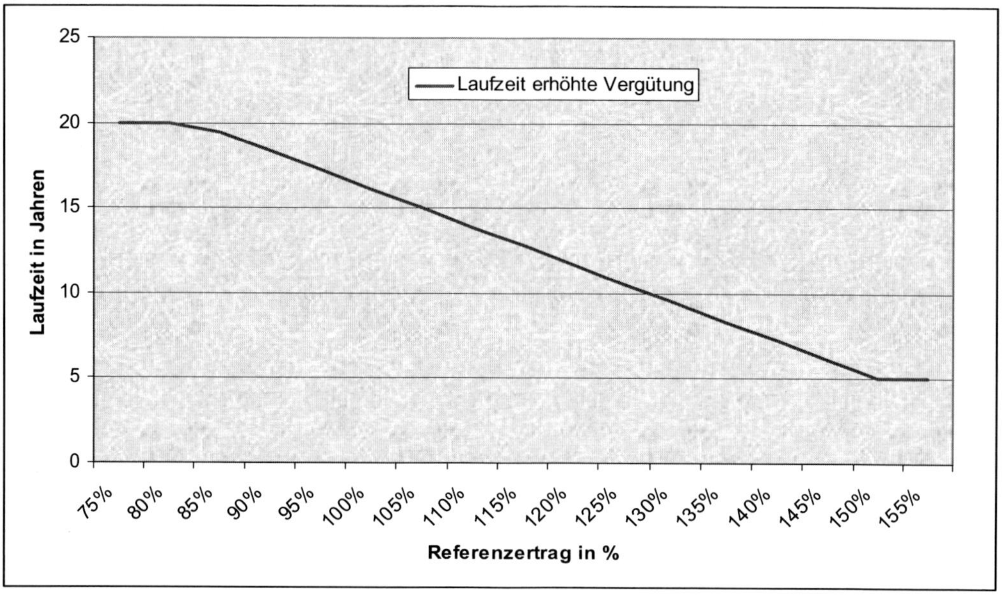

Abbildung 97: Laufzeit der erhöhten EEG-Vergütung in Abhängigkeit vom Referenzertrag

Erfahrungsgemäß wird damit der erhöhte Vergütungssatz außerhalb der Küstenregionen an Nord- und Ostsee in den meisten Fällen tatsächlich bei 20 Jahren sein und damit regelmäßig länger als die Laufzeit des Term Loans.

Nach dem EEG 2009 wird die Anfangsvergütung für Windenergieanlagen auf See deutlich erhöht und beträgt 15 € Cent/kWh für bis Ende 2015 errichtete Anlagen (nach dem EEG hätte der Satz für 2009 8,74 € Cent/kWh betragen). Im Anschluss sinkt die Anfangsvergütung auf 13 € Cent/kWh. Die jährliche Degression der Vergütung beträgt 5 % (bisherige Degression 2 % ab 2008). Die Anfangsvergütung wird in den ersten zwölf Jahren ab der Inbetriebnahme fällig und dann für einen weiteren Zeitraum, dessen Dauer sich in Abhängigkeit von der Entfernung der Anlage von der Küstenlinie berechnet. Im Anschluss wird für den Rest der Vergütungsdauer von 20 Jahren die Grundvergütung von 3,5 € Cent/kWh gezahlt. Durch diese Vergütungsstruktur wird ein starker Anreiz für baldige Investitionen in Offshore-Windenergieanlagen gesetzt. Da deren Kosten höher sind als bisher angenommen, wurden bislang solche Projekte zwar behördlich genehmigt, aber nicht praktisch umgesetzt. Ein zweiter Aspekt dieser Kostenstruktur ergibt sich aus der Erlaubnis zur Eigenvermarktung des erzeugten Stroms, denn das EEG verpflichtet den Anlagenbetreiber nicht, den Strom zu den Konditionen des EEG zu veräußern. Während dies bislang bei den anderen Erneuerbaren Energien aufgrund der hohen Differenz von EEG-Vergütungssatz zu Marktpreisen noch keine Rolle spielte, wird dies nun für Offshore-Windparks relevant[195]. So ist durchaus denkbar, dass in einer Eigenvermarktung ein höherer Preis als 3,5 € Cent/kWh gezahlt wird. Für eine Projektfinanzierung und eine abgeleitete Finanzierungsstruktur ergeben sich damit zwei Fragestellungen:

1. Schafft man es, eine Partei zu finden, die bereit ist, bereits 12 bis 14 Jahre vor dem Strombezug sich für eine zukünftige Stromproduktion zu kontrahieren?
2. Wie würden die Banken diese vertragliche Verpflichtung bewerten – schließlich müssen sie darauf vertrauen, dass ein verpflichtetes Unternehmen dann auch leisten kann und auch noch leisten will.
3. Möglicherweise ergibt sich eine Lösung durch den Einsatz von Optionen: Es ist ja auch denkbar, dass die verpflichtete Partei das Recht zum Strombezug kauft und möglicherweise barwertig in das Projekt einbringt. Würde der Käufer der Option im Laufe der Zeit ausfallen, wären gleichwohl die Eigenmittel eingebracht.
4. Auch bei konservativen Prognosen zu Energiepreisen kann realistischerweise davon ausgegangen werden, dass die Strompreise nach 12 Jahren höher liegen werden als der im EEG genannte Wert von 3,5 € Cent/kWh.

Für Offshore-Anlagen in Deutschland spielt das Infrastrukturplanungsbeschleunigungsgesetz („Infrastrukturgesetz“) eine bedeutende Rolle. Es verpflichtet die Netzbetreiber zur Bereitstellung einer Netzanbindung für Offshore-Windparks, und zwar vom Umspannwerk auf See („Seekonverter“) bis zum technisch und wirtschaftlich günstigsten Netzanschlusspunkt. Die Bedeutung für die Projekte ist immens, da die Kosten für die Netzanbindung – je nach Entfernung von der Küste – bis zu einem Drittel der Gesamtinvestitionskosten ausmachen können. Gleichwohl gibt es Fragestellungen, die noch nicht zufrieden stellend geklärt sind, etwa die Regelung zu einer gesamtwirtschaftlich sinnvollen Netzsystemlösung (Clusteranbindung, siehe hierzu auch 6.2.4).

Das Regulierungsumfeld hat nicht nur einen entscheidenden Einfluss auf die Ausgestaltung der Finanzierungsstruktur, sondern häufig auch einen Einfluss auf den technischen Fortschritt und den Wettbewerb. Zu diesem Zweck soll das bis Mitte 2006 geltende französische System zur Förderung der Windenergie anhand des Beispiels „Les deux cochons“ dargestellt werden: Das französische Regulierungssystem für Windenergie lässt sich – ebenso wie das deutsche System – als Festpreissystem mit gesetzlicher Abnahmeverpflichtung des staatlichen Stromversorgers, der Eléctricité de France, beschreiben. Allerdings gibt es eine Reihe wichtiger Unterschiede:

1. Jedes WE-Projekt erhält einen festen Wert für die ersten fünf Jahre, in unserem Beispiel 8,38 € Cent/kWh[196].
2. Abhängig von der tatsächlichen Anzahl der Volllaststunden (Jahresnettoenergieertrag / Nennleistung aller Anlagen) in den ersten fünf Betriebsjahren wird der Tarif für die nächsten zehn Jahre festgelegt: Je niedriger die Anzahl der Volllaststunden in den ersten

195 Die Eigenvermarktung ist durchaus im langfristigen Sinne des EEG, für Strom aus Erneuerbaren Energien die Marktreife zu erlangen.

196 Dieser Wert variiert in Abhängigkeit von der Entwicklung von bestimmten Preisveränderungsgrößen.

5 Jahren, umso höher der Vergütungssatz in den nächsten zehn Jahren. Maximaler Vergütungssatz sind 8,38 € Cent/kWh, minimaler Vergütungssatz 3,05 € Cent/kWh. Dabei gilt folgendes Schema für die Berechnung des Vergütungssatzes in den Jahren 6 bis 15:

Vollaststunden sind	**Vergütung in € cents/kWh:**
kleiner als 2000	8,38
zwischen 2000 und 2600	Interpolation
genau 2600	5,95
zwischen 2600 und 3600	Interpolation
genau 3600	3,05
größer als 3600	3,05

Abbildung 98: Vergütung von Windenergieprojekten in Frankreich bis Mitte 2006

1. Bei einer Energieproduktion von 73,57 GWh (Basisfall) und einer Gesamtkapazität der Anlagen von 30 MW ergäbe sich so etwa für ein Projekt eine Voll-laststundenzahl von 2.452, die im Basisfall erreichbar ist. Dies würde für die Jahre 6 bis 15 bedeuten, dass ein Vergütungssatz von 6,55 € Cent/kWh gezahlt wird.
2. Der Vergütungssatz nach dem Jahre 15 ist im Gesetz nicht geregelt und wird auf 4,42 € Cent/kWh geschätzt.
3. Alle oben genannten Vergütungssätze werden mit einer gewichteten Preissteigerungsrate indexiert.

Die Mechanik des französischen Regulierungssystems führte aufgrund der Tarifanpassung nach dem 5. Jahr dazu, dass eine überdurchschnittliche Performance in den ersten fünf Jahren (Phase I) eine geringere Verschuldungskapazität in der Folgezeit (Phase II) bedingt und umgekehrt. Insofern war zu gewährleisten, dass neben der laufenden Tilgung der zusätzlich verfügbare Cashflow bei überdurchschnittlicher Performance per Sondertilgungen abgeschöpft und neben der planmäßigen Tilgung zur vorzeitigen Reduzierung der Verschuldung eingesetzt wird. Die zwischen Projektgesellschaft und den fremd finanzierenden Banken auszuhandelnde Frage ist, ab welchem Niveau der erreichten Volllaststunden die Sondertilgung einsetzen sollte und mit welchem Multiplikator sie zu versehen sei. Wir hatten in dem Beispielsfall für die ersten fünf Betriebsjahre vereinbart, dass bei einer Energieproduktion von mehr als 2.060 Volllaststunden p.a. (Nettojahresenergieproduktion / Nennleistung des Windparks) für jede zusätzliche Volllaststunde 2.175 € als zusätzliche Pflichtsondertilgung in diesem Jahr zu verwenden seien. Die 2.175 € pro Volllaststunde waren so bemessen, dass praktisch der gesamte Mehrertrag oberhalb von 2.060 Volllaststunden zur Tilgung verwandt wurde. Nach Ablauf der ersten fünf Jahre wird der nach Pflichttilgung und Cash Sweep verbleibende Darlehensbetrag des Darlehens I linear in ca. 8 ½ Jahren zurückgeführt werden.

Bezogen auf den Verlauf der Einspeiseerlöse in Phase 1 ergeben sich bei dieser Struktur beispielhaft die folgenden Tarife und Belastbarkeiten für die restliche Darlehenslaufzeit, aus der die Wirkungen des Cash-Sweep einerseits und der Performance in Phase 1 auf den Tarif in Phase 2 andererseits deutlich werden.

Phase 1 (Jahre 1-5):		Phase 2 (Jahre 6-15):		Interne Rendite (20 Jahre):
Einnahmenverlauf Jahre 1-5:	Restvaluta Darlehen nach 5 Jahren in T€	Tarif in € Cent /kWh:	Verkraftbarer Einnahmenrückgang Jahre 6-15:	
120%	15.386	4,96	-13,20%	9,78%
110%	17.905	5,67	-16,10%	10,20%
100% (Basisfall)	20.423	6,55	-20,50%	11,10%
90%	22.941	7,54	-25,00%	12,24%
80%	24.227	8,38	-28,00%	12,64%
70%	24.227	8,38	-19,00%	12,40%

Abbildung 99: Beispielhafte Darstellung eines Cash-Sweeps bei einem französischen Windenergieprojekt

Im Folgenden haben wir zunächst neben dem **Basisfall** den Fall abgebildet, dass die Energieproduktion in den ersten fünf Jahren (Phase 1) unterhalb der Erwartungen liegt (hier: ./. 19 %). Damit ergibt sich folgendes Bild:

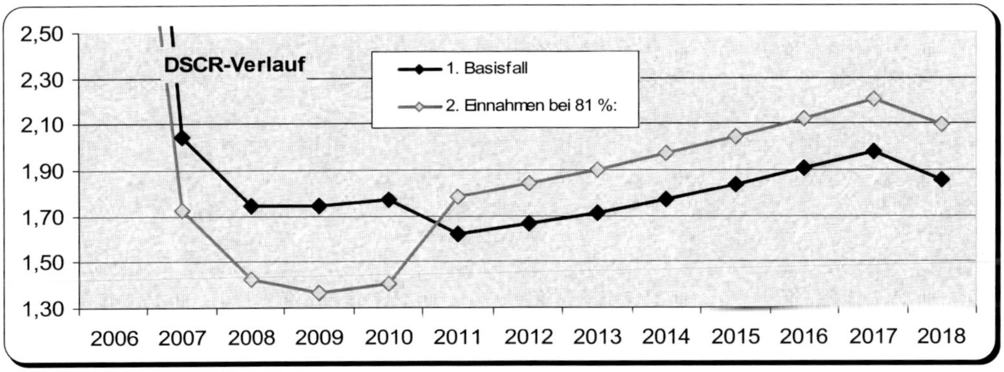

	Min. DSCR	Ø DSCR	Break-Even:
1. Basisfall:	1,62	2,16	./.
2. Energieproduktion bei 81 %:	1,36	2,14	.. bei 76,0 %
3. Anstieg operative Kosten einmalig um 33 %, danach indexiert mit 2,5 % p.a.:	1,49	2,02	.. plus 70,6 %
4. Kombinationsfall (2+3):	1,00	1,95	./.

Eine dauerhafte Senkung der Energieproduktion um maximal 24,0 % konnte das Vorhaben unter Rückgriff auf die Schuldendienstreserve auffangen. Im Belastungsszenario ergibt sich sogar eine höhere Überdeckung in den Jahren 6 – 15. Im Kombinationsfall (2+3) wird die Belastungsgrenze des Vorhabens aufgezeigt.

Für den Investor ergibt sich – bei der rechnerischen Leistungsfähigkeit der Anlagen und der dargestellten Finanzierungsstruktur – eine Maximierung der internen Rendite bei einer Volllaststundenzahl von 2.000 h in den ersten fünf Jahren.

In einem weiteren Szenario wurde der Fall abgebildet, dass in den ersten fünf Jahren der Windpark gemäß Basisfall performt und erst in den Folgejahren (Phase 2) weniger produziert (hier der Abschlag: 12 %).

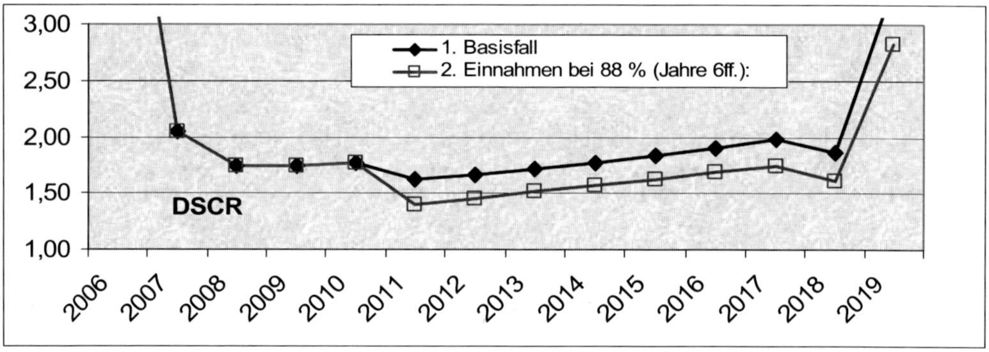

	Min. DSCR	Ø DSCR	Break-Even:
1. Basisfall:	1,62	2,16	./.
2. Energieproduktion bei 88 % (**Jahre 6 ff.**)	1,40	2,00	.. bei 79,5 %
3. Anstieg operative Kosten einmalig um 15 %,			
danach indexiert mit 2,5 % p.a.:	1,35	1,96	.. um 40,3 %

In diesem Szenario könnte ein dauerhafter Einnahmenrückgang um 20,5 % ab dem Jahr 6 verkraftet werden. Aufgrund der oben beschriebenen Anreizstruktur für den Investor ging die Bank allerdings davon aus, dass die Anlagen mit hoher Wahrscheinlichkeit in den Jahren 1 – 5 eher unter dem Basisfall ausgesteuert würden. Dies verbesserte aufgrund des dann in den Jahren 6 – 15 höheren Tarifs die Belastbarkeit des Projektes.

Wohlgemerkt, die Einführung einer performance-abhängigen Sondertilgung in den ersten fünf Jahren führt nicht zu dem Anreiz, möglichst bei 2.000 Volllaststunden zu produzieren, sondern ermöglicht überhaupt erst eine marktgerechte Finanzierungsstruktur. Was bedeutet es aber, wenn ein Anreiz für eine Projektgesellschaft besteht, möglichst in den ersten fünf

Jahren 2.000 Volllaststunden zu produzieren anstatt – wie hier dargestellt – knapp 2.500 Volllaststunden?

Betrachtet man die Anreizsituation auf Seiten der eingesetzten Anlagentechnik, so wird von den Sponsoren die Anlagentechnik favorisiert werden, die quasi „natürlich" bei 2.000 Volllaststunden ihr Optimum erreicht. Eine Anlagentechnik, die mehr leisten kann (wie im Beispiel) würde auf herkömmlichen Märkten – bei denen Mehrleistung auch einen Mehrpreis begründet – einen höheren Preis erwirtschaften können. Unter dem damaligen Regulierungssystem war dies wesentlich eingeschränkt, da sie ihren komparativen Vorteil erst ab dem 6. Betriebsjahr ausspielen konnte, während sie in den ersten fünf Jahren vermutlich bei etwa 2.000 Volllaststunden laufen würde. Man konnte in der Tat beobachten, dass die Anbieter, die eine effizientere Anlagentechnologie anboten, versuchten, über Preiszugeständnisse trotzdem in den Markt zu gelangen, was sie zum Teil über reduzierte Preise für Vollwartungskonzepte zu erreichen versuchte. Insgesamt hemmte diese Regelung allerdings den technischen Fortschritt der Anlagentechnologie.

Erkennbar ist auch, dass ein potentielles Risiko darin bestand, dass ein Vorhaben besser als erwartet performte und dabei operative Kostensteigerungen auftraten. In diesem nicht unwahrscheinlichen Szenario wird das Projekt zweifach bestraft: Zum einen erhält es ab dem Jahr 6 eine geringere Einspeisevergütung als erwartet und muss gleichzeitig erhöhte Betriebskosten verkraften. Es zeigt sich, dass vor diesem Hintergrund französische Windenergieprojekte in ihrer Risikostruktur mit strukturgleichen Vorhaben jenseits des Rheins nicht vergleichbar waren und stattdessen von ihrer Risikostruktur Ähnlichkeit mit Biomasseprojekten hatten. Für die Ausgestaltung der Wartungsverträge bedeutete dies, dass die übliche Belohnung bei guter Performance des Projektes sich hier kontraproduktiv auf die Projektstabilität auswirkte. Andererseits konnte auch die Belohnung bei Schlecht-Performance der Anlagen – auch wenn dies in späteren Jahren zu einem Mehrertrag führte – nicht der Königsweg der Vertragsgestaltung sein. Man versuchte sich damit zu behelfen, dass die Vergütung für den Wartungsvertrag zwar grundsätzlich performance-abhängig ausgestaltet wurde, allerdings bestimmte Obergrenzen zumindest in den ersten fünf Jahren eingezogen wurden.

Der Staat musste in diesem System feststellen, dass Windenergie womöglich teurer ist als er ursprünglich geplant hatte: Er wird für die Mehrzahl der Projekte ab dem 6. Jahr die maximale Vergütung zahlen müssen, ohne dass er das Potential an Windenergie abrufen konnte, das technisch möglich gewesen wäre.

Seit Mitte 2006 hat der französische Gesetzgeber seine Systematik in zwei entscheidenden Aspekten geändert: Zum einen steigen die Schwellenwerte der Volllaststunden, ab denen eine Anpassung erfolgt, deutlich auf 2.400 bzw. 2.800 Volllaststunden: Durch diese Verschiebung wird zunächst erreicht, dass bei wesentlich weniger Projekten eine Anpassung des Tarifs nach Ablauf der Periode der erhöhten Vergütung erfolgt. Zum anderen wird die Periode der erhöhten Vergütung von bislang fünf Jahre auf zehn Jahre erhöht. Durch diese Veränderung wird erreicht, dass selbst bei Vorhaben, die deutlich mehr als die 2.400 Volllaststunden erzielen, eine Aussteuerung der Anlagen auf den niedrigeren Wert wenig sinnvoll erscheint. Die oben beschriebenen Nachteile des Systems sind durch diese Änderungen aufgehoben worden.

Volllaststunden	in € Cents/kWh	
weniger als 2.400	8,500	2.400
mehr als 2.400	Interpolation	
exakt 2.800	6,800	2.800
zwischen 2.800 und 3.600	Interpolation	
exakt 3.600	2,800	3.600
mehr als 3.600	2,800	

Abbildung 100: Vergütungsregelung in Frankreich seit Juli 2006

Betrachten wir das Beispiel eines deutschen Windenergie-Projektes, so ergibt sich folgende, beispielhafte Prognoserechnung:

	2002	**2005**	**2008**	**2011**	**2014**	**2017**
Preis (€ Cents/kWh):	8,96	8,96	8,96	8,96	8,96	8,96
Energiemenge p.a. (in MWh):	15.393	15.393	15.393	15.393	15.393	15.393
Einnahmen in T€	1.380	1.380	1.380	1.380	1.380	1.380
Betriebskosten in T€ p.a.	227	243	324	348	421	479
CF vor Schuldendienst in T€:	1.153	1.137	1.056	1.032	959	901
Schuldendienst in T€:	394	960	859	758	397	0
DSCR	**2,93**	**1,18**	**1,23**	**1,36**	**2,42**	**0,00**
IRR	9,84%					
Barwert (bei i = 6 %)	2,643					

Basisfall

Abbildung 101: Base Case-Rechnung eines Windparks in Deutschland (fiktives Szenario)

Erkennbar ist, dass der Sponsor bei diesem Projekt einen internen Zinssatz von 9,84 % erwarten kann, während der Fremdkapitalgeber Deckungsrelationen von mindestens 1,18 realisiert. Aus Sponsorensicht sei die Verzinsung des eingesetzten Kapitals damit für eine Investition ausreichend, und aus Fremdkapitalgebersicht sei unterstellt, dass die erreichten Deckungsrelationen als hinreichender Sicherheitspuffer gegenüber Planabweichungen akzeptiert werden[197]. Beide Kapitalgeber sind sich damit einig, dass die Realisierung des Projektes aus ihrem jeweiligen Chance-Risiko-Blickwinkel lohnend ist und werden investieren.

Wie ändert sich das Bild, wenn wir unterstellen, dass wir nunmehr kein Festpreis-System während der Projektlaufzeit haben, sondern stattdessen eine Koppelung der Entgelte an den aktuellen Strompreis der Endverbraucher erfolgt[198]? Beide Kapitalgebergruppen mögen

[197] Für Einzelheiten zum Verfahren der Prognoserechnung sei auf das Kapitel 3.6.2 verwiesen.

[198] Dies ist in etwa die Situation, wie sie in Deutschland vor Einführung des EEG bestand.

befürchten, dass die Strompreise im Rahmen einer möglichen Deregulierung der Strommärkte sinken, und zwar jährlich um 2,5 %. Danach gestaltet sich die Planungsrechnung wie folgt:

	2002	2005	2008	2011	2014	2017
Preis (€ Cents/kWh):	8,75	8,12	7,54	7,00	6,50	6,04
Energiemenge p.a. (in MWh):	15.393	15.393	15.393	15.393	15.393	15.393
Einnahmen in T€	1.346	1.250	1.161	1.078	1.001	930
Betriebskosten in T€ p.a.	227	243	324	348	421	479
CF vor Schuldendienst in T€:	1.122	1.017	851	743	592	408
Schuldendienst in T€:	394	960	859	758	397	0
DSCR	**2,85**	**1,06**	**0,99**	**0,98**	**1,49**	**0,00**
IRR	1,61%					
Barwert (bei i = 6 %)	-2,189					

Preisrückgang um 2, 5 % p.a.

Abbildung 102: Downside-Szenario eines Windparks in Deutschland(fiktives Szenario)

Nunmehr erscheint das Vorhaben weder aus Sicht der Investoren noch aus Sicht der Fremdkapitalgeber akzeptabel: Die sinkende Vergütung führt zum einen dazu, dass das Investment nicht mehr die notwendige Minimal-Verzinsung des Sponsors erreicht. Zum anderen stellt auch der Fremdkapitalgeber fest, dass der Kapitaldienst – zumindest in den Jahren 2008 bis 2011 – nicht mehr durch den Cashflow des Projektes gedeckt ist, so dass an dieser Stelle bereits im Basisfall eine Restrukturierung des Engagements notwendig wäre.

Als Zwischenergebnis wird bereits an dieser Stelle deutlich:

1. Der Stabilität des Cashflows kommt aus Sicht sowohl der Sponsoren als auch der Fremdkapitalgeber herausragende Bedeutung zu, wobei beide – aufgrund der asymmetrisch verteilten Chancen und Risiken – allerdings einen unterschiedlichen Maßstab anlegen.
2. Offensichtlich scheinen Änderungen im Preissystem besonders große Auswirkung auf die Realisierungschancen von Projekten zu haben. Dies liegt zum einen darin begründet, dass Projektfinanzierungen typischerweise sehr langfristige Finanzierungen sind, bei denen die Rückzahlungszeiten von Darlehen durchaus 15 Jahre und mehr erreichen können. Zum anderen handelt es sich meist um kapitalintensive Investitionen, deren Risikostruktur im besonderen Maße von der Preiskomponente beeinflusst wird. Dies gilt auch und gerade für EE-Projekte, die sich durch hohe spezifische Anschaffungskosten auszeichnen, während die Betriebskosten von eher untergeordneter Bedeutung sind.
3. Auch avisierte Änderungen des Preissystems haben erhebliche Wirkungen auf die jeweilige Branche: Müssen die Kapitalgeber damit rechnen, dass in Kürze das Regulierungssystem geändert wird, werden sie sich mit Investitionen eher zurückhalten. Dies gilt insbesondere dann, wenn nicht klar ist, ob und inwieweit es einen Bestandsschutz für beste-

hende Anlagen gibt und wie ggf. Übergangsfristen auf das neue Entgelt-System aussehen werden (siehe hierzu 3.3.8)[199].

6.2.2 Das Ressourcenrisiko – Abschätzung des Energieertrages

Das Windangebot an einem Standort ist für die Wirtschaftlichkeit eines Vorhabens, aber auch für die Auslegung der Anlagen zentral. Dies gilt insbesondere aufgrund der physikalischen Gesetzmäßigkeit, dass die aus dem Wind zu gewinnende Energiemenge unter idealen Bedingungen mit der dritten Potenz der Windgeschwindigkeit zunimmt: Verdoppelt sich etwa die Windgeschwindigkeit, verachtfacht sich die Energieausbeute.

Windgeschwindigkeit in m/s	Windgeschwindigkeit, bezogen auf 6 m/s	Energieproduktion eines 10 MW-Windparks *	Relative Energieproduktion, bezogen auf 6 m/s	Relative Kapitalkosten, bezogen auf 6 m/s
5	83,33	11.150	62,94	100
6	100,00	17.714	100,00	100
7	116,67	24.534	138,50	102
8	133,33	30.972	174,84	105
9	150,00	36.656	206,93	110
10	166,67	41.386	233,63	120

* Luftdichte: 1,225 kg/m^3; Verluste von 12 %, Raleigh-Wind-Verteilung

Abbildung 103: Abhängigkeit der Energieproduktion von der Windgeschwindigkeit[200]

Dass dies ein theoretischer Wert ist, zeigt sich bereits an der obigen Abbildung. Die alleinige Kenntnis der durchschnittlichen Windgeschwindigkeit sagt zunächst wenig über die zu erzielende Jahresenergieproduktion aus, sondern muss ergänzt werden um die Kenntnis der vorherrschenden Windrichtung, die Verteilung der Windgeschwindigkeit und die Charakteristika der am Standort eingesetzten Anlagen.

Gleichwohl kommt einer präzisen und zuverlässigen Abschätzung des Windangebots am Standort eine überragende Bedeutung zu. Mit zunehmendem Abstand vom Boden steigt nicht nur die Windgeschwindigkeit, sondern die Einflüsse durch Hindernisse – wie Bauwerke, Wälder oder anderen Bewuchs – lassen nach, so dass der Wind gleichmäßiger einwirkt. Ein gleichmäßigeres Windangebot ist ebenfalls für die Anlagentechnik günstig, da diese weniger belastet wird. In der Summe spricht aus ökonomischer Sicht vieles dafür, die Anla-

---

[199] In aller Regel gibt es einen Bestandsschutz für bestehende Projekte, die eine echte Rückwirkung einer Regulierungsänderung ausschließt. Angeführte Gründe sind hierbei meist das Prinzip der Rechtssicherheit und der Eigentumsschutz. Besteht hierbei allerdings Unklarheit, ist insbesondere bei den Fremdkapitalgebern die Zurückhaltung gegenüber einem Engagement groß, da sie die Unsicherheit – aufgrund ihrer Chance-Risiko-Position – in einem Worst-Case-Szenario berücksichtigen müssen. Um die möglichen rationalen Verhaltensweisen der Projektbeteiligten abzuschätzen, empfiehlt es sich, über das klassische Instrumentarium hinaus Warteoptionen (siehe 3.3.8) zu berechnen.

[200] EWEA (Hrsg): Wind Energy – The Facts, Technology, S. 47.

gen auf größeren Türmen zu positionieren, da die entsprechenden Mehrkosten durch Mehrerträge regelmäßig mehr als kompensiert werden. Dem stehen allerdings häufig genehmigungsrechtliche Restriktionen entgegen.

Beim Ressourcenrisiko soll auf einige Besonderheiten hingewiesen werden. Eigenkapitalgeber und Fremdkapitalgeber haben ein weitgehend gleichgerichtetes Interesse daran, die Ressourcenqualität zuverlässig einzuschätzen: Je höher die Überdeckungsrelationen aus Sicht der Fremdkapitalgeber sind, umso wirtschaftlicher ist das Vorhaben auch aus Sicht der Eigenkapitalgeber. An dieser Einschätzung ändert sich auch wenig, wenn die unterschiedlichen Ausgangspunkte – Base Case (Eigentümer) bzw. Banking Case (Fremdkapitalgeber) – berücksichtigt werden. Eine Überschätzung der Standortqualität führt tendenziell zu einer höheren Fremdmittelausstattung, als sie das Projekt verträgt. Konsequenz ist, dass die Wahrscheinlichkeit zunimmt, dass das Vorhaben den Kapitaldienst nicht wie geplant bedienen kann und es zu einer Restrukturierung kommt, die meist langwierige Verhandlungen und Zugeständnisse von beiden Seiten nach sich zieht. Deutlich anders ist die Ausgangslage, wenn ein Projektentwickler ein Vorhaben an die Eigenkapitalgeber vor oder bei der Fertigstellung verkaufen will, wie es für einen hohen Anteil deutscher Windenergieprojekte typisch ist. In dieser Konstellation besteht ein Anreiz für den Entwickler, die Projektqualität zu überschätzen, da er damit einen höheren Verkaufspreis realisieren kann[201]. Dies muss nicht passieren, aber eine Ursache für die Probleme bei der Platzierung von deutschen Windenergieprojekten etwa in den Jahren 2002 und 2003 bestand auch darin, dass die Erwartungen der Investoren durch die realisierten Daten mit Blick auf die optimistischen Gutachten enttäuscht worden sind.

Die Einschätzung des an einem Standort zu erwartenden Energieangebotes basiert auf Windgutachten, Erfahrungen über die Verfügbarkeit, zu erwartende Netzverluste aufgrund der notwendigen Umspannung und Leitungsverluste aufgrund des Stromtransports vom Windpark zum Netzeinspeisepunkt.

Regelmäßig werden mindestens zwei Gutachten unterschiedlicher Windgutachter eingefordert. Ein wichtiger Aspekt bei den Gutachten ist, ob der Gutachter seine Aussagen über einen Abgleich mit den Ist-Erträgen von in der Nähe befindlichen Anlagen abgesichert hat, was in Deutschland recht gut möglich ist. Darüber hinaus kann die Einschätzung der Gutachter über eine Windmessung am Standort gestützt werden, wobei Daten über einen Zeitraum von mindestens einem Jahr erforderlich sind.

Der Prozess der Erstellung eines Ertragsgutachtens läuft in folgenden Schritten ab:

- Vorbereitung und Analyse: Inspektion des Standortes und Messung am Standort
- Durchführung: Analyse der Messdaten und Abgleich mit Langzeitmessungen
- Überführung in Energieerträge: Simulation der Leistungskurven und Unsicherheitsanalyse

[201] Wiederum besteht ein Principal-Agent-Problem, das zu einem Marktversagen führen kann.

Dabei stecken die Probleme durchaus im Detail:

- Soll der Windpark im hügeligen (komplexen) Gelände errichtet werden, sind mathematische Verfahren regelmäßig mit zu großen Unsicherheiten behaftet. Physikalische Messungen über einen Anemometermast am Standort sind hier unabdingbar. Diese Messungen sollten einen Zeitraum von mindestens einem Jahr abdecken, um jahreszeitliche Schwankungen des Windangebotes abzubilden. Die Prognosegüte solcher Gutachten ist entsprechend höher einzuschätzen und wird nur noch erreicht von bestehenden Windparks. Selbst bei Verwendung von Anemometermasten können unterschiedliche Probleme auftreten:
    1. Zunächst kommt es sehr darauf an, welcher Schalensternanemometer verwandt wird – selbst geringe Unterschiede in gemessenen Windgeschwindigkeiten führen zu deutlichen Unterschieden in den prognostizierten Windenergieerträgen.
    2. Weiter sind selbst große Anemometermasten nur sehr selten höher als 80 Meter, allerdings kann die Nabenhöhe moderner Anlagen durchaus größer sein. Der Gutachter steht dann vor der Aufgabe, einen geeigneten Skalierungfaktor zu finden, um das Windpotential der wesentlich größeren Anlage abzuschätzen (so genanntes „*wind shear profile*"). Dabei können sich Unterschiede im Jahresenergieertrag von mehreren Prozentpunkten ergeben.
    3. Schließlich muss eine geeignete Positionierung der Anemometermasten gefunden werden, um zu verlässlichen Daten zu kommen.

- Bei der Durchführung sind folgende Aspekte zu berücksichtigen:
    1. Ungeeignete Messdaten – die sich zum Beispiel durch Vereisung an den Anemometern ergeben haben, müssen erkannt und eliminiert werden.
    2. Bei den Umspann- und Transportverlusten der Stromproduktionsmenge kann die Einschätzung über konkrete Berechnungen erfolgen, die u.a. als Eingangsdaten die Strommenge, Kabeldurchschnitte und die Länge der Kabeltrasse berücksichtigen.
    3. Die Messdaten sind über geeignete Programme in ein Simulationsmodell zu überführen, das die lokalen Gegebenheiten, die Standorte der Anlagen und die Anlagentypen abbildet.
    4. Der Abgleich mit Langzeitmessungen kann über verschiedene Messdaten erfolgen – idealerweise durch Produktionsdaten von bestehenden Windparks in der Nachbarschaft, hilfsweise durch Messdaten von Messstationen, wie sie an Flughäfen verwandt werden, oder aber auch durch Daten verschiedener Windatlanten.

- Bei der Unsicherheitsanalyse sind folgende Aspekte zu beachten:
    1. Die Verfügbarkeit (siehe 6.2.5) bedarf einer genauen Betrachtung der Definition der Zeiten, in denen die Anlagen grundsätzlich betriebsfähig sind.
    2. Topographische Einflüsse spielen eine große Rolle bei dem Windangebot an Onshore-Standorten. Im Prinzip entfällt diese Einflussgröße bei Offshore-Standorten oder spielt zumindest eine geringere Rolle – durch die unter-

schiedlich große Wellenhöhe gibt es an Offshore-Standorten unterschiedlich große Werte für die Rauhigkeit. Dies hat für Offshore-Standorte den Vorteil, dass Messwerte eines Offshore-Messmastes für einen größeren Raum Gültigkeit haben als dies an Land der Fall wäre.

3. Ist der Aufbau der Schichtung der verschiedenen Luftschichten hinreichend abgebildet? In Abhängigkeit von der Anlagengröße und dem Standort ergeben sich unterschiedliche Luftschichten, die unterschiedliche Charakteristika aufweisen und entsprechend erfasst und modelliert werden müssen.
4. Bei Offshore-WEAs sind mindestens zwei weitere Teilaspekte zu berücksichtigen: Zunächst verändert die Tide die Positionierung jeder Anlage zur Grenzschicht und damit auch die durchschnittliche Windgeschwindigkeit. Während dieser Effekt bei Vorhaben in der Ostsee keine große Rolle spielt, sieht dies bei einzelnen Vorhaben in Großbritannien, die eine Tide von bis zu zwölf Metern aufweisen, schon deutlich anders aus.
   Gerade in Küstennähe ergeben sich durch unterschiedliche Temperatureffekte zwischen Land und See auch Einflüsse auf das Windangebot: Während des Tages erwärmt sich das Land schneller als die See, so dass die warme Luft aufsteigt und durch kühlere Luft von der See ersetzt wird. Der umgekehrte Prozess setzt in der Nacht ein. Die Stärke und Richtung dieses Phänomens überlagert die vorherrschende Windrichtung und muss bei der Prognose mit berücksichtigt werden.

Zur Planung und Durchführung von Windmessungen haben renommierte Gesellschaften (u.a. die IEC, die IEA, MEASNET) Empfehlungen herausgegeben, nach denen die Erstellung von Ertragsgutachten erfolgen sollte. Insgesamt ist die Abschätzung des Jahresenergieertrages gerade bei Windenergieprojekten eine anspruchsvolle Aufgabe, die vom Gutachter viel Erfahrung und Verantwortung verlangt.

Neben dem oben beschriebenen Gutachterrisiko spielt das Ressourcenrisiko die herausragende Bedeutung bei der Wirtschaftlichkeit eines Standortes. In der folgenden Abbildung haben wir die Entwicklung der durchschnittlichen Windgeschwindigkeit in MALIN HEAD, einem Standort in Irland, dargestellt.

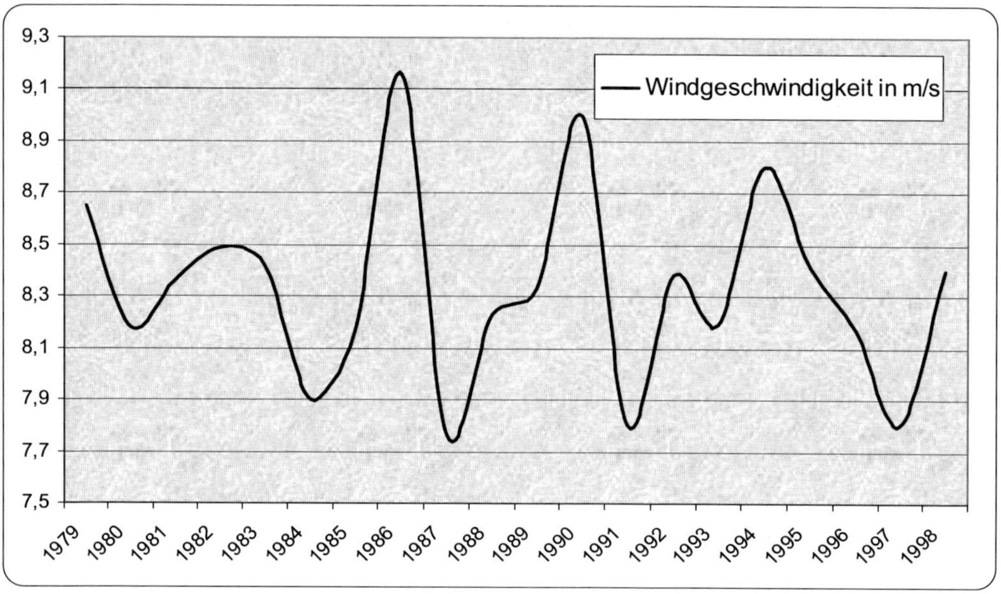

Abbildung 104: Durchschnittliche Windgeschwindigkeit in m/s am Standort Malin Head[202]

Erkennbar ist, dass die durchschnittliche Windgeschwindigkeit an dem Standort wesentlich schwankt, und zwar in einer Spanne zwischen 7,77 m/s und 9,16 m/s. Die Standardabweichung der Windgeschwindigkeit liegt bei 4,5 %.

Daraus ergibt sich ebenfalls, dass auch eine vollständig korrekte Windmessung an einem Standort über einen Zeitraum von einem Jahr zu einer deutlichen Fehleinschätzung des Jahresenergieertrages führen kann, wenn dieses Messjahr als repräsentativ für den gesamten Zeitraum angenommen wird. Daher erfolgt im Regelfall ein Abgleich der physikalischen Messdaten mit langfristigen Winddaten, die üblicherweise von einer Referenzstation stammen. Referenzgrößen sind dabei zunächst die Messdaten am Standort während der Messkampagne. Wenn sichergestellt werden kann, dass diese Messdaten eine hohe Korrelation mit Langzeitmessungen eines Referenzstandortes aufweisen, können über die langfristige Referenzwerte auf die langfristigen erwarteten Werte am Standort geschlossen werden können. Dieses so genannte MCP-Verfahren (*measure, correlate, predict*) funktioniert gut bei einer hohen Korrelation, kann aber bei einer schlechten Korrelation zu einer Fehleinschätzung des Energieertrages führen.

Die Fehleinschätzung der Windgeschwindigkeit kann insbesondere bei Binnenstandorten noch größer werden, da windschwächere Standorte eine höhere Reagibilität auf Schwankungen der Windgeschwindigkeit aufweisen. Um die Offshore-Windverhältnisse besser abschätzen zu können, wurden drei Forschungsplattformen in Nord- und Ostsee (FINO) installiert.

202 EWEA 2009, S. 44.

Zusätzlich haben Projektentwickler auch eigene Messmasten installiert, um zuverlässige Standortdaten zu erhalten (z.B. SKY 2000, NORDSEE OST).

Auf Grund der eingangs beschriebenen physikalischen Gesetzmäßigkeit weist die damit erzielbare Jahresenergieproduktion aber deutlich größere Schwankungen auf.

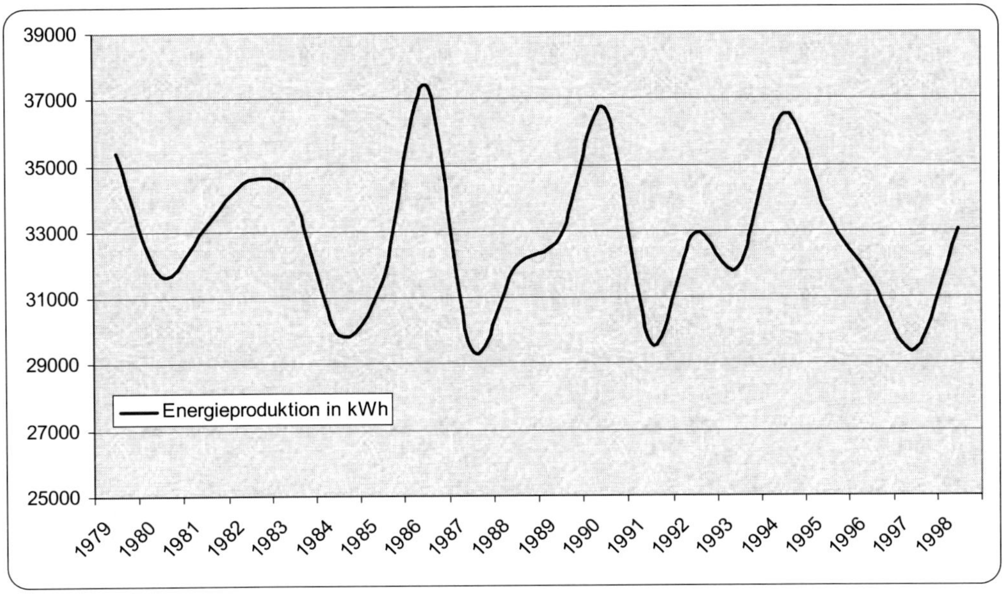

Abbildung 105: Jährliche Energieproduktion kWh am Standort Malin Head

Zwar ist der Verlauf der Energieproduktion hoch korreliert mit der Windgeschwindigkeit, aber die Standardabweichung der Energieproduktion liegt nunmehr bei 7,3 %. Bei einem Mittelwert von 32,85 GWh ergibt sich eine Spanne zwischen 29,5 GWh und 37,4 GWh. Zum Teil gibt es auch Windparks, die noch höhere Schwankungen in der Jahresenergieproduktion aufweisen, allerdings geht eine Reihe von Branchenexperten davon aus, dass die Schwankungen in einer Größenordnung von etwa 6 % liegen[203]. Dabei ist zu berücksichtigen: Eine Fehleinschätzung von 10 % der Windgeschwindigkeit an einem schwächeren Windstandort kann durchaus zu einer Fehleinschätzung des Jahresenergieertrages von 20 % resultieren.

Im Quervergleich mit Solarvorhaben zeigt sich, dass Windvorhaben eine deutlich größere Schwankungsbreite beim Ressourcenrisiko aufweisen.

[203] EWEA 2009, S. 54.

6.2.3 Das Funktionsrisiko – Größenwachstum ohne Limit?

Mit Hilfe einer Windenergieanlage (WEA) wird die Strömungsenergie des Windes in mechanische bzw. elektrische Energie umgewandelt. Zentrales Bauelement ist der Rotor, der von der umströmenden Luft in Bewegung gesetzt wird. Es werden zwei Wirkprinzipien unterschieden: Bei dem bereits bei den ersten Windmühlen verwendeten einfachen Widerstandsläufer wird eine geometrische Fläche dem Wind entgegengehalten. Mit diesem Prinzip können maximal 12 % der Strömungsenergie gewonnen werden. Der effizientere Antriebsläufer hingegen nutzt die aerodynamischen Auftriebskräfte einer Flügelform zur Erzeugung einer Drehbewegung und kann damit mit heutiger Technologie einen Wirkungsgrad von bis zu 50 % erzielen, was bereits nahe an dem physikalischen Limit von 59 % liegt (so genannte BETZ-Grenze). Der Rotor ist über eine Welle und in der Regel über ein Getriebe mit einem Generator verbunden, der entweder direkt oder über eine Leistungselektronik Strom in das Netz einspeist. Die Leistung einer Windenergieanlage steigt mit der dritten Potenz der Windgeschwindigkeit, die wiederum mit der Höhe über dem Boden zunimmt und allgemein von der Beschaffenheit des Geländes abhängt.

Kleinere WEA werden meist durch eine Windfahne von selbst in den Wind gedreht, während größere Anlagen die Gondel mit geregelten Elektromotoren aktiv der Windrichtung nachführen. Bei der Leistungsregulierung von WEA werden zwei Prinzipien unterschieden: Bei der einfachen Stall-Regelung erfolgen die Drehzahlbegrenzung bei Erreichen der Nenndrehzahl und Nennleistung automatisch durch konstruktionsbedingten Strömungsabriss (so genannter Stall-Effekt) an den Blättern. Bei größeren Anlagen wird jedoch meist eine Pitch-Regelung eingesetzt, bei der die Blattflügel elektromotorisch um ihre eigene Achse gedreht (gepitcht) werden können. Auf diese Weise kann abhängig von der Windgeschwindigkeit immer der aerodynamisch günstigste Blattanstellwinkel eingehalten werden, so dass konstruktive Lasten reduziert und insbesondere im Teillastbetrieb bessere Stromerträge eingefahren werden können.

Die Anlaufgeschwindigkeit einer WEA beträgt ca. 3 bis 4 m/s. Bei Nennwindgeschwindigkeit (ca. 12-16 m/s) gibt sie ihre maximale Leistung (Nennleistung) ab, die in etwa konstant gehalten wird bis zum Erreichen der Abschaltgeschwindigkeit (d.h. etwa ab 25 m/s). Dann muss aus Schutz vor mechanischer Überlastung der Rotor gebremst oder stillgesetzt und ggf. die Blätter aus dem Wind gedreht werden. Bereits Mitte der 80er Jahre wurde in Deutschland mit „GROWIAN“ eine für damalige Verhältnisse mit 3 MW Leistung außergewöhnlich große Experimentalanlage in Betrieb genommen. Wegen Dauerfestigkeitsproblemen wurde sie jedoch wenige Jahre später wieder abgebaut. Letztendlich gelang der Durchbruch bei der Windenergienutzung erst mit einer evolutionären, stufenweisen Entwicklung und Vergrößerung der Anlagentechnik, ausgehend von Leistungsgrößen zwischen 50 und 100 kW. Die folgende Abbildung verdeutlicht den technischen Fortschritt, der bei neuen WEA in Bezug auf Leistung, Größe und insbesondere Ertrag erzielt werden konnte: Im Zeitraum von 1985 bis 2005 konnte die Leistung von WEA um das 60-Fache und ihr Ertrag sogar um das 180-Fache gesteigert werden.

Die Leistungssteigerung der Windenergieanlagen hat dabei zu einer wesentlichen Verbesserung der Wirtschaftlichkeit der Anlagen geführt[204], die die Windenergie an Hochwindstandorten in die Lage setzt, Strom auch im Wettbewerb zu konventioneller Stromerzeugung wettbewerbsfähig produzieren zu können. Die EWEA schätzt, dass Windenergie an Hochwindstandstandorten kostendeckend einen Vergütungssatz zwischen 4 bis 5 € Cent/kWh verlangt, und an windschwächeren Standorten von bis zu 8 € Cent/kWh[205]. Bei einer derartigen Abschätzung muss man immer vor Augen haben, dass sich die Anlagenpreise gerade im Bereich der Erneuerbaren Energien sehr dynamisch innerhalb der letzten Jahre entwickelt haben: Steigende Rohstoffpreise führten etwa 2006 und 2007 zu einem deutlichen Anstieg der Turbinenpreise, so dass sich die obigen Preise nach oben entwickelten. Abzuwarten bleibt, wie sich der Turbinenmarkt im weiteren Gefolge der Finanz- und Wirtschaftskrise weiter entwickeln wird, da die Preise einer Reihe von Rohstoffen – wie Stahl oder Kupfer – wesentlich gesunken sind, aber auch eine Reihe von Nachfragern weggefallen sind.

Die Anforderung, lediglich bewährte Technik zu verwenden, stellt im Bereich Windenergie eine besondere Herausforderung dar. Ein erstes Beispiel hierfür ist die Entwicklung der Nennleistungen bei neu installierten Windkraftanlagen:

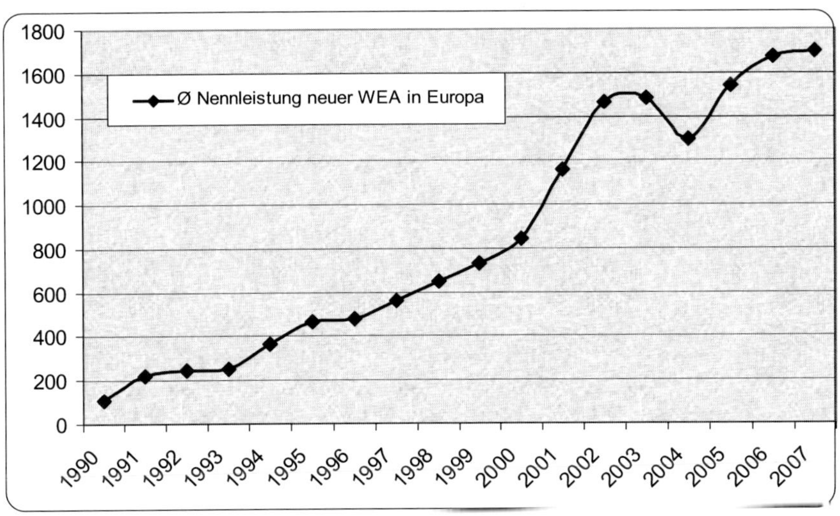

Abbildung 106: Durchschnittliche Nenn-Leistung neuer Windkraftanlagen in kW[206]

[204] Von Branchenexperten wird eine Effizienzverbesserung zwischen 2 und 3 Prozent pro Jahr während der letzten 15 Jahre geschätzt.

[205] EWEA, Wind Energy – The facts, S. 8. Die Vergleichsrechnung ging dabei von Turbinenpreisen von 1,1 M€ pro MW sowie einem Abzinsungszinssatz von 7,5 % aus.

[206] EWEA 2009, S. 41.

Erkennbar ist, dass sich die durchschnittliche Nennleistung von neu installierten Anlagen innerhalb des letzten Jahrzehnts fast kontinuierlich erhöht hat, was zum einen mit erhöhten Materialanforderungen, zum anderen aber auch mit höherem Energieertrag einhergeht. Das Problem stellt sich für die Kreditgeber darin, dass sie Anlagen finanzieren sollen, für die es erst Erfahrungswerte von wenigen Jahren gibt, sie andererseits ihren Kredit – bei einer typischen Finanzierungsstruktur – erst vollständig nach 15 Jahren zurückgezahlt erhalten.

Der Einsatz wird insoweit möglich, als zum einen Null-Serien durch den Hersteller getestet werden, um Verbesserungen zu ermöglichen und einen gewissen Track Record vorzuweisen. Andererseits handelt es sich um graduelle Weiterentwicklungen bewährter Technologie und zumeist nicht um ein vollständig neues Technik-Konzept[207].

Die Dynamik der weiteren Entwicklung von Windkraftanlagen verspricht weiter anzudauern, wenn man sich die Entwicklung von weiteren Parametern vor Augen hält:

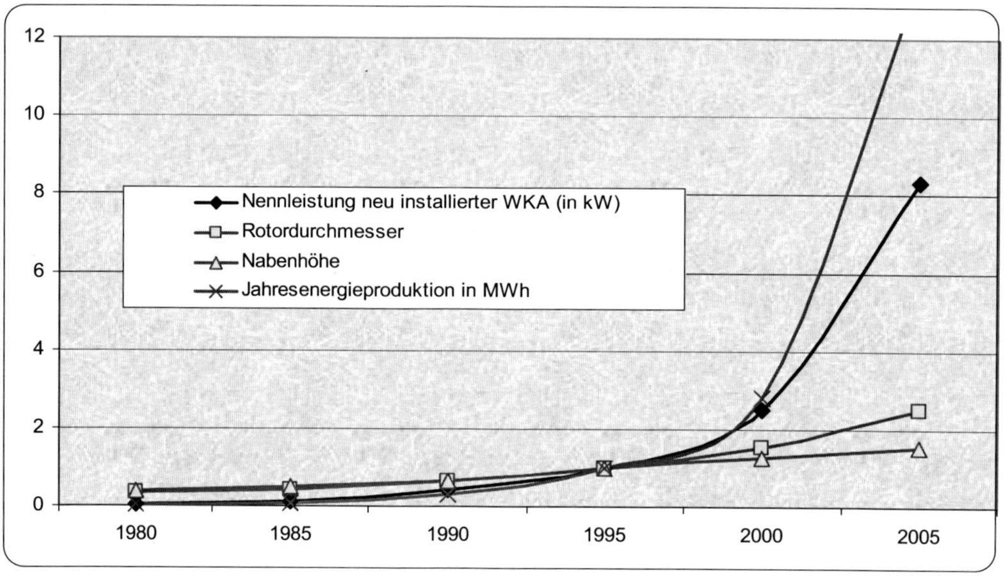

Abbildung 107: Relative Entwicklung einzelner Parameter im Windenergie-Bereich[208]

[207] Allerdings müssen die Kreditgeber gegenüber der Argumentation, es handele sich um eine Modifikation bewährter Technologie, vorsichtig sein. Gerade bei Projektfinanzierungen, die hierauf vertraut haben, haben sich teils erhebliche Probleme ergeben, sei es, weil das Zusammenwirken unterschiedlicher Anlagenkomponenten nicht funktioniert hat oder weil bestimmte Einsatzstoffe zum ersten Mal großindustriell bei einem Projekt eingesetzt worden sind.

[208] Die Werte des Jahres 1990 wurden jeweils auf 100 % gesetzt, so dass die Abbildung die relative Entwicklung in Bezug auf dieses Jahr abbildet. Die absoluten Werte für 1990 lauten: Nennleistung: 250 kW, Rotordurchmesser: 30 m, Nabenhöhe: 50 m und Jahresenergieproduktion: 400 MWh. BTM Consult Update 03/2008.

Ein Treiber der weiteren technischen Entwicklung sind sicherlich die Offshore-Märkte. Um notwendige Effizienzvorteile zu realisieren, werden Multi-MW-Anlagen ab 3 MW benötigt, je nach Standort auch noch größere Anlagen.

Hersteller	Repower Systems AG	Multibrid GmbH	Bard Engineering	Vestas	Siemens Wind	Nordex
Nennleistung	5 MW	5 MW	5 MW	3 MW	3,6 MW	2,5 MW
Anzahl Onshore	10	2	2	> 500	k.A.	> 600
Anzahl Offshore	2	0	0	98	min. 25	2

Abbildung 108: Offshore-Anlagen im Einsatz

Zwar gibt es Anbieter, die 5-MW-Anlagen anbieten, allerdings weisen diese nur eine sehr geringe Betriebserfahrung auf, so dass sich an dieser Stelle ein technisches Risiko abzeichnet, das den Einsatz einer Projektfinanzierung deutlich erschwert.

Die technische Verfügbarkeit von Windenergieanlagen hat erheblichen Einfluss auf die produzierte Strommenge. Eine Reduzierung der Verfügbarkeit um 1 % hat eine Reduzierung der Erlöse um 1 % zur Folge. Vor diesem Hintergrund bieten die Anlagenlieferanten regelmäßig eine Verfügbarkeitsgarantie an, die meist zwischen Werten von 95 % und 98 % schwankt.

Die Offshore-Anlagen, die für eine Projektfinanzierung anstehen, sind Multi-MW-Anlagen, für die auch an Land nur ein eingeschränkter Erfahrungszeitraum besteht (siehe Abbildung 108). Hinzu kommt, dass sich die genannten Anlagen bislang nicht auf Hoher See behaupten mussten, wo Wellen ihre Fundamente und salzhaltige Luft ihre Elektrik und die Gondel angreifen. Mangelnde Erfahrungen sind konträr zu der Anforderung eines stabilen Cashflows und engen die Anwendung von Projektfinanzierungen deutlich ein, erfordern sie doch eine weitgehende Einbindung der zentralen Projektbeteiligten. Regelmäßig wird deshalb gefordert, dass Offshore-Anlagen wichtige Komponenten redundant auslegen, sie einen zuverlässigen Korrosionsschutz aufweisen und über eine permanente Fernüberwachung verfügen.

Insbesondere bedingt durch den Auf- und Ausbau von Offshore-Windparks in der Nordsee ergeben sich deutliche Anforderungen an den Ausbau des Leitungsnetzes in Deutschland, eine Situation, die ebenfalls in einer Reihe von anderen Ländern anzutreffen ist. Neben der Anforderung aus Projektfinanzierungssicht, dass eine rechtzeitige, reibungslose und vollständige Einspeisung des erzeugten Stromes in das Netz notwendig ist, ergeben sich darüber hinaus gänzlich neue Anforderungen an das Energiemanagement von Windkraftanlagen.

Gerade im Bereich von Offshore-Windparks haben wir es regelmäßig mit neuer oder wenig erprobter Anlagentechnologie in einer neuen Arbeitsumgebung zu tun, die eine Realisierung über eine klassische Projektfinanzierung – ohne Rückgriff auf die Sponsoren während der Betriebsphase – deutlich erschwert. Damit werden Offshore-Windparks voraussichtlich – und insbesondere vor dem Hintergrund der Finanzkrise – entweder über eine Unternehmensfinanzierung dargestellt werden oder aber über eine Projektfinanzierung, die eine umfangreichere vertragliche Einbindung von Projektbeteiligten vorsieht. Denkbar ist auch, dass ein Vorhaben zunächst – zum Beispiel bis zu einer frühen Betriebsphase – als Unternehmensfinanzierung realisiert und – bei Nachweis der geplanten technischen Performance – in eine Projektfinanzierung überführt wird.

6.2.4 Das Fertigstellungsrisiko – Generalunternehmer versus Multi-Contracting

Der Track Record bei der Fertigstellung von Windparks ist gut – es sind nur wenige Fälle bekannt, in denen Windparks später oder oberhalb der geplanten Kosten errichtet wurden. Das Fertigstellungsrisiko weist allerdings über die in Abschnitt 3.4.1 bereits dargestellten Eigenschaften bei Windenergieprojekten einige Besonderheiten auf, die im Folgenden dargestellt werden.

Zunächst muss man sich von der Vorstellung lösen, dass es sich bei heutigen Windparks um Kraftwerke handelt. Aus technischer Sicht lässt sich ein konventionelles Kraftwerk als eine Anlage beschreiben, die erst dann Strom produzieren kann, wenn sie vollständig fertig gestellt ist. Regelmäßig sind hier die Baumaßnahmen umfangreich und komplex, so dass dem Fertigstellungsrisiko eine besondere Bedeutung zukommt. Demgegenüber steht ein Onshore-Windpark mit einigen wenigen Gewerken und einer sehr kurzen Errichtungsperiode von wenigen Monaten[209].

Regelmäßig stellt man fest, dass Generalunternehmer vorzugsweise bei Onshore-Projekten zum Einsatz kommen, während bei Offshore-Projekten dies bei heutigen Vorhaben praktisch nicht mehr der Fall ist. Bei letzteren Projekten hat sich von der anfänglichen Einbindung von Generalunternehmern – z.B. bei NYSTED in 2003 und KENTISH FLATS in 2005 – der Markt hin zu einem Multi-Contracting entwickelt. Multi-Contracting bedeutet, dass das gesamte Vorhaben nicht mehr von einer Partei gegenüber dem Projekt und den Kapitalgebern verantwortet wird, sondern dass mehrere Parteien die Teilgewerke für das Vorhaben liefern. Dieses Vorgehen hat Vorteile, aber auch deutliche Nachteile.

- Vorteilhaft ist sicherlich, dass es für die einzelnen Gewerke jeweils eine größere Anzahl von Anbietern gibt, die die geforderte Teilleistung anbieten können. Über das größere Angebot kann man erwarten, dass günstigere Preise durchgesetzt werden können.
- Nachteilig ist eindeutig das Schnittstellenproblem. Insbesondere zwischen den Gewerken Gründung und Anlagenlieferung besteht bei Offshore-Windparks ein erheblicher Abstimmungsbedarf, um die dynamischen Lasten der Anlage unter Einfluss von Wind und Welle aufzunehmen. Die Koordination der Teilgewerke ist zeitkritisch – Verspätungen bei einem Teilgewerk können unmittelbar auch Einfluss auf andere Teilgewerke nehmen.

---

[209] Allerdings ist die physische Fertigstellung der Windkraftanlagen von der regulatorischen Frage zu trennen, ob auch einzelne Anlagen bereits Strom einspeisen dürfen, obwohl der gesamte Park noch nicht fertig gestellt ist. Diese Thematik wird in mehreren Ländern unterschiedlich behandelt.

Eine Ursache für die Dominanz des Multi-Contracting insbesondere bei Offshore-Windparks mag darin gesehen werden, dass sich die Anteile der einzelnen Gewerke deutlich von Onshore-Windparks unterscheiden.

	Onshore	Offshore
Turbine	68%	45%
Netzanschluss	14%	15%
Installation	9%	20%
Fundamente	9%	20%

Abbildung 109: Vergleich der Investitionskostenaufgliederung bei Onshore- und Offshore-Projekten

Während bei Onshore-Windparks die Windkraftanlagen mit einem Anteil von gut zwei Dritteln den größten Anteil der Gesamtinvestitionskosten ausmachen und die Fundamentierungsarbeiten zum Teil auch federführend durch die Anlagenlieferanten ausgeführt werden können, machen bei Offshore-Windparks Leitungskosten und Gründungskosten einen erheblichen Teil der Gesamtinvestitionskosten aus. Die Anteile der einzelnen Kostenblöcke an den Gesamtkosten variieren insbesondere bei den Offshore-Windparks erheblich, sei es, weil zum Beispiel Netzanschlusskosten aufgrund von regulatorischen Vorschriften außerhalb des Projektes getragen werden, sei es aufgrund der unterschiedlichen Entfernung bis zum Einspeisepunkt oder den unterschiedlichen Wassertiefen, die jeweils andere Fundamenttypen erforderlich machen. Die meisten Offshore-Standorte in Deutschland befinden sich in großer Entfernung zur Küste und großer Wassertiefe, da die wirtschaftliche Nutzung der Meeresfläche von mehreren Parteien beansprucht wird. Die meisten Vorhaben in Deutschland haben eine Distanz zur Küste von 30 bis 100 Kilometern und weisen eine Wassertiefe zwischen 20 und 40 m auf. Die meisten bisher realisierten Offshore-Windparks im europäischen Ausland weisen eine Entfernung von unter zehn Kilometer von der Küste und eine Wassertiefe von unter zehn m auf. Tieferes Wasser und größere Entfernung zur Küste bedeuten aufwendigere Fundamenttypen, längere Kabelverbindungen und eine erschwerte Zugänglichkeit[210].

Ein weiterer Grund kann darin gesehen werden, dass die Fertigstellung von Offshore-Windanlagen komplexer verläuft als bei Onshore-Anlagen. Während der Transport – abgesehen von der Verfügbarkeit der Transporteinrichtungen – nur leicht erhöhte Herausforderungen stellt, gestaltet sich die Montage als ein kompliziertes und aufwendiges Unterfangen. Zwei Verfahren sind hier zu nennen: Einerseits das Zusammensetzen der einzelnen Komponenten vor Ort auf See, andererseits die vollständige Montage der Windenergieanlage an Land und die Verladung per Schwimmkran (Vorhaben BEATRICE). In beiden Fällen kann die Errichtung der Anlagen nur bei gutem Wetter und ruhiger See ausgeführt werden, was insbesondere in der Nordsee ein enges, jährliches Zeitfenster von 120 Tagen bedeutet. Damit ergibt sich die Gefahr, dass die Verfügbarkeit der Transportgeräte nicht mehr gegeben ist

---

210 Nach den bisherigen Erfahrungen erweisen sich insbesondere die Kabel als schadensanfällig: Drei Viertel aller Schäden beziehen sich auf die Kabel, wobei man berücksichtigen muss, dass diese Schäden insbesondere während der Fertigstellung anfallen. Langzeiterfahrungen während des Betriebs liegen allerdings nur in wenigen Fällen vor und lassen noch keinen Rückschluss auf die zu erwartenden Schadenshäufigkeiten zu.

und sich die Fertigstellung deutlich verzögert, mit den in Kapitel 3.4.1 beschriebenen Konsequenzen.

Zwar ist für die Netzanbindung auf See im Infrastrukturgesetz geregelt worden, dass die Projekte von diesem Kostenblock entlastet werden, doch besteht Unsicherheit darüber, ob der Netzbetreiber den Netzanschluss zum Inbetriebnahmetermin auch zur Verfügung stellen kann. Das Gesetz sieht vor, dass der Netzbetreiber Schadenersatz in Höhe der entgangenen Einspeiseerlöse leisten muss. Allerdings werden regelmäßig die Banken die Finanzierung verweigern, wenn der nötige Netzanschluss fehlt. Die Netzbetreiber befürchten zwar, Schadenersatzanforderungen ausgesetzt zu werden, aber umgekehrt bedeutet für sie ein früher Baubeginn der Kabeltrassen die Gefahr, dass die Realisierung der Offshore-Windparks an anderen Gründen scheitert und das in das Netz investierte Geld verloren ist. Die Netzbetreiber verlangen daher regelmäßig etwa 30 Monate vor Baubeginn Belege für die tatsächliche Realisierung des Offshore-Windparks. Diese Anforderung stellt nun wieder die Entwickler vor Schwierigkeiten, da etwa die Banken den gesicherten Netzanschluss als Bedingung für die Finanzierung verlangen.

6.2.5 Das Betriebsrisiko – Unterschiede zwischen Onshore- und Offshore-Vorhaben

Onshore-Windenergieanlagen heutiger Bauart sind darauf ausgelegt, über mindestens 20 Jahre ohne größere Betriebsstörungen Strom zu erzeugen. Die jeweiligen Betriebszustände lassen sich durch eine Fernüberwachung im Regelfall gut überwachen, so dass auf Abweichungen schnell reagiert werden kann, erforderlichenfalls durch den Einsatz des technischen Betriebsführers vor Ort, der Wartungs- und Reparaturarbeiten im Regelfall ohne große Verzögerungen vornehmen kann.

Etwas anders sieht die Situation bei Offshore-Windparks aus. Die logistischen Anforderungen an den Transport von Mechanikern und Ersatzteilen zu den Anlagen sind erheblich, da ein Übersetzen auf eine Windkraftanlage auf Hoher See nur bis zu einer Wellenhöhe von etwa eineinhalb Metern möglich ist. Damit ergeben sich für Offshore-Projekte folgende Konsequenzen:

- Welche technischen Möglichkeiten bestehen, die Anlagen redundant auszulegen, damit Stillstandszeiten möglichst gering ausfallen können?
- Wie robust ist das Logistik-Konzept für den laufenden Betrieb gegenüber oftmals widrigen Bedingungen? Sind die Landungskapazitäten und Transportkapazitäten ausreichend geplant?
- Mit welchen Stillstandszeiten ist zu rechnen und wie wirken sich diese auf die Wirtschaftlichkeit des Vorhabens aus?

Der Ausfall einzelner Komponenten einer Offshore-Anlage kann zu wesentlich längeren Stillstandszeiten führen als an Land. Da eine Betriebsunterbrechung einen Einnahmeausfall bedeutet, sollten wichtige Teile redundant vorhanden sein. Zudem beeinträchtigen Temperaturschwankungen und Feuchtigkeit die Zuverlässigkeit der Technik. Um etwaige Mängel frühzeitig entdecken zu können, bedarf es einer permanenten Fernüberwachung der Anlagen.

Der Einbau entsprechender Systeme wird regelmäßig von den Versicherungen als eine Bedingung für die Versicherbarkeit gefordert.

Während bei Onshore-Anlagen eine relativ gute Abschätzung der operativen Kosten möglich ist, gilt dies bei Offshore-Anlagen nicht. Zwar gibt es individuelle Erfahrungen verschiedener Vorhaben insbesondere in Großbritannien und Dänemark, allerdings sind diese nicht öffentlich verfügbar. Auch die Nennung von Kostenquoten – operative Kosten im Verhältnis zu den Stromeinnahmen – muss immer berücksichtigen, dass sie sich auf ein bestimmtes Vergütungssystem beziehen. Durch die Erhöhung des Vergütungssatzes von 9,1 € Cent/kWh auf 15 € Cent/kWh ergibt sich bei demselben Projekt bereits rein rechnerisch ein wesentlicher Rückgang der Kostenquote. Gleichwohl gibt es Schätzungen, die die operativen Kosten – bezogen auf die Stromproduktion – um etwa 30 % höher schätzen als bei Onshore-Projekten.

Wichtig wird es insbesondere sein, dass ein ganzheitliches Wartungskonzept angeboten wird. Derzeit scheint die Einstellung der Hersteller zu sein, dass sie lediglich bereit sind, Material und Servicekräfte zu stellen, aber nicht das Wetterrisiko übernehmen zu wollen. Gerade die mangelnden veröffentlichten Erfahrungen machen es den Projektparteien schwer, das Wetterrisiko bewerten zu können und übernehmen zu wollen.

Regelmäßig liegt die technische Verfügbarkeit von Onshore-Windenergieanlagen oberhalb eines Wertes von 97 %. Das bedeutet, dass die Anlage in 97 % der Zeit einsatzbereit ist, sofern geeignete Wind- und Wetterbedingungen vorherrschen. Im Allgemeinen dauert es etwa sechs Monate, bis ein Windpark diese Werte erreichen kann – während dieses Anlaufzeitraumes wird die Verfügbarkeit sukzessive von 90 % auf den genannten Wert ansteigen. Abhängig von der jeweiligen Anlage werden die zugesicherten Verfügbarkeitswerte im Regelfall auch erreicht, bei einzelnen Anlagen auch systematisch übertroffen.

Bei der Interpretation der technischen Verfügbarkeiten muss sorgfältig die Definition bewertet werden: In welchen Zeiten, bei welchen Windgeschwindigkeiten und bei welchen Wasserhöhen sollte eine Anlage verfügbar sein? Dies spielt insbesondere bei Offshore-Anlagen eine Rolle, bei der die „verfügbare Zeit" deutlich kürzer ist als bei Onshore-Anlagen.

Bei Offshore-Vorhaben bestehen nur in einem eingeschränkten Maße öffentlich zugängliche Daten zu Verfügbarkeiten:

	2004	2005	2006	2007
Kentish Flats	./.	./.	87,0%	./.
North Hoyle	./.	84,0%	89,1%	./.
Middelgrunden	95,6%	99,0%	93,0%	./.
Nysted	96,5%	97,4%	95,2%	./.
Samso	96,0%	96,0%	95,0%	98,0%
Scroby Sands	./.	84,2%	81,2%	./.
Utgrunden	./.	./.	98,3%	80,0%

Abbildung 110: Verfügbarkeit bei Offshore-Anlagen

Aufgrund der dünnen Datenbasis lassen sich derzeit kaum Rückschlüsse auf andere Offshore-Windparks ziehen, allerdings zeigen die zum Teil unter 90 % liegenden Werte auch, dass dieses Risiko besonders sorgfältig betrachtet werden muss.

6.3 Zusammenfassende Würdigung der Einzelrisiken

In der folgenden Übersicht haben wir die zentralen Risikofelder von Onshore- und Offshore-Windenergieprojekten gegenübergestellt:

	Onshore-Windpark	**Offshore-Windpark**
Kalkulierbarkeit der Investitionskosten	Ja, oft Festpreise	Gefahr von Kostenüberschreitungen
Betriebskosten bekannt?	Aufgrund langjähriger Betriebserfahrungen gut abschätzbar	Erfahrungswerte liegen noch nicht belastbar vor
Abschätzbarkeit des Windangebots?	Recht gut, im komplexen Gelände anspruchsvoller	In Nord- und Ostsee mittlerweile befriedigende Werte
Bewährte Technik?	Ja, wobei neue Anlagen zum Teil nur dünnen Track Record aufweisen	Bis auf Ausnahmen nur geringe Erfahrungen
Versicherung verfügbar?	Ja	Versicherungen sollten zu realisieren sein
Fazit	Technische und standortbezogene Parameter hinreichend gut abschätzbar.	Zur Zeit noch gewisse Unsicherheiten, die zum Teil durch stärkere Risikoeinbindung von Projektparteien aufgefangen werden müssen.

Abbildung 111: Vergleich zwischen Onshore- und Offshore-Projekten

Die wesentliche Unterscheidung zwischen Onshore- und Offshore-Windenergiefinanzierungen liegt darin, dass viele Risiken bei Offshore-Windparks aufgrund mangelnder öffentlich zugänglicher Erfahrungen noch nicht hinreichend abschätzbar sind.

Die Risiken, die Risikoinstrumente und Risikoträger bei Offshore-Windenergievorhaben sind in der folgenden Übersicht dargestellt, wobei sie für Onshore-Vorhaben in abgeschwächter Form ebenfalls gelten.

	Stichwort	Risikoaspekte	Risikoinstrumente	Risikoträger
Fertigstellung	Multi-Contracting versus Generalunternehmer	Anzahl der Arbeitspakete, Schnittstellen, Versicherbarkeit	Erfahrener Koordinator, enge Projektkoordination	C, S, B
	Genehmigungen	Liegen alle Genehmigungen vor und sind diese auch durchsetzbar (insbesondere Netzanbindung)?	Projektkoordination	S, B
	Widerstände	Berücksichtigung und möglichst Einbindung der Bedenken der verschiedenen Interessengruppen	Projektkoordination	S, B
	Standortspezifische Gegebenheiten (Wellengang, Wetter, Gründung)	Derartige Gegebenheiten können während der Fertigstellung, aber auch dem Betrieb zu erheblichen Zahlungskonsequenzen führen	Realistische Zeitplanung mit Reserven	S, PG, B, V
	Mögliche Konsequenzen: Verspätung oder Kostenüberschreitungen		Fixierung der Kostenkomponenten, Kostenüberschreitungslinie, Eigenkapitalnachschusspflicht, Versicherung	S, PG, B, V
Technologie und Betrieb	Passung der Hauptkomponenten	Gründung und Kolkschutz, WEA, Netzanbindung	Projektkoordination	C, PG, S, B
	Langlebigkeit	Einsatz bewährter Technik (Track Record)	Performance-Garantien, Versicherungen, Reservekonten, Belastbarkeit des Vorhabens, Versicherbarkeit der Technik	C, PG, S, B, V
Betriebsrisiko	Verfügbarkeit	Sind die Verfügbarkeiten realistisch abgeschätzt?	Condition Monitoring, Performance-Garantien, evtl. Versicherungen	AL, PG, S, B, V
	Langlebigkeit der gesamten Anlagenkonfiguation	Auswirkung von Salz, Welle, Feuchtigkeit.	Condition Monitoring, Performance-Garantien	AL, PG, S, B, V
	Wartungskonzept	Zugang zu den Anlagen, Fernwartung, Austausch von Komponenten	Performance-Garantien	WU/AL, PG, S, B
Rechts- und Regulierungs-umfeld	Bemessung der Vergütungssätze	Auskömmlichkeit und Prognostizierbarkeit der Vergütungssätze; Festpreis- versus Quotensysteme	Risikoquantifizierung	PG, S, B
	Passende Rechtsrahmen	Netzanbindung	Projektkoordination	S, B

AL: Anlagenlieferant, WU: Wartungsunternehmen, C: Contractor, PG: Projektgesellschaft, S: Sponsor, B: Banken, V: Versicherung

Abbildung 112: Risikoprofil und Risikoinstrumente bei Offshore-Windenergieprojekten

Als wesentliche Risikosphären lassen sich die Teilbereiche Fertigstellung, Technologie, Betrieb und Rechtsumfeld ausmachen. Während das Rechts- und Regulierungsumfeld in den jeweiligen Ländern als vergleichbar angesehen werden kann, sind die drei ersten Teilrisiken bei Offshore-Vorhaben ausgeprägter. Gerade in diesen Bereichen ist daher eine stärkere Einbindung von Projektbeteiligten in die Risikoallokation erforderlich, als dies bei Onshore-Projekten erforderlich ist.

Während wir bislang die Risiken und die Risikoinstrumente isoliert betrachtet haben, müssen diese in ihrer gesamten Wirkung auf das Projekt analysiert und bewertet werden. Dies erfolgt im Rahmen der Risikoquantifizierung des Projektes über ein Cashflow-Modell. Das Cashflow-Modell dient dabei der Entwicklung einer projektbezogenen Finanzierungsstruktur, die unter der Berücksichtigung eines zu definierenden Sicherheitsabschlages so auszugestalten ist, dass die bankseitigen Anforderungen für die Gewährung einer Projektfinanzierung über die gesamte Finanzierungslaufzeit stets erfüllt werden können.

Beispielhaft können sich die Einzelrisiken in einer Gesamtschau wie folgt darstellen:

Risiko	Risikoinstrumente	Standardabweichung gegenüber Plan-Annahmen Onshore	Offshore
Elementarrisiko	Heranziehen von mindestens zwei Ertragsgutachten, die standortspezifisch erstellt werden	8,00%	9,00%
Unsicherheit des Ertragsgutachtens	Explizite Nennung der Unsicherheiten im Ertragsgutachten, z.T. Eliminierung auch von Teilunsicherheiten (z.B. durch Besichtigung vor Ort)	4,00%	5,00%
Verzögerte Fertigstellung	Hereinnahme einer Fertigstellungsgarantie	0,00%	3,00%
Angemessene Berücksichtigung der Verfügbarkeit	Vertragliche Verpflichtung, Erfahrungswerte	0,50%	5,00%
Steigerung der operativen Kosten	Vertragliche Fixierung der operativen Kosten. Vorsichtige, konservative Kalkulation der Kosten	1,00%	4,00%
Preis- bzw. Absatzrisiko	Absatzpreise gesetzlich garantiert und damit über Projektlaufzeit kalkulierbar	0,00%	0,00%
Force Majeure	Abschluss der üblichen Versicherungen	0,00%	0,00%
Gesamte Standardabweichung		9,01%	12,49%

Abbildung 113: Zusammenfassung der Einzelrisiken bei Windenergieprojekten

Während sich bei Onshore-Projekten die genannten Risiken aufgrund umfangreicher Erfahrungen mit früheren Projekten verhältnismäßig gut abschätzen lassen, liegen diese umfänglichen Erfahrungswerte bei Offshore-Windparks in dieser Form so nicht vor. Insofern ist die Schätzung der Standardabweichungen bei einem Offshore-Windpark mit deutlichen Unsicherheiten verbunden. Tatsächlich kann es sein, dass sich mit zunehmenden Erfahrungen die Standardabweichungen eines Offshore-Windparks deutlich verändern. Beispielsweise könnte das Elementarrisiko bei Offshore-Windparks geringer ausfallen, da das Windangebot auf Hoher See tendenziell stetiger ausfällt und auch Störungen der Anströmung durch Hindernisse nicht vorhanden sind.

Aus Gründen der mangelnden Quantifizierbarkeit der nach Anwendung von Risikoinstrumenten verbleibenden Einzelrisiken wird von den Banken ein pauschaler Sicherheitsabschlag anhand von Erfahrungswerten aus dem jeweiligen Anwendungsgebiet festgelegt. Der Sicherheitsabschlag für ein konkretes Projekt kann in seiner Höhe folglich von Bank zu Bank unterschiedlich bemessen sein.

Dem folgenden Kapitel soll ein Sicherheitsabschlag von 20 % auf den geplanten Jahresenergieertrag zu Grunde gelegt werden. Dieser Abschlag wird als ausreichend angesehen, um auch das kombinierte Eintreten von Einzelrisiken bei dem betrachteten Projekt WINDY PROFIT realistisch abbilden und auffangen zu können.

6.4 Entwicklung einer Finanzierungsstruktur aus dem bisherigen Risikomanagement

6.4.1 Grundsätzliche Überlegungen

Wie auch in den anderen Branchenkapiteln zuvor, soll im Folgenden anhand eines realen Beispielsfalls die Wirtschaftlichkeit eines Vorhabens beurteilt werden, bevor im Anschluss eine mögliche Finanzierungsstruktur entwickelt wird.

Bei dem Beispielsfall „WINDY PROFIT" handelt es sich um ein Onshore-Windenergieprojekt in Deutschland, bei dem aufgrund des konservativsten Windgutachtens eine Jahresenergieproduktion von 67,35 GWh erwartet wird.

Name des Vorhabens	Windy Profit, Deutschland
Jahresnettoenergieertrag (nach Abschlägen)	67,35 GWh
Gesamtinvestitionskosten	43,48 M€
Eigenkapital / Fremdkapital	14,98 M€ / 28,58 M€
Betriebskosten	1.196 T€
Laufzeit der Langfristdarlehen / Tilgungsfreie Zeit	Gewichtet 13,5 Jahre / 2 Jahre
Referenzertrag am Standort	97,6 %
Anfänglicher Vergütungssatz	8,00 € Cent/kWh
Schuldendienstreserve	Nicht vorhanden

Im Basisfall erwirtschaftet das Projekt Einnahmen von 5,39 M€, dem stehen operative Kosten in Höhe von 1,25 M€ pro Periode gegenüber. Auf Basis dieser Daten wurde von den Sponsoren ein erstes Cashflow-Modell als Sponsors Case erstellt. Dieses Modell stellt die Ausgangsbasis für die Analyse einzelner Projektrisiken dar, bevor es später im Rahmen der Risikoquantifizierung unter Berücksichtigung sämtlicher zu bewertenden Risiken zur Entwicklung einer geeigneten und tragfähigen Projektfinanzierungsstruktur dient.

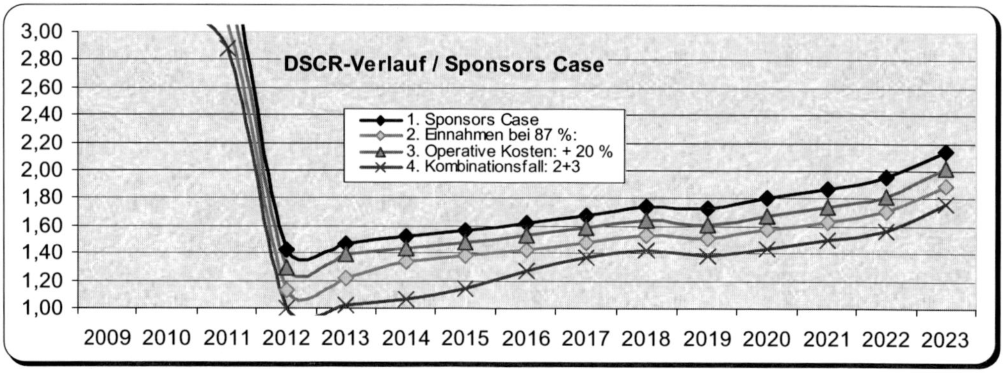

Abbildung 114: DSCR-Verlauf Windenergieprojekt (Sponsors Case)

Im Ursprungsvorschlag der Sponsoren beschreibt der Kombinationsfall – Rückgang der Einnahmen auf 87 % und einem Anstieg der operativen Kosten um 20 % – eine Grenzbetrachtung, bei der der Kapitaldienst gerade noch erbracht werden kann.

Zinssatzänderung

Anhand des Fallbeispiels werden die Auswirkungen von Zinssatzänderungen in verschiedenen Abstufungen dargestellt. Dabei wird ausgehend von der von den Sponsoren vorgeschlagenen Finanzierungsstruktur der Zinssatz des Projektfinanzierungskredites in diesem Modell verändert und die hieraus resultierenden Ergebnisse im Folgenden beschrieben.

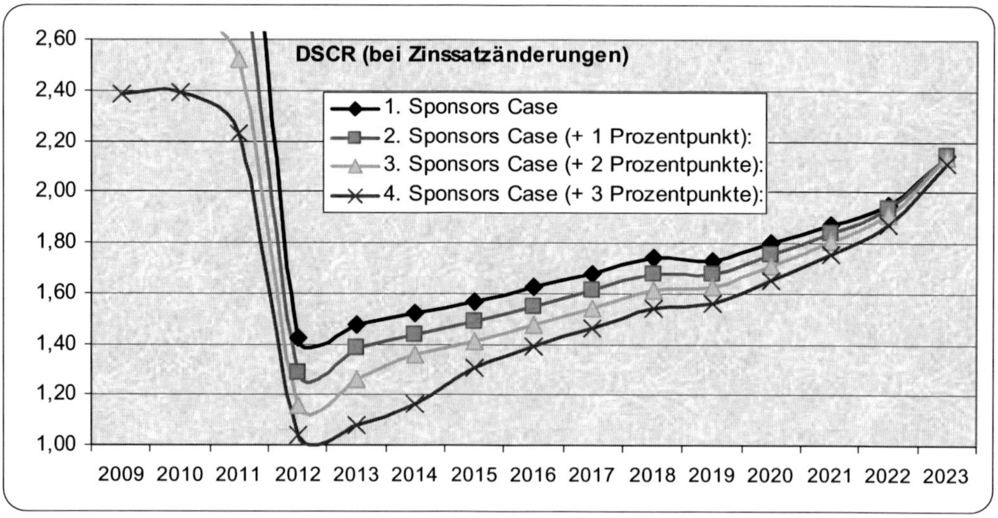

Abbildung 115: DSCR-Verlauf bei Zinssatzveränderung (Windenergieprojekt)

Die Erhöhung der Zinssätze führt dazu, dass der DSCR durchgängig über die gesamte Finanzierungslaufzeit unterhalb der Ausgangslage im Sponsors-Case liegt. Bei dem hier betrachteten Anstieg des Zinssatzes des Projektfinanzierungskredites um 3,0 Prozentpunkte auf einen Satz von 7,75 % jährlich beträgt der DSCR im ersten Betriebsjahr 2009 noch 1,0, was bedeutet, dass der Kapitaldienst gerade noch geleistet werden kann. Bei einem noch höheren Zinsanstieg wäre dies nicht mehr sichergestellt und die bankseitigen Anforderungen der jederzeitigen und vollständigen Leistung des Kapitaldienstes würden verfehlt. Die betrachtete Höhe des Zinsanstieges stellt somit die Grenze der Projektbelastbarkeit dar.

Die Erhöhungsdifferenz von drei Prozentpunkten bis zur Erreichung der Projektbelastbarkeitsgrenze kann als Sicherheitspuffer des Projektes für das Zinsänderungsrisiko verstanden werden. Die Höhe dieses Sicherheitspuffers zeigt dabei, dass das Projekt WINDY PROFIT recht empfindlich auf einen Zinsanstieg reagiert. Diese Beobachtung kann generell bei Projektfinanzierungen im Bereich Windenergie gemacht werden, da diese eine relativ hohe Kapitalintensität aufweisen und damit von einem Zinsänderungsrisiko stärker betroffen sind als Vorhaben im Bereich Biomasse, aber wiederum geringer als Vorhaben im Bereich Solarenergie.

Betriebskostenänderung

Die dargestellten Folgen aus dem Eintritt des Betriebs- und Managementrisikos werden über eine Variation der Betriebskosten dargestellt und die hieraus resultierenden Ergebnisse im Folgenden beschrieben. Die jährlichen Betriebskosten werden in verschiedenen Szenarien um jeweils 50 %-Punkte erhöht. Die genannten Beträge beziehen sich auf den Ausgangswert der Betriebskosten im ersten Betriebsjahr ohne Berücksichtigung des im Modell generell kalkulierten Betriebskostenanstieges von 3 % jährlich.

Die entgegen der Ausgangslage im Sponsors-Case zusätzlich anfallenden Betriebskosten müssen durch den unveränderten Projekt-Cashflow gedeckt werden. Dadurch sinkt der Teil des Projekt-Cashflows, der für die Bedienung des Kapitaldienstes zur Verfügung stehen kann. Die Kapitaldienstfähigkeit in Form des DSCR sinkt folglich über die gesamte Finanzierungslaufzeit, wie es die nachfolgende Grafik veranschaulicht.

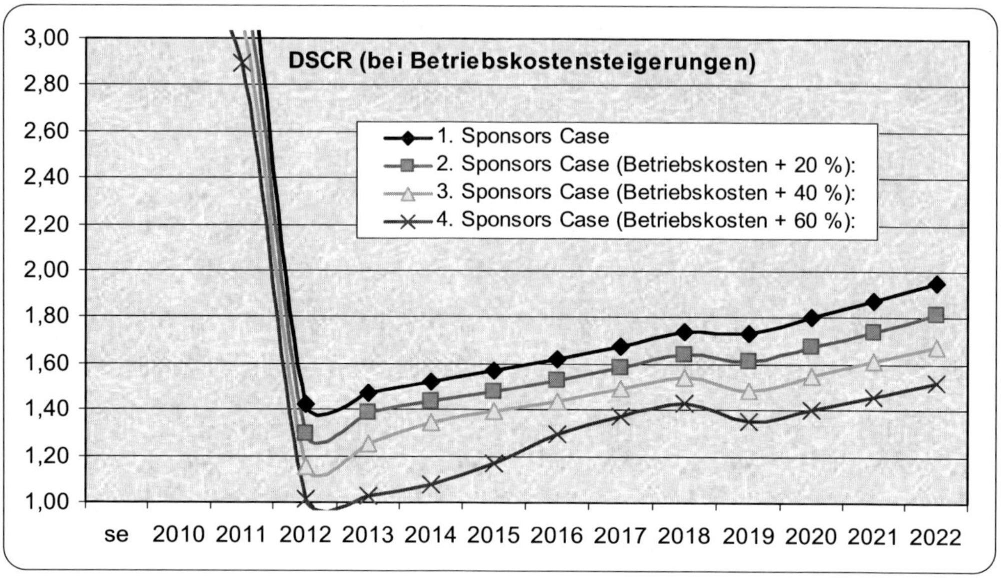

Abbildung 116: DSCR-Verlauf bei veränderten Betriebskosten (Windenergieprojekt)

Es zeigt sich, dass auch hier der DSCR durch die vorgenommene Veränderung durchgängig unterhalb der Ausgangslage im Sponsors-Case liegt. Bei allen betrachteten Fällen liegt der DSCR noch über 1,0. Das Projekt kann somit in allen Fällen den Kapitaldienst noch leisten. Bei einem Anstieg der Betriebskosten von mehr als 60 % wäre dies allerdings nicht mehr sichergestellt und die bankseitigen Anforderungen der jederzeitigen und vollständigen Leistung des Kapitaldienstes würden verfehlt.

Insgesamt zeigt sich das Projekt WINDY PROFIT recht unempfindlich gegenüber Betriebskostenanstiegen, weil die Betriebskosten im Verhältnis zu Investitionsvolumen, Projekt-Cashflow und Kapitaldienst nur einen geringen Anteil ausmachen. Diese Unempfindlichkeit ist nicht nur in diesem speziellen Fall zu beobachten, sondern eine generelle Eigenschaft von Windprojekten. Auch wenn Windprojekte einen relativ hohen Betriebskostenanstieg verkraften können, so ist dieses Risiko doch sorgfältig zu prüfen.

Einerseits kann man argumentieren, dass die Betriebskosten in wesentlichen Teilen auch nach vorne gerichtet gut abzuschätzen sind. Etwa die Hälfte der Betriebskosten machen die Betriebs- und Wartungskosten aus, die im Regelfall als ein bestimmter Betrag pro produzierter kWh festgelegt werden (typischerweise etwa 1 € Cent/kWh). Regelmäßig sind ebenfalls die Pachtzahlungen und die Ausgaben für die kaufmännische und technische Betriebsführung – sei es als Prozentsatz der Einnahmen oder als Absolutbetrag – vertraglich fixiert und damit gut planbar. Insgesamt sind damit etwa 70 % der operativen Kosten gut planbar.

Andererseits können sich unvorhergesehene Kostenerhöhungen ergeben, wenn wesentliche Komponenten ertüchtigt oder ausgetauscht werden müssen, und diese weder über den Wartungsvertrag noch über Versicherungen abgedeckt sind. Dies kann beispielsweise dann der

Fall sein, wenn kein vollumfänglicher Wartungsvertrag abgeschlossen wurde und wesentliche Komponenten, wie etwa das Getriebe, ausgetauscht werden müssen. Das Problem verschärft sich, wenn sich die Getriebeschäden häufen. Dies führt zu erhöhten Instandhaltungskosten, verursacht einen Einnahmenausfall und wirkt sich möglicherweise sogar negativ auf die Bedingungen und Konditionen des Versicherungsschutzes aus. Wiederum zeigt sich an dieser Stelle die Notwendigkeit, lediglich bewährte Technik innerhalb einer Projektfinanzierung zu finanzieren. Die Verpflichtung des Projektes, eine Wartungskostenreserve aufzubauen, ist demgegenüber eine nachrangige Sicherheit, da auch diese in einem Stressfall schnell verbraucht sein wird.

Einnahmenrückgang

Die dargestellten Folgen aus dem Eintritt des Ressourcenrisikos haben wir insoweit abgebildet, dass der Jahresenergieertrag des Projektes in mehreren Szenarien jeweils um 5 % verringert wird. Die Kapitaldienstfähigkeit in Form des DSCR sinkt folglich über die gesamte Finanzierungslaufzeit, wie es die nachfolgende Grafik veranschaulicht.

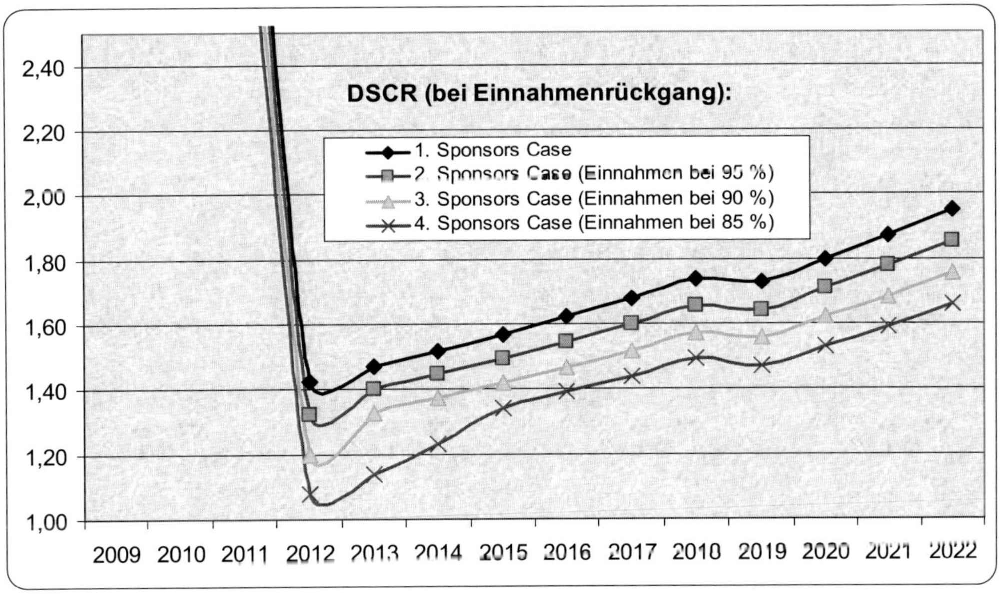

Abbildung 117: DSCR-Verlauf bei Einnahmenveränderung (Windenergieprojekt)

Durch die vorgenommene Veränderung liegt der DSCR durchgängig unterhalb der Ausgangslage im Sponsors Case. Bei einer Senkung des Jahresenergieertrages um 16,5 % erreicht der DSCR im fünften Betriebsjahr des Projektes sein Minimum von 1,0. Das hier betrachtete Ausmaß des Absinkens des Jahresenergieertrages stellt folglich die Grenze der Projektbelastbarkeit dar.

Die Differenz von 16,5 % bis zum Erreichen der Projektbelastbarkeitsgrenze aus Sicht des Sponsors-Case kann somit auch als dessen Sicherheitspuffer im Hinblick auf das Ressourcenrisiko verstanden werden. Die Höhe des Sicherheitspuffers bei WINDY PROFIT ist dabei als knapp zu bewerten, wenn man sich die durchschnittliche Schwankung des jährlichen Windangebots im Beispielfall vor Augen hält (siehe 6.2.2).

Das Beispiel zeigt, dass das Windangebot von Jahr zu Jahr recht deutlich – um bis zu 20 % – schwanken kann. Dem theoretischen Sicherheitspuffer von 16,5 % im Cashflow-Modell steht eine gutachterlich ausgewiesene maximale negative Abweichung des Windangebotes in Höhe von etwa 11 % von ihrem langfristigen Mittelwert am Projektstandort gegenüber. Hinzu kommt die ebenfalls ausgewiesene Unsicherheit hinsichtlich der Genauigkeit seiner eigenen Prognose in Höhe von zehn %. Insofern ist der Risikoschirm, der sich aus dem Sponsors Case ergibt, als nicht ausreichend einzuschätzen und muss überarbeitet werden.

6.4.2 Hinweise zur Optimierung aus Sicht der Investoren und der Fremdkapitalgeber

Ziel der Investoren ist regelmäßig, eine möglichst hohe interne Rendite zu erzielen. Fremdkapitalgeber streben innerhalb einer als akzeptabel angesehenen Darlehenslaufzeit eine möglichst hohe Kapitaldienstüberdeckung an. Wie in 6.4.1 beschrieben, erwies sich das vorgeschlagene Modell der Sponsoren als nicht hinreichend robust genug gegenüber einem möglichen Einnahmenrückgang.

Bei der obigen, anfänglichen Finanzierungsstruktur lassen sich folgende Verbesserungsschritte vornehmen, die im Folgenden jeweils zunächst isoliert betrachtet werden sollen. Zunächst sei der Fall betrachtet, dass die tilgungsfreie Zeit variiert wird.

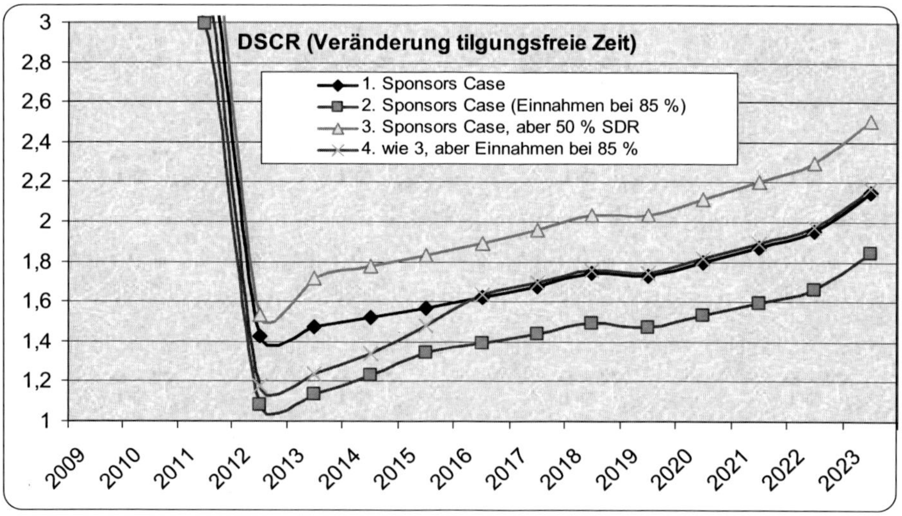

Abbildung 118: DSCR-Verlauf bei Variation der tilgungsfreien Zeit (Windenergieprojekt)

Während bei der ursprünglichen Struktur eine tilgungsfreie Zeit von 24 Monaten vorgeschlagen wurde, ist diese nunmehr um sechs Monate gekürzt worden, wobei die Gesamtlaufzeit der Darlehen bis zu ihrer vollständigen Rückführung gleich geblieben ist.

Erkennbar ist in Abbildung 118, dass der Schuldendienstdeckungsgrad im Sponsors Case praktisch durchgängig geringer ist als bei einer um sechs Monate kürzeren tilgungsfreien Zeit. Dies korrespondiert mit einer verbesserten Belastbarkeit der kürzeren tilgungsfreien Zeit in einem Belastungsfall. Während die Belastbarkeit im Sponsors Case bei einem Einnahmenniveau von 83,5 % liegt, verbessert sie sich im zweiten Fall um zwei Prozentpunkte auf 81,5 %. Allerdings geht die Verbesserung der Belastbarkeit mit einem Rückgang der internen Rendite einher, und zwar von 9,2 % auf 8,5 %.

Der Grund für die unterschiedlichen Belastbarkeiten ergibt sich aus folgender Überlegung: Angenommen sei, man verzichte bei gegebener Gesamtlaufzeit des Darlehens auf eine tilgungsfreie Zeit. In diesem Fall ergeben sich einerseits insgesamt mehr Rückzahlungszeitpunkte, in denen das Darlehen zurückgezahlt werden kann, so dass sich die jeweiligen Tilgungsbeträge reduzieren und die ausgewiesenen Schuldendienstdeckungsrelationen erhöhen. Andererseits besteht in einem Belastungs-Szenario praktisch keine Möglichkeit mehr, die Schuldendienstreserve aus dem Cashflow des Projektes aufzubauen, so dass kein Risikopuffer vorhanden ist. Im umgekehrten Fall einer verhältnismäßig langen tilgungsfreien Zeit kann zwar auch in einem Belastungs-Szenario die Schuldendienstreserve aufgebaut werden, aber die Tilgungsbeträge steigen pro Rückzahlungstermin an, da relativ weniger Rückzahlungstermine zur Verfügung stehen. Aus Sicht der Fremdkapitalgeber ergibt sich damit eine Optimierungsaufgabe mit Blick auf die Ausgestaltung der tilgungsfreien Zeit, die jeweils projektspezifisch zu lösen ist. Die Sponsoren haben tendenziell ein Interesse daran, eine möglichst lange tilgungsfreie Zeit durchzusetzen, da sie ihnen ermöglicht, früher Ausschüttungen vorzunehmen, so dass sich ihre interne Rendite verbessert.

Die Schuldendienstreserve spielt auch im zweiten Beispiel eine wichtige Rolle: Ein Diskussionspunkt zwischen Banken und Projektgesellschaft ist die angemessene Höhe der Schuldendienstreserve. Wiederum seien die beiden Extrempositionen betrachtet: Würde auf die Schuldendienstreserve verzichtet, stünden bei Schwankungen des operativen Cashflows möglicherweise nicht genügend liquide Mittel zur Verfügung, um den Kapitaldienst zu bedienen. Um dies von vornherein zu vermeiden, würden die Banken ihre Belastbarkeitsprüfung rein auf operativer Basis auslegen, so dass sich c.p. eine höhere Eigenmittelausstattung und damit auch eine niedrigere interne Rendite ergäbe. Auf der anderen Seite ist es aber weder durchsetzbar noch notwendig, die Schuldendienstreserve übermäßig zu dimensionieren. Zum einen wirkt der Einbau einer Schuldendienstreserve in eine Finanzierungsstruktur als eine faktische Ausschüttungssperre, da sie aus dem Cashflow zwar nach dem Kapitaldienst dotiert wird, aber vor den Ausschüttungen. Daher wird die interne Rendite umso niedriger ausfallen, je mehr Liquidität in die Dotierung der Schuldendienstreserve umgeleitet wird, anstatt an die Sponsoren ausgeschüttet zu werden. Zum anderen muss der Cashflow des Vorhabens auch so strukturiert sein, dass realistischerweise der Zielwert der Schuldendienstreserve erreicht werden kann. Wenn unter einem Stress-Szenario das Projekt nicht in der Lage ist, einen bestimmten Zielwert der Schuldendienstreserve zu überschreiten, ist es nicht ökonomisch, auf diesem überhöhten Zielwert zu beharren.

Gegenüber dem Sponsors Case wird der Zielwert der Schuldendienstreserve von 33,3 % des Kapitaldienstes des Folgejahres auf 50 % angehoben. Damit wird während der tilgungsfreien Zeit mehr Cashflow in die Dotierung der Schuldendienstreserve umgeleitet, so dass einerseits die Belastbarkeit des Vorhabens steigt, andererseits aber die interne Rendite des Vorhabens von 9,2 % auf 8,8 % sinkt.

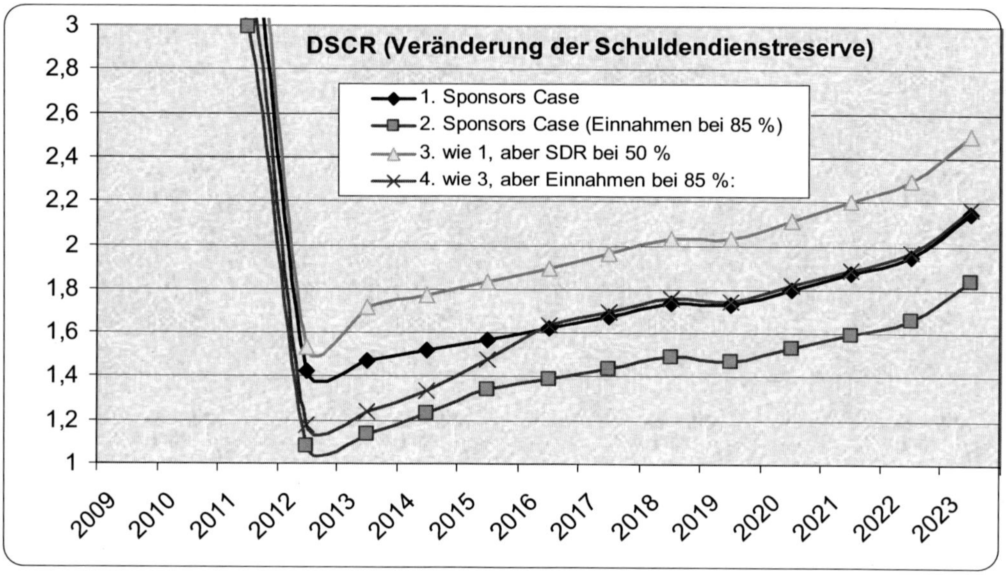

Abbildung 119: DSCR-Veränderung bei Variation der Schuldendienstreserve (Windenergieprojekt)

Beide Beispiele zeigen im ersten Schritt, dass die angesprochenen Veränderungen einzelner Finanzierungsparameter hinsichtlich der Verwendung der Cashflows in einem Konkurrenzverhältnis stehen. Zwar verbessert sich durch einzelne Maßnahmen die Belastbarkeit aus Sicht der Fremdkapitalgeber, andererseits verschlechtert sich die interne Rendite der Sponsoren. In der Diskussion der beiden Kapitalgebergruppen wird neu auszutarieren sein, wie sich die endgültige Finanzierungsstruktur darstellt.

Nach einem Verhandlungsprozess zwischen Sponsoren und Banken könnte eine geänderte Finanzierungsstruktur wie folgt aussehen:

- Zielwert der Schuldendienstreserve bei 5/12 des Kapitaldienstes des Folgejahres,
- Tilgungsfreie Zeit läuft aus nach 18 Monaten Betriebsphase,
- Erhöhung des Term Loans um T€ 1.500 auf insgesamt T€ 28.500,
- Die Laufzeit der KfW-Umwelttranche wird um drei Jahre auf zwölf Jahre verkürzt.

Unter diesen Rahmendaten verändern sich die Wirtschaftlichkeit und Belastbarkeit gemäß dem nachfolgenden Schaubild:

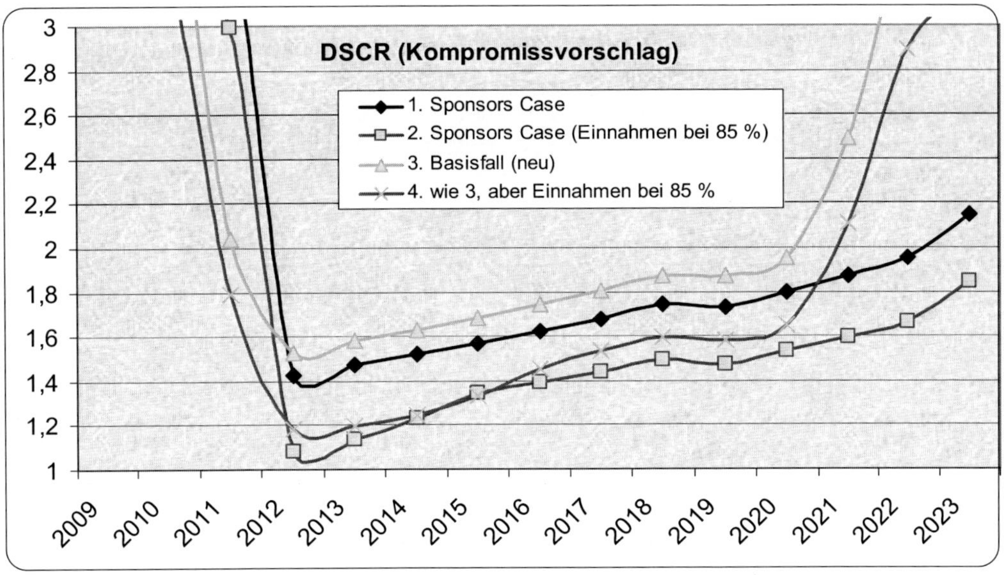

Abbildung 120: DSCR nach Kompromissvorschlag (Windenergieprojekt)

Die Belastbarkeit des Vorhabens verbessert sich von ursprünglich 16,5 % auf 20,3 %, die interne Rendite sinkt leicht von 9,2 % auf 8,9 %.

6.5 Ausblick Windenergie

Windenergie nimmt im Bereich der Erneuerbaren Energien die Spitzenposition im Bereich der spezifischen Investitionskosten, der technischen Reife und seiner Skalierbarkeit ein. Langfristig wird Windenergie nachhaltig wachsen, auch ohne die Potentiale im Offshore-Bereich hinzuzurechnen.

Vorhaben im Jahre 2009 werden allerdings deutlich unter der Finanzkrise leiden. Einerseits werden die Turbinenpreise zurückgehen, was die Turbinenlieferanten unter finanziellen Druck setzen wird. Noch schwieriger kann die Situation für eine Reihe von Entwicklern werden, die für eine Vielzahl von Projekten im Jahre 2009 keinen Finanzierungsanschluss finden werden.

Vorhaben im Bereich Onshore-Windenergie erweisen sich mit Standard-Anlagen als gut geeignet für eine Projektfinanzierung, bei Vorhaben im Bereich Offshore-Windenergie müssen zusätzliche Sicherungsmaßnahmen eingebaut werden.

Neben der Technik spielt das Rechts- und Regulierungsumfeld eine entscheidende Rolle. Während vor wenigen Jahren noch etwa 80 % der Windenergieprojekte in Deutschland, Dänemark, Spanien und den USA konzentriert waren, ist die Windenergie-Branche mittlerweile deutlich breiter aufgestellt. Viele Länder haben Rechts- und Regulierungssysteme aufgebaut, die langfristige Projektfinanzierungen möglich machen, wobei mehr und mehr Festpreissysteme dominieren (s. Abbildung 92).

Ob Offshore-Windenergie in unmittelbarer Zukunft der dominante Markt sein kann, bleibt abzuwarten. Einerseits wirkt die Finanzkrise deutlich bremsend auf die kurzfristige Entwicklung, andererseits wollen gerade die großen Stromversorger in dem Markt der Erneuerbaren Energien deutlich zulegen. Dabei sind die verfügbaren Flächen an Land deutlich begrenzt und große Flächen sind in Europa wesentlich noch in Nordschweden und Schottland verfügbar, wobei dann allerdings auch die Netzanbindung an die großen Verbrauchszentren ertüchtigt werden muss.

7 Zusammenfassende Würdigung

Erneuerbare Energien sind – in ihrer Gesamtheit gesehen – aufgrund ihrer vielfältigen ökonomischen, ökologischen und sozialen Vorteile eine der Energieformen, die nach wie vor erhebliches Wachstumspotential aufweisen. Die Vielfalt ihrer Nutzungsoptionen und Anwendungsgebiete, die hohen Primärenergiepotentiale und ihre breite regionale Verteilung lassen Erneuerbare Energien als einen zentralen Baustein für ein zukunftsfähiges Energiesystems erscheinen.

Ihre Realisierung im großen Maßstab wird überwiegend in Form von Projektfinanzierungen erfolgen, die neben einer Technikreife auch ein stabiles regulatorisches Umfeld erfordern. Projektfinanzierungen sind typischerweise gerade keine generalisierbaren und replizierbaren Vorhaben, sondern verlangen eine transaktionsspezifische Strukturierung eines Projekt- und Finanzierungskonzeptes. Dies mag höhere Prüfungskosten mit sich bringen, bietet aber inmitten der Finanzkrise auch die Möglichkeit, Risikoprofile sehr detailliert zu erfassen und zu bewerten. Das genau spezifizierbare Einzelrisiko wird auf absehbare Zeit einem allgemeinen Globalrisiko aus Risikosicht sicherlich vorgezogen.

Die weitere Entwicklung der Erneuerbaren Energien wird von zwei gegenläufigen Entwicklungen getrieben, der globalen Finanz- und Wirtschaftskrise einerseits und einer weit reichenden politischen Unterstützung der Erneuerbaren Energien andererseits.

Das Jahr 2008 endete mit einem umfänglichen Aktionsplan der Europäischen Union, das die Erneuerbaren Energien weiter stärken wird. Um ihre für 2020 formulierte Ziele zu erreichen, erwartet die EU für den Bereich Windenergie ein jährliches Wachstum von 8,5 % ab 2010 mit einer Gesamtkapazität von 180 GW von 2020. Photovoltaik wird knapp folgen, mit einer installierten Kapazität von 150 GW und einem jährlichen Wachstum von 23,6 %. Wasserkraft wird auf den dritten Platz fallen, gefolgt von Biomasse und Solarthermie, die mit 31 % das stärkste Wachstum aufweisen wird. Nach dem Amtsantritt von Präsident Obama kann erwartet werden, dass die USA im Rahmen ihres Konjunkturpaketes, des „American Recovery and Reinvestment Plan", massiv Erneuerbare Energien fördern werden. Ziel ist es, den Anteil grüner Energie am gesamten Energieangebot innerhalb von drei Jahren zu verdoppeln, was wesentlich auch über eine Steigerung der Energieeffizienz erreicht werden soll. Innerhalb der nächsten zehn Jahre sollen etwa 150 Mrd. USD in die Themen Energieeffizienz und Erneuerbare Energien investiert werden.

Die Finanzkrise wird in der kurzen Frist zu Verwerfungen auch in den Teilbereichen der Erneuerbaren Energien führen, da die Verfügbarkeit von Bankkrediten im Allgemeinen nach wie vor eingeschränkt sein wird. Allerdings werden die unterschiedlichen Teilbereiche der Erneuerbaren Energien ebenso unterschiedlich betroffen sein wie bestimmte Ländergruppen.

Allgemein gilt, dass die Kapitalgeber sich allgemein risikoaverser verhalten werden: Gefragt sind „sichere“ Vorhaben in „sicheren“ Ländern. Die Erneuerbaren Energien werden aber recht schnell wieder Tritt fassen, und auch den Investitionsstau der letzten Monate aufholen. Ob dies allerdings noch in 2009 gelingt, hängt von Dauer und Tiefe der Krise ab, wobei zusätzlich ein Vorlauf bei der Realisierung von Projekten zu berücksichtigen ist.

Literaturverzeichnis

Augenblick, Mark; Custer, B. Scott Jr.: The Build, Operate, and Transfer ("BOT") Approach to Infrastructure Projects in Developing Countries, Working paper No.498, o.O. 1990

Benoit, Philippe: Project Finance at the World Bank – An Overview of Policies and Instruments, in: World Bank Technical Paper Number 312, Washington 1996

Beyer, S. (2000): Messung und Management von Kreditrisiken, in: Beyer, S.; Eberts, M. (Hrsg.): Praxisrelevante Fragestellungen aus Investmentanalyse und Finanzierung, Stuttgart, 2000, S. 1-27

Blattner, Peter: Globales Risikomanagement für Banken, Oldenbourg 2003

Böttcher, Jörg; Blattner, Peter: Projektfinanzierung, Oldenbourg 2006

Breitenbücher, M.; **Kretschmer**, J. (2000): Interne Risikostreuung im Blickpunkt von Marktrisiken, in: Conrad, Ch. A.; Stahl, M. (Hrsg.): Risikomanagement an internationalen Finanzmärkten, Stuttgart, 2000, S. 241-253

Buljevich, Esteban C.; Park, Yoon S.: Project Financing and the International Financial Markets, Boston, Dordrecht, London 1999

Burghof, Hans-Peter: Ökonomische Motive der Partnerauswahl, Vertragsauswahl und –gestaltung, in: Euroforum (Hrsg.): Projektfinanzierung, Düsseldorf 2008, S. 255 ff

Cieleback, M. (2000): Entstehungsursachen der Asienkrise, in: Conrad, Ch. A.; Stahl, M. (Hrsg.): Risikomanagement an internationalen Finanzmärkten, Stuttgart, 2000, S. 65-70

Eder, Barbara; Schulz, Heinz: Biogas Praxis, 3. Auflage, Staufen 2006

Estache, Antonio; Strong, John: The Rise, the Fall, and .. the Emerging Recovery of Project Finance in Transport, in: The World Bank (ed.): policy Research Working paper, No. 2385

EWEA (Hrsg.): Wind Energy – The Facts, London 2009

Fahrholz, Bernd: Neue Formen der Unternehmensfinanzierung: Unternehmensübernahmen, Big Ticket-Leasing, Asset Backed- und Projektfinanzierungen; die steuer- und haftungsrechtliche Optimierung durch Einzweckgesellschaften (Single Purpose Companies), München 1998

Finnerty, John D.: Project Finance, New Jersey 2007

Gröhl, M. (1990): Bankpolitische Konsequenzen der Projektfinanzierung, Diss., Marbur 1990

Grosse, P. B. (1990): Projektfinanzierung aus Bankensicht, in: Backhaus, K.; Sandrock, S Schill, J.; Uekermann, H. (Hrsg.) : Projektfinanzierung- wirtschaftliche und rechtl che Aspekte einer Finanzierungsmethode für Großprojekte, Stuttgart, 1990, S. 41-6

Höpfner, Kai-Uwe: Projektfinanzierung – Erfolgsorientiertes Management einer bankbe trieblichen Leistungsart, Göttingen 1995

Hupe, M. (1995): Steuerung und Kontrolle internationaler Projektfinanzierungen, Diss. Frankfurt am Main u.a.O. 1995

Jürgens, Werner H.: Projektfinanzierung: neue Institutionenlehre und ökonomische Realität, Wiesbaden 1994

Jütte-Rauhut, J. (1988): Internationale Marktregulierungen als Risikofaktor bei Projektfinanzierungen im Bergbau, Diss., Baden-Baden, 1988

Kuhn, Thomas S.: The Structure of Scientific Revolutions, Third Edition, Chicago 1996

Levy, Sidney M.: Build, Operate, Transfer – Paving the Way for Tomorrow's Infrastructure, New York u.a.O.1996

Milgrom, Paul; Roberts, John: Economics, Organization and Management, New Jersey 1992

Nevitt, Peter K.; Fabozzi, Frank J.: Project Financing, Seventh Edition, London 2000

Perridon, L.: (1991): Finanzwirtschaft der Unternehmung, 6. Auflage, München, 1991

Pohl, Hans (Hrsg.): Historische Erfahrungen mit Projektfinanzierungen, Frankfurt am Main 1998

Reuter, Alexander; Wecker, Claus: Projektfinanzierung: Anwendungsmöglichkeiten, Risikomanagement, Vertragsgestaltung, bilanzielle Behandlung, Stuttgart 1999

Rudolph, Bernd: Projektfinanzierung aus ökonomisch-theoretischer Sicht, in: Hans Pohl (Hrsg.): Historische Erfahrungen mit Projektfinanzierungen, Frankfurt 1998, S. 53-64

Schill, J. (1990):Projektfinanzierung aus der Sicht des Anlagen-Lieferanten in: Backhaus, K.; Sandrock, S.; Schill, J.; Uekermann, H. (Hrsg.) : Projektfinanzierung – wirtschaftliche und rechtliche Aspekte einer Finanzierungsmethode für Großprojekte, Stuttgart, 1990, S. 29-39

Schmitt, Wolfram (1989): Internationale Projektfinanzierung bei deutschen Banken, Frankfurt am Main 1989

ulte-Althoff, M. (1992): Projektfinanzierung – Ein kooperatives Finanzierungsverfahren aus Sicht der Anreiz-Beitrags-Theorie und der Neuen Institutionenökonomie, Diss., Münster, Hamburg, 1992

ohbach, Hannes: Build Operate Transfer-Modelle zur Finanzierung von Infrastrukturinvestitionen: eine Untersuchung im Lichte der neo-institutionalistischen Theorie, Frankfurt u.a.O. 2001

·berger-Stoy, E.: Die Rolle der Bankenaufsicht in der Asienkrise, in Gans, O.: Friedewald, E.: Die südostasiatische Wirtschaftskrise – Diagnosen, Therapien und Implikationen für Südasien, Stuttgart, 1999, S. 27-41

sley, Richard: Advanced Project Financing – Structuring Risk, London 2000

tko, Dagmar: Zukunftsorientierte Kreditvergabeentscheidungen, Frankfurt am Main u.a.O. 1999

kermann, Heinrich: Risikopolitik bei Projektfinanzierungen: Maßnahmen und ihre Ausgestaltung, Wiesbaden 1993

kermann, Heinrich: Technik der internationalen Projektfinanzierung, in: Backhaus, K.; Sandrock, S.; Schill, J.; Uekermann, H. (Hrsg.) : Projektfinanzierung – wirtschaftliche und rechtliche Aspekte einer Finanzierungsmethode für Großprojekte, Stuttgart, 1990, S. 13-28

nter, Graham D.: Project Finance – A Legal Guide, London 1995

gel, Martin: Vertragsgestaltung bei internationalen Projektfinanzierungen, Köln 1997